Benkler

Grundlagen der NC-Programmiertechnik
Arbeitsplanung und Fertigungspraxis

D1996934

Helmut Benkler

Grundlagen der NC-Programmiertechnik für Ausbildung, Arbeitsplanung und Fertigungspraxis

Mit 217 Abbildungen

HANSER

Carl Hanser Verlag München Wien

Der Autor:

Professor Dr.-Ing. Helmut Benkler
Fachhochschule Coburg

Die Deutsche Bibliothek — CIP-Einheitsaufnahme

Benkler, Helmut:
Grundlagen der NC-Programmiertechnik für Ausbildung, Arbeitsplanung und Fertigungspraxis / Helmut Benkler. — München ; Wien : Hanser, 1995

ISBN 3-446-17434-6

Dieses Buch ist urheberrechtlich geschützt.
Alle Rechte, auch die der Übersetzung, des Nachdrucks und der Vervielfältigung des Buches oder Teilen daraus, vorbehalten. Kein Teil des Werkes darf ohne schriftliche Genehmigung des Verlages in irgendeiner Form (Fotokopie, Mikrofilm oder einem anderen Verfahren), auch nicht für Zwecke der Unterrichtsgestaltung — mit Ausnahme der in den §§ 53, 54 URG ausdrücklich genannten Sonderfälle —, reproduziert oder unter Verwendung elektronischer Systeme verarbeitet, vervielfältigt oder verbreitet werden.

© 1995 Carl Hanser Verlag München Wien
Satz: Schaber Satz- und Datentechnik, Wels
Druck und Binden: Wagner, Nördlingen
Printed in Germany

Vorwort

Die NC-Programmiertechnik ist eng verknüpft mit der derzeit auf hohem Leistungsniveau stehenden CNC-Technik, die durch unterschiedlichste Maschinen- und Steuerungskonzepte repräsentiert wird. In diesem Zusammenhang sind zusätzliche Veränderungsimpulse in den Fertigungsbetrieben zu berücksichtigen, wie z.B. die Einführung von rechnergestützten Methoden und neuen Fertigungsverfahren, die Realisierung von Datenintegrationskonzepten, Trends zu dezentralen Fertigungsstrukturen und zur Schnittstellenminimierung. Für den CNC-Anwender wird es deshalb immer schwieriger, einen qualitativen Überblick zu beherrschen, um daraus die richtigen Entscheidungen für einen wirtschaftlich sinnvollen Einsatz abzuleiten. Für eine qualifizierte Bewertung und Beurteilung der NC-Programmiertechnik besteht somit die Forderung, zunächst das Gesamtwirksystem unter genauer Kenntnis von Einflußgrößen und deren Funktionsbeziehungen zu erkennen und zum Ausgangspunkt aller weiteren Entscheidungsaktivitäten zu machen.

Das vorliegende Fachbuch verfolgt deshalb die Zielsetzung, alle Funktionsbereiche, Strukturen und Systeme der NC-Programmiertechnik aus einer ganzheitlichen und bereichsübergreifenden Gesamtsicht darzustellen und umfassend zu vermitteln. Unter diesem Begriff soll jedoch nicht nur die reine Programmerstellung für die Steuerung von NC-Maschinen verstanden werden. Vielmehr sind auch alle damit verbundenen fertigungstechnologischen, organisatorischen und betriebswirtschaftlichen Gesichtspunkte und Einflußgrößen innerhalb des NC-Umfeldes mit einzubeziehen und zu bewerten.

Die Buchkapitel besitzen einen strukturierten und methodischen Aufbau, wobei zunächst auf die grundsätzliche Ablaufstruktur und die Funktionsvorgänge der NC-Programmierung eingegangen wird. Den Hauptteil bilden sodann die derzeit aktuellen, manuellen und rechnergestützten NC-Programmierverfahren. Neben den Besonderheiten der spezifischen Programmierstrukturen werden hier insbesondere die verschiedenen Möglichkeiten für die Aufbereitung bzw. Festlegung der Geometrie- und Technologiedaten herausgestellt. In den Kapiteln „Wirtschaftlichkeits- und Organisationsgesichtspunkte der NC-Programmierung“ wird auf Fragen und Probleme des wirtschaftlichen Einsatzbereichs der NC-Programmierverfahren sowie der Planung von NC-Programmierkonzepten innerhalb der Fertigungsorganisation eingegangen und Lösungsmöglichkeiten dargestellt. Das letzte Kapitel schließlich befaßt sich mit den derzeitigen Entwicklungsrichtungen auf dem Gebiet der NC-Programmiertechnik.

Bei der konzentriert gehaltenen Darstellung des Buchinhalts wurde besonderer Wert auf eine praxisorientierte Ausrichtung gelegt. Dies wird unterstützt durch zahlreiche selbsterklärende Funktions- und Strukturgrafiken sowie durch nachvollziehbare Programmierbeispiele für die verschiedenen Fertigungsverfahren. Neben einer weitgehenden Berücksichtigung der vorhandenen DIN/ISO-Programmiernormen wurde ein besonderer Wert auf einheitliche Definitionen und Begriffsbezeichnungen der NC-Programmiertechnik gelegt.

Die Eignung und Verwendung dieses Fachbuches in einer bislang noch nicht vorliegenden geschlossenen und umfassenden Darstellung der NC-Programmiertechnik ist für alle Arten der Aus- und Weiterbildung sowie für die permanenten betrieblichen Planungsaktivitäten gedacht. Für Ausbildungszwecke läßt es sich vorteilhaft in den einschlägigen Lehrveranstaltungen an Hochschulen, an beruflichen Fachschulen und an Berufsbildungszentren der Kammern u.ä. einsetzen. Des weiteren besteht ein zunehmender Bedarf an Weiterbildungsmaßnahmen in den Fertigungsbetrieben für die Höherqualifizierung von Ausbildern und des NC-Personals. Von besonderer Wichtigkeit dürfte es künftig auch sein, die technischen Führungskräfte wie z.B. Meister, Fertigungs- und AV-Leiter, Produktionsleiter usw. in den grundlegenden Funktionsbereichen, Strukturen und Konzepten der NC-Programmiertechnik eingehender zu informieren. Hierbei kann dieses Buch vorteilhaft als Leitfaden, Fachinformationsquelle und Nachschlagewerk herangezogen werden.

Für die betrieblichen Anwender bieten sich insgesamt eine Reihe von Verbesserungen und Vorteilen wie z.B.:

- Hinführung zu einer zeitgemäßen, modernen NC-Organisation mit einsatzoptimierten Programmiermitteln und gut ausgebildetem NC-Personal.
- Schaffung von abgestimmten und kosteneffizienten NC-Programmierkonzepten innerhalb des Fertigungsbereiches, die i.d.R. eine Senkung der Stückkosten bedeuten.
- Sicherstellung von kürzeren Planungs- und Fertigungszeiten insbesondere für kleinere Auftragslosgrößen und hoher Teilevielfalt bei hohem Qualitätsstandard.
- Bessere Ausschöpfung des vorhandenen Erfahrungspotentials der mit CNC-Technik und NC-Programmierung befaßten Mitarbeiter.

Mit einer souveränen Beherrschung der NC-Technik und der damit verbundenen NC-Programmiertechnik werden schließlich die Grundvoraussetzungen geschaffen, weitere rechnergestützte und rechnerintegrierte Systeme in den Fertigungsbetrieben einzuführen. Damit werden auch neue Anforderungen an die Fertigungsorganisation und deren Mitarbeiter gestellt.

Möge dieses Fachbuch ein geeignetes Hilfsmittel sein für das umfassende Verständnis der NC-Programmiertechnik und als Leitfaden dienen für die Schaffung von zukunftsweisenden NC-Programmierorganisationen in den Fertigungsbetrieben.

Dieses Lehrbuch resultiert aus meiner langjährigen Industrietätigkeit auf dem Gebiet der CNC-Technik und den darauffolgenden Lehr- und Weiterbildungsaktivitäten in der NC-Programmiertechnik an der Fachhochschule Coburg. Wesentliche Impulse und Anregungen erfuhr ich ebenso aus zahlreichen Fachgesprächen, Fachveranstaltungen und Kontakten zu den Herstellerfirmen von CNC-Maschinen und NC-Programmiersystemen.

Mein Dank gilt all diesen Firmen, die mich durch ihre bereitwillige Überlassung von Fachinformationen, Produktspezifikationen und Programmieranleitungen nachhaltig unterstützt haben sowie durch die z. T. kostenlose Zurverfügungstellung von Demo-Programmiersystemen für mein Labor.

Ganz besonders danke ich meiner Frau Hannelies für ihre tatkräftige Mitwirkung bei der Erstellung des Manuskriptes, vor allem aber für ihr anhaltendes Verständnis und der stetigen Ermunterung für das Zustandekommen dieses Buches.

Dem Verlag bin ich für die sachverständige Beratung bei der Planung und Gestaltung des Buches und für die gute Zusammenarbeit zu Dank verpflichtet.

Coburg, im Oktober 1994 *Helmut Benkler*

Inhaltsverzeichnis

Kapitel 1 Einführung

1.1 Bewertung und Zielsetzung der NC-Programmiertechnik

Durch den zunehmenden Einsatz von NC-Maschinen in den Fertigungsbetrieben kommt der **NC-Programmierung** (NCP) für die Erstellung von Werkstückprogrammen eine immer größere Bedeutung zu. Gewichtige Gründe sind hierfür u.a.:

1. Steigende Forderungen nach höherer Fertigungsflexibilität, Produktivität und Qualität. Dies ist bedingt durch permanent sinkende Losgrößen, durch komplexere Werkstückgeometrien und durch zunehmenden Kostendruck.
2. Verstärkter Einstieg in neue Fertigungsverfahren der spanenden, umformenden und abtragenden Bearbeitungstechnologien wie z.B. Laser-/Wasserstrahlschneiden, Stanzen/Nibbeln, Senk-/Drahterodieren, Stereo-Lithographie usw.
3. Einbeziehung zusätzlicher Maschinen-Funktionen in die NC-Programmierung wie z.B. für automatische Werkzeug- und Werkstückhandhabung, Werkstück-Komplettbearbeitung, Parallelbearbeitung mit mehreren Werkzeugen und Werkstücken, Inprozeßmessungen usw.

Die CNC-Technik und damit auch die NC-Programmiertechnik befinden sich derzeit auf einem hohen Technikstand. Dies wird durch ihre flexiblen und leistungsfähigen Hard- und Softwarekomponenten in Verbindung mit den vorhandenen CNC-Steuerungen und NC-Programmiersystemen sichergestellt. Damit wird eine NC-Programmerstellung für verschiedenartigste Werkstückgeometrien und Fertigungsverfahren an unterschiedlichen Fertigungsorten ermöglicht.

Die NC-Programmierung umfaßt die Bestimmung und Festlegung sämtlicher Geometrie- und Technologieinformationen, die für den Fertigungsprozeß eines Werkstücks auf einer CNC-Maschine erforderlich sind. Beim Programmiervorgang selbst werden diese Daten in codierter Form durch spezielle Anweisungen und Regeln zu einem NC-Programm zusammengefügt, das die CNC-Steuerung entsprechend verarbeiten kann. Hier liegt jedoch das grundsätzliche Problem vor, daß sich diese sog. „Programmiersprache" teilweise aus einem steuerungsneutralen Format nach DIN 66025/ISO 6983 und einem maschinen-/steuerungsspezifischen Format zusammensetzt. Dies hat zur Folge, daß jedes NC-Programm im Prinzip auf eine bestimmte CNC-Maschine und deren Steuerung zugeschnitten ist und nicht ohne weiteres ausgetauscht werden kann.

Die NC-Programmierung eines Fertigungsbetriebes ist Bestandteil der vorhandenen Betriebsorganisation und besitzt i.d.R. eine gewachsene bzw. spezifische Aufbau- und Ablaufstruktur. In diesem Zusammenhang sind insbesondere die unterschiedlichen Haupteinflußgrößen und deren gegenseitige Funktionsabhängigkeiten zu beachten, deren optimiertes Gesamtsystem eine „wirtschaftliche NC-Programmierung" als Zielsetzung hat, Abb. 1.1.

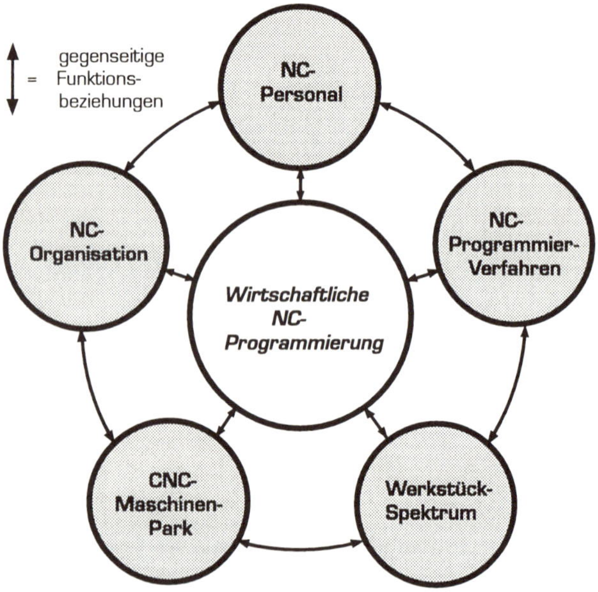

Abb. 1.1: Wirkzusammenhänge mit Haupteinflußgrößen der NC-Programmiertechnik

Diese Einflußgrößen werden durch eine Reihe von charakteristischen Funktionsmerkmalen dargestellt, die bei der Planung und Einführung eines optimierten NC-Programmierkonzeptes zu berücksichtigen sind wie z.B.:

NC-Organisation:
- NC-Programmierorganisation
- Betriebsmittelorganisation
- Programmarchivierung und -verteilung
- CNC-Fertigungsorganisation

CNC-Maschinenpark:
- Anzahl der CNC-Werkzeugmaschinen
- Art der CNC-Steuerungen
- Art des Fertigungsverfahrens
- Automatisierungsgrad

Werkstückspektrum:
- Werkstückformen
- Werkstück-Komplexitätsgrad
- Teilefamilien
- Losgrößen

NC-Programmierverfahren:
- Fertigungsverfahren
- Bedienoberflächen
- Programmiermittel
- Programmierkostensätze

NC-Personal:
- NC-Qualifikation
- technologisches Erfahrungswissen
- Motivation, Teamarbeit
- extrafunktionale Qualifikation.

In einer modernen Fertigungsorganisation genügt es keinesfalls, z.B. ein neues bzw. verbessertes NC-Programmierkonzept lediglich aufgrund des vorhandenen Maschinenparks bzw. im Zusammenhang mit dem bisherigen NC-Personal einzuführen. Vielmehr muß anhand eines Pflichtenheftes versucht werden, sämtliche Einflußgrößen und deren Funktionsmerkmale zunächst einzeln zu bewerten. Anschließend erfolgt eine Gesamtbeurteilung des Wirksystems der NC-Programmierung unter Berücksichtigung von gegenseitigen Funktionszusammenhängen der Haupteinflußgrößen, da ein diesbezüglich geschlossenes Optimierungsverfahren derzeit noch nicht verfügbar ist.

Ein auf diese Weise optimiertes NC-Programmierkonzept sollte deshalb im Hinblick auf eine wirtschaftliche NC-Programmierung folgende Anforderungen erfüllen wie z.B.:

- möglichst kurze Programmierzeiten und CNC-Bearbeitungszeiten,
- geringe Kostensätze der eingesetzten NC-Programmierverfahren,
- fehlerfreie NC-Programme mit kurzen Programmeinfahrzeiten,
- flexible und universell einsetzbare NC-Programmierverfahren,
- einheitliche NC-Programmiermittel mit einfacher Bedienoberfläche,
- Minimierung der Datenschnittstellen und einheitliche Datenformate,
- minimaler Organisationsaufwand,
- Bestqualifizierung des NC-Personals usw.

1.2 Gliederung und Begriffbestimmung der NC-Programmiertechnik

Für eine umfassende Darstellung des relativ komplexen Gesamtsystems der NC-Programmiertechnik ist es sinnvoll, eine Aufgliederung in Funktionskomponenten bzw. Funktionsbereiche vorzunehmen, um die gegenseitigen Funktionsbeziehungen und Abhängigkeiten genauer darstellen zu können, Abb. 1.2.

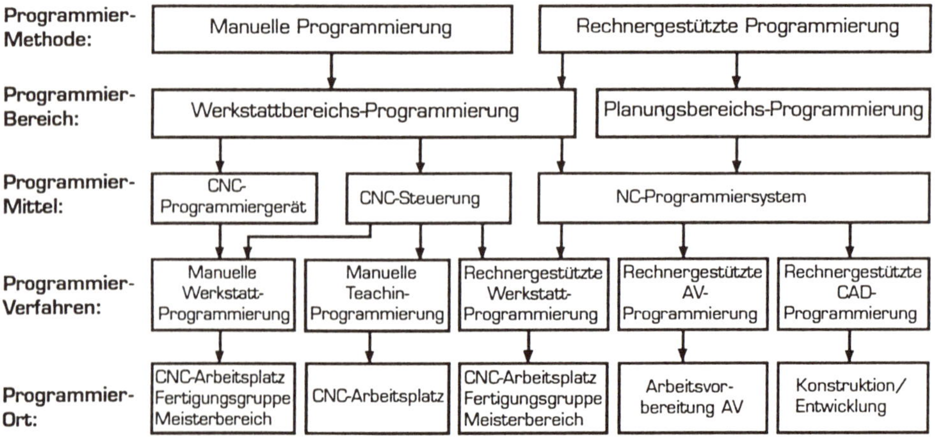

Abb. 1.2: Funktions- und Bereichsgliederung der NC-Programmierung

Programmiermethode:

Unter der NCP-Methode wird die Art der NC-Programmierung verstanden. Bei der **manuellen NC-Programmierung** wird das NC-Programm i.d.R. durch den Maschinenbediener von Hand erstellt. Sie ist immer im Zusammenhang mit der CNC-Steuerung zu betrachten, auf der das NC-Programm abgearbeitet werden soll. Bei der **rechnergestützten NC-Programmierung** hingegen wird ein NC-Programmiersystem (Rechnerhard- und Programmsoftware) benötigt, das meist für kompliziertere Werkstückgeometrien und für unterschiedliche Fertigungsverfahren (z.B. Drehen, Bohren, Fräsen usw.) eingesetzt werden kann und von ausgebildeten NC-Programmierern bedient werden muß. Die NC-Programmerstellung selbst kann sowohl steuerungsneutral als auch maschinen-/steuerungsspezifisch erfolgen.

Programmierbereich, Programmierort:

Als Hauptprogrammierbereiche haben sich in der betrieblichen Praxis der „Werkstattbereich“ und der „Planungsbereich“ herausgebildet. Unter Werkstattbereich werden alle lokalen Programmierbereiche wie z.B. der Meisterbereich und der Fertigungsbereich sowie die CNC-Arbeitsplätze als feste Programmierorte verstanden. Beim Planungsbereich wird unterschieden zwischen dem Bereich der Arbeitsvorbereitung (AV-Bereich) und dem CAD-Bereich der Entwicklungs- und Konstruktionsabteilung. Während im Werkstattbereich sowohl manuell als auch rechnergestützt programmiert werden kann, erfolgt die NC-Programmierung im Planungsbereich ausschließlich rechnergestützt durch den Einsatz von NC-Programmiersystemen. Der Vorteil einer diesbezüglichen Programmerstellung liegt in der unmittelbaren Fortsetzung des geometrischen und technologischen Planungsablaufs durch die Weiterverarbeitung dieser digitalen Daten zu einem NC-Programm.

Aufgrund derzeitiger Erkenntnisse und künftiger Anforderungen stellt sich nicht mehr die Entweder-Oder-Frage nach einer ausschließlichen Planungsbereich- bzw. Werkstattbereichsprogrammierung. Vielmehr ist ein den vorliegenden Einflußgrößen und Funktionsmerkmalen angepaßtes und integriertes NC-Programmierkonzept mit bereichsverteilter Programmerstellung zu entwickeln und zu realisieren, Abb. 1.3.

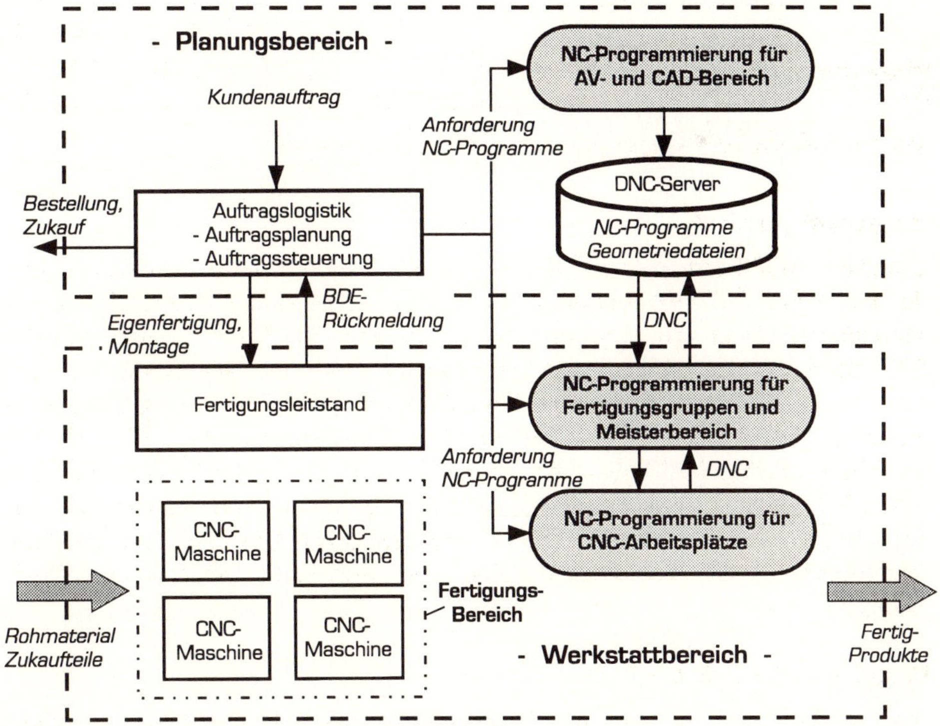

Abb. 1.3: Bereiche der NC-Programmierung innerhalb des Auftragsfertigungsprozesses

Programmiermittel:

Unter diesem Begriff werden alle CNC-Steuerungen, CNC-Programmiergeräte und rechnergestützte NC-Programmiersysteme verstanden. Während die CNC-Steuerung und das CNC-Programmiergerät ausschließlich für die manuelle NC-Programmierung eingesetzt werden, arbeiten NC-Programmiersysteme rechnerunterstützt, wobei das NC-Programm parallel, jedoch zeitversetzt, zum Bearbeitungsprozeß erstellt, überprüft und archiviert werden kann. Für die eigentliche CNC-Bearbeitung muß dieses Programm zunächst konvertiert und über DNC (**D**istributed **n**umerical **c**ontrol) oder andere Datenträger an die CNC-Maschinensteuerung übertragen werden.

Bei der manuellen NC-Programmierung wird das NC-Programm entsprechend dem Bearbeitungsablauf sequentiell in codierter Form „geschrieben" und anschließend in die CNC-Maschinensteuerung bzw. in das CNC-Programmiergerät über die CNC-Tastatur eingegeben. Dort kann es überprüft, editiert und zwischengespeichert werden. Das CNC-Programmiergerät besteht aus einer PC-Hardware und einer steuerungsadäquaten Software. Es wird hauptsächlich für die manuelle Programmierung parallel zum Bearbeitungsprozeß am CNC-Arbeitsplatz bzw. im Meisterbüro u. dgl. eingesetzt.

NC-Programmierverfahren:

Durch die erfolgreichen Weiterentwicklungen der CNC-Steuerungen und NC-Programmiersysteme, in Verbindung mit den verschiedenen Bereichen der Programmerstellung innerhalb des Produktionsbetriebes, haben sich eine Reihe von prägnanten NC-Programmierverfahren herausgebildet. Dies wurde vor allem auch unterstützt durch die rasche Einführung und Akzeptanz der PC- und CAD-Technologie in den 80er Jahren.

Teachin-Programmierung: Die Teachin-Programmierung erfolgt mit einer speziellen CNC-Steuerung, wobei die Geometriedaten über elektronische Handräder erzeugt oder durch Parameterwerte von Geometrieelementzyklen direkt in die Steuerung eingetippt werden. Die hierzu notwendigen Technologiedaten sind ebenfalls durch Direkteingabe über Potentiometer und Funktionstasten einzugeben. Nach jedem Programmierschritt erfolgt die Abspeicherung dieser Daten, so daß am Ende der Bearbeitung ein fertiges NC-Programm vorliegt.

Das Anwendungsgebiet liegt hauptsächlich in der Einzel- und Kleinserienfertigung bei einfacheren Werkstückformen.

Die Playback-Programmierung besitzt Ähnlichkeit mit der Bedienung an konventionellen Maschinen und benötigt weder Programmiersprache noch NC-Organisation. Durch die zwischenzeitlichen Verbesserungen an den Teachinsteuerungen erfährt sie hauptsächlich bei der Dreh- und Fräsbearbeitung eine zunehmende Praxisakzeptanz.

Manuelle Werkstattprogrammierung: Bei der manuellen Werkstattprogrammierung werden für einen Bearbeitungsvorgang die Geometriedaten zusammen mit den Technologiedaten in codierter Form satzweise bzw. sequentiell von Hand niedergeschrieben. Die hierzu benutzte Programmiersprache besitzt ein teilweise genormtes und teilweise maschinen-/steuerungsspezifisches Format, wodurch jedes NC-Programm auf das jeweilige Maschinen-/Steuerungskonzept zugeschnitten und nicht ohne weiteres austauschbar ist. Die Programmeingabe kann entweder direkt über die Steuerungstastatur erfolgen oder aber über ein CNC-Programmiergerät mit anschließender DNC-Übertragung vorgenommen werden. Der Hauptanwendungsbereich der manuellen Werkstattprogrammierung stellt der CNC-Arbeitsplatz dar, wobei im Sinne einer kürzeren Maschinenrüstzeit eine Parallelprogrammierung mit modernen Multitaskingsteuerungen angestrebt werden sollte. Im Fertigungsgruppenbereich hingegen läßt sich vorteilhaft das CNC-Programmiergerät einsetzen.

Der wirtschaftliche Einsatz dieses Verfahrens liegt hauptsächlich bei kleineren und mittleren Losgrößen mit nicht allzu hoher Werkstückkomplexität, wobei in Klein- und Mittelbetrieben eine starke Verbreitung vorliegt.

Rechnergestützte Werkstattprogrammierung: Bei diesem modernen NC-Programmierverfahren wird in die CNC-Steuerung ein zusätzliches, spezielles NC-Programmiersystem integriert. Der Programmiervorgang erfolgt mit Rechnerunterstützung und einer grafisch-interaktiven Bedienoberfläche, wozu keine Programmiersprache erforderlich ist. Mittels eines separaten Geometrieprozessormoduls sind zunächst die werkstückbeschreibenden Geometriedaten zu erstellen, die im anschließenden Programmierablauf zusammen mit den Technologiedaten zu einem NC-Programm verarbeitet werden.

Dieses rechnergestützte Programmierverfahren besitzt ein universelles Datenformat und läßt sich ebenso als Stand-alone-System im Fertigungs- und Meisterbereich einsetzen. Es eignet sich hauptsächlich für kleinere und mittlere Auftragslosgrößen in Verbindung mit komplexeren Werkstückgeometrien, wobei kurze Programmierzeiten erzielt werden.

Rechnergestützte AV-Programmierung: Die rechnergestützte AV-Programmierung im Bereich der Arbeitsvorbereitung wird bereits seit langem in Fertigungsbetrieben mit großem CNC-Maschinenpark bei unterschiedlichen Fertigungsverfahren, mittleren Auftragslosgrößen und komplexeren Werkstückspektren erfolgreich eingesetzt. Dieses Programmierverfahren wird dargestellt durch ein leistungsfähiges NC-Programmiersystem mit üblicher PC-Hardware sowie einer fertigungsverfahrensspezifischen NC-Programmiersoftware. Während das eigentliche Programmieren bei älteren Programmiersystemen noch eine spezielle Programmiersprache erfordert, verfügen moderne Systeme bereits über interaktive, dialogorientierte Bedienerführungen mit Menütechnik.

Die rechnergestützte Programmerstellung erfolgt durch sog. Blockverarbeitung der Geometrie- und Technologiedaten. Hierbei können die digitalen Geometriedaten durch ein Geometrieerstellungsmodul erzeugt und die Technologiedaten aus vorgehaltenen Erfahrungsdateien ausgewählt und zugeordnet werden.

Das Programmiersystem selbst besitzt ein steuerungsneutrales Datenformat. Die auf diese Weise erstellten sog. CLDATA-Programme (**C**utter **L**okal **Data**) müssen bei der Auftragszuteilung an ein bestimmtes CNC-Maschinen-/Steuerungskonzept mittels eines spez. Postprozessors auf dessen Datenformat konvertiert werden.

Rechnergestützte CAD-Programmierung: Dieses Programmierverfahren ist unmittelbar im Bereich der Werkstück-Geometrieerzeugung angesiedelt. Durch die Integration eines rechnergestützten NC-Programmiermoduls in das CAD-System werden die erzeugten CAD-Daten ohne Schnittstelle im gleichen Datenformat für die NC-Programmierung weiterverwendet. Ein weiterer Vorteil besteht in der gemeinsamen grafisch-interaktiven Bedienoberfläche des CAD- und NC-Programmiersystems. Die übrigen Funktionen dieses Programmierverfahrens entsprechen in etwa den Ausführungen der AV-Programmierung.

Die rechnergestützte CAD-Programmierung eignet sich besonders für mittlere und hohe Werkstückkomplexität, wie z.B. bei 3D-Regel- und Freiformflächen. Der Einsatzbereich liegt meist in der Einzel- und Kleinserienfertigung wie z.B. im Modell-, Formen- und Werkzeugbau.

1.3 Entwicklung der NC-Programmiertechnik

Zu Beginn der 50er Jahre wurden in den USA erstmals NC-Maschinen im Bereich des Großflugzeugbaus entwickelt und eingesetzt. Die hierzu notwendigen NC-Steuerungen waren mit Elektronenröhren aufgebaut und wurden durch binär codierte Lochstreifen programmiert. Bereits im Jahr 1958 konnte die erste symbolische Programmiersprache APT (**a**utomatically **p**rozessing **t**ools) in Verbindung mit einem IBM-Rechner eingeführt und zum „maschinellen“ NC-Programmieren eingesetzt werden.

Anfang 1960 waren in Deutschland die ersten NC-Maschinen für Produktionszwecke einsatzbereit. Die Ausrüstung erfolgte mit sogenannten „Hardware“-Steuerungen, die zunächst mit verbindungsprogrammierten Relais- und später mit Halbleiterbausteinen (Transistor, Diode) aufgebaut wurden. Gegen Ende der 60er Jahre konnten im Zuge der fortschreitenden Bauteile-Miniaturisierung erstmals integrierte Schaltkreise (ICs) eingesetzt werden. Die NC-Programmierung erfolgte in der Arbeitsvorbereitung und wurde je nach vorliegender Werkstückkomplexität teils manuell, teils maschinell über Lochstreifencode ausgeführt. Der erzeugte Lochstreifen mußte satzweise und intermittierend in die NC-Steuerungen eingelesen werden, da noch keine Arbeitsspeicher in den NC-Steuerungen existierten.

Durch die weiter fortschreitende Integration zu speicherprogrammierbaren LSI- und VLSI-Bausteinen war es zu Beginn der 70er Jahre möglich, erstmals NC-Steuerungen mit integriertem Minicomputer und späteren Mikroprozessoren auszurüsten. Damit wurde die äußerst erfolgreiche Steuerungsgeneration der freiprogrammierbaren CNC-Softwaresteuerung entwickelt, die eine kontinuierliche Abarbeitung des NC-Programms im CNC-Arbeitsspeicher ermöglichte. Die NC-Programmierung erfolgte mittels einer Programmiersprache, die sich bereits aus einem genormten DIN 66025-Format sowie einem maschinen-/steuerungsspezifischen Format zusammensetzte.

Durch laufende Verbesserungen dieser CNC-Steuerungen hinsichtlich grafisch unterstützter Programmierhilfen, durch Bearbeitungszyklen sowie durch Geometrie-Schnittpunktberechnungen usw., entwickelte sich in den Folgejahren die sogenannte Handeingabesteuerung, die eine komfortable **manuelle Werkstattprogrammierung** an der CNC-Maschine, zumindest für Werkstücke mit geringer bis mittlerer Komplexität, ermöglichte.

Für Werkstücke mit höherem Komplexitätsgrad war weiterhin die maschinelle AV-Programmierung unentbehrlich, wobei nach und nach die rechnergestützte AV-Programmierung mit Kleinrechnern gegenüber der manuellen AV-Programmierung an Bedeutung gewann. Die erzeugten NC-Programme wurden wie vordem auf Lochstreifen gestanzt und per Lochstreifenleser in die NC-Steuerung eingebracht.

Die PC- und CAD-Entwicklung zu Beginn der 80er Jahre brachten gleichzeitig auch neue Impulse für die NC-Programmiertechnik. Daraus resultierte eine neue Generation der bisherigen maschinellen Systeme mit Großrechner, die sog. dezentralen NC-Programmiersysteme. Ihr modularer Softwareaufbau in Verbindung mit leistungsfähiger Geometrieerstellung, mit Modulen für unterschiedliche Fertigungsverfahren und mit einfachen, grafisch-interaktiven Bedienoberflächen ermöglichten erweiterte Anwendungsmöglichkeiten im Planungsbereich. Damit ließen sich sowohl CAD-gekoppelte Programmiersysteme im AV-Bereich als auch CAD-integrierte Systeme für komplexere Werkstückgeometrien im Konstruktionsbereich einsetzen. Durch weitere Entwicklungen hinsichtlich der Standardisierung von Schnittstellen, der Datenspeicherung mit Festplattenlaufwerken und der Datenübertragung von NC-Programmen und Geometriedateien mittels DNC verloren die herkömmlichen Programmspeicher wie z.B. Lochstreifen, Magnetbänder u.dgl. zunehmend an Bedeutung.

Im Verlaufe der 80er Jahre wurden leistungsfähige Mehrprozessorsteuerungen mit Multitaskingprogrammierung, erweiterte Bearbeitungszyklen, grafisch-dynamische Programmsimulation u.dgl. entwickelt und erfolgreich eingeführt. Dies trug in Verbindung mit benutzerfreundlichen Bedienoberflächen, leistungsfähigen Geometrieprozessoren sowie der Vorhaltung von Technologie-Erfahrungsdateien zu einer wesentlichen Verbesserung und Vereinfachung des manuellen Programmierens am CNC-Arbeitsplatz bei.

Zur Verbesserung der Situation bezüglich der unterschiedlichen Datenformate in den CNC-Steuerungen wurde gegen Ende der 80er Jahre das neuartige rechnergestützte Programmiersystem WOP (**w**erkstatt**o**rientierte **P**rogrammierung) eingeführt, und als sog. PC-Version zusätzlich in die CNC-Steuerung integriert. Die Besonderheit dieses NC-Programmierverfahrens liegt u.a. in einer grafisch-interaktiven Bedienoberfläche, die eine ansonsten notwendige Programmiersprache erübrigt und damit eine Aufwertung der Werkstattprogrammierung bedeutet.

Ein qualitativer Überblick für diese Entwicklungstendenzen der NC-Programmierung ist in Abb. 1.4 dargestellt.

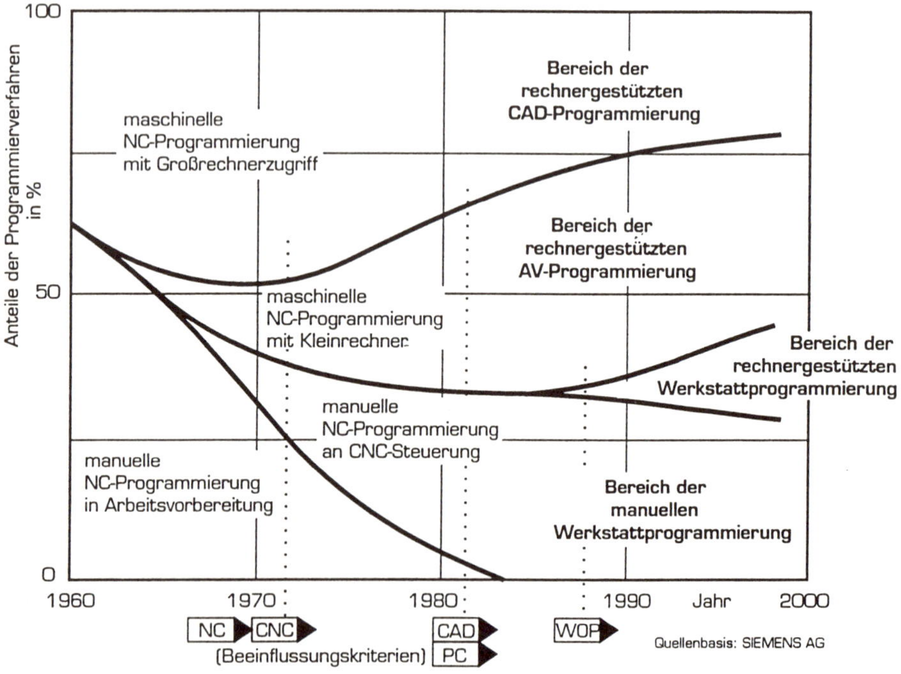

Abb. 1.4: Entwicklungstendenzen der NC-Programmierverfahren

Kapitel 2 Strukturierter Prozeßablauf beim NC-Programmieren

Die NC-Programmierung eines Werkstücks läßt sich in grundsätzlicher Form als sog. **Prozeßkette** darstellen. Dabei werden alle notwendigen Vorgangsschritte und Einflußparameter mit ihren Funktionszusammenhängen aufgezeigt und erläutert, Abb. 2.1.

Als wesentlich erscheint die differenzierte Betrachtung der manuellen und der rechnergestützten NCP innerhalb dieser Ablaufstruktur. Während bei der manuellen NCP eine integrierte und sequentiell-satzweise Verarbeitung von Geometrie- und Technologiedaten erfolgt, werden bei der rechnergestützten NCP die Geometrie- und Technologiedaten zunächst als getrennte Dateien erzeugt und im Verlaufe der Programmerstellung durch Aufruf entsprechend verarbeitet.

2.1 Aufbereitung und Festlegung der Geometriedaten

Die zur NC-Programmierung erforderlichen Geometrieinformationen können in unterschiedlicher Form vorliegen:

- als technische Zeichnung,
- als unbemaßte Grafikvorlage bzw. als Werkstückmodell,
- als digitale Geometriedateien (CAD, Diskette, Magnetband).

Diese Geometrieinformationen müssen je nach eingesetzten Programmierverfahren i. d. R. zunächst aufbereitet, ergänzt, bereinigt bzw. auf ein bestimmtes Datenformat konvertiert werden. Für die Programmierung selbst sind zunächst folgende grundlegende Definitionen zu beachten, Abb. 2.2.

Eine programmiergerechte Werkstückgeometrie besteht i. d. R. aus Geometriepositionen und Geometrie-Elementverbindungen. Letztere setzen sich zusammen aus einer Anzahl gleicher oder verschiedener Elementearten. Damit können durch sinngerechte Anordnungsfolge entweder Geometriekonturen oder Geometrie-Volumenelemente, sog. Formelemente, erzeugt werden.

Geometriepositionen sind durch ihre Achskoordinaten definiert und werden i. d. R. im Eilgang angefahren. **Geometriekonturen** als gerichtete Konturzüge werden festgelegt durch Geometriepositionen (Startpunkt- und Endpunktkoordinaten), wobei eine Konturbearbeitung (Aufkontur, Offsetkontur) mit Werkzeugeingriff vorgenommen werden kann. Geschlossene Konturen (Startpunkt $\triangleq$ Endpunkt!) schließen eine **Konturfläche** ein, die unter Einsatz von unterschiedlichen Bearbei-

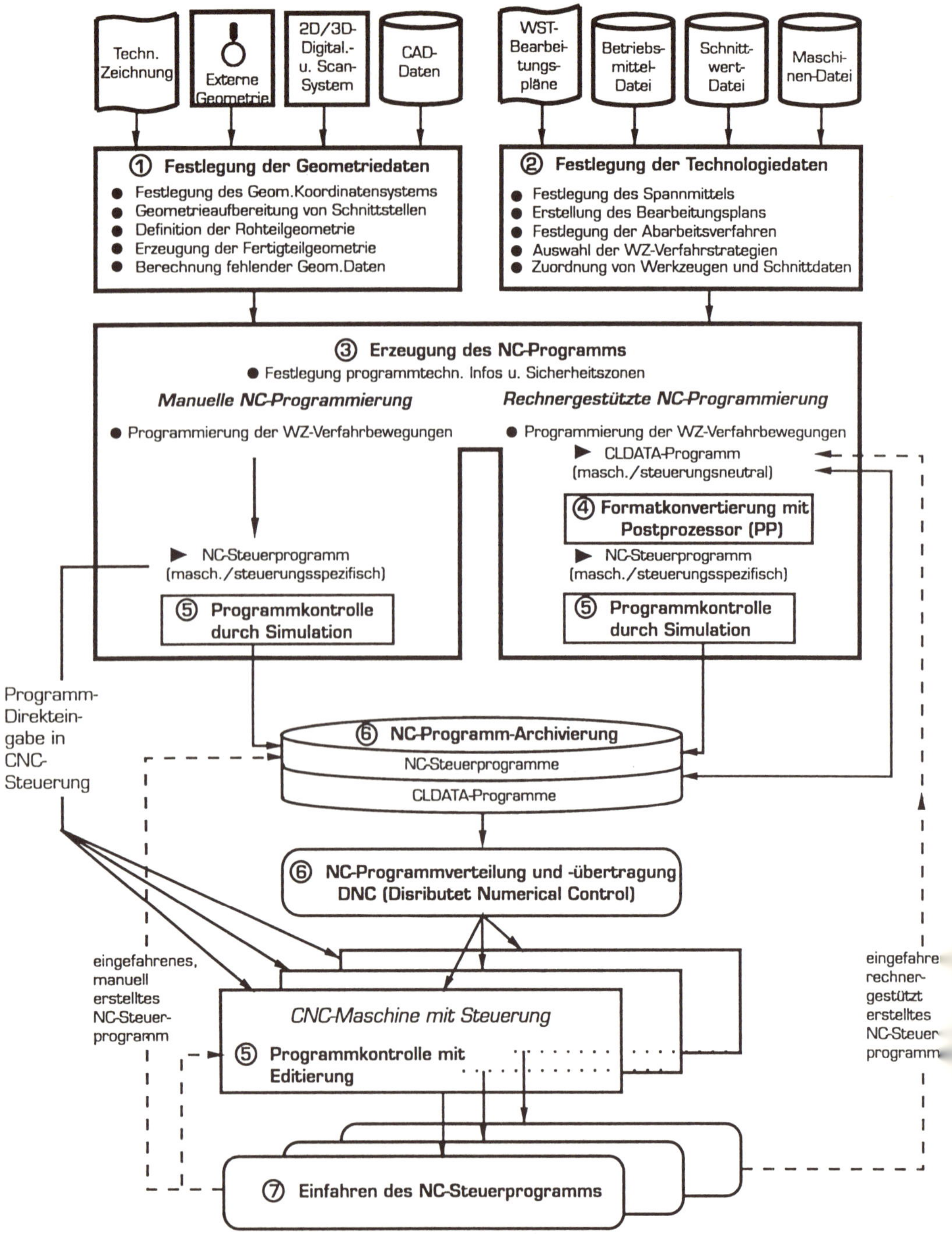

Abb. 2.1: Prozeßkette der NC-Programmierung

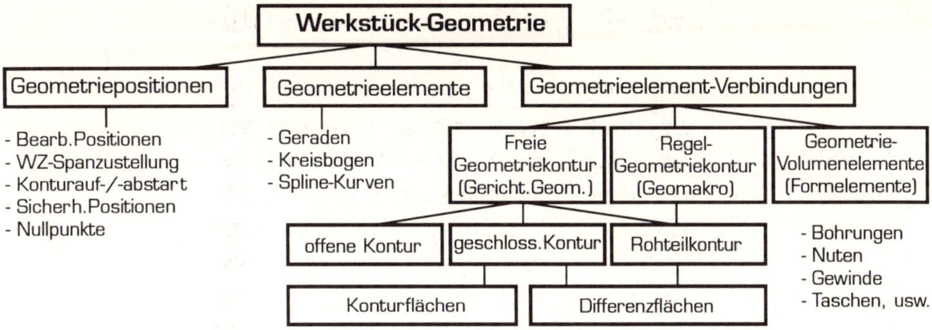

Abb. 2.2: Definition der Werkstückgeometrie

tungsstrategien nach Bedarf zu bearbeiten ist. Geometrieflächen können ebenso durch **Differenzflächen** zwischen Rohteilkontur und Fertigteilkontur dargestellt werden.

Geometrievolumenelemente stellen häufig wiederkehrende Formelemente der zu bearbeitenden Werkstücke dar, wie z.B. Zylinder, Prisma, Kreisring usw., häufig aber auch beliebige Konturflächen mit konstanter Dicke. Die Bearbeitung dieser Formelemente erfolgt stets durch eine integrierte Kontur- **und** Flächenbearbeitung, Abb. 2.3.

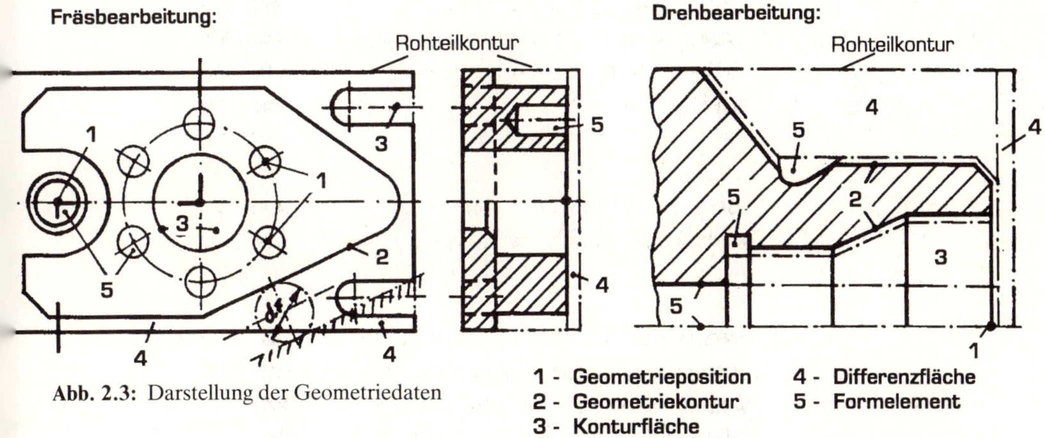

Abb. 2.3: Darstellung der Geometriedaten

Nach erfolgter Aufbereitung der Fertigteilgeometrie wird die Festlegung der **Rohteilabmessungen** vorgenommen. Diese Daten werden meist durch Zurechnung von Bearbeitungsaufmaßen zu den Fertigteilabmessungen gewonnen. Hierbei muß unterschieden werden in Halbzeugrohlinge als Geometrie-Formelemente und in Schmiede- bzw. Preßrohlinge, deren Rohteilabmessungen durch Aufmaß-Äquidistantenberechnung zur Fertigteilkonturform ermittelt werden.

2.2 Aufbereitung und Festlegung der Technologiedaten

Ausgehend von der vorliegenden Form der Rohteilgeometrie wird ein geeignetes Spannmittel nach Art, Größe und Lage sowie im Hinblick auf eine stabile und sichere Einspannung festgelegt. Im nächsten Schritt ist der für die Programmierung notwendige Plan für den Bearbeitungsablauf hinsichtlich Art und Reihenfolge der Bearbeitungsvorgänge (BVO) aufzustellen. Hierzu gilt grundsätzlich folgende topologische Bearbeitungsaufgliederung, Abb. 2.4.

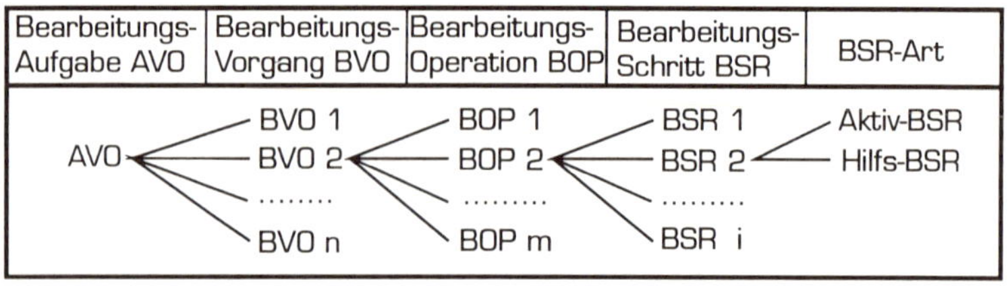

Abb. 2.4: Aufgliederung der Bearbeitungsaufgabe

Die Bearbeitungsaufgabe stellt einen sog. Arbeitsvorgang (AVO) im Rahmen der betrieblichen Arbeitsplandefinition dar und ist arbeitsplatzbezogen zu verstehen, wie z.B. Drehbearbeitung, Fräsbearbeitung usw. Jeder BVO kann einen oder mehrere Bearbeitungsoperationen (BOP) beinhalten. Ebenso kann eine BOP aus einem oder mehreren Bearbeitungsschritten (BSR) bestehen. Grundsätzlich wird zwischen zwei Arten von BSR unterschieden:

- Bei den Aktiv-Bearbeitungsschritten (ABSR) befindet sich stets das Werkzeug im Eingriff, wobei Konturelemente (Geraden, Kreisbogen) bearbeitet oder WZ-Zustellungsvorgänge realisiert werden. ABSR können sowohl Einzelelemente als auch Konturzug-Bearbeitungsgänge darstellen.
- Die Hilfsbearbeitungsschritte (HBSR) stellen nebenzeitrelevante Positioniervorgänge dar, die im Eilgang zurückgelegt werden. Hierzu gehören i.d.R. WZ-Anfahr-, Positionierungs-, Rückzugsbewegungen u.a.

Eine BOP benötigt beide BSR-Arten zur sinnvollen Bewältigung eines Bearbeitungsablaufs wie z.B. für sog. Dreiecks- und Viereckszyklen.

Für die Festlegung des Bearbeitungsablaufs ist zunächst nach Abb. 2.5 die Art der BVO zu bestimmen und in eine fertigungstechnisch realisierbare Reihenfolge zu bringen. Meist liegt bereits eine zwangsläufige BVO-Reihenfolge vor, wie z.B. Zentrieren-Bohren-Gewinden bzw. Vorschruppen-Schruppen-Schlichten usw.

Je nach Art und Form der Bearbeitungsgeometrie wird für jeden BVO ein geeignetes Werkzeug ausgewählt und zugeordnet. Die Werkzeugeignung wird nach fol-

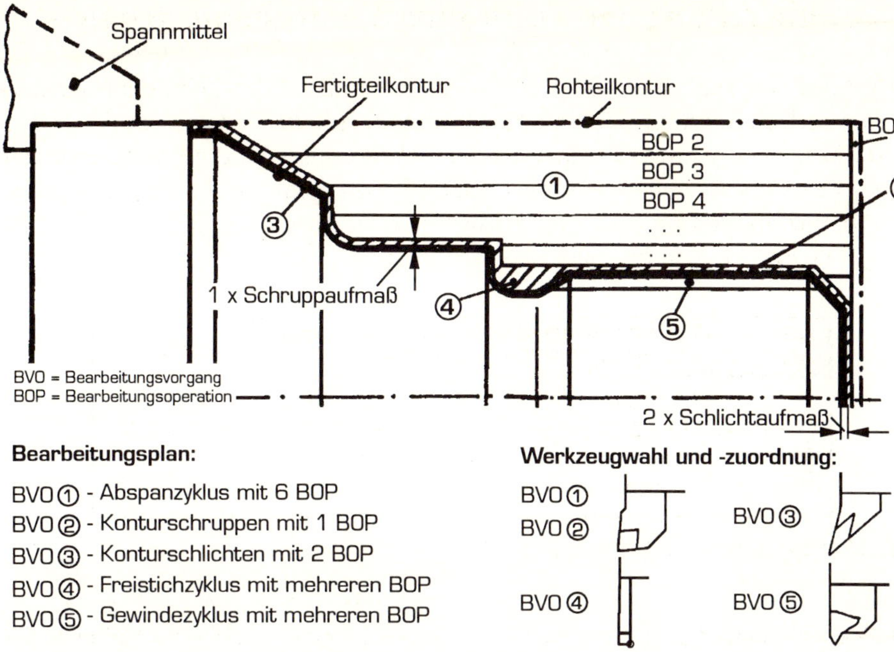

Abb. 2.5: Bearbeitungsplan für Drehbearbeitung

genden Kenngrößen beurteilt: WZ-Halterform, WZ-Halterabmessungen, WZ-Schneidstoff, WZ-Radius, Schneidenradius, Schneidenform usw.

Je nach gewähltem Abarbeitungsverfahren (Flächenbearbeitung, Konturbearbeitung usw.), Werkzeugverfahrstrategie (Aufkontur, Offsetkonturbearbeitung) und Oberflächenbearbeitungsart (Schruppen, Schlichten) sind für jedes Werkzeug geeignete Schnittdaten auszuwählen bzw. zu berechnen. Unter Schnittdaten sind folgende fertigungstechnologische Kenngrößen zu verstehen, Abb. 2.6:

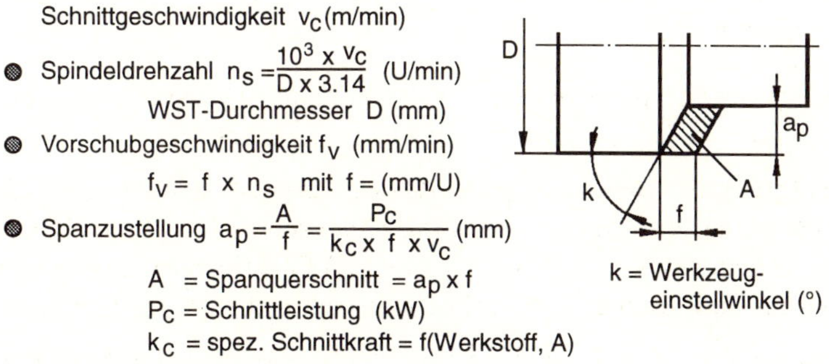

Abb. 2.6: Definition der Schnittdaten (Drehbearbeitung)

Die Schnittgeschwindigkeit wird anhand der Kombination von Werkstück (WST)-Werkstoff und Werkzeug (WZ)-Schneidstoff aus entsprechenden Tabellen gewonnen. Nach Bedarf läßt sich damit die Spindeldrehzahl über den WST- bzw. WZ-Durchmesser berechnen.

Die Vorschubgeschwindigkeit für die Schupp- und Schlichtbearbeitung läßt sich in Abhängigkeit von verschiedenen Einflußgrößen, wie z.B. der Oberflächenqualität usw., aus Erfahrungstabellen entnehmen.

Die Spanzustellung, insbesondere für die Schuppbearbeitung, kann unter Ausnutzung der maximalen Spindelleistung und unter Berücksichtigung der Werkzeugstabilität entweder anhand von Erfahrungswerten oder aus der Berechnungsformel unter *Abb 2.6* bestimmt werden.

Liegt bei einer Volumenbearbeitung eine Bearbeitungstiefe T vor, die größer als die max. mögliche Spanzustellung $a_{p\,max}$ ist, so muß eine sog. Schnittaufteilung programmiert werden. Die Zahl der Spanzustellschritte berechnet sich nach der Formel $n = T / a_{p\,max}$.

Für die optimale Auswahl von Werkzeugen und Schnittwerten stehen zahlreiche Kataloge, Tabellen und Dateien von Werkzeug- und Schneidstoffherstellern sowie firmenspezifische Erfahrungswerte zur Verfügung.

Bei der einheitlichen Bearbeitung innerhalb einer BOP werden nach Abb. 2.7 folgende Abarbeitungsverfahren unterschieden:

Die Konturbearbeitung: Hierbei wird die Bearbeitung entlang eines beliebigen offenen oder geschlossenen Konturzuges verstanden, wobei zwischen einer Aufkontur- oder einer Offsetkonturbearbeitung unterschieden werden muß. Während bei der Aufkonturbearbeitung der WZ-Mittelpunkt „auf der Kontur" geführt wird, kann dieser bei der Offsetbearbeitung um den Werkzeugradius, jeweils nach rechts oder links in Vorschubrichtung versetzt werden. Damit braucht nach wie vor lediglich die Fertigteilkontur programmiert werden, während die Werkzeugmittelpunktsbahn von der CNC-Steuerung berechnet wird, Abb. 2.8.

Die Flächenbearbeitung: Sie wird eingesetzt für flächige Vorbearbeitungen von Rohteilen sowie für Konturrestbearbeitungen, wie z.B. Ausräumen einer Fräskonturtasche usw. Hierzu existieren verschiedene Werkzeug-Verfahrstrategien für eine rationelle Abarbeitung, entsprechend Kap. 3.5.3, Abb. 3.5.12.

Die Volumenbearbeitung: Hierbei handelt es sich um die Bearbeitung von Geometrie-Formelementen, wobei neben einer Offset-Konturbearbeitung eine integrierte Flächenbearbeitung erforderlich ist. In diesem Zusammenhang bieten die sog. Be-

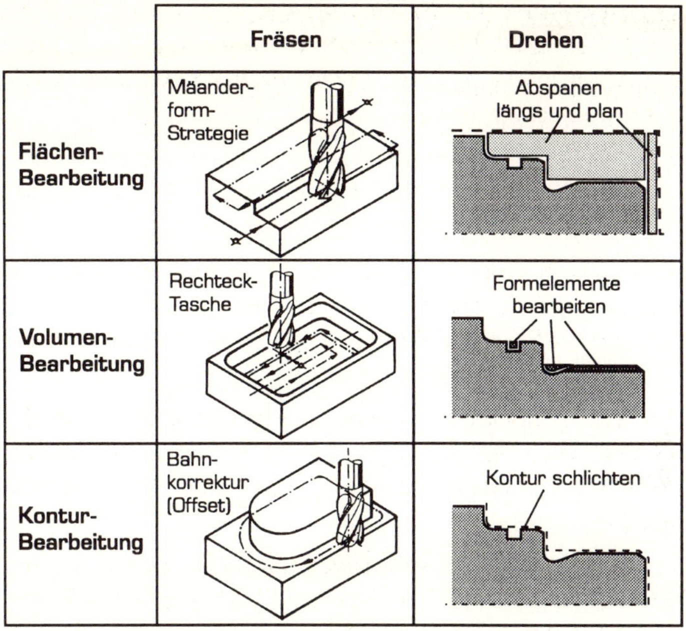

Abb. 2.7: Grundsätzliche Abarbeitsverfahren beim Drehen und Fräsen

Abb. 2.8: Arten der Konturbearbeitung beim Fräsen

arbeitungszyklen (s. Kap. 3.2.6) einen zusätzlichen Programmierkomfort, da hier neben einer üblichen Konturbearbeitung eine automatische Flächenbearbeitung (Restbearbeitung) durchgeführt wird.

2.3 Erzeugung des NC-Programmes

Bei der NC-Programmerstellung werden die aufbereiteten bzw. festgelegten Geometrie- und Technologieinformationen in der Reihenfolge der geplanten Bearbeitungsvorgänge BVO zu einem NC-Programm nach Abb. 2.9 verarbeitet.

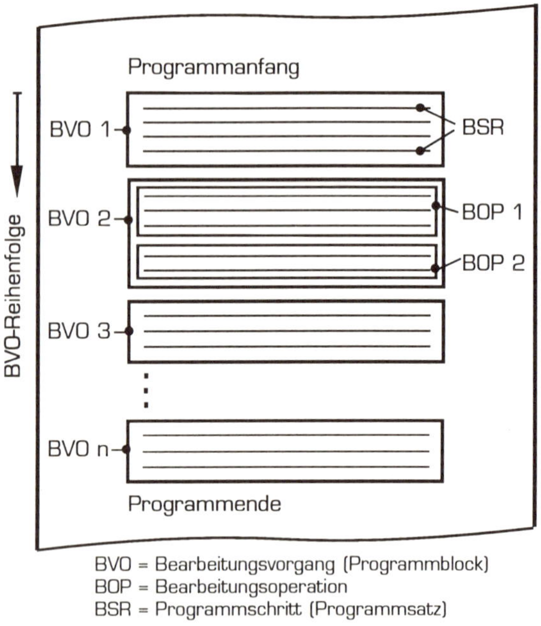

Abb. 2.9: Grundsätzlicher Aufbau eines NC-Programms

Dies kann entweder durch manuelle oder rechnergestützte Programmierung mit unterschiedlichen Programmierverfahren erfolgen. Für die Programmierung selbst ist die Kenntnis einer Programmiersprache erforderlich, wobei die zu verarbeitenden Informationen in ein codiertes Programmformat zu bringen sind. Da vorhandene Maschinen-/Steuerungskonzepte jeweils mit systemspezifischen Programmformaten arbeiten, werden in zunehmendem Maße dialog-, menü- und grafikgestützte Programmier-Bedienoberflächen eingesetzt, die eine Programmiersprache teilweise oder ganz erübrigen.

Programmiervorbereitung:

Zu Beginn einer Programmierung sind zunächst die programmtechnischen Informationen wie z.B. Programmbeginn und Programmnummer festzulegen. Hierzu gehören auch die Definitionen von Sicherheitsbereichen bzw. Sicherheitsebenen

(SE) in bezug auf das vorhandene Spannmittel sowie von Roh- und Fertigteilkontur. Damit soll sichergestellt werden, daß innerhalb dieser Sicherheitszonen kein WZ-Eilgang programmiert werden darf! Ebenso sind entsprechende Kollisionsüberlegungen für die Festlegung der geeigneten Werkzeug-Wechselpositionen (WWP) in bezug auf den Werkzeugsatz (Summe aller Werkzeuge, die für die Bearbeitungsaufgabe erforderlich sind) zu treffen.

Bei der Bestimmung des Werkstückkoordinatensystems und dem daraus resultierenden Werkstücknullpunkt sollten nicht nur programmiertechnische, sondern auch maschinenspezifische Überlegungen mit berücksichtigt werden. Liegt die Werkstückgeometrie in Form einer nicht NC-gerechten technischen Zeichnung vor, so sind nach Bedarf fehlende Koordinaten für zu programmierende Geometrieelemente zu berechnen.

Ablaufalgorithmus der NC-Programmierung:

Infolge der klaren Strukturierung des Bearbeitungsplans in Bearbeitungsvorgänge, Bearbeitungsoperationen und Bearbeitungsschritte wird eine Algorithmierung des Programmierablaufs ermöglicht. Ein diesbezüglicher Ablaufzyklus für die Programmierung eines BVOs wird in Abb. 2.10 dargestellt.

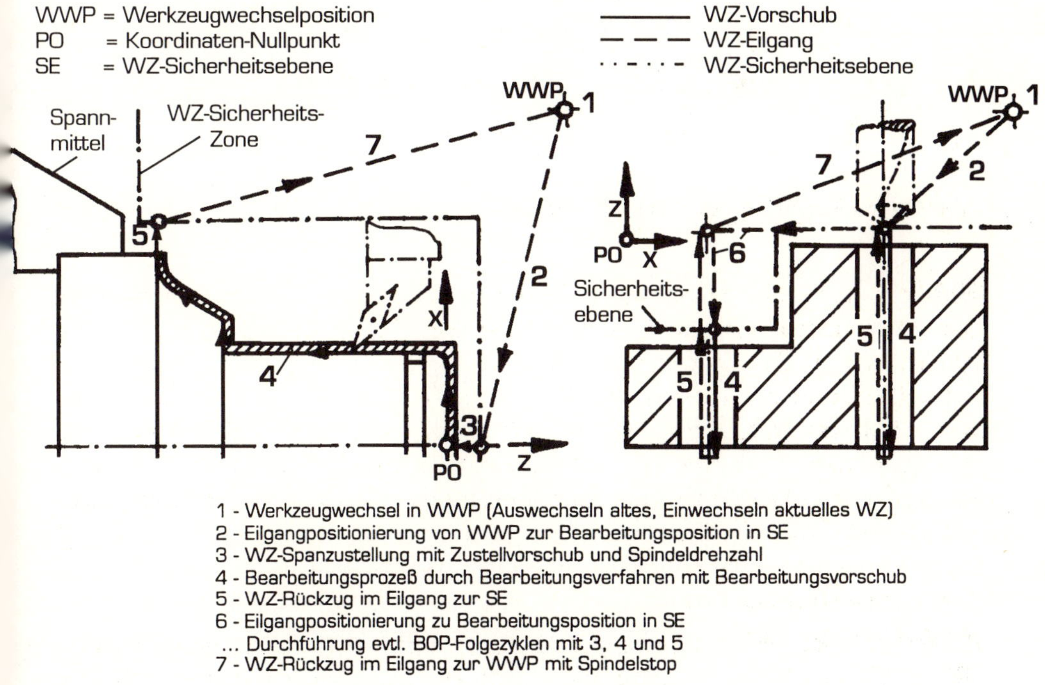

Abb. 2.10: Ablaufzyklus eines Bearbeitungsvorganges BVO für Dreh- und Bohrbearbeitung

Liegen BVOs mit mehreren BOP unter Einsatz des gleichen Werkzeugs vor, so wird das Werkzeug lediglich auf die Sicherheitsebene zurückgezogen und von dort aus für die Folge-BOP erneut zugestellt. Ist ein BVO vollständig programmiert, so werden auf gleiche Weise alle Folge-BVOs entsprechend dem Bearbeitungsplan mit gleichem Algorithmus behandelt. Damit ergibt sich die in Abb. 2.11 dargestellte, allgemeingültige Ablaufstruktur einer NC-Programmierung.

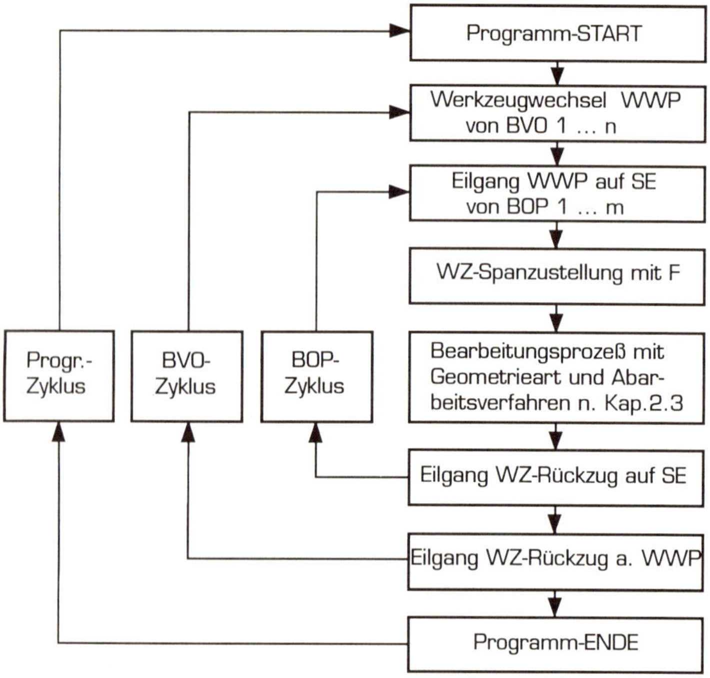

Abb. 2.11: Allgemeine Darstellung der Ablaufstruktur einer NC-Programmierung

Möglichkeiten der NC-Steuerprogrammerstellung [1]:

Die NC-Programmerstellung kann grundsätzlich durch zwei verschiedene Vorgehensweisen erfolgen:

Durch direkte Steuerprogrammerstellung: Die Geometrie- und Technologiedaten werden hierbei in Form eines integrierten Satzformats zusammengeführt. Diese Informationen werden mit Hilfe einer Programmsprache codiert, die jeweils auf ein bestimmtes Maschinen-/Steuerungskonzept zugeschnitten ist. Die zugrundeliegende Semantik (Anweisungen) und Syntax (Regeln) dieser Programmiersprache sind zwar nach DIN 66025/ISO 6983 genormt, jedoch benutzt jedes Maschinen-/ Steuerungskonzept darüber hinausgehende, spezielle Codierungen (maschinen-/

steuerungsspezifische DIN/ISO-Programmierung!). Damit liegt keine Programm-Kompatibilität bei den Maschinen-/Steuerungskonzepten vor, d.h. die Bearbeitung eines gleichen Werkstücks auf verschiedenen CNC-Maschinen erfordert stets ein **eigenes NC-Steuerprogramm.** Trotz dieser Einengung der Programmflexibilität wird diese Methode hauptsächlich bei der manuellen NCP eingesetzt, siehe hierzu Kap. 3.2.

Durch indirekte Steuerprogrammerstellung: Diese Art zu programmieren findet überwiegend Anwendung bei der rechnergestützten NCP in Verbindung mit dem Einsatz unterschiedlicher Fertigungsverfahren. Mittels einer Eingabe- und Darstel-

Flansch
Werkstoff St 50
Rohteil-Kontur-
aufmaß 3mm

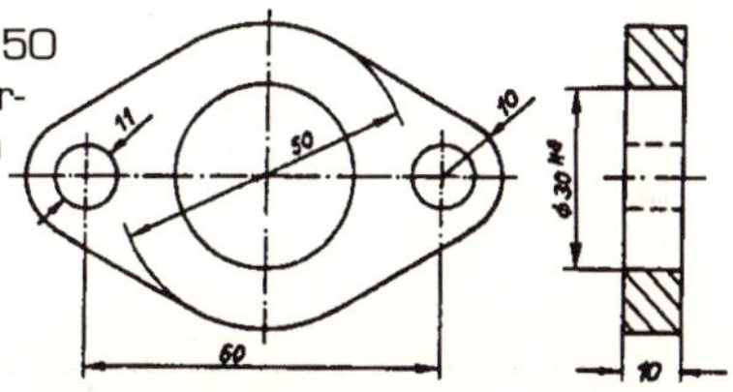

Geometriedatei:

```
G1 = X-30 YO,X30 YO
K1 = XO YO 15 EK
K2 = P1 C1 TS1 C2 TS2 C3 TS4 C1 P1 EK
P1 = XO Y25
C1 = XO YO 25
C2 = X30 YO 10
C3 = X-30 YO 10
```

CLDATA-Programm
(steuerungsneutrales Format)

```
PAR 6001
WIN X-70 Y-70 Z-20 X70 Y70 Z10
MAT ST50
FRO XOY50Z120
CLE 2
TOO 1 D11 "Spiralbohrer 11 mm"
SPI 630
FED V150
RET
COO FL
DRI G1 NO Z-15 R2 T-17 BO DO
COO OF
GOH
MES "Werkstück umspannen!"
TOO 2 D20  "Nutenfräser 20 mm"
SPI 630                              ]
FED H300 V100                        ]
RET RAP Z-11                         ]
AUF L O                              ]  BOP 1
COO FL                               ]
PRO XO Y50 CF T K2 CF XO Y50         ]
RET                                  ]
COO OF                               ]
RAP XO YO                            ]
COO FL                               ]
GOT Z-11                             ]
AUF R -0.0165                        ]  BOP 2
PRO XO YO CF T K1 CF XO YO           ]
RET                                  ]
COO OF                               ]
GOH
```

NC-Steuerprogramm
(Steuerungsspez. DIN/ISO-Format)

```
% 6001/Flansch
(#DIAL04/6001#)
N1  GO XO YO Z120
N2  G17 T1 (Spiralbohrer 11mm)
N3  GO X-30 YO Z1 N*1
N4  GO X30 YO Z1 N*1
N5  GO Z120
N6  G17 T2 (Nutenfräser 20 mm)
N7  GO Z1 S+630
N8  GO Z-11 F300 M70
N9  G41 G46 A5 XO Y25 GO G60 M61
N10 G2 X12.5 Y21.65 IO J-25
N11 G1 X35 Y8.66
N12 G2 X35 Y-8.66 I-5 J-8.66
N13 G1 X12.5 Y-21.65
N14 G2 X-12.5 Y21.65 I-12.5 J21.65
N15 G1 X-35  Y-8.66
N16 G2 X-35 Y8.66 I5 J8.66
N17 G1 X-12.5 Y21.65
N18 G2XO Y25 I12.5 J-21.65
N19 G40G46 A1
N20 GO Z1
N21 GO Z-11 M70
N22 G41 G46 A5 XO Y15.017 GO G60 M61
N23 G3 IO J-15.017
N24 G40 G46 A1
N25 GO Z120 M30

N*1 G81 F150 S+1200 Z-16 (Bohrzyklus)
```

Abb. 2.12: Programmierbeispiel für indirekte und direkte Steuerprogramm-Erstellung lungssprache (z.B. nach DIN 66246/ISO 4342) für die Beschreibung der Roh- und Fertigteilgeometrie sowie zur Erfassung der Fertigungstechnologie, in Verbindung mit speziellen Steueranweisungen zum Ablauf des NC-Programms, wird ein sog. **Quellprogramm** erzeugt. Ein Konvertierungsprozessor interpretiert diese Eingabesprache, setzt die vorgegebenen Befehle um, berechnet die WZ-Verfahrwege und wandelt diese Ergebnisse in ein **maschinen-/steuerungsneutrales Programm** im sog. CLDATA-Format nach DIN 66215/ISO 3592 um (CLDATA ≙ **C**utter **L**ocation **Data** ≙ Werkzeugpositionsdaten).

Das CLDATA-Format wird hauptsächlich durch eine komprimierte Maschinensprache repräsentiert wie z.B. durch EXAPT, COMPACT usw., sowie durch spezielle Sprachen, die für die gesamte NC-Technologie mit ihren verschiedenen Fertigungsverfahren einschließlich der 3D-Bearbeitung einsetzbar sind.

Je nach vorliegender Auftragsorganisation im Betrieb kann dieses CLDATA-Programm entweder unmittelbar oder erst zum Einsatzzeitpunkt an der CNC-Maschine in das entsprechende NC-Steuerprogramm umgesetzt werden. Hierzu wird ein sog. Postprozessor (PP) benötigt, der eine Formatkonvertierung vom CLDATA-Format in das betreffende NC-Steuerprogramm-Format nach DIN/ISO entsprechend Abb. 2.12 durchführt.

Der Vorteil dieses CLDATA-Zwischenformats liegt in der höheren Programm-Flexibilität, da ein bestimmtes Werkstück lediglich einmal programmiert zu werden braucht. Das eigentliche NC-Steuerprogramm für verschiedene CNC-Maschinen läßt sich bei Bedarf äußerst kurzfristig durch PP-Lauf erzeugen. Dies setzt jedoch voraus, daß für jede CNC-Maschine ein eigener PP vorhanden sein muß.

2.4 Postprozessing (Formatkonvertierung)

Das bei der indirekten Steuerprogrammerstellung erzeugte CLDATA-Programm muß, wie vorstehend beschrieben, für die Werkstückbearbeitung in das betreffende maschinen-/steuerungsspezifische DIN/ISO-Format konvertiert werden. Hierfür werden sog. **Postprozessoren (PP)** als Formatwandler eingesetzt. Ein PP stellt ein spezielles Softwaremodul dar und berücksichtigt neben der DIN/ISO-Norm alle programmtechnischen Besonderheiten des Maschinen-/Steuerungskonzepts wie z.B. Semantikbezeichnungen für Schaltinformationen, Achsen, Werkzeug- und Werkstückwechsel, Bearbeitungszyklen usw.

Es wird zwischen verschiedenen Arten von PP unterschieden:

Spezielle PP: Sie unterstützen den vollen Leistungsumfang sowie alle programmiertechnischen Besonderheiten eines Maschinen-/Steuerungskonzepts, insbesondere die Bearbeitungszyklen. Damit werden weniger Programmsätze und kürzere Bearbeitungszeiten erzeugt. Vorteilhaft wirkt sich ebenso die kompatible Editierbarkeit der konvertierten Steuerprogramme für den Maschinenbediener beim Programmeinfahren aus. Nachteilig stellen sich jedoch die höheren Softwarekosten dar.

Universal-PP: Diese sog. generalisierten PP (GENPP) sind auf der Basis von parametrisierten Makros aufgebaut und können als kostengünstiges Basismodul für alle vorhandenen Maschinen-/Steuerungskonzepte eingesetzt werden. Hierzu muß lediglich die jeweilige maschinen-/steuerungsspezifische Programmiersemantik durch Anpassung von entsprechenden Parametern geändert werden. Nachteilig wirkt sich bei der Konvertierung die Auflösung in elementare Werkzeug-Verfahrbewegungen aus, wodurch viele Programmsätze erzeugt werden, und die Editierbarkeit erschwert wird. Insgesamt muß hier eine gewisse Einschränkung der Konvertier-Leistungsfähigkeit in Kauf genommen werden.

Neben der Formatkonvertierung werden von einem PP folgende Zusatzfunktionen gefordert:

- Erzeugung eines Einrichteblattes mit Werkzeug- und Spannmittelliste, NC-Programm-Nummer, Hinweise auf Werkstück-Spannmethode, Werkstück-Nullpunkt usw.
- Programmausdruck für NC-Steuerprogramm (mit/ohne Kommentar)
- Dokumentation der Werkzeug-Einsatzzeiten sowie der Werkstück-Bearbeitungszeit mit Haupt- und Nebenzeiten
- Weitere Funktionen wie z.B. Programmanfang und -ende erzeugen, Werkzeugdaten aus Werkzeug-Voreinstellung aufbereiten, Koordinaten-Umrechnungen durchführen, Werkzeug-Offsetdaten erzeugen usw.

2.5 Kontrolle des NC-Programms

Ein NC-Programm ist sowohl während des Programmierprozesses als auch nach dessen Fertigstellung einer qualitativen Kontrolle zu unterziehen [2]. Es ist stets das Ziel, mögliche Fehler prozeßnah im Zuge der Programmerstellung zu erkennen und zu beseitigen. Damit läßt sich eine Verkürzung des Rüstzeitanteils für das spätere Programmeinfahren an der CNC-Maschine erreichen. Im Verlaufe einer Programmierung können folgende Fehlerarten auftreten:

- Syntaxfehler der Programmiersprache
- Geometrische Bewegungsfehler durch falsche Werkzeugwege bzw. -positionen wie z.B. Geometrie-Konturverletzungen
- Prozeßfehler durch falsche Technologiewerte (WZ-Wechsel, Drehzahl, Vorschub usw.)

- Kollisionsfehler durch evtl. Kollisionen zwischen Werkzeug/Werkstück, Werkzeug/Spannmittel und Werkzeug/Arbeitsraum der WZM.

Für die Erkennung diesbezüglicher Programmierfehler existieren verschiedene **Kontrollmöglichkeiten,** die z.T. recht komfortable Funktionen bezüglich Fehlerart, Fehlerursache und ggf. Fehlerabhilfemaßnahmen besitzen.

Manuelle Programmkontrolle:

Diese einfache Möglichkeit beschränkt sich im wesentlichen auf eine „Überprüfung durch Erfahrung" sowie auf das Programmeinfahren mit satzweiser bzw. automatischer Programmabarbeitung **ohne Werkzeugeingriff.** Ein diesbezüglicher Einsatz erfolgt meist bei der manuellen Programmierung für ältere NC-Steuerungen. Da die Wirksamkeit und Leistungsfähigkeit dieser Programmkontrolle relativ gering ist, muß mit einem erhöhten Rüstzeitaufwand für die CNC-Maschine gerechnet werden.

Grafische Simulation der Werkzeug-Verfahrwege:

Diese sog. Online-Programmkontrolle wird ausschließlich bei rechnergestützten NCP-Systemen eingesetzt, wobei ein zusätzliches, in die NC-Software integriertes Softwaremodul erforderlich ist. Die damit ermöglichte grafische Visualisierung von Fertigteilgeometrie und WZ-Verfahrwegen erfolgt stets gleichzeitig mit dem Pro-

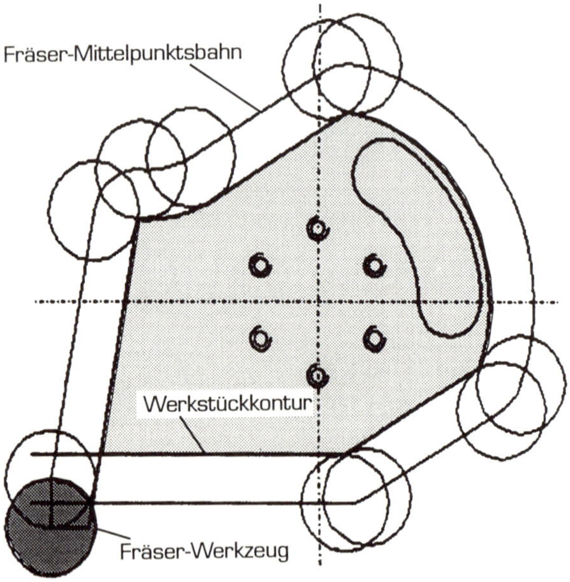

Abb. 2.13: Grafische Simulation der Werkzeug-Verfahrwege

grammerstellungsprozeß in verschiedenen 2D- bzw. 3D-Darstellungsarten mit WZ-Mittelpunktbahn und WZ-Abmessungen. Damit besteht die Möglichkeit, sowohl evtl. Programm-Syntaxfehler als auch ungeeignete Werkzeuge, falsche WZ-Verfahrwege bzw. WZ-Positionen, Fertigteilkonturverletzungen usw. sowohl visuell als auch mit Hilfe eines leistungsfähigen Fehlerdiagnosesystems zu erkennen und deren unmittelbare Korrektur einzuleiten, Abb. 2.13.

Dieses Simulationsmodul besitzt i.d.R. ein spez. Datenformat, das aus dem Quell- bzw. CLDATA-Programm heraus konvertiert wird. Da in dieser Programmierphase keine maschinen-/steuerspezifischen Informationen vorliegen, muß das Simulationsergebnis als unvollständig angesehen werden. Die Editierung der auftretenden Programmierfehler erfolgt i.d.R. mit der gleichen Bedienoberfläche wie beim Programmiervorgang.

Grafisch-dynamische Bearbeitungssimulation [3], [4]:

Diese Kontrollmöglichkeit stellt eine Offline-Programmvalidierung im Anschluß an den Programmerstellungsprozeß dar. Eine dynamische Visualisierung des Bearbeitungsprozesses mit einfacher Kollisionsüberprüfung von Werkzeug und Spannmittel im Maschinenarbeitszeitraum kann entweder mit einem maschinen-/steuerungsneutralen oder maschinen-/steuerungsspezifischen NC-Programm erfolgen.

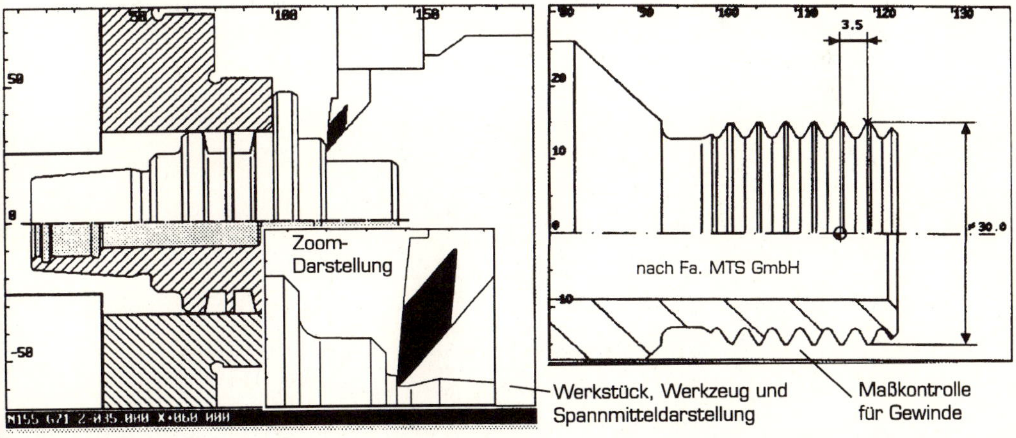

Abb. 2.14: Möglichkeiten der grafisch-dynamischen Drehteil-Bearbeitungssimulation

Das Simulationsmodul basiert auf einem rechnerinternen 2D-Geometriemodell, wobei die Roh- und Fertigteilform, die Spannmittelform sowie die verschiedenen Werkzeugformen abbildbar sind.

Der Simulationsablauf kann mit verschiedenen Darstellungsarten erfolgen, wie z.B. Mehrfenstertechnik, Zoomfunktionen, 3D-Perspektive, Radiergrafik, Plottergrafik mit Schwarzweiß- bzw. Farbgrafik-Visualisierung. Der Einsatz erfolgt meist an CNC-Programmiergeräten, Bildschirm-CNC-Steuerungen und üblichen rechnergestützten Programmiersystemen, Abb. 2.14.

Beim dynamischen Simulationsablauf werden sämtliche Fehlermerkmale bezüglich Programmsyntax, WZ-Verfahrwege, WZ-Kollision mit Spannmittel, Konturverletzungen usw. durch ein Diagnosesystem erfaßt. Fehlerart und Fehlerort werden hierbei entweder durch eine Codenummer bzw. im Klartext auf dem Bildschirm angezeigt und unter Umständen bei moderneren Systemen durch einen Vorschlag für die Fehlerbeseitigung unterstützt. Eine zusätzliche Kontrollmaßnahme besteht durch eine Maßüberprüfung mit Hilfe eines Simulations-Meßcursors.

Simulation des Bearbeitungsprozesses:

Für komplexere Bearbeitungsaufgaben wie z.B. Werkstück-Komplettbearbeitung usw. in Verbindung mit Kollisionskontrollen innerhalb des Maschinenarbeitsraumes sind leistungsfähigere Prozeßsimulationsmodule auf der Basis von rechnerinternen 3D-Volumenmodellen erforderlich. Hierbei wird einerseits das statische Abbild aller Einflußgrößen (Maschinenraum mit Spindel und Achsschlitten, Werkstück, Spannmittel usw.) des Prozeßumfeldes dargestellt. Andererseits wird das NC-Programm satzweise abgearbeitet, wodurch die grafisch-dynamische Visualisierung der beweglichen Achsschlitten mit Werkzeugen erfolgt. Neben einer

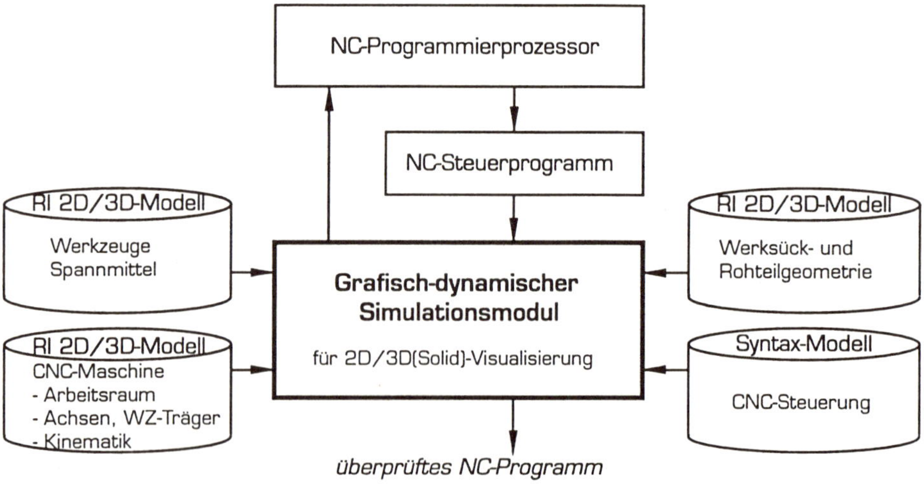

Abb. 2.15: Funktionsstruktur einer grafisch-dynamischen 2D/3D-Prozeßsimulation

Programmüberprüfung hinsichtlich Syntaxfehler, Konturverletzungen, falscher WZ-Verfahrwege usw. ist insbesondere eine rechnerische und/oder grafische 3D-Kollisionskontrolle aller beweglichen Funktionselemente im Maschinenarbeitsraum nach Abb. 2.15 möglich. Dies erfordert jedoch die Verwendung von maschinen-/steuerungsspezifischen NC-Steuerprogrammen. Es besteht die zusätzliche Möglichkeit einer Zoom-, Transformations- und variabler Blickwinkeldarstellung der 3D-Prozeßgrafik, wodurch ein sog. „Programmeinfahren auf dem Bildschirm" realisiert werden kann.

Zusammenfassende Bewertung der grafischen Simulation:

- Sie erlaubt eine effektive und rasche Programmkontrolle in „Grafikbearbeitung"
- Sie vermeidet evtl. Werkstückausschuß, Werkzeugbruch und Kollision
- Sie verkürzt das NC-Programmeinfahren und reduziert damit die Maschinenrüstzeit, s. a. Kap. 2.7
- Sie erhöht die Effizienz und Wirtschaftlichkeit der NC-Programmierung.

2.6 Archivierung und Transfer des NC-Programms

Da unter wirtschaftlichen Gesichtspunkten das NC-Programm stets im Vorlauf bzw. parallel zum Bearbeitungsprozeß erstellt werden sollte, muß es zunächst bis zum Einsatzzeitpunkt zwischengespeichert werden. Hierzu haben sich in Abhängigkeit der bestehenden Fertigungsorganisationen verschiedene Möglichkeiten herausgebildet, Abb. 2.16.

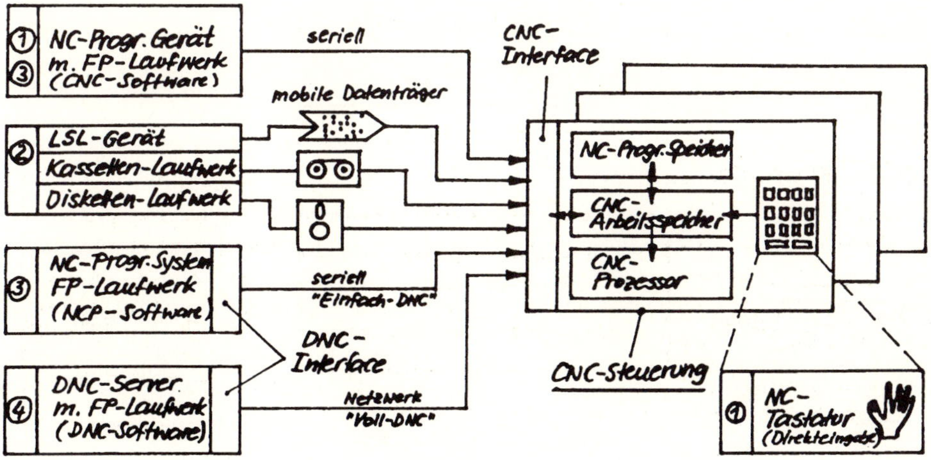

Abb. 2.16: Speicherungs- bzw. Transfermöglichkeiten von NC-Programmen

Programmspeicherung innerhalb der CNC-Steuerung:

Bei Einzel- bzw. Kleinserienfertigung mit geringem NC-Organisationsgrad wird i.d.R. eine dezentrale Programmspeicherung innerhalb der CNC-Steuerungen bevorzugt. Die manuell erstellten NC-Programme werden entweder direkt über die CNC-Tastatur oder mittels NC-Programmiergerät und serieller Datenübertragung in den CNC-Programmspeicher eingegeben und abgespeichert. Der Vorteil liegt in der einfachen Editierbarkeit und in der raschen Einsatzbereitschaft des NC-Programms durch den Maschinenbediener. Nachteilig wirken sich hingegen die geringe Programmflexibilität aufgrund der Beschränkung auf diesen Maschinenarbeitsplatz sowie die relativ kleinen CNC-Programmspeicher aus.

Programmspeicherung mit mobilen Datenträgern:

Bei der zentralen Programmerstellung mittels Programmiergerät bzw. rechnergestütztem NCP beherrschte bis zu den 80er Jahren der **Lochstreifen** als codierter Datenträger die NC-Landschaft. In der zeitlichen Folge wurde er jedoch zurückgedrängt durch die Entwicklung von geeigneten **Datenbändern** und **Datendisketten.** Trotz gewisser Vorteile bei diesen mobilen Datenträgern standen gravierende Nachteile bezüglich einer sicheren, robusten und wirtschaftlichen Speicherung bzw. Übertragung von NC-Programmen entgegen, wie z.B. schneller Programmzugriff, Störanfälligkeit im rauhen Fertigungsbetrieb, hohe Investitions- und Wartungskosten der Geräte usw. Die Programmübertragung selbst erfolgt relativ problemlos über die an jeder CNC-Steuerung verfügbaren seriellen V24- bzw. parallelen BTR-Schnittstellen.

Programmspeicherung auf Rechner-Festplatten:

Von der fortschreitenden PC-Entwicklung Anfang der 80er Jahre profitierte insbesondere auch die NC-Programmierung durch die Verfügbarkeit von ausgereiften und preisgünstigen **Festplattenlaufwerken** für die zentrale NC-Programmspeicherung.

Aufgrund des verstärkten, dezentralen Rechnereinsatzes waren gleichzeitig Bestrebungen im Gange, verbesserte serielle Datenverbindungen mit geeigneter Übertragungs-Software (Treiberinterface) zwischen Planungs- und Werkstattbereich aufzubauen. Damit wurde es möglich, die auf NC-Programmiergeräten bzw. rechnergestützten NCP-Systemen erzeugten NC-Programme sowohl bequem abzuspeichern, als auch problemlos an die jeweiligen CNC-Steuerungen zu übertragen bzw. zu verteilen. Diese sog. „Einfach-DNCs" erfordern jedoch eine manuelle Einleitung des Programmtransfers von der CNC-Steuerung aus, auch läßt sich damit ein Nachladebetrieb überlanger NC-Programme nicht realisieren.

Die in diesem Zusammenhang sich bietenden Vorteile eines unmittelbaren Programmzugriffs, einer hohen Speicherkapazität und einer schnellen Programmübertragung haben dazu geführt, daß dieses wirtschaftliche Rechner-Festplattenkonzept derzeit am häufigsten eingesetzt wird.

Programmarchivierung und Transfer mit DNC-Server (**D**istributet **N**umerical **C**ontrol)**:**

Im Zuge der derzeit aktuellen Rechnerintegration in den Fertigungsbetrieben und den damit verfügbaren Datennetzwerken läßt sich durch den Einsatz eines datenbankunterstützten DNC-Servers eine komfortable Programmarchivierung und -übertragung realisieren. Ein DNC-Softwaremodul ermöglicht alle notwendigen Funktionen für die Speicherung, Editierung, Konvertierung und Sicherung von NC-Programmen. Darüber hinaus wird deren automatische Übertragung und Verteilung auf die beteiligten CNC-Maschinen einschließlich der Rückübertragung optimierter Programme sichergestellt.

Dieses softwaremäßig aufwendige „Voll-DNC"-Konzept erfordert jedoch eine ausgeprägte NC-Organisation, ein kompatibles Netzwerkinterface für Rechner und CNC-Steuerungen sowie eine entsprechende BDE/MDE-Software für die Anforderung von NC-Programmen vom CNC-Arbeitsplatz aus.

2.7 Einfahren des NC-Programms

Mit „Einfahren" wird der Einsatztest eines neuerstellten und bereits voreditierten NC-Programms auf der zugeordneten CNC-Maschine verstanden. Dieses Programmeinfahren wird innerhalb des Maschinen-Rüstvorgangs mit dem ersten Werkstück einer Losgröße durchgeführt. Durch den Einsatz moderner grafischer Simulationsmethoden parallel zum Bearbeitungsprozeß ist es gelungen, diesen Einfahr-Rüstzeitanteil spürbar zu senken. Trotzdem aber kann auf diesen wichtigen Praxistest nicht verzichtet werden. Diesbezügliche Untersuchungen haben ergeben, daß der Anteil „Programmeinfahren" zur gesamten Rüstzeit im Durchschnitt bei 50% liegt. Beim Einfahren eines neuerstellten NC-Programms sind grundsätzlich eine Reihe von Überprüfungs- und Optimierungsmaßnahmen einschließlich deren Nachbesserungen vorzunehmen, Abb. 2.17.

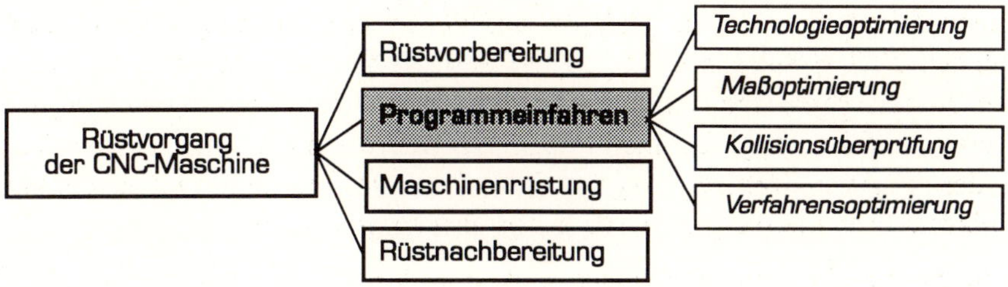

Abb. 2.17: Durchführungsmaßnahmen beim NC-Programmeinfahren

Unter **Technologieoptimierung** wird die optimale Abstimmung der programmierten Schnittwerte „Schnittgeschwindigkeit“ bzw. „Spindeldrehzahl“, „Vorschubgeschwindigkeit“ und „WZ-Spanzustellung“ mit Hilfe der stufenlos betätigbaren Overideschalter an der CNC-Steuerung verstanden. Beurteilungskriterien sind hierbei die geforderte Oberflächenqualität, die Spanbildung mit Spanfluß und das Schwingungsverhalten des Maschinensystems durch evtl. auftretende Rattermarken. In diesem Zusammenhang ist u. U. auch die Werkstoff-Schneidstoffkombination einer kritischen Betrachtung zu unterziehen.

Bei der **Maßoptimierung** steht vor allem die Überprüfung und Sicherstellung der Maßtoleranzen im Vordergrund. Während einfache Werkstücke im eingespannten Zustand auf der Maschine vermessen werden, erfordern komplexere Werkstücke eine Maßkontrolle auf externen Meßeinrichtungen.

Kollisionsprüfungen zwischen WST/WZ, SPM/WZ und WZM-Arbeitsraum/WZ werden i.d.R. durch satzweise Programmabarbeitung evtl. mit teilweise reduzierten Vorschubgeschwindigkeiten durchgeführt. Dies ist insbesondere dann von besonderer Wichtigkeit, wenn bei der vorangegangenen Programm-Simulation kein rechnerinternes WZM-Arbeitsraummodell zur Verfügung stand.

Bei der **Verfahrensoptimierung** geht es in erster Linie um die Verkürzung von Werkzeugverfahrwegen im Eilgang sowie um Zustell- und Konturauf- bzw. -abstartwege in Vorschubgeschwindigkeit zur Reduzierung der Nebenzeiten. Dies ist jedoch nur dann lohnend, wenn größere WST-Lose vorliegen.

Das Programmeinfahren wird ausschließlich durch den Maschinenbediener ausgeführt, der sowohl eine ausreichende fachlich-technologische, als auch programmiertechnische Qualifikation mit einschlägiger Erfahrung besitzen sollte. Damit lassen sich im Bereich der Werkstattprogrammierung die besten Ergebnisse erzielen, da hier die Erfahrungen des Programmeinfahrens bereits mit in die NC-Programmerstellung eingebracht werden können. Erfolgt die NC-Programmierung hingegen im Planungsbereich, so kann es durch die personenverschiedene Funktion von Programmerstellung und Programmeinfahren erfahrungsgemäß zu Mißverständnissen führen, die i.d.R. eine Verlängerung der Programmeinfahrzeit zur Folge haben. Bei allen indirekt erstellten NC-Steuerprogrammen muß nach erfolgtem Programmeinfahren auch das jeweilige CLDATA-Programm nacheditiert werden, um mögliche Programmredundanzen auszuschließen.

Kapitel 3 Beschreibung aktueller Programmierverfahren

In diesem Kapitel werden die verschiedenen Verfahren der NC-Programmierung dargestellt und deren Funktionsgrundlagen bzw. Programmier-Ablaufstrukturen erläutert [5], [6], [7]. Es sind:

- die Playback-/Teachin-Programmierung,
- die manuelle NC-Programmierung,
- die rechnergestützte AV-Programmierung,
- die rechnergestützte CAD-Programmierung und
- die rechnergestützte Werkstattprogrammierung.

3.1 Playback-/Teachin-Programmierung

Das besondere Merkmal dieses Programmierverfahrens ist die **direkte Handeingabe** von Geometrie- und Technologiedaten in die CNC-Steuerung durch selbsterklärende, menüunterstützte Bedienerführung. Dies wird realisiert durch den Einsatz von elektronischen Handrädern sowie durch Kreuzschalter, Potentiometer, Funktionstasten usw. Auf diese Weise wird das NC-Programm sozusagen im Handbetrieb erstellt und schrittweise automatisch abgespeichert (Teachin = Lernbetriebsart). Anschließend ist eine NC-Bearbeitung für evtl. weitere Werkstücke im üblichen Automatikbetrieb möglich. Das Funktionskonzept einer Playback-Teachin-Steuerung ist in Abb. 3.1.1 dargestellt.

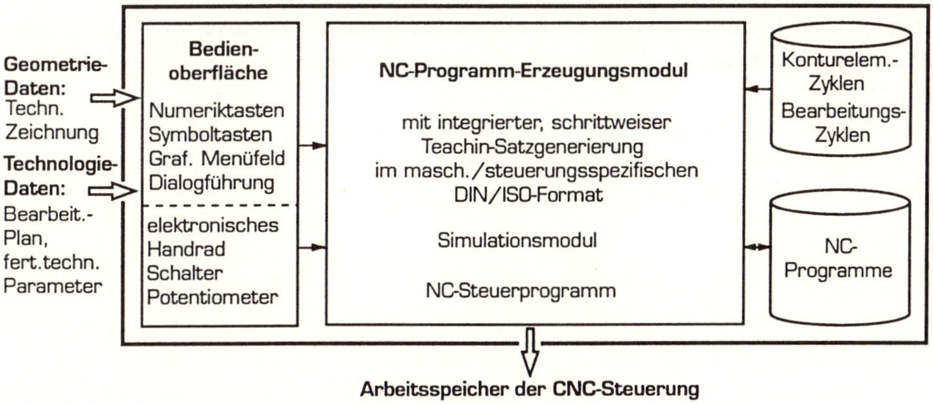

Abb. 3.1.1: Funktionslayout eines Teachin-Programmiermoduls

3.1.1 Maschinen-/Steuerungskonzeption [8], [9]

Zum Einsatz gelangen konventionelle Maschinenkonzepte von Dreh- und Fräsmaschinen, deren Vorschubachsen jedoch mit moderneren NC-Servoantrieben ausgestattet sind und sowohl mit elektronischen Handrädern als auch über das NC-Programm gesteuert werden können, Abb. 3.1.2.

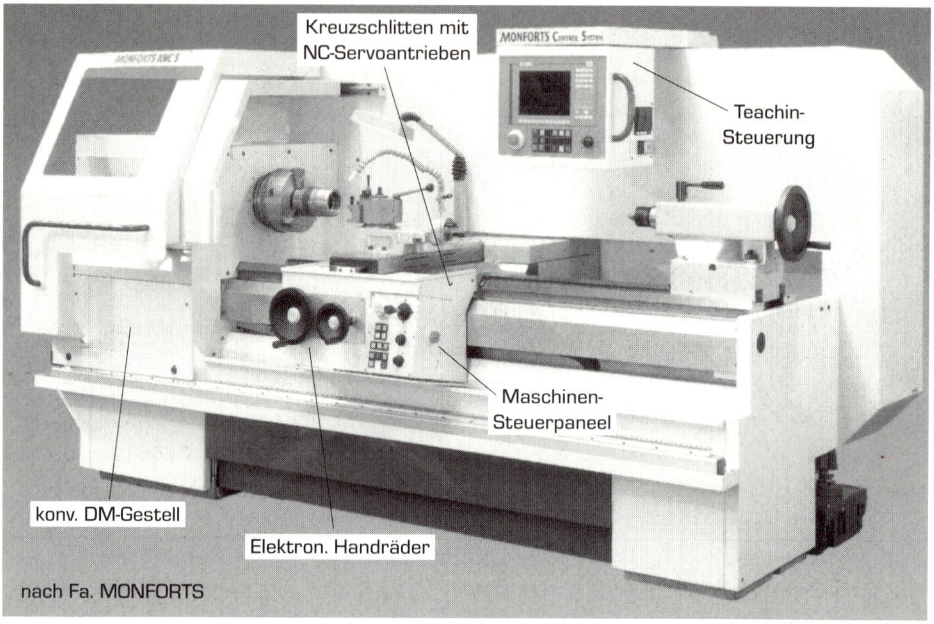

Abb. 3.1.2: Drehmaschinenkonzept mit Teachin-Programmierung

Die Hauptantriebe der Bearbeitungsspindeln sind ebenso mit neuester AC-Technologie ausgestattet, wobei z.B. eine Drehbearbeitung mit konstanter Schnittgeschwindigkeit bzw. mit bis zu vierstufigem Bereichsgetriebe zur üblichen Ausstattung zählt. Die Werkzeughandhabung erfolgt auf konventionelle Weise mit ISO-Steilkegel-Werkzeugaufnahmen bzw. mit Schnellwechsel- und Mehrfachwerkzeughalter.

Das Steuerungskonzept wird durch eine 32-Bit-Lowcost-CNC-Steuerung repräsentiert, die eine äußerst einfache grafisch-interaktive Bedienoberfläche besitzt. Damit erübrigt sich die Kenntnis einer DIN/ISO-Programmiersprache.

Es stehen insgesamt drei Betriebsarten zur Verfügung:
- konventioneller Handbetrieb mit elektron. Handrädern und Positionsanzeige,
- Playbackbetrieb (NC-unterstützter Handbetrieb mit satzweiser Abspeicherung),
- Automatikbetrieb (elektron. Handräder sind ausgeschaltet).

Während im konventionellen Handbetrieb lediglich einfache Geometrieelemente ohne Achsen-Funktionszusammenhang bearbeitet werden können, bietet der Playbackbetrieb eine zusätzliche NC-Unterstützung durch den Einsatz von Elementzyklen und einfachen Bearbeitungszyklen. Deren Aktivierung kann z.B. über ein Tastenfeld-Display mit anschließender Eingabe der Geometrieparameter erfolgen, Abb. 3.1.3.

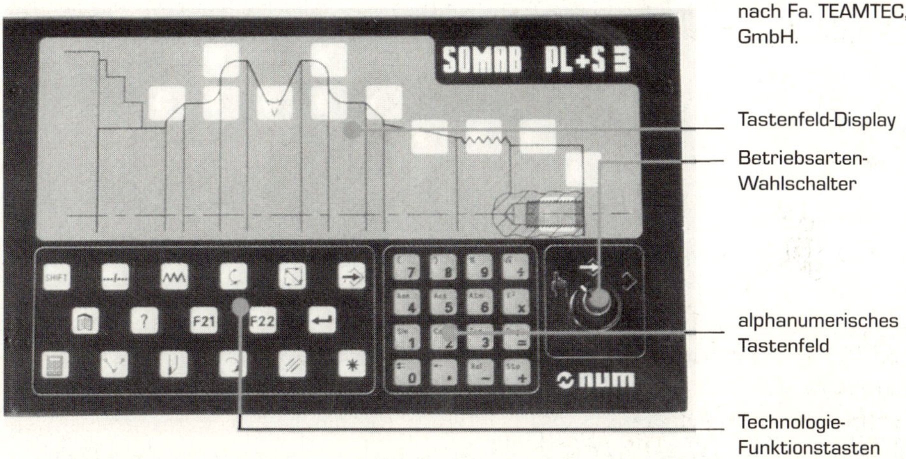

Abb. 3.1.3: Tastenfeld-Display für die Teachin-Programmierung von Element- und Bearbeitungszyklen bei der Drehbearbeitung

Bei einer Drehbearbeitung können z.B. folgende NC-unterstützte Zyklen für Innen- bzw. Außenbearbeitung eingesetzt werden:

Elementzyklen für:
- Längsdrehen, Plandrehen
- Kegeldrehen, Fasendrehen
- Kreisbogenbearbeitung
- Konturzugbearbeitung durch Elementverkettung.

Bearbeitungszyklen für:
- Abspanbearbeitung
- Gewindedrehen
- Längsbohrbearbeitung
- Ein-, Frei- und Abstechbearbeitung.

Diese Zyklen werden entweder über ein Tastenfeld-Display oder über ein Bildschirm-Menü ausgewählt und mit den angeforderten Geometrieparametern über ein alphanumerisches Tastenfeld belegt. Bei der Konturbearbeitung erfolgt eine automatische Kompensation des Werkzeugradius. Das Anfahren zum Startpunkt sowie das Wegfahren vom Zielpunkt eines Bearbeitungsvorgangs wird jeweils durch Handsteuerung ausgeführt. Die erforderlichen Technologiedaten für Werkzeug, Drehzahl, Vorschub und Schnittiefe usw. werden über ein Funktions-Tastenfeld bzw. Potentiometer eingegeben.

Ein auf diese Weise erstelltes NC-Programm mit satzweiser Datenabspeicherung wird i.d.R. von der CNC-Steuerung im DIN/ISO-Format dargestellt und im internen Programmspeicher abgespeichert. Über eine serielle Schnittstelle RS 232 lassen sich Programme über externe Datenträger ein- und auslesen.

3.1.2 Programmierablauf

Während die Playback-Programmierung in der satzweisen Bearbeitungsfolge „Handsteuern — Abspeichern — Editieren" durchgeführt wird, besitzt die Teachin-Programmierung die Bearbeitungsfolge „Handeingabe — Abspeichern — Automatiksteuern — Editieren". In beiden Verfahren wird die Bearbeitungsaufgabe in Bearbeitungsvorgänge zerlegt und in eine Abarbeitungsreihenfolge gebracht. Nach Eröffnung einer Programmdatei im Arbeitsspeicher der CNC-Steuerung erfolgt das Einspannen des Werkstück-Rohteils in das Maschinen-Spannsystem. Die Werkstückzeichnung stellt die Grundlage für die Geometrieprogrammierung dar. Der sich anschließende **Programmiervorgang** stellt sich wie folgt dar:

1. Einsetzen des ersten Werkzeugs in das Werkzeugspannsystem.
2. Anfahren des Werkzeugs durch Handsteuerung an den Bearbeitungs-Startpunkt.
3. Ankratzen mit Nullpunktsetzen der Werkzeugschneide (Werkzeugvoreinstellen entfällt!) in den Vorschubachsen.
4. Einstellung der fertigungstechnologischen Parameter für den beabsichtigten Bearbeitungsvorgang, wie z.B. Drehzahl, Vorschub, Schnittiefe usw.
5. Vorwahl der zu bearbeitenden Geometrieelementart (Zyklus) mit Eingabe der Zielpunktkoordinaten aus der Werkstückzeichnung.
6. Durchführung des Bearbeitungsvorgangs im konventionellen Handbetrieb bzw. in Playback-/Teachinbetrieb mit Datenabspeicherung.
7. Weiterbearbeitung eines Folge-Geometrieelements entsprechend Pos. 5 und 6 oder Rückzug des Werkzeugs zum Ausgangspunkt.
8. Anfahren des Werkzeugs durch Handsteuerung an evtl. weiteren Bearbeitungsstartpunkt mit Ablauf nach Pos. 4 bis 7.
9. Rückzug des Werkzeugs in Werkzeugwechselposition mit Werkzeugaustausch für den nächsten Bearbeitungsvorgang.

Das erzeugte NC-Programm kann nach jedem Programmschritt sowie nach Programmende editiert werden. Dies wird unterstützt durch eine optimale Simula-

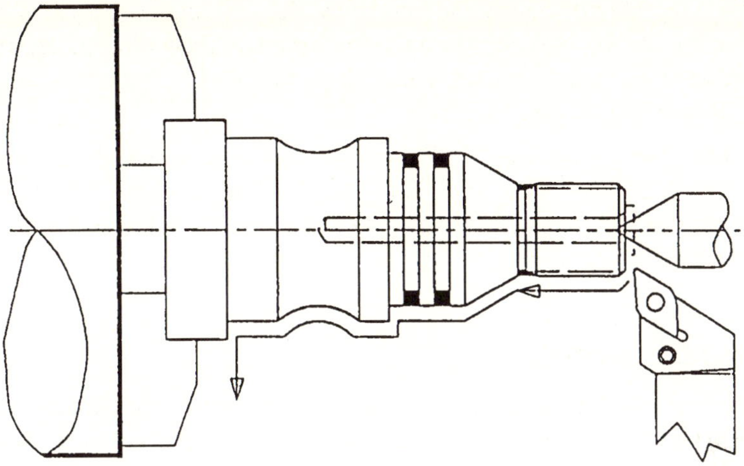

Abb. 3.1.4: Simulationsgrafik einer aus Einzelelementen geteachten Drehteilkontur

tionsgrafik, die den automatischen bzw. sequentiellen NC-Betrieb ohne Maschinenbewegungen entsprechend Abb. 3.1.4 simuliert.

3.1.3 Wirtschaftlicher Einsatzbereich

Die Teachin-Programmierung stammt aus der Übergangszeit von konventioneller Bearbeitung zur anfänglichen CNC-Bearbeitung. Sie wurde insbesondere für einfache Dreh- bzw. Fräswerkstücke der Prototyp- und Kleinserienfertigung eingesetzt, wobei mit konventionellen Handrädern an den CNC-Maschinen gearbeitet wurde. Da ebenso weder Linear- noch Kreisinterpolation bzw. eine Werkzeugradiuskorrektur möglich war, gelangte dieses Verfahren gegenüber der manuellen Werkstattprogrammierung in der Folgezeit zu keiner wesentlichen Bedeutung. Erst im Zusammenhang mit der Lean-Production-Philosophie anfangs der 90er Jahre wurden eigene „Handbetrieb-CNC-Steuerungen" mit elektronischen Handrädern, speziellen Elementzyklen und einfacher grafischer Bedienoberfläche entwickelt, die als echte Komponente der Werkstattprogrammierung gute Zukunftschancen haben dürften. Bei dieser Teachin-Programmierung wird das volle, fertigungsspezifische Erfahrungswissen des Maschinen-Facharbeiters ausgeschöpft. Der Bediener wird in den Mittelpunkt des Bearbeitungsprozesses gerückt.

Die wirtschaftliche Einsatzeignung dürfte hauptsächlich bei Klein- und Mittelbetrieben mit Einzel- und Kleinserienfertigung liegen, bei denen keine NC-Organisation vorhanden ist. Die Teachin-Programmierung wird derzeit meist für die Dreh- und Fräsbearbeitung bei geringer bis mittlerer Werkstückkomplexität eingesetzt.

3.2 Manuelle Werkstattprogrammierung

Die manuelle Werkstattprogrammierung stellt die Grundlage für alle folgenden rechnergestützten Programmierverfahren dar. Sie steht in direktem Zusammenhang mit den CNC-Steuerungen, auf denen die erstellten Steuerprogramme abgearbeitet werden sollen. Vom Programmersteller, der i.d.R. gleichzeitig als CNC-Maschinenbediener fungiert, werden sowohl einschlägige Fachlehre mit Praxiserfahrungen als auch zusätzliche CNC-Kenntnisse sowie eine Programmierausbildung vorausgesetzt. Nur so kann eine flexible, störungsarme und wirtschaftliche CNC-Bearbeitung in der Fertigung sichergestellt werden.

In diesem Kapitel wird versucht, das Grundlagenspektrum der manuellen Werkstattprogrammierung für die CNC-Drehbearbeitung (2 Achsen/2D) und für die CNC-Bohr- und Fräsbearbeitung (3 Achsen/$2\frac{1}{2}$D) in komprimierter Form darzustellen. Dies sollte jedoch keinesfalls als Programmierlehrgang oder dgl. verstanden werden [10], [11].

3.2.1 Funktionsdarstellung der manuellen Programmierung

Beim manuellen Programmieren werden die Geometriedaten der Werkstückzeichnung zusammen mit den Technologiedaten des Fertigungsverfahrens in codierter Form in ein spezielles Programmformat gebracht (s. a. Kapitel 2.3). Dazu bedient man sich einer sog. Programmiersprache, die etwa zu einem Drittel nach DIN 66025/ISO 6983 genormt und der überwiegende Rest maschinen-/steuerungsabhängig definiert ist. Als Konsequenz bedeutet dies, daß manuell erstellte NC-Programme stets speziell für eine vorher festgelegte Maschinen-/Steuerungskonzeption programmiert werden müssen und damit nicht austauschbar sind. Die maschinen-/steuerungsspezifischen Programmieranweisungen sind aus den einschlägigen Betriebsanleitungen für das Maschinen-/Steuerungskonzept zu entnehmen.

Der Aufwand für den manuellen Programmiervorgang hängt im wesentlichen von der **Rechnerunterstützung** durch die CNC-Steuerung (Automatisierungsgrad) ab. Während noch bei älteren Steuerungen ein erheblicher Programmieraufwand z.B. für Koordinatenbestimmung, Werkzeugkorrekturen usw. bereits bei einfachen Werkstücken erforderlich ist, bieten moderne CNC-Steuerungen z.T. recht komfortable Rechnerunterstützung in Form von Dialogführung, Grafikunterstützung, Konturerstellung, interaktive Bedienerführung, Bearbeitungszyklen und Diagnoseeinrichtungen.

Damit wird eine wirtschaftliche manuelle Werkstattprogrammierung auch für Werkstücke mit höherem Schwierigkeitsgrad ermöglicht!

Nach Abb. 3.2.1 wird das NC-Steuerprogramm entsprechend den vorgenannten Ausführungen sozusagen von Hand „geschrieben" und anschließend entweder direkt über die Tastatur der CNC-Steuerung oder indirekt über die Tastatur eines CNC-Programmiergerätes (PC mit maschinen-/steuerungsspezifischer Tastatur und CNC-Software, s. Kap. 3.2.9) eingegeben. Im Arbeitsspeicher kann sodann eine Kontrolle des Programms durch grafisch-dynamische Bearbeitungssimulation verbunden mit evtl. Editierung vorgenommen werden. Eine einfache Programmarchivierung ist je nach Organisation sowohl im Programmspeicher der CNC-Steuerung als auch im CNC-Programmiergerät möglich.

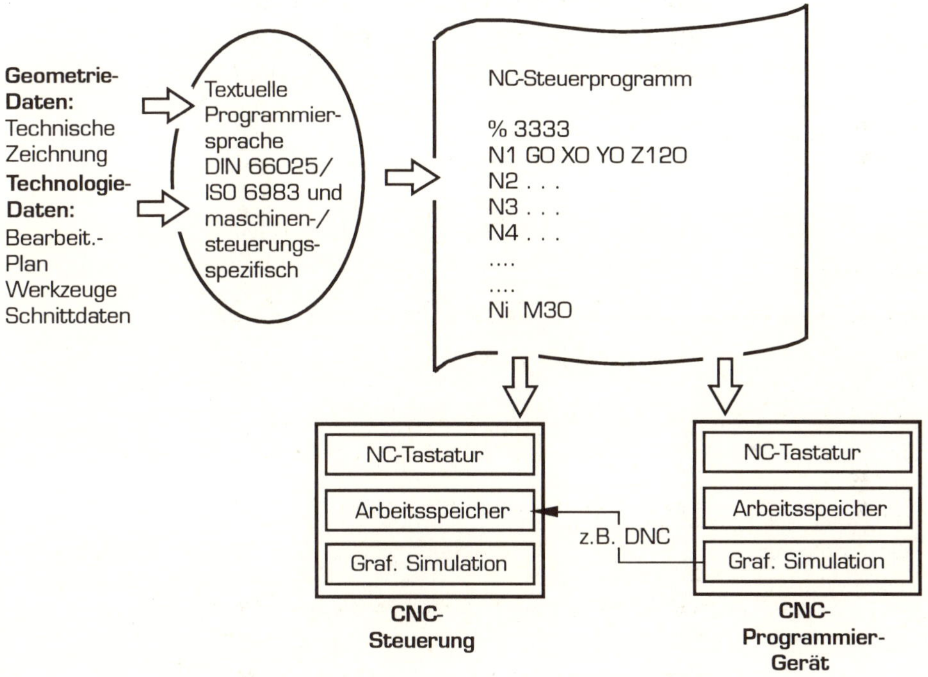

Abb. 3.2.1: Funktionslayout der manuellen NC-Programmierung mit CNC-Steuerung bzw. mit CNC-Programmiergerät

3.2.2 Programmiergrundlagen nach DIN/ISO [1], [12], [13]

In den nachstehenden Ausführungen wird zunächst die genormte Semantik und Syntax nach DIN 66025/ISO 6983 für das manuelle Programmieren erläutert. Die für eine vollständige Programmierung erforderlichen zusätzlichen maschinen-/steuerungsspezifischen Anweisungen erfolgen sodann in den nachfolgenden Abschnitten.

1. Koordinatensysteme (DIN 66217/ISO 841) und Definition der Vorschubachsen

Für die Programmierung der Werkstückgeometrie und zur exakten Maschineneinrichtung für die Werkstückbearbeitung ist ein definiertes Bezugssystem, das sog. Koordinatensystem, notwendig. Es kann aus 2 Achsen (Drehbearbeitung) oder auch 3 Achsen (Bohr- und Fräsbearbeitung) bestehen, die jeweils senkrecht aufeinander stehen und sich im Nullpunkt schneiden. Die in Abb. 3.2.2 gekennzeichneten Achsen stellen die Hauptachsen X, Y und Z dar. Zusätzliche Linearachsen, die parallel zu diesen Hauptachsen verlaufen, werden als Hilfsachsen U, V und W bezeichnet. Pfeile geben stets die positive Achsrichtung an!

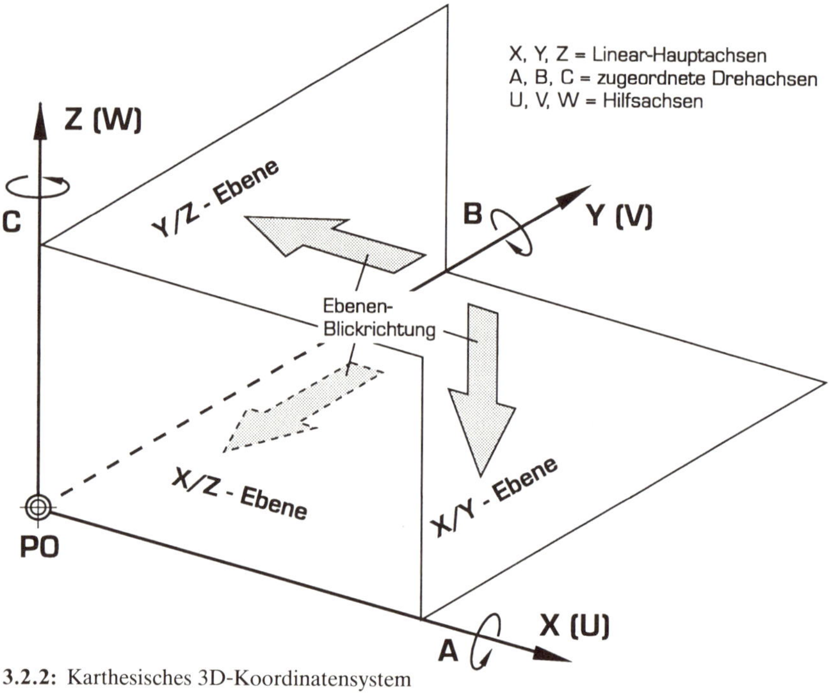

Abb. 3.2.2: Karthesisches 3D-Koordinatensystem

Jeweils 2 Achsen eines räumlichen Koordinatensystems bilden eine Ebene. Damit ergeben sich drei Hauptebenen, die X/Y-Ebene, die X/Z-Ebene und die Y/Z-Ebene. Die Blickrichtung auf eine Ebene erfolgt stets gegen diejenige Achsrichtung, die in der Ebenenbezeichnung nicht genannt wird.

Die Drehachsen A, B und C werden den Linearachsen X, Y und Z der Reihenfolge entsprechend zugeordnet. Blickt man jeweils in die positive Achsrichtung, so liegt bei Drehbewegung im Uhrzeigersinn die positive Richtung vor.

Jede CNC-Maschine besitzt ein festes Koordinatensystem, das seinen Ursprung im Maschinennullpunkt hat. Je nach Bauart kann dieses Koordinatensystem nach Abb. 3.2.3 Unterschiede bezüglich seiner Achsenzahl und seiner Achsrichtungen aufweisen.

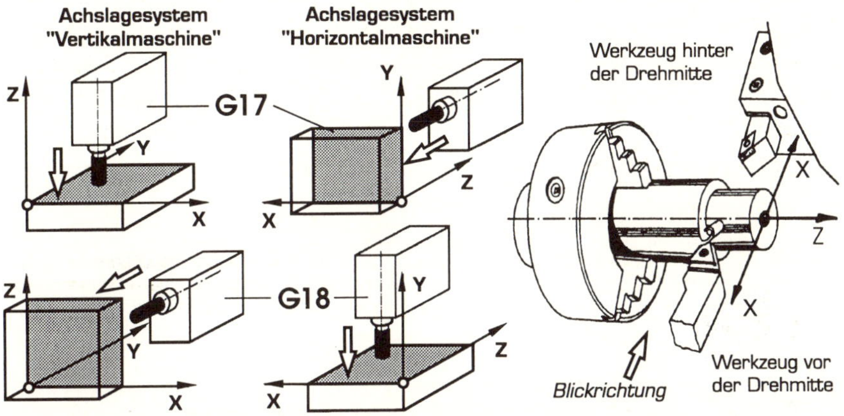

Abb. 3.2.3: Arten von Maschinen-Koodinatensystemen mit Achsendefinition

Nach DIN 66217/ISO 841 fällt die Z-Koordinatenachse stets mit der Arbeitsspindellage zusammen bzw. verläuft parallel zu ihr. Damit ergeben sich für entsprechende Fräs- bzw. Drehmaschinenkonzepte unterschiedliche Maschinen-Koordinatensysteme, was bereits im Vorfeld der NCP und unter Einbeziehung von einschlägigen Betriebsanleitungen zu beachten ist. Bedingt durch unterschiedliche Maschinenkonstruktionen liegt immer ein Mischsystem aus beweglichen Werkzeug- und Werkstückachsen vor. Im Sinne einer einheitlichen Definition der Achsverfahrwege wird daher empfohlen, stets vom „beweglichen Werkzeug" zum „feststehenden Werkstück" hin, d.h. mit sog. „relativer Werkzeugbewegung" zu programmieren. In diesem Zusammenhang ist insbesondere auch auf die Ebenen-Blickrichtung nach Abb. 3.2.2, d.h. von der Werkzeugspitze zum Werkstück zu achten!

2. Null- und Bezugspunkte für Koordinatensysteme

Damit die programmierten Werkstückkoordinaten des NC-Programms von der CNC-Steuerung bei der Bearbeitung richtig interpretiert werden können, müssen beim Einrichten die Koordinatensysteme von Maschine, Werkstück und NC-Programm in eine definierte Beziehung gebracht werden. Hierfür dienen entsprechende Null- und Bezugspunkte. Nach Abb. 3.2.4 werden folgende Null- bzw. Bezugspunkte definiert:

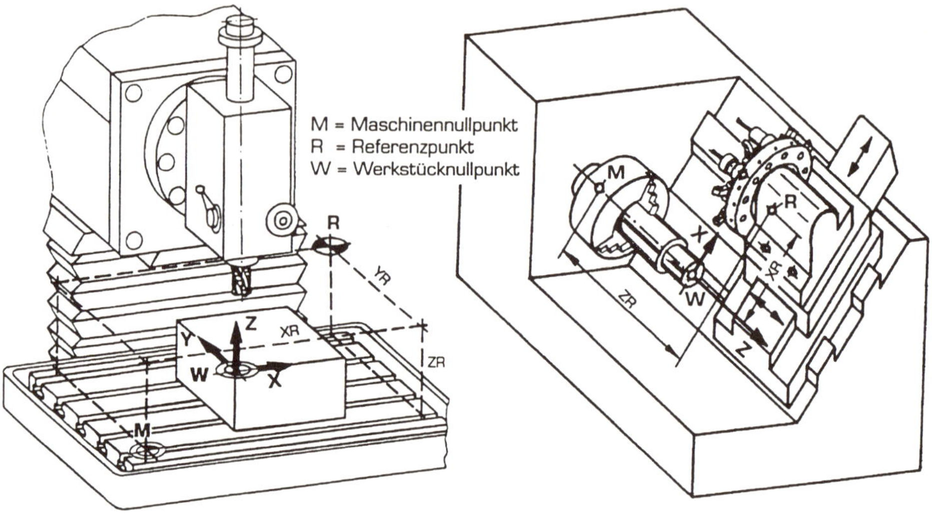

Abb. 3.2.4: Definition von Null- und Bezugspunkten

Maschinennullpunkt M, Referenzpunkt R:

Der Maschinennullpunkt M wird vom Maschinenhersteller unveränderbar festgelegt und ist Ausgangspunkt des Maschinen-Koordinatensystems. Da M i.d.R. nicht vom Vorschubachsensystem angefahren werden kann, wird als Ersatz ein fester Koordinatenbezug zum Referenzpunkt R hergestellt. Dieser Bezugspunkt liegt im aktiven Arbeitsbereich einer jeden Maschinenachse und kann jeweils über eine absolute Codierung an den Achsmeßsystemen von der CNC-Steuerung manuell bzw. programmiert angefahren werden.

Werkstücknullpunkt W, Programmnullpunkt PO:

Der Werkstücknullpunkt W legt das Koordinatensystem des Werkstücks bezogen auf die Fertigteilgeometrie fest. W kann vom Einrichter entsprechend der vorgenommenen Rohteilspannung beliebig gewählt werden. Es empfiehlt sich jedoch W so festzulegen, daß eine einfache und gut zugängliche Werkzeugauf- bzw. -abstartposition am Rohteil ermöglicht wird.

Bei Programmierbeginn ist auf der Werkstückzeichnung stets ein definierter Nullpunkt PO festzulegen, dessen Position im Prinzip beliebig wählbar ist. Als vorteilhaft bietet sich hier eine PO-Festlegung im Schnittpunkt der Maßbezugslinien an, um evtl. notwendige Maßumrechnungen oder dgl. aus der Zeichnung zu vermeiden (s. a. Abb. 3.2.10). Beim Einrichten der CNC-Maschine werden meist die Nullpunkte des Werkstück- und NC-Programm-Koordinatensystems zur Deckung gebracht, d.h. PO $\triangleq$ W. Andernfalls müßte eine entsprechende Nullpunktverschiebung im NC-Programm vorgenommen werden. Nach Festlegung des Werkstücknullpunktes wird stets empfohlen, eine momentane Koordinatenbeziehung zwischen W und R als gespeicherte Nullpunktverschiebung herzustellen. Damit läßt sich nach jedem Neustart der Maschine der exakte Werkstücknullpunkt wiedergewinnen!

Werkzeugbezugspunkte:

Bei der NC-Bearbeitung ist es von entscheidender Bedeutung, die Werkzeugschneiden gegenüber der zu erzeugenden Fertigteilkontur exakt steuern zu können. Da Werkzeuge jedoch unterschiedliche Formen und Abmessungen besitzen, bedarf es der Definition von festen und unveränderlichen Werkzeugaufnahmepunkten N an der Maschine. Diesen Aufnahmepunkten N stehen, nach Abb. 3.2.5, entsprechende Einstellpunkte E am Werkzeug gegenüber.

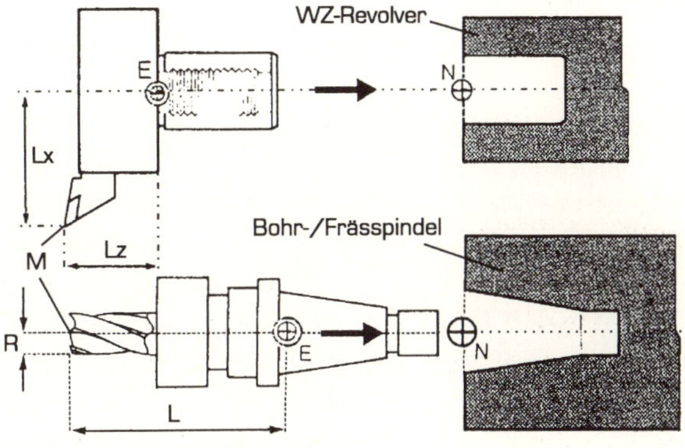

Abb. 3.2.5: Werkzeug-Bezugspunkte für Dreh- und Fräswerkzeuge

Durch eine individuelle Vermessung (≙ Voreinstellung) der Werkzeuge bezüglich ihrer Abmessungen mit Länge und Radius (sog. Werkzeugkorrekturwerte!) wird damit der CNC-Steuerung ermöglicht, durch interne Verrechnung eine präzise Geometriebeziehung zu den jeweiligen Werkzeugschneiden (WZ-Spitzen) herzustellen.

3. Grundlagen der Programm-Codierung nach DIN 66025/ISO 6983

Der Wortinhalt der NC-Programmiersprache nach DIN 66025/ISO 6983 (Semantik) setzt sich im wesentlichen zusammen aus Buchstaben (Adressen), Ziffern (Zahlenwortangabe oder Codenummer) und Zeichen. Damit lassen sich notwendige Anweisungen für die Geometrieprogrammierung (G-Funktionen, Weginformationen) und Technologieprogrammierung (Werkzeuge, Schnittwerte, M-Funktionen) erzeugen.

Programmier-Adressen (Auszug):

A = Drehachse um X-Achse
B = Drehachse um Y-Achse
C = Drehachse um Z-Achse
D = Werkzeugkorrektur
F = Vorschubgeschwindigkeit
G = Wegbedienung
I = X-Koordinate des Kreismittelpunktes
J = Y-Koordinate des Kreismittelpunktes
K = Z-Koordinate des Kreismittelpunktes
M = Maschinenfunktion
N = Satznummer des NC-Programms
P = Parameterbezeichnung
R = Radiusbezeichnung
S = Spindeldrehzahl
T = Werkzeugaufruf
U = Hilfsachse parallel zur X-Achse
V = Hilfsachse parallel zur Y-Achse
Z = Hilfsachse parallel zur Z-Achse
X = Hauptachse X
Y = Hauptachse Y
Z = Hauptachse Z

G-Funktionen (Auszug):

Sie bestehen aus der Wegbedingungsadresse G und einem zwei bzw. dreistelligen Zifferncode und gestatten die Programmierung der verschiedenen Geometrieanweisungen für die CNC-Steuerung.

G 0 = Eilgang mit Geradeninterpolation
G 1 = Geradeninterpolation im Vorschub
G 2 = Kreisinterpolation im Uhrzeigersinn
G 3 = Kreisinterpolation Gegenuhrzeigersinn
G 4 = Verweilzeit
G 17 = Ebenenauswahl X-Y, Zustellachse Z
G 18 = Ebenenauswahl X-Y, Zustellachse X
G 19 = Ebenenauswahl Y-Z, Zustellachse X
G 33 = Gewindedrehen
G 40 = Löschen Werkzeugradiuskorrektur
G 41 = Werkzeugradiuskorrektur links
G 42 = Werkzeugradiuskorrektur rechts
G 50 = Lösch- und Editierschutz
G 53 = Löschen Nullpunktverschiebung
G 54 bis G 59 = Gespeicherte Nullpunktverschiebung
G 70 = Maßangaben in Zoll
G 71 = Maßangaben in mm
G 81 bis G 86 = Bohrzyklen
G 90 = Absolutprogrammierung
G 91 = Relativprogrammierung
G 92 = Drehzahlprogrammierung
G 94 = Vorschubgeschwindigkeit in mm/min
G 95 = Vorschubgeschwindigk. in mm/Umdr.
G 96 = konst. Schnittgeschwindigkeit
G 97 = Löschen G 96

M-Funktionen (Auszug):

M-Funktionen bestehen aus der Adresse M (Miscellaneous function) und einem zwei- bzw. dreistelligen Zifferncode. Sie gestatten die Programmierung verschiedener Maschineneinstellzustände.

M 0 = Programm-Zwischenhalt
M 2 = Programmende
M 3 = Spindel Ein im Rechtslauf
M 4 = Spindel Ein im Linkslauf
M 5 = Spindelhalt
M 6 = Werkzeugwechsel
M 8 = Kühlmittel EIN
M 9 = Kühlmittel AUS
M 40 bis M 45 = Getriebestufenschaltung
M 60 = Werkstückwechsel
M 66 = autom. Werkzeugwechsel
M 68 = Werkstück spannen
M 69 = Werkstück entspannen

Zeichen:

Beim NCP werden in der Hauptsache folgende Zeichen verwendet:

% = Programmeröffnung	± = Vorzeichen für Koordinatenwerte
· = Dezimalstelle	/ = Satzunterdrückung

4. Geometriedaten-Programmierung

Die Programmierung von Geometriedaten konzentriert sich insgesamt auf drei Modifikationen, entsprechend Abb. 3.2.6:

- die Eilgangspositionierung auf Sicherheits- und Startpositionen von Geometrieelementen und Geometriepositionen,
- die Geradenprogrammierung von Konturelementen sowie
- die Kreisbogenprogrammierung von Konturelementen.

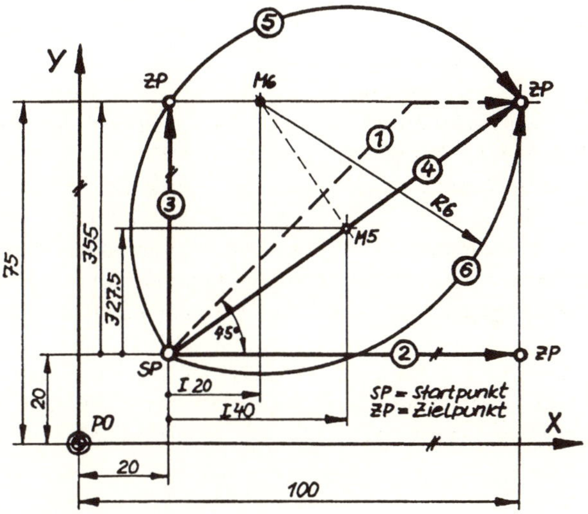

Abb. 3.2.6: Arten von Geometrieelementen

Den Ausgangspunkt der Programmierung stellt stets die Startposition SP dar. Der Programmiervorgang selbst setzt sich zusammen aus der Geometrieanweisung (G-Funktion) und den Zielpunktkoordinaten ZP.

- **Positioniervorgang G0:** Erfolgt stets im Eilgang mit max. Vorgeschwindigkeit der Achsen ohne Werkzeugeingriff (1). — G0 X100 Y75
- **Achsparallele Geradenprogrammierung G1:** Erfordert Vorschubgeschwindigkeit F und S, da Werkzeugeingriff vorliegt (2), (3). — G1 X100 F300 bzw. G1 Y75 F300

- **Beliebige Geradenprogrammierung G1:** Beide Vorschubachsen werden gleichzeitig (simultan) im linearen Funktionszusammenhang gesteuert (2D-Linearinterpolation). Erfordert Vorschubgeschwindigkeit F und Drehzahl S (4). — G1 X100 Y75 F300
- **Kreisbogenprogrammierung im Uhrzeigersinn G2:** Beide Vorschubachsen werden gleichzeitig im zirkularen Funktionszusammenhang gesteuert (2D-Kreisinterpolator). Erfordert Vorschubgeschwindigkeit F und Drehzahl S (5). — G2 X100 Y75 I40 J27.5 F300
- **Kreisbogenprogrammierung gegen Uhrzeigersinn G3:** Analog zur Kreisbogenprogrammierung im Uhrzeigersinn (6). — G3 X100 Y75 I20 J55 F300

Kreismittelpunkt und Kreisradiusprogrammierung:

Mit der vorstehend dargestellten relativen Kreismittelpunktprogrammierung lassen sich sämtliche Kreisbögen bis 360° eindeutig beschreiben. Die Mittelpunktskoordinaten müssen hierbei relativ, d.h. vom Startpunkt (momentaner Nullpunkt) zum Mittelpunkt des Kreisbogens hin mit entsprechendem Vorzeichen programmiert werden. Bei der absoluten Kreismittelpunktprogrammierung hingegen werden die Mittelpunktskoordinaten vom Programmnullpunkt aus berechnet wie z.B. für (5): G2 X100 Y75 I60 J47.5 F300.

Solange jedoch Kreisbögen einen Winkel von 180° nicht übersteigen, reicht die vereinfachte Angabe des Kreisbogenradius R für die Programmierung aus, da dieser meist in den Zeichnungen vorgegeben ist. Bei dieser Kreisradiusprogrammierung gilt z.B. für (5): G2 X100 Y75 R48.5.

Einfache 3D-Programmierung:

Moderne CNC-Steuerungen gestatten über die vorstehende 2D-Geometrieprogrammierung hinaus eine 3D-Programmierung durch den Einsatz entsprechender 3D-Interpolatoren. Innerhalb eines Programmsatzes lassen sich damit 3 Achsen in einem bestimmten Funktionszusammenhang steuern, wie z.B. für (5):

- G1 X100 Y75 Z20 F300 — Raumgerade mit 3D-Linearinterpolation
- G2 X100 Y75 I40 J27.5 Z20 — Schraubenlinie mit Helixinterpolator

(X- und Y-Achse in Kreisinterpolation gleichzeitig Z-Achse in Linearinterpolation)

Absolut- und Relativprogrammierung:

Beim Einschalten der CNC-Steuerung liegt stets die Absolutprogrammierung (Bezugsmaß-) mit der Wegbedingung **G90** vor (Einschaltzustand). Soll auf die Relativprogrammierung (Kettenmaß-) übergegangen werden, so muß dies der Steuerung mit der Wegbedingung **G91** mitgeteilt werden. Während bei der Absolutprogrammierung sämtliche programmierten Geometriedaten ausschließlich auf den Programmnullpunkt PO bezogen werden, ändert sich bei der Relativprogrammierung der Nullpunkt von Geometrieelement zu Geometrieelement ständig. Dies heißt, daß bei der Programmierung eines Geometrieelements dessen Startpunkt gleichzeitig auch den momentanen Nullpunkt darstellt.

In der Praxis hat sich eine Mischprogrammierung mit G90 und G91 als vorteilhaft herausgebildet, was im wesentlichen aus unterschiedlichen Zeichnungsbemaßungen sowie einfacheren Konturwiederholungen resultiert.

Programmierung mit Polarkoordinaten:

Während die karthesische Programmierung mit rechtwinkeligen Koordinaten den Einschaltzustand der Steuerung darstellt, muß bei der Polarkoordinatenprogrammierung für Geraden und Kreisbögen i.d.R. eine zusätzliche G-Funktion aufgerufen werden. Damit kann die Steuerung die Eingabeparameter der Zielposition — den Polabstand A und den Winkel W — entsprechend berechnen und ausführen. Von zusätzlicher Wichtigkeit ist außerdem die Position des Pols gegenüber dem Programmiernullpunkt, der mittels I- und J-Koordinate festzulegen ist, Abb. 3.2.7.

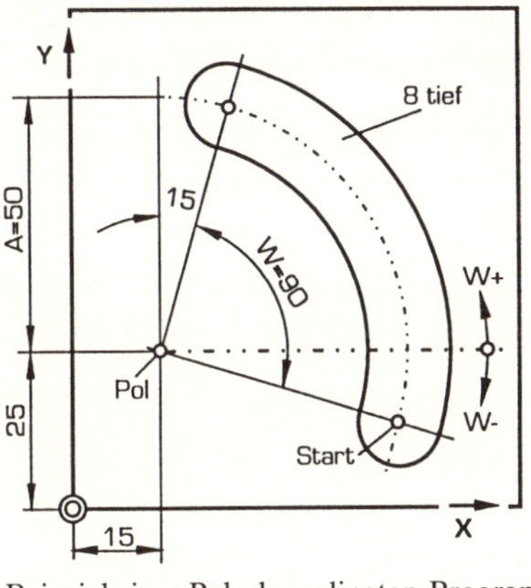

(DECKEL-DIALOG 4 - Steuerung)

```
%3333
N1 G9 G0 A50 W-15 G90 I15 J25
N2 G0 Z1 S+1600
N3 G1 Z-8 F150
N4 F300
N5 G9 G3 M71 W90 G90 I15 J25
N6 G0 Z120 M30
```

G9 = G-Funktion für Polarkoordinaten-Programmierung
W = Winkeleingabe
A = Polabstand
M71 = relative Winkeleingabe

Abb. 3.2.7: Beispiel einer Polarkoordinaten-Programmierung

5. Technologiedaten-Programmierung

Bei der Programmierung der Technologiedaten werden folgende wichtige Prozeßgrößen benötigt:

Die Werkzeugnummer T... (Tool):

Nach Kap. 2.2 ist für jede Bearbeitungsoperation ein geeignetes Werkzeug festzulegen und i.d.R. mit einer vierstelligen Nummer zu kennzeichnen, wie z.B. T 0312

(03 = Werkzeugident-Nr., 12 = Werkzeugspeicher-Nr.). Diese Werkzeugnummer ist nicht nur wichtig für die Programmablauffolge, sondern auch für die automatische Verrechnung der Werkzeug-Korrekturwerte sowie für die orientierte Plazierung im Werkzeugspeicher der CNC-Maschine.

Während der WZ-Wechsel bei einer 2D-Steuerung (Drehen) einfach mit T 0312 programmiert werden kann, muß ein WZ-Wechsel bei einer $2\frac{1}{2}$D-Steuerung (Universalfräsen) mit einem Zusatz für die gewählte Bearbeitungsebene (Spindellage) versehen werden.

Beispiel für Fräsen mit Achslagesystem „Vertikalmaschine“:
- Einsatz der Vertikalspindel: G17 T0312
- Einsatz der Horizontalspindel: G18 T0415.

Damit ist der CNC-Steuerung bekannt, daß der WZ-Längenkorrekturwert stets den Z-Koordinaten und der WZ-Radiuskorrekturwert interpolativ den X- und Y-Koordinaten zugerechnet werden muß. Bei automatischem WZ-Wechsel ist zusätzlich zur Werkzeugnummer die M-Funktion M66 zu programmieren.

Die Vorschubgeschwindigkeit F (Feedrate):

Kontur- und Zustellbearbeitungen erfordern stets die gleichzeitige Programmierung einer Vorschubgeschwindigkeit unter F mit vierstelliger Ziffernfolge, z.B. für
Drehbearbeitung: Direkte Vorschubprogrammierung im mm/U, z.B. F0,5
Fräsbearbeitung: Direkte Vorschubprogrammierung im mm/min, z.B. F300.

Hierzu besteht folgender Zusammenhang: F[mm/min] = F[mm/U] x S[U/min].

F ist innerhalb eines relativ großen Bereiches (s. Betriebsanleitung) stufenlos programmierbar! Bei der Fräsbearbeitung wird unterschieden zwischen dem **Zustellvorschub** und dem **Konturvorschub.** Dieser liegt etwa in der Größenordnung des 2—3fachen Zustellvorschubs.

Die programmierte Vorschubgeschwindigkeit F kann bei der automatischen Programmabarbeitung (z.B. Programmeinfahren) stets durch den Vorschub-Overrideschalter in gewissen Grenzen geändert werden.

Der programmierte Eilgang G0 impliziert stets die höchste Achsen-Vorschubgeschwindigkeit. Sie liegt je nach Maschinenart und Achsengröße zwischen 5 m/min und 40 m/min.

Die Spindeldrehzahl S (Speed):

Kontur- und Zustellbearbeitungen erfordern stets die gleichzeitige Programmierung einer Spindeldrehzahl unter S mit 4stelliger Ziffernfolge.

Bei **direkter Drehzahlprogrammierung** wird die Drehzahl in U/min angegeben, wie z.B. **S2500**. Für die Festlegung der Drehrichtung werden M-Funktionen mit M3 ≙ Rechtslauf und M4 ≙ Linkslauf benötigt.

Moderne regelbare AC-Hauptantriebe gestatten eine stufenlose Drehzahl-Programmierung i.d.R. zwischen 0 und 6000 U/min entsprechend einer vorgegebenen Leistungs- und Drehmomentkennlinie. Liegt für Bearbeitungen im unteren Drehzahlbereich ein sog. Bereichsgetriebe vor, so ist zusätzlich die gewählte Schaltstufe unter M40...M45 zu programmieren.

Bei der **indirekten Drehzahlprogrammierung** wird statt der Spindeldrehzahl die Schnittgeschwindigkeit V_c aktiviert. Dies ist insbesondere bei der Drehbearbeitung mit konstanter Schnittgeschwindigkeit für Plan-, Einstech-, Kegel- und Kugeldrehen von besonderer Bedeutung. Da für die „Schnittgeschwindigkeit" keine Adresse definiert ist, wird z.B. für V_c = 400 m/min wie folgt programmiert: **G96 S400 M4** (G96 = Wegbedienung für Schnittgeschwindigkeit, S400 = Schnittgeschwindigkeit unter Adresse S, M4 = Spindellinkslauf).

Bei G96 wird innerhalb der CNC-Steuerung ein Prozessor mit folgendem Rechenalgorithmus aktiviert (s. a. Abb. 2.6):

$$\text{Spindeldrehzahl S} = \frac{V_c = konst}{D(x) \cdot 3{,}14};$$

wobei D ≙ laufender x-Wert aus dem Vorschubachsen-Meßsystem.

Mit Hilfe des stufenlos regelbaren Hauptantriebs erfolgt somit eine stetige und reaktionsschnelle Anpassung der Spindeldrehzahl in Abhängigkeit des Werkstückdurchmessers, womit eine Verbesserung der Werkzeug-Standzeit und Werkstück-Oberflächenqualität verbunden ist.

Die Maschinenfunktion M (Miscellaneons):

Für die Programmierung von Maschinen-Schaltfunktionen wird die Adresse M mit zwei- bzw. dreistelliger Codenummer eingesetzt, s. a. Aufstellung nach Pos. 3.

Häufig benutzte M-Funktionen sind z.B.:

- M0 = Programmhalt: Eingesetzt für manuelle Meßvorgänge.
- M30 = Programmende mit Rücksprung auf Programmanfang:
  Vorschub F und Drehzahl S werden automatisch abgeschaltet.
- M3 = Spindel-Drehrichtung rechts:
  Blickrichtung stets von Hauptspindel zum Werkzeug bzw. Werkstück.
- M4 = Spindel-Drehrichtung links:
  M3 bzw. M4 kann nur im Zusammenhang mit einer Drehzahl S programmiert werden!
- M8 = Kühlmittel einschalten.
- M9 = Kühlmittel ausschalten, usw.

6. Aufbau des NC-Steuerprogramms

Ein DIN/ISO-Programm besitzt eine modulare Struktur entsprechend den Abb. 2.9 und Abb. 3.2.8 mit einer individuellen Anzahl von Programmblöcken. Diese Programmblöcke besitzen entsprechend dem optimalen Bearbeitungsablauf eine zugeordnete Reihenfolge. Dem NC-Programm ist ein geeignetes Spannmittel zugeordnet.

Abb. 3.2.8: Modularer Aufbau eines DIN/ISO-NC-Programms

BVO = Bearbeitungsvorgang
BOP = Bearbeitungsoperation
BSR = Bearbeitungsschritt

NC-Programmblock:

Jeder NC-Programmblock stellt einen sog. Bearbeitungsvorgang BVO dar, dem stets ein geeignetes Werkzeug zugeordnet ist. Ein BVO kann hierbei eine oder mehrere Bearbeitungsoperationen (BOP) unter Einsatz des gleichen Werkzeugs beinhalten. Jede BOP besitzt mehrere Programmsätze, mindestens jedoch 3 Sätze (Eilgangpositionierung — Bearbeitungsschritt — Eilgangrückzug).

NC-Programmsatz:

Jeder Programmsatz entspricht einem Bearbeitungsschritt BSR. Unter BSR werden alle zu programmierenden Eilgang- bzw. Positionierungsbewegungen (Hilfsbearbeitungsschritte) und Zustellungs- bzw. Konturelementbearbeitungen (Aktivbearbeitungsschritte) verstanden. Jeder Programmsatz besitzt eine eigene Programmnummer N... (**n**umber) mit einer i.d.R. 4stelligen Ziffernfolge. Die Abb. 3.2.9 zeigt den grundsätzlichen Aufbau eines Programmsatzes.

Programm-Satz-Nr.	Geometriedaten				Technologiedaten			
	Wegbedingung	Achskoordinaten			Vorschub	Drehzahl	Werkzeug-Nr.	Masch.-Funktion
N 4711	G 1	X 20	Y 0	Z -12	F 0.4	S 2000	T 1203	M4
...								

Ziffernfolge
Adresse
Programmwort
Programmsatz

Abb. 3.2.9: Aufbau eines NC-Programmsatzes im DIN/ISO-Format

NC-Programmwort:

Jeder Programmsatz besteht aus einer mehr oder weniger großen Anzahl von Programmwörtern. Jedes Programmwort wiederum setzt sich aus dem Adreßbuchstaben und einer Ziffernfolge zusammen, die entweder eine Codenummer oder eine direkte Wertangabe beinhalten. Programmworte können aus der Sicht ihrer Adressen entweder Geometrie-, Technologie- oder Programmanweisungen sein.

7. Programmierung der WZ-Verfahrbewegungen

Jeder Werkstückprogrammierung stehen nach Abb. 2.3.6 grundsätzlich folgende Verfahrbewegungen zur Verfügung:
- die Eilgangpositionierung G0 (Hilfs-BSR)
- die Geradeninterpolation G1 (Aktiv-BSR) sowie
- die Kreisinterpolation G2/G3 (Aktiv-BSR).

Im Prinzip besteht jede Programmieraufgabe aus einer Kombination dieser vorstehenden Verfahrbewegungen, die jedoch gemäß Abb. 3.2.10 einem gewissen Ablaufzyklus unterliegen. Dieser BVO-Zyklus stellt sich in allgemeiner Form wie folgt dar:
- Ausgangspunkt ist stets die Werkzeugwechselposition WWP
- Eilgangspositionierung mit G0 auf Sicherheitsebene und Bearbeitungsposition
- WZ-Zustellung mit G1
- WZ-Einsatz mit G1, G2/G3 (je nach Bearbeitungsgeometrie)
- WZ-Rückzug auf Sicherheitsebene
- WZ-Rückzug auf WWP.

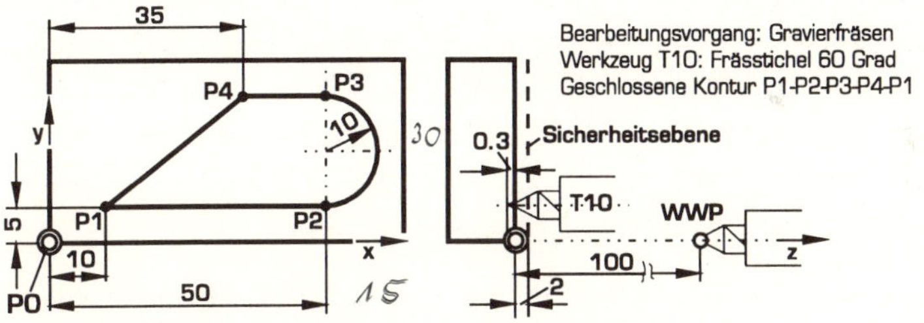

Satzweises Erstellen des NC-Programms:
(mit 1 Programmblock BVO und 1 Bearbeitungsoperation BOP)

% 11110	Programmnummer
N1 G0 X0 Y0 Z100	WZ-Wechselposition WWP (Einrichtezustand)
N2 G17 T10	Ebenendefinition, Werkzeugwechsel
N3 G0 X10 Y5 Z2	Eilgangpositionierung auf P1in Sicherheitsebene
N4 G1 Z-0.3 F100 S5000 M3	Werkzeug-Tiefenzustellung mit Zustellvorschub, Frässpindel-Drehzahl (Rechtslauf)
N5 G1 X50 F300	Fräsen Gerade P1-P2 mit Vorschub 300 mm/min
N6 G3 X50 Y40 I0 J10	Fräsen Kreisbogen P2-P3 im Gegenuhrzeigersinn
N7 G1 X35	Fräsen Gerade P3-P4
N8 G1 X10 Y5	Fräsen schräge Gerade P4-P1 in Gerad.interpolat.
N9 G0 Z2	Fräserrückzug im Eilgang auf Sicherheitsebene
N10 G0 Z100	Fräserrückzug im Eilgang auf Z=100mm
N11 M30	Programmende mit Rücksprung auf Progr.anfang

Abb. 3.2.10: Ablauf einer DIN/ISO-Programmerstellung

8. Wichtige Programmierregeln (Syntax)

Gespeichert wirksame (modale) Anweisungen bleiben so lange selbsthaltend, bis sie entweder ersetzt (G90-G91, F300-F100, G0-G1, S800-S1600, T4711-T4811 usw.) oder gelöscht (G41-G40, G54-G53 usw.) werden.

Satzweise wirksame Anweisungen gelten nur für den Satz, in dem sie programmiert sind (G2, G3, M0, M30 usw.).

Ein Hauptsatz enthält neben den geometrischen Anweisungen für einen Bearbeitungsschritt stets auch alle notwendigen technologischen Anweisungen für den Bearbeitungsprozeß (z.B. G0 X100 Z-30 F0.3 T0330 M4 G96 S300 M8).

Ein Nebensatz besteht entweder nur aus Geometrieanweisungen oder aus Technologieanweisungen (z.B. G1 Z-15 F150 oder M30 usw.).

Ein programmierter Eilgang G0 benötigt kein F und kein S. Wird G1, G2 bzw. G3 programmiert (Werkzeugeingriff), so muß stets F und S programmiert sein oder werden.

Bei einem WZ-Aufruf mit z.B. G18 T4711 werden alle im soeben abgearbeiteten BVO-Programmblock gespeichert wirksamen Anweisungen gelöscht. Gleichzeitig werden die neu zugeordneten Werkzeugkorrekturwerte gespeichert wirksam aktiviert. Spätestens der Folgesatz nach dem WZ-Aufruf muß ein Hauptsatz sein!

Eine bestimmte Satznummer N... innerhalb eines NP-Programms kann nur einmal vergeben werden. Sämtliche Programmsätze werden grundsätzlich ihrer Reihenfolge entsprechend abgearbeitet, wobei die Nummernfolge keine Rolle spielt!

Ältere CNC-Steuerungen erlauben z.T. keine Programmierung von zwei G- bzw. M-Funktionen in einem Satz.

Programmierbeispiel für DIN/ISO-Programmierung:

Sämtliche in diesem Unterkapitel definierten Begriffe, Erklärungen und Abhandlungen bezüglich der DIN/ISO-Programmierung werden in einem Programmierbeispiel nach Abb. 3.2.11 dargestellt.

3.2.3 NC-Programmierung mit Werkzeug-Korrektur [14]

Bei der CNC-Bearbeitung kommen äußerst unterschiedliche Werkzeuge bezüglich ihrer Form und Abmessungen nach Abb. 3.2.12 zum Einsatz. Dies muß bei der Programmierung des jeweiligen Werkzeugaufrufs unter T... der CNC-Steuerung durch die sog. Werkzeugkorrektur mitgeteilt werden.

Beim Rüsten einer NC-Maschine wird u.a. das Maschinen- mit dem Werkstück-Koordinatensystem im Nullpunkt W = P0 durch Nullsetzen der Achsen im „Werkzeugaufnahmepunkt N“ nach Abb. 3.2.5 zur Deckung gebracht. Da jedoch für eine

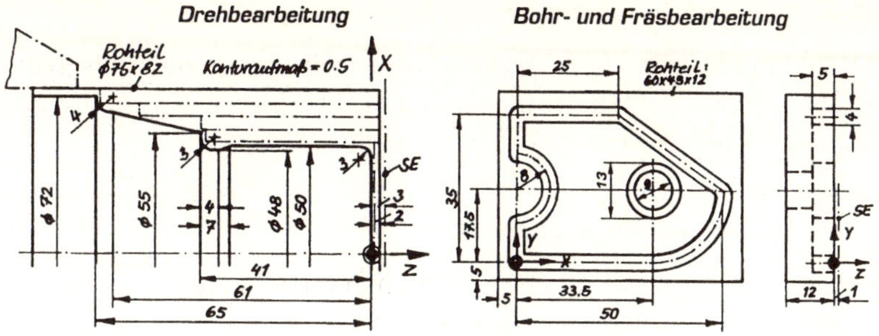


```
% 1000
N1 G0 X69 Z3 G96 S300 M4 F0.4 T0210
N2 G1 Z-64 M8
N3 G0 X70 Z3
N4 G0 X63
N5 G1 Z-55
N6 G0 X64 Z3
N7 G0 X57
N8 G1 Z-41
N9 G0 X58 Z3
N10 G0 X51
N11 G1 Z-40
N12 G0 X52 Z0.5
N13 G1 X-0.2 M9
N14 G0 X100 Z50
N15 G0 X0.1 Z1 G96 S400 M4 F0.1 T0311
N16 G1 Z0 M8
N17 G1 X44
N18 G3 X50 Z-3 I0 K-3
N19 G1 Z-34
N20 G1 X48 Z-37
N21 G1 Z-38
N22 G2 X54 Z-41 I3 K0
N23 G1 X55
N24 G1 X64 Z-61
N25 G2 X72 Z-65 I4 K0
N26 G1 X75.5 M9
N27 G0 X100 Z50
N28 M30
```

Abspan-
Bearbeitung
mit 5 BOP

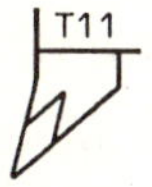

Konturschlicht-
Bearbeitung
mit 1 BOP

```
% 1001
N1 G0 X0 Y0 Z100
N2 G17 T20 (Nutenfräser D = 4mm)
N3 G0 Z1 S2500 M3
N4 G1 Z-5 F80 M8
N5 G1 Y9.5 F150
N6 G3 X0 Y25.5 I0 J8
N7 G1 Y35
N8 G1 X25
N9 G1 X50 Y17.5
N10 G2 X33.5 Y0 I-16.5 J0
N11 G1 X0
N12 G0 Z100 M9
N13 G17 T21 (Zentrierbohrer)
N14 G0 X33.5 Y17.5 Z1 S4000 M3
N15 G1 Z-4 F50 M8
N16 G0 Z100 M9
N17 G17 T22 (Spiralbohrer D = 9mm)
N18 G0 Z1 S1600 M3
N19 G1 Z-16*) F100 M8
N20 G0 Z100 M9
N21 G17 T23 (Zapfensenker D = 9/13mm)
N22 G0 Z1 S1000 M3
N23 G1 Z-5 F80 M9
N24 G0 Z100
N25 M30
```

*) einschl. Bohrerspitze
= 0.3 x D = 2.7 mm

Abb. 3.2.11: DIN/ISO-Programmierbeispiel für Dreh- und Fräsbearbeitung

präzise CNC-Bearbeitung die Steuerung der Werkzeugschneide maßgebend ist, müssen die jeweils vorliegenden Werkzeuglängen und Werkzeugradien zusätzlich als sog. **Werkzeug-Korrekturwerte** berücksichtigt und während des Bearbeitungsablaufes in der CNC-Steuerung verrechnet werden. Dies hat den besonderen Vorteil, daß NC-Programme stets werkzeugneutral ausgerichtet sind.

1. Werkzeuglängenkorrektur WLK

Die WZ-Längenkorrekturwerte für einen Werkzeugsatz werden i.d.R. mittels eines WZ-Voreinstellgeräts gewonnen und beim Rüsten der CNC-Maschine in die betreffenden WZ-Korrekturspeicher der CNC-Steuerung eingegeben. Beim automatischen Bearbeitungsablauf ist es damit der Steuerung möglich, bei jedem WZ-

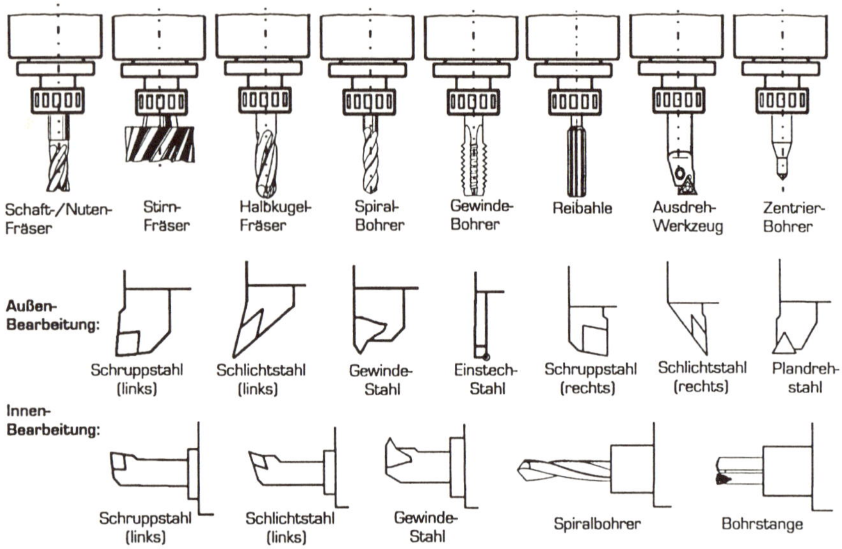

Abb. 3.2.12: Wichtige Arten von Bohr-, Fräs- und Drehwerkzeugen

Aufruf direkt auf den betreffenden WLK-Wert zuzugreifen und damit die Koordinaten der WZ-Schneide exakt zu berechnen.

Relative WZ-Längenkorrektur:

Beim Abnullen der Achsen wird in die WZ-Aufnahme eine Meßlehre mit einer Referenzlänge von 100,00 mm eingesetzt. Beim Vermessen des WZ-Satzes wird zunächst ebenfalls mit dieser Meßlehre das WZ-Voreinstellgerät auf Null gesetzt.

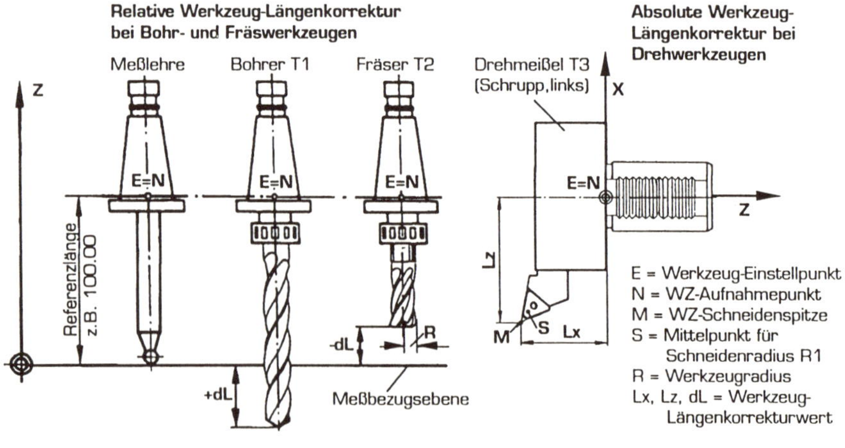

Abb. 3.2.13: Werkzeug-Längenkorrektur für Bohr-, Fräs- und Drehwerkzeuge

Bei den anschließenden Längenmessungen der Einzelwerkzeuge ergeben sich damit relative WLK-Werte, die nach Abb. 3.2.13 (links) entweder ein negatives (kürzeres WZ) oder ein positives (längeres WZ) Vorzeichen aufweisen können.

Absolute WZ-Längenkorrektur:

Beim Rüstvorgang wird die CNC-Maschine auf den Werkzeugaufnahmepunkt N abgenullt und der Werkzeugsatz entsprechend Abb. 3.2.13 (rechts), vom WZ-Einstellpunkt E aus, vermessen. Die WLK-Werte sämtlicher Werkzeuge bleiben damit stets positiv. Die absolute WLK wird hauptsächlich bei automatisierten CNC-Maschinen wie z.B. Bearbeitungszentren, flexible Fertigungszellen usw. mit zentraler Werkzeugvoreinstellung angewandt.

2. Werkzeugradiuskorrektur

Fräserradiuskorrektur FRK (Offsetbearbeitung):

Im Einschaltzustand der CNC-Steuerung werden die programmierten Geometriekonturen bei einer Fräsbearbeitung stets im **Mittelpunkt der Fräserstirnfläche** entsprechend der WLK abgearbeitet, wie z.B. beim Nutenfräsen, Gravieren, Flächenfräsen usw. Soll hingegen eine Außen- bzw. Innenkonturbearbeitung durchgeführt werden, so ist der CNC-Steuerung durch eine spezielle Geometrieanweisung mitzuteilen, nach welcher Seite **das Fräswerkzeug in Vorschubrichtung** gegenüber der programmierten Fertigteilkontur versetzt werden soll. Nach DIN/ISO und Abb. 3.2.14 gilt:

Fräserversatz links von der Kontur in Vorschubrichtung = G41
Fräserversatz rechts von der Kontur in Vorschubrichtung = G42
Fräserversatz löschen (Einschaltzustand) = G40.

Zur Ausführung dieser Fräserradiuskorrektur benötigt die CNC-Steuerung zusätzlich die Größe dieses Versatzweges, d.h. den aktuellen **Fräserradius.** Dieser

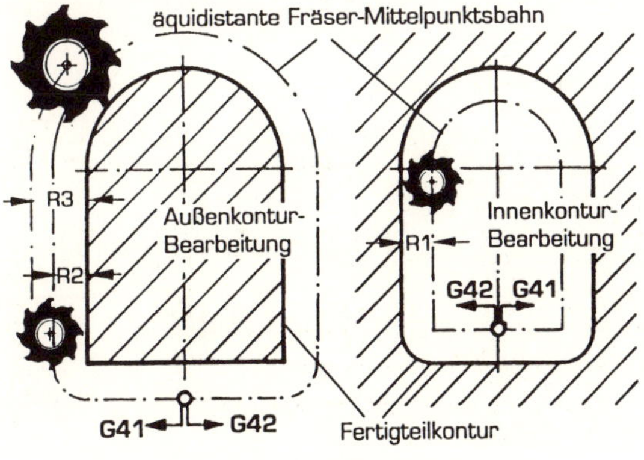

Abb. 3.2.14: Definition der Fräserradius-Korrektur (Offsetbearbeitung)

sog. FRK-Wert R wird zusammen mit dem WLK-Wert auf dem Werkzeugvoreinstellgerät vermessen und entsprechend Abb. 3.2.15 in den WZ-Korrekturspeicher der Steuerung eingegeben und gespeichert. Damit wird der CNC-Steuerung ermöglicht, während der autom. Programmabarbeitung mit G41 bzw. G42 direkt auf diesen FRK-Wert zuzugreifen und ihn zu einer zur Fertigteilkontur äquidistanten Fräser-Mittelpunktsbahn zu verrechnen.

Werkzeug-Nr.	WZ-Platz-Nr.	WZ-Radius-Korrekt.Wert R	WZ-Längen-Korrekt.Wert L	WZ-Schneiden-Radius R1	WZ-Bezeichnung
T110	50	- - -	-23.85	0	Bohrer 8mm
T120	09	14.80	113.66	0	Schaftfräser
T130	03	7.90	-46.33	2	Nutenfräser
T140	33	10.00	6.07	10	Halbkugel-F.

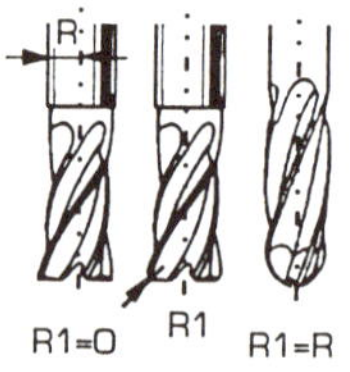

Abb. 3.2.15: Werkzeug-Korrekturspeicher einer Fräsmaschinensteuerung

Für die vollständige Programmierung einer FRK sind weitere, meist steuerungsspezifische Besonderheiten zu berücksichtigen, wie z. B.

- „weicher" Konturauf- und -abstart (konturparallel, kreisförmig usw.),
- automatische Vorschuboptimierung bei konkaven bzw. konvexen Konturkreisbögen,
- Konturfahrverhaltens-Strategien.

Schneidenradiuskompensation SRK:

Bei der Drehbearbeitung werden die programmierten Geometriekonturen im Steuerungs-Einschaltzustand stets vom theoretischen Mittelpunkt M der Werkzeugspitze nach Abb. 3.2.16 abgearbeitet. Aus Standzeitgründen sollte jedoch jede Werkzeugschneide einen Mindest-Schneidenradius B besitzen. Sollen hieraus re-

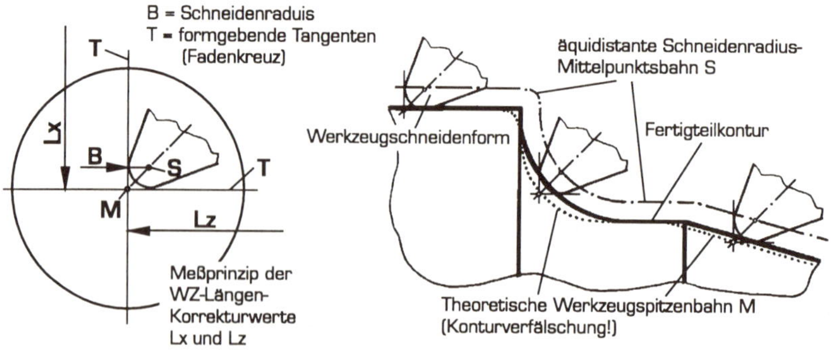

Abb. 3.2.16: Begründung der Schneidenradius-Kompensation SRK

sultierende Verfälschungen, bzw. Ausschuß an der Fertigteilkontur insbesondere beim Schlichten vermieden werden, so ist eine sog. SRK vorzunehmen.

Bei einer programmierten SRK wird der CNC-Steuerung über den Werkzeugkorrekturspeicher neben den beiden WLK-Werten Lx und Lz, der betreffende **SRK-Wert B** sowie ein zugeordneter **Werkzeugquadrant A** (Lage der Werkzeugschneide nach Abb. 3.2.17) mitgeteilt. Damit ist sie in der Lage, ausgehend von der Fertigteilkorrektur eine äquidistante Schneidenradius-Mittelpunktsbahn für die Achsensteuerung zu berechnen.

Werkzeug Platz-Nr./WZ-Nr.		Werkzeug-Korrekturwerte		Schneid.-Radius	WZ-Quadrant	WZ-Bezeichnung
		Lx	Lz	B	A	
T 12	53	75.34	62.83	0.6	4	Re-Außen-Meißel
T 04	02	94.44	43.33	0	8	Einstech-meißel
T 10	120	33.33	166.77	0.2	2	Li-Innen-Meißel
...		...	...	...	...	...

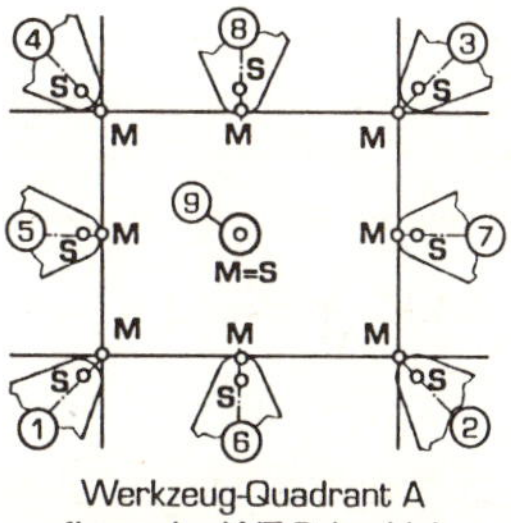

Werkzeug-Quadrant A
(Lage der WZ-Schneide)

Abb. 3.2.17: Werkzeug-Korrekturspeicher und Werkzeug-Quadrant einer Drehmaschinensteuerung

Zur Unterstützung der SRK bei der Erzeugung einer Außen- bzw. Innenkontur muß der CNC-Steuerung durch die G-Funktion G41 oder G42 mitgeteilt werden, nach welcher Seite der WZ-Schneidenradius, bezogen auf die Vorschubrichtung, versetzt werden soll, Abb. 3.2.18. Diese SRK ist insbesondere bei der Toleranzbearbeitung einer Fertigteilkontur von besonderer Wichtigkeit.

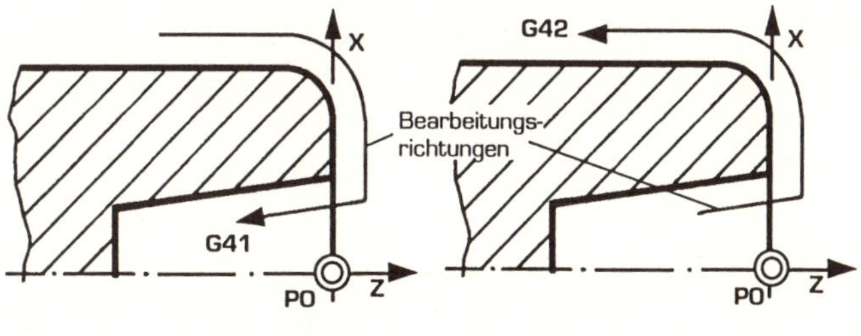

Abb. 3.2.18: Definition der Schneidenradius-Kompensation bei Drehbearbeitung

3. Werkzeugvoreinstellung WZVE

Die WZVE hat die Aufgabe, die WLK- und WRK-Werte für sämtliche Werkzeuge eines WZ-Satzes zu ermitteln. Hierzu dient in der Hauptsache ein sog. WZVE-Gerät gemäß Abb. 3.2.19.

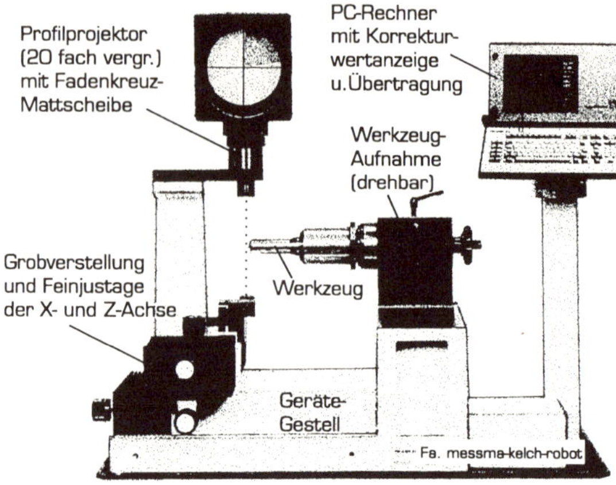

Abb. 3.2.19: Universal-Werkzeug-Voreinstellgerät

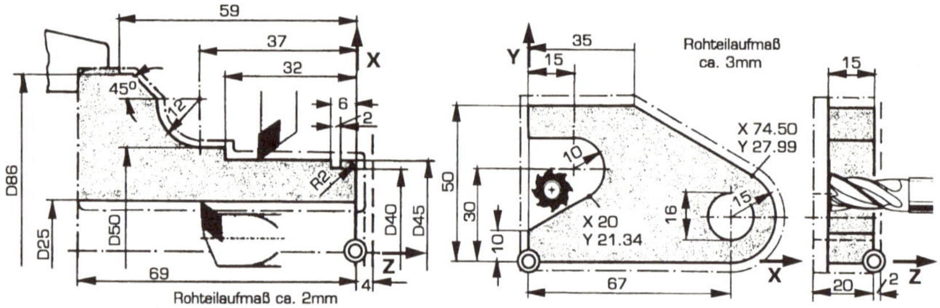


```
%330 (DIN/ISO mit SINUMERIK-3T-Format)
N1  G0 G92 S3000
N2  G0 X18 Z4 G96 S300 M4 T0510 (Kopiermeißel,
N3  G1 Z0 F0.3                   links,außen)
N4  G42
N5  G1 X45 B2
N6  G1 Z-32
N7  G1 X50
N8  G1 Z-37
N9  G2 X74 Z-49 I12 J0
N10 G1 X86 Z-55
N11 G1 Z-59
N12 G40
N13 G0 X92
N14 G0 X150 Z50
N15 G0 X25 Z2 S2000 M4 T0820 (Kopiermeißel,
N16 G41                      links, innen)
N17 G1 Z-70
N18 G0 X22 Z2
N19 G40
N20 G0 X150 Z50 (WWP)
N21 M30
```

```
%331 (DIN/ISO mit DIALOG4-Format)
N1  G0 X0 Y0 Z100 (WWP)
N2  G17 T10 (Schaftfräser D=15mm)
N3  G0 X0Y-8 Z2 S+800
N4  G0 Z-15 F300
N5  G42 X0 Yo G1 G61 M61
N6  G1 X67
N7  G3 X74.50 Y27.99 I0 J15
N8  G1 X35 Y50
N9  G1 X0
N10 G1 Y40
N11 G1 X15
N12 G2 X20 Y21.34 I0 J-10
N13 G1 X0 Y10
N14 G1 Y0
N15 G40
N16 G0 Z100
N17 G17 T20 (Nutenschaftfräser D=12mm)
N18 G0 X67 Y15 Z2 S+1000
N19 G1 Z-20.5 F100
N20 G41 X75 Y15 G1 G61 M61
N21 G3 I-8 J0
N22 G40
N23 G0 Z100 M30
```

Werkzeugkorrekturspeicher CNC-Drehmaschine:

	Lx	Lz	B	A
T0510	.....	.....	0.2	A3
T0820	.....	.....	0.2	A2

..... = Meßergebnisse aus WZVE

Werkzeugkorrekturspeicher CNC-Fräsmaschine:

	L	R
T10	.....	7.50
T20	.....	6.00

Abb. 3.2.20: Dreh- und Fräs-Programmierbeispiel mit Offsetbearbeitung

Es besteht aus einem Gestell mit Kreuzschlitten, der Werkzeugaufnahmeeinheit, dem Meßmikroskop mit Profilprojektor und der Meßwert-Anzeige bzw. Auswerteinheit. Die beiden Achsen des Kreuzschlittens sind jeweils mit Einstellschrauben für Grob- und Feinjustierung versehen, wodurch das Fadenkreuz des Profilprojektors sehr präzis auf die Schattenbildkonturen der Werkzeugschneide eingestellt werden kann (Meßfeinheit 0,005 mm). Die drehbare Werkzeugaufnahmeeinheit ist anhand eines WZ-Adapters sowohl für Drehwerkzeuge, als auch für Bohr- und Fräswerkzeuge geeignet.

Die WZVE kann auch mittels der Achsmeßsysteme auf der CNC-Maschine vorgenommen werden. Der gravierende Nachteil liegt jedoch in der zusätzlich benötigten Rüstzeit.

Programmierbeispiele mit Werkzeugkorrektur:
In der Abb. 3.2.20 wird anhand von zwei Beispielen die Programmierung mit Werkzeugkorrektur dargestellt.

3.2.4 NC-Programmier-Transformationen

Moderne CNC-Steuerungen besitzen umfangreiche Berechnungsmakros, um programmierte Geometriekonturen bzw. -positionen in modifizierter Form weiterzuverwenden. Dies wird erreicht durch Vervielfachung, Positionsänderung, Lageänderung, Größenänderung usw., wodurch erhebliche Erleichterungen sowie eine Beschleunigung des manuellen Programmiervorgangs erreicht wird. Da die hierfür verwendete Programmiersyntax überwiegend maschinen-/steuerungsspezifisch ausgerichtet ist, wird im folgenden lediglich auf die funktionelle Darstellung diesbezüglicher Koordinatentransformationen eingegangen:

1. Wiederholung von Programmteilen

Programmteile enthalten i.d.R. Geometrie- und Technologieinformationen. Der Einsatz der Programmteilwiederholung (Kopieren!) nach Abb. 3.2.21 ist bei folgenden Programmieranforderungen zweckmäßig:

- bei mehrfacher Bohrbearbeitung,
- bei mehrfacher Kontur- bzw. Tiefenzustellung des Werkzeugs,
- bei Konturschrupp- und Schlichtbearbeitung,
- bei Verschiebung, Drehung, Spiegelung und Scalierung von Geometriekomplexen.

Außerdem besteht die Möglichkeit, solche Programmteile zu wiederholen, in denen bereits eine Wiederholung programmiert ist. Diese Wiederholung in der Wiederholung wird als Schachtelung bezeichnet. Die Programmierung der Programm-

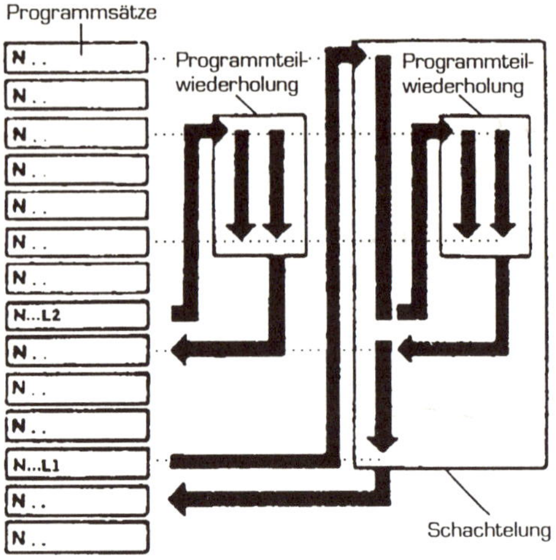

Abb. 3.2.21: Struktur der Programmteilwiederholung und Schachtelung

teilwiederholung innerhalb eines NC-Programms wird in folgenden Schritten durchgeführt:

- Wiederholaufruf z.B. durch G-Funktion G14 und Adresse L (steuerungsspezifisch)
- Anzahl der Wiederholungen
- Angabe des Wiederholbereiches im Programm, z.B. von N12 bis N23 usw.

2. Verschieben von Geometriefiguren

Geometriefiguren bestehen aus einem System von Geometriekonturen und besitzen einen eigenen Nullpunkt. Mit Hilfe der **Nullpunktverschiebung NPV** lassen sich programmierte Geometriefiguren beliebig im Koordinatensystem des NC-Programms verschieben. Nach Abb. 3.2.22 wird zwischen einer absoluten und

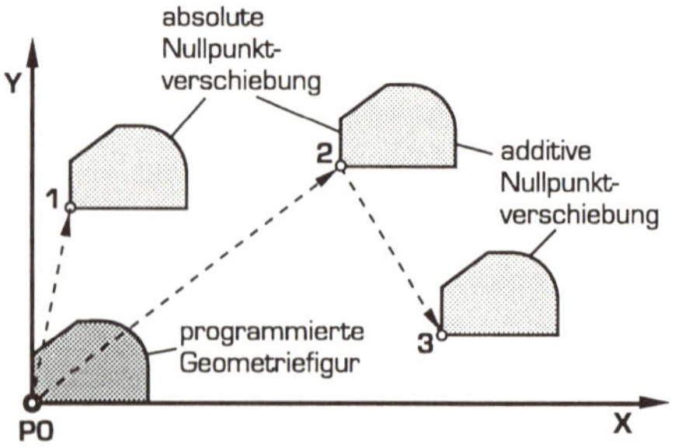

Abb. 3.2.22: Verschieben von Geometriefiguren

einer additiven (relativen) Verschiebung unterschieden. Die Programmierung einer Geometriefigur-Verschiebung besitzt folgende Ablaufstruktur:

- Aufruf „Verschieben“ durch G-Funktion, z.B. G54 bis G59
- Eingabe der Verschiebekoordinaten für Verschiebeposition, z.B. X..., Y... absolut oder additiv bezogen auf P0
- Programmteilwiederholung bzw. Unterprogrammaufruf für zu verschiebende Geometriefigur
- löschen der NPV durch G53.

3. Verdrehen von Geometriefiguren

Bei der Verdrehung nach Abb. 3.2.23 wird das Koordinatensystem einer Geometriefigur um einen beliebigen Drehpol unter einen gewünschten Winkel gedreht (s. a. Polarkoordinaten). Eine Verdrehung kann absolut oder additiv vorgenommen

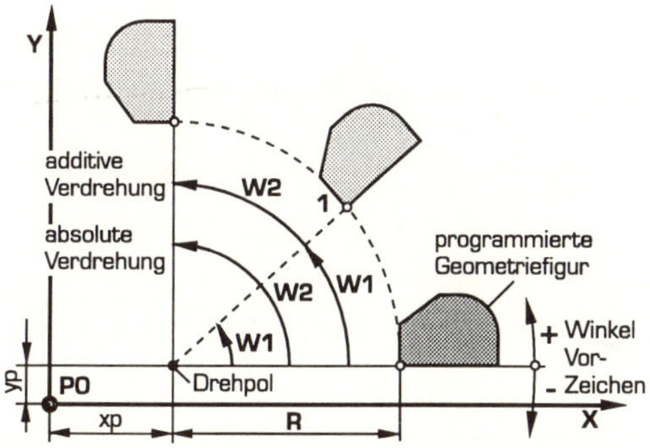

Abb. 3.2.23: Verdrehen von Geometriefiguren

werden. Die Programmierung einer Geometriefigur-Drehung besitzt folgende Ablaufstruktur:

- Aufruf „Verdrehen“ durch betreffende G-Funktion (steuerungsspezifisch!)
- Eingabe des Drehwinkels absolut oder additiv mit entsprechendem Vorzeichen
- Eingabe der Drehpolkoordinaten I, J, K bezogen auf den Programm-Nullpunkt P0
- Programmteilwiederholung bzw. Unterprogrammanruf für zu drehende Geometriefigur
- Löschen „Verdrehung“ durch G53.

Steuerungsspezifische Ausführungen gestatten die gleichzeitige Verschiebung und Verdrehung von Geometriefiguren in einem Programmsatz.

4. Spiegeln von Geometriefiguren

Beim Spiegeln einer programmierten Geometriefigur wird nach Abb. 3.2.24 folgender Zustand erzielt:

- gleiche Konturgröße,
- gleicher Abstand von der Spiegelfläche,
- **spiegelverkehrte Konturform,**
- entgegengesetzte Bearbeitungsrichtung (z.B. Gleichlauffräsen → Gegenlauffräsen).

Spiegelachsen können durch entsprechende NPV auf die gewünschte Spiegelposition verschoben werden. Die eigentliche Spiegel-Transformation einer programmierten Geometriefigur erfolgt durch jeweiligen Vorzeichenaustausch der zu spiegelnden Koordinaten.

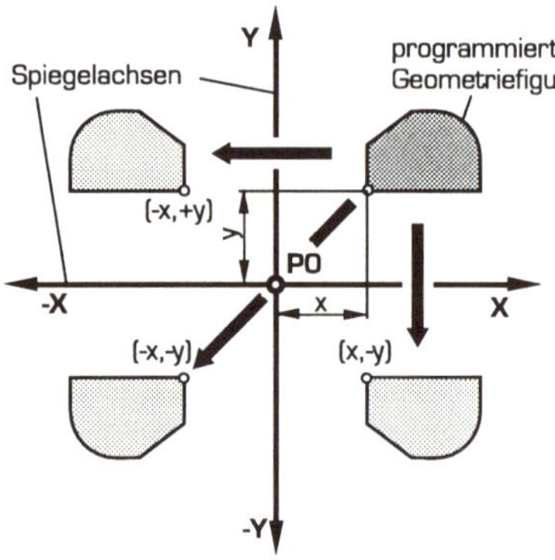

Abb. 3.2.24: Spiegeln von Geometriefiguren

Die Programmierung einer Geometriefigur-Spiegelung besitzt folgende Ablaufstruktur:

- Positionierung der Spiegelachsen für neue Spiegelposition durch NPV
- Aufruf „Spiegeln" durch betreffende G-Funktion (steuerungsspezifisch)
- Programmierung einer evtl. notwendigen Bearbeitungsrichtungsumkehr mit G-Funktion
- Programmteilwiederholung bzw. Unterprogrammaufruf für die zu spiegelnde Geometriefigur
- Löschen „Spiegeln" durch G53.

5. Scalieren von Geometriefiguren

Durch die Scalierfunktion kann eine programmierte Geometriefigur unter Angabe eines Maßstabfaktors entsprechend vergrößert bzw. verkleinert werden, Abb.

3.2.25. Ebenso besteht die Möglichkeit, jeder Achse einen eigenen Maßstabfaktor zuzuordnen, wie z. B. für Kompensierung unterschiedlicher Schwundmaße o. ä.

Die Programmierung einer Geometriefigur-Scalierung besitzt folgende Ablaufstruktur:

- Aufruf „Scalierung“ durch G-Funktion
- Eingabe des Maßstabfaktors, z.B. unter A4 (vergrößern A > 1, verkleinern A <1)

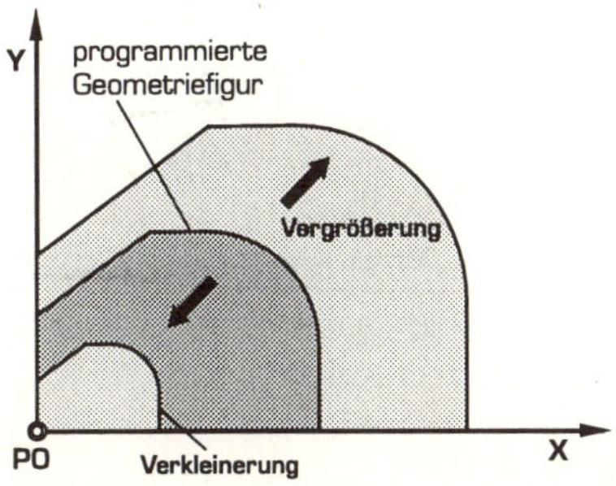

Abb. 3.2.25: Scalieren von Geometriefiguren

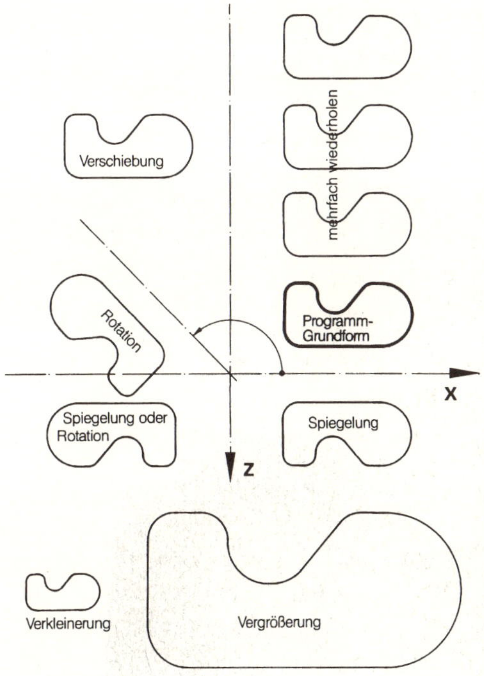


```
%PM          MAHO 432 (steuerungsspez.)
N9999        mit Vertikalfrässpindel G18
N1 G18
N2 G54 T1 M67
N3 F500 S3000 M3
N4 G0 X20 Y2 Z-25                        ┐
N5 G1 Y-0.5                              │
N6 Z-41.5                                │
N7 G2 X23.5 Z-45 R3.5                    │
N8 G1 X28.013                            │
N9 G2 X32.008 Z-41.2 R4                  │
N10 G3 X42.596 Z-37.643 R6               │ Programm-
N11 G1 X47.72 Z-43.75                    │ Grundform
N12 G2 X50.401 Z-45 R3.5                 │
N13 G1 X57.5                             │
N14 G2 X57.5 Z-20 I57.5 K-32.5           │
N15 G1 X25                               │
N16 G2 X20 Z-25 R5                       │
N17 G0 Y2                                ┘
N18 G92 Z-35                             ┐ Klonen
N19 G14 J3 N1=4     N2=18                ┘
N20 G93 X-75 Z-75                        ┐ Ver-
N21 G14 N1=4     N2=17                   ┘ schieben
N22 G93 X0 Z0 B4=120                     ┐
N23 G14 N1=4     N2=17                   │ Rotieren
N24 G93 B4=0                             ┘
N25 G73 Z-1                              ┐
N26 G14 N1=4     N2=17                   │ Spiegeln
N27 G73 Z1                               ┘
N28 G93 X-60 Z150                        ┐ Ver-
N29 G73 A4=2                             │ größern
N30 G14 N1=4     N2=17                   ┘
N31 G93 X-75 Z100                        ┐ Ver-
N32 G73 A4=.5                            │ kleinern
N33 G14 N1=4     N2=17                   ┘
N34 G0 Y100 M5
N35 M30
```

Abb. 3.2.26: Geometrie-Transformationen, dargestellt an einem Programmierbeispiel

- Programmteilwiederholung bzw. Unterprogrammaufruf für die zu scalierende Geometriefigur
- Löschen „Scalieren“ durch G53.

Programmierbeispiel mit Geometrietransformationen:

In der Abb. 3.2.26 werden anhand eines Programmierbeispiels sämtliche Möglichkeiten der Geometrietransformation dargestellt.

3.2.5 Unterprogrammtechnik

Liegen bei der Werkstückbearbeitung häufig wiederkehrende Programmierablaufsequenzen bzw. gleiche oder ähnliche Geometriefiguren vor, so empfiehlt sich der Einsatz von Unterprogrammen.

Unterprogramme stellen selbständige Programmierteile aus Geometrie- und Technologieinformationen dar, die eine eigene Programmnummer besitzen und in einem separaten Unterprogrammspeicher abgelegt werden. Gemäß Abb. 3.2.27 besteht damit die Möglichkeit, an den diskreten Stellen im Hauptprogramm (Steuerprogramm!) das gewünschte Unterprogramm aufzurufen. Nach dessen Abarbeitung erfolgt sodann wieder die Weiterverarbeitung des Hauptprogramms. Unterprogramme können von beliebigen Stellen im Hauptprogramm ein- bzw. mehrfach

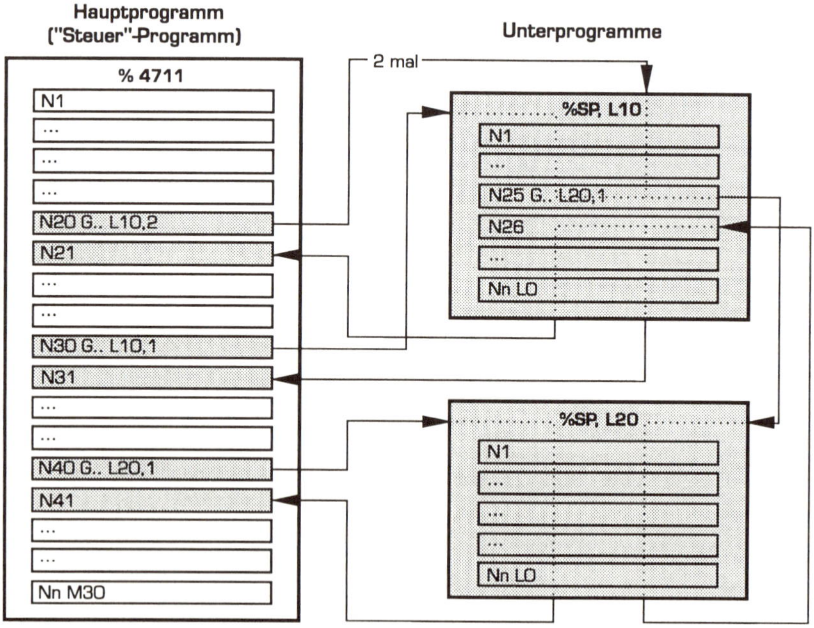

Abb. 3.2.27: Wiederholung und Schachtelung von Unterprogrammen

wiederholt werden. Durch weiteren Aufruf von Unterprogrammen in einem Unterprogramm läßt sich eine Unterprogramm-Schachtelung durchführen.

Ein Unterprogramm besitzt folgende Merkmale:
- UP-Kennzeichnung: % SP (Subprogramm)
- UP-Nummer: L 1000 (lfd. Label-Nr.)
- UP-Inhalt: Satznumerierung von N1 bis Nn
- UP-Ende: L0.

Das Hauptprogramm benötigt für den Aufruf eines Unterprogramms folgende Programmschritte:
- Unterprogramm an gewünschter Stelle mit G-Funktion, z.B. G22 aufrufen (steuerungsspezifisch)
- Eingabe der gewünschten Unterprogramm-Nr., z.B. mit L10
- Zahl der Unterprogrammwiederholungen anfügen, z.B. L10,2 (zweimal).

Es werden folgende Unterprogrammarten unterschieden:
- **Lokale Unterprogramme:** Sind speziell auf ein bestimmtes Hauptprogramm zugeschnitten und können nur von dort aufgerufen werden.
- **Makros:** Stellen unabhängige, allgemeine Parameterprogramme dar, die für gleiche bzw. ähnliche Geometriefiguren usw. erstellt werden können. Sie können aus jedem Hauptprogramm beliebig aufgerufen werden, siehe Kap. 3.2.7.
- **Bearbeitungszyklen:** Stellen in der CNC-Steuerung bereitgestellte Makros für wiederholt benutzbare, umfangreiche Bearbeitungskomplexe dar. Sie können aus jedem Hauptprogramm beliebig aufgerufen werden, siehe folgendes Kap. 3.2.6.

3.2.6 Bearbeitungszyklen

Bearbeitungszyklen stellen spezielle Parametermakros dar, die als Anwendungsprogramme in der CNC-Steuerung fest installiert sind. Sie werden eingesetzt für häufig benötigte und wiederkehrende Bearbeitungskomplexe mit Volumenbearbeitung. Durch die Eingabe von Parameterwerten für Geometrie- und Technologieinformationen läßt sich ein Bearbeitungszyklus optimal auf den vorliegenden Anwendungsfall abstimmen. Dies bedeutet eine erhebliche Zeiteinsparung bei der manuellen Programmierung.

Ein Bearbeitungszyklus muß zunächst auf seine Startpunktkoordinaten in der Sicherheitsebene im Eilgang positioniert werden. Von hier aus beginnt der Zyklus durch Aufruf und Parametereingabe in einem Programmsatz.

Die Programmierstruktur stellt sich wie folgt dar:
- Aufruf des gewünschten Bearbeitungszyklus durch G-Funktion, z.B. G81 = Bohrzyklus, G78 = Rechtecktaschenfräszyklus usw.,

- sequentielle Eingabe der Geometrie- und Technologieparameter mittels Dialogführung der Steuerung o. ä.,
- evtl. Zyklusende durch entsprechende G-Funktion.

Die Programmierung von Bearbeitungszyklen ist überwiegend steuerungsspezifisch ausgerichtet, deshalb wird im folgenden lediglich auf eine allgemeine Darstellung eingegangen.

Für die CNC-Dreh-, Bohr- und Fräsbearbeitung stehen folgende Arten von Bearbeitungszyklen zur Verfügung:

1. Drehzyklen (entsprechend Abb. 3.2.28)

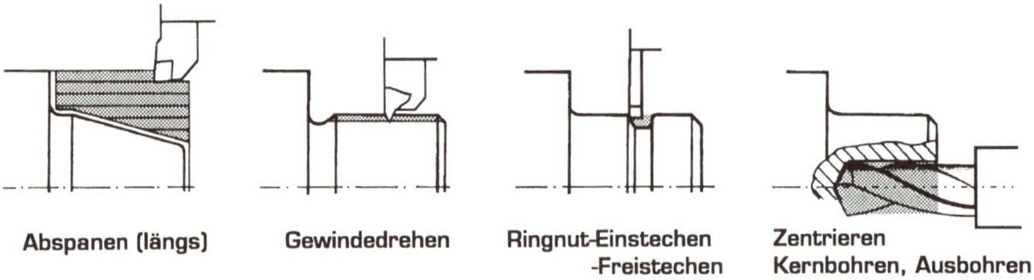

Abb. 3.2.28: Arten von Drehzyklen (Auswahl)

Funktionskurzbeschreibung wichtiger Drehzyklen:

- **Abspanzyklus:** Dient zur wirtschaftlichen Vorbearbeitung eines Drehteils durch Abschruppen des Werkstoffes zwischen Rohteil- und Fertigteilgeometrie unter Berücksichtigung eines Fertigteilaufmaßes. Der Abspanvorgang erfolgt zeilenweise im sog. „Dreieckalgorithmus" (Zustellung in X mit G0 — Abspanung in Z mit G1 — Rückzug in X und Z mit G0), wobei ein anschließender Konturschrupp- und -schlichtvorgang integriert werden kann. Ein Abspanzyklus gestattet drei verschiedene Strategien: Abspanzyklus längs (s. Abb. 3.2.28) — Abspanzyklus quer — Abspanzyklus konturparallel. Er ist sowohl für Außen- als auch für Innenbearbeitung eines Drehteils einsetzbar.
- **Gewindezyklus:** Er gestattet eine universelle Programmierung sämtlicher Gewindearten wie z.B. Zylindergewinde — Außen-/Innengewinde — Kegelgewinde — ein- bzw. mehrgängige Gewinde — rechts-/linksgängige Gewinde usw. Die Gewindetiefe kann hierbei mit verschiedenen automatischen Zustellstrategien für Schruppen und Schlichten programmiert werden. Dieser sog. Gewindekämm-Vorgang wird mit einem „Viereckalgorithmus" realisiert (Zustellung in X mit G0 — Gewindeschneiden in Z mit G33 — Rückzug in X mit G0 — Rückzug in Z mit G0).

- Das Gewindedrehen läßt sich auch ohne Zyklus schrittweise programmieren wie z.B. durch
  N100 G33 Z-40 K2,5 mit G33 = G-Funktion für Gewindeschneiden
  Z-40 = Gewindelänge 40 mm
  K2,5 = Gewindesteigung mit 2,5 mm/Umdr.
  Im Bearbeitungsschritt G33 wird jeweils die Hauptspindeldrehzahl S mit dem Vorschub F der Z-Achse entsprechend der vorgegebenen Gewindesteigung p synchronisiert. Hierbei gilt: F = S x p.
- **Einstechzyklus:** Mit diesem Zyklus sind alle möglichen Einstechformen programmierbar wie z.B. Quadratnute, Rechtecknute, Trapeznute mit unterschiedlichen Flankenwinkeln — ohne/mit Eckenradien — Außen-/Innennuten — ohne/mit Schlichtaufmaß — Längs-/Plannuten. Der Zyklus besitzt eine automatische Restbearbeitungsstrategie der Nute sowohl in Längs- als auch in Zustellrichtung.
- **Bohrzyklus:** Damit lassen sich folgende Bohrarten programmieren: Kurzbohren (zentrieren) — Kernbohren ohne/mit Verweilzeit — Tiefbohren mit parameterbezogener Späneauswurfstrategie.

2. Bohrzyklen (entsprechend Abb. 3.2.29)

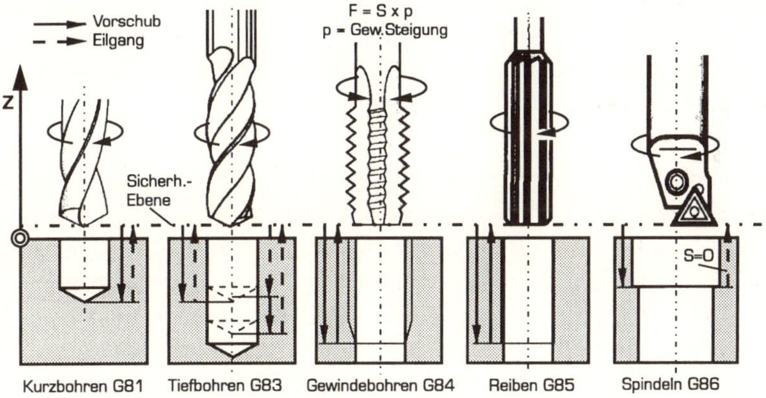

Abb. 3.2.29: Arten von Bohrzyklen (Auswahl)

Bohrzyklen für den Einsatz auf CNC-Bohr- und Fräsmaschinen sind nach DIN/ISO genormt. Für den Zyklenaufruf werden die G-Funktionen G81 bis G86 vorgeschlagen.

Funktionskurzbeschreibung wichtiger Bohrzyklen:

- **Kurzbohrzyklus:** Dient zum Zentrieren und Kernbohren und besitzt folgenden Zyklenablauf: Bohren mit Vorschub — evtl. Verweilzeit — Rückzug im Eilgang.

- **Tiefbohrzyklus:** Gestattet durch Bohrtiefen-Degressionsstrategie ein Spänebrechen bzw. Späneauswerfen bei tieferen Bohrungen.
  Zyklusablauf: Bohren mit Vorschub auf definierte Tiefe — Eilgangsrückzug auf SE — Eilgangeinfahren auf vorherige Tiefenposition — Weiterbohren mit Vorschub auf Tiefe mit abnehmendem Bohrtiefenintervall — Eilgangsrückzug auf SE usw., bis Tiefenfertigmaß erreicht ist.
- **Gewindebohrzyklus:** Erlaubt die Herstellung von Gewinden mit Gewindebohrern, wobei Spindeldrehzahl und Z-Vorschub elektronisch synchronisiert werden.
  Zyklusablauf: Gewinden mit Vorschub F = S x p (p = Gewindesteigung in mm/Umdr.) auf gewünschte Gewindetiefe — Drehrichtungswechsel (M3 → M4) — Rückzug des Gewindebohrers mit Vorschub F.
- **Reibzyklus:** Dient zum Aufreiben von Paßbohrungen.
  Zyklusablauf: Aufreiben auf Bohrtiefe mit Vorschub — evtl. Verweilzeit — Rückzug der Reibahle mit Vorschub.
- **Spindelzyklus:** Wird eingesetzt zum Passungsdrehen einer Bohrung mit Plan- und Ausdrehkopf.
  Zyklusablauf: Spindeln auf Bohrtiefe mit Vorschub — Spindelstop S0 — Rückzug im Eilgang.

3. Bohrbildzyklen

Für die Programmierung von häufig wiederkehrenden Bohrbildmustern stehen verschiedene Bohrbildzyklen nach Abb. 3.2.30 zur Verfügung. Sie werden im Zusammenhang mit der Bohr- und Fräszyklenprogrammierung eingesetzt.

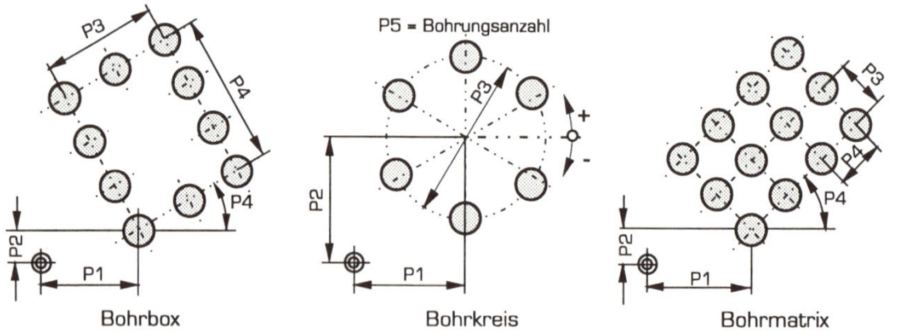

Abb. 3.2.30: Arten von Bohrbildzyklen (Auswahl)

4. Fräszyklen

Fräszyklen nach Abb. 2.3.31 stellen äußerst leistungsfähige Parametermakros dar, da sie neben Außen- und Innenkonturbearbeitungen auch automatisch generierte Restbearbeitungen (Taschenausräumen bzw. Außenkonturrestbearbeitung) übernehmen. Dies wird durch zyklusinterne Bearbeitungsstrategien unter Eingabe weiterer Parameter realisiert. Ebenso läßt sich eine WZ-Tiefenzustellung mittels Schnittaufteilungsautomatik durchführen.

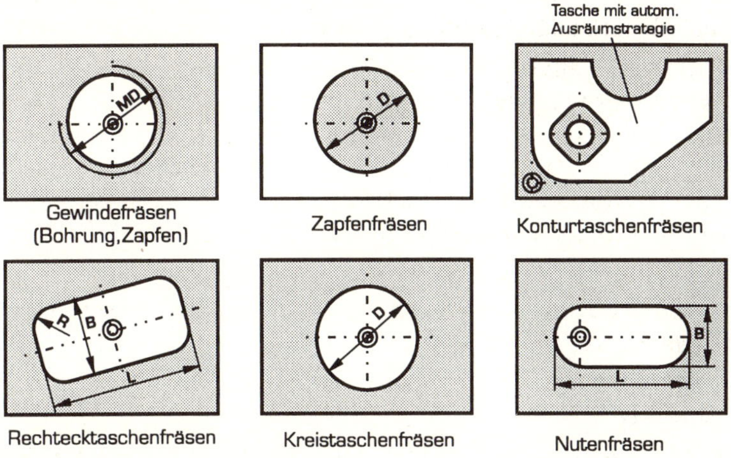

Abb. 3.2.31: Arten von Fräszyklen (Auswahl)

Funktionsbeschreibung wichtiger Fräszyklen:

- **Rechtecktaschenfräszyklus:** Gestattet die Programmierung von rechteckigen bzw. von quadratischen Taschen mit beliebigem Eckenradius und in beliebiger Winkellage. Ebenso besteht die Möglichkeit einer Schlichtaufmaßbearbeitung in Kontur- und Tiefenrichtung, um eine geforderte Oberflächengüte bzw. Passungstoleranz gewährleisten zu können.
- **Kreistaschenfräszyklus:** Eignet sich besonders für die Bearbeitung von größeren Sackbohrungen mit Schlichtbearbeitung, auch für Zapfenfräsen einsetzbar.
- **Nutenfräszyklus:** Besitzt vorteilhaften Einsatz für die Bearbeitung von Paßfedernuten u. ä. in beliebiger Winkellage.
- **Gewindefräszyklus:** Wird eingesetzt für die Fertigung von Außen- bzw. Innen-Kurzgewinden mit Gewindefräser. Dieser Zyklus läßt sowohl das Fräsen von Rechts- und Linksgewinden als auch von mehrgängigen Gewinden zu.
- **Konturtaschenfräszyklus:** Dieser universelle Fräszyklus gestattet eine einfache Programmierung von Taschen mit beliebigen Konturformen. Innerhalb dieser Tascheninnenkontur können gleichzeitig eine oder mehrere Inseln mit unterschiedlichen Außenkonturen vorgesehen werden. In jeder dieser Inseln lassen sich weitere Taschen realisieren. Eine automatische Konturausräum- und Tiefenzustellstrategie besorgt die Restbearbeitung. Dieser Fräszyklus läßt sich jedoch auch für die **Fertigung von Außenkonturformen** einsetzen. Hierbei wird

angenommen, daß die „Tascheninnenkontur" der Werkstück-Rohteilkontur und die „Insel" der gewünschten Außenkonturform entspricht. Die Außenkontur-Restbearbeitung wird sodann vom Zyklus automatisch durchgeführt.

Programmierbeispiel mit Bearbeitungszyklus:

In der Abb. 3.2.32 wird mittels eines einfachen Beispiels die Programmierung eines Konturtaschen-Fräszyklus dargestellt.

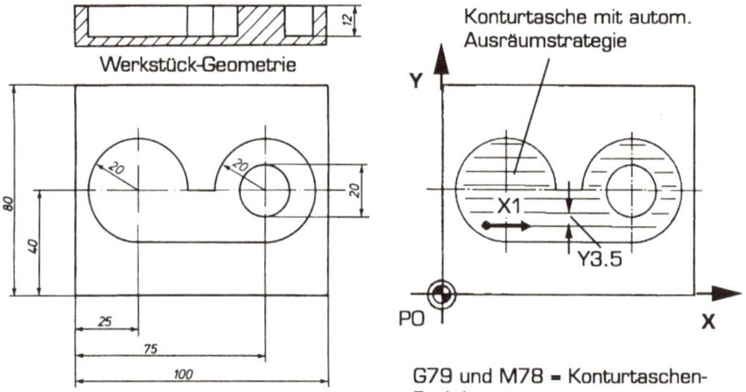

G79 und M78 = Konturtaschen-Funktionen

```
%33333 (DECKEL "Dialog 4"-Steuerung)
N 1 G0 Z100                               ] Werkzeugwechsel mit Positio-
N 2 G17 T100 (Nutenfräser D=4)            ] nierung auf Sicherheitsebebe
N 3 G0 Z2 S+1000                          ] und auf Z0
N 4 Z0 F100 M70                           ]
N5 G79 Y3.5 X1 F100 Z2 Z6                 ... Definition der Konturtasche
N 6 G91 Z-4 M70                           ... Zustellinkrement
N 7 G90 M70
N 8 G41 G45 A1 X55 Y40 G0 G60 M61         ]
N 9 X45                                   ]
N10 G3 X25 Y20 I-20 J0                    ]
N11 X75                                   ] Fräsen der Innenkontur
N12 G3 X55 Y40 I0 J20                     ]
N13 G40 G45 A1                            ]
N14 G41 G45 A1 X65 Y40 G1 G60 M61         ]
N15 G2 I10 J0                             ] Fräsen der Außenkontur (Insel)
N16 G40 G45 A1                            ]
N17 M78                                   ... autom. Ausräumen der Tasche
N18 L2 N5 N17                             ... Zustellwiederholung auf Taschen-
N19 G0 Z100 M30                               tiefe
```

Abb. 3.2.32: Programmierbeispiel einer Konturtaschenbearbeitung

3.2.7 Programmieren von Parametermakros

Parametermakros stellen allgemeingültige NC-Programme dar, wobei Geometrie- und Technologiewerte, sowie Wörter und Sätze eines NC-Programms durch austauschbare Parameter (sog. „Platzhalter") repräsentiert werden. Damit kann ein in dieser Form geschriebenes Programm für eine Vielzahl ähnlicher Werkstücke verwendet werden, wobei lediglich die Parameter anzupassen sind. Ein vorteilhafter Einsatz von Parametermakros liegt bei folgenden Gegebenheiten vor:

- für die Berechnung nicht bemaßter Zielpunktkoordinaten,
- für wiederkehrende Bearbeitungsalgorithmen (z. B. eigene Bearbeitungszyklen),
- für ähnliche Programmierabläufe mit zu verändernden Geometrie- und Technologiedaten,
- für die Programmierung von 3D-Regelflächen, die ansonsten nur rechnergestützt zu lösen sind.

Allgemeine Parameterdefinition:

Ein Parameter besteht aus einer Adresse mit Code-Nummer, z. B. P333. Parameter können innerhalb eines Programms folgende Zuweisungsarten repräsentieren:

1. Zahlenwerte mit Geometrie-, Technologie- und programmtechnischen Daten s. a. Abb. 3.2.33:
   z. B. **X = P1 (P1 =** z. B. **101,52 mm), S = P2 (P2 =** z. B. **2500 U/min)** usw.

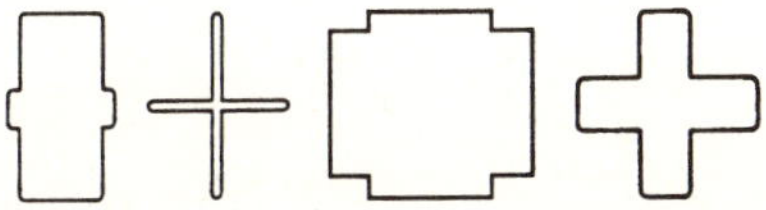

Abb. 3.2.33: Geometrie-Formelemente mit gleichem Parametermakro

2. Programmwörter mit Geometrie- und Technologieanweisungen:
   z. B. **P10 = Y-40, P11 = T31** usw.
3. Mehrere Programmwörter bzw. Programmsätze:
   z. B. **P20 = G1 X-50 Y35 F400**
4. Mathematische Rechenoperationen:
   z.B **P30 = SQRT (SQR (5,77 + 3,16) + SQR0,98).**
   Folgende Rechenoperationen sind möglich:

+	Addition	TAN(...)	Tangensfunktion
–	Substraktion	ASIN(...)	
x	Multiplikation	ACOS(...)	Arcusfunktionen
:	Division	ATAN(...)	
( )	Rechenklammern	SQR(...)	Quadrieren
SIN(...)	Sinusfunktion	SQRT(...)	Quadratwurzel
COS(...)	Cosiusfunktion	PI	Kreiszahl 3,1414

   In die Klammern (...) können statt Zahlenwerte auch Parameter eingesetzt werden!

5. Mathematische Ausdrücke mit Parameterverknüpfung, z. B.:
   P40 = P5 x COS P6 } ≙ Ellipsengleichung: x = a x cos α
   P41 = P7 x SIN P6 } y = b x sin α

Hierbei können dem Parameter für eine mathematische Beziehung selbst wieder weitere Parameter zugewiesen werden, womit Parameter miteinander verknüpft werden.

6. Parametervergleich mit Sprungfunktion:
   Bei der Parameterprogrammierung mit mathematischen Rechneroperationen und Parameterverknüpfung ist häufig ein Parametervergleich in Verbindung mit einer Folgeentscheidung erforderlich. Hierfür stehen folgende Funktionen zur Verfügung:

   P50 = P51 (gleich) → EQU
   P50 ≠ P52 (ungleich) → NE
   F50 > P53 (größer) → GT
   F50 < P54 (kleiner) → LT.

   Für die Programmierung einer Folgeentscheidung (Sprungbefehl) ist wie folgt zu programmieren:

   z.B. **N43 IF P50 GT P53 GOTO N20**
   d.h., wenn der Wert des Parameters P50 größer als der Wert des Parameters P53 wird, dann soll auf die Satznummer N20 gesprungen und dort weitergearbeitet werden!
   Es besteht ebenso die Möglichkeit, Parameterwerte mit Zahlenwerten zu vergleichen.

   Achtung: Alle Ziffern (Codenummern), die zu den Programmieradressen N, G, M usw. gehören, dürfen nicht durch Parameter ersetzt werden.

Ablaufstruktur bei der Parameterprogrammierung:

Bei der Programmierung mit Parametern empfiehlt sich folgende Vorgehensweise:

- Definition und Festlegung der Grundparameter anhand der Werkstückzeichnung
- Aufstellung einer Bearbeitungsstrategie für Programmier-Vorgehensweise
- Definition und Festlegung einer Parameterliste für die Rechen- und Steuerparameter zur Realisierung der Bearbeitungsstrategie
- Erstellung des Hauptprogramms mit Wertzuweisung für die Grundparameter einschließlich Aufruf mit Steuerparametern
- Erstellung des Macroprogramms mit Steuerparametern.

Programmierbeispiel für Parameterprogrammierung:

In der Abb. 3.2.34 wird mittels eines Beispiels die Parameterprogrammierung für ein Werkstück mit 3D-Regelflächen dargestellt.

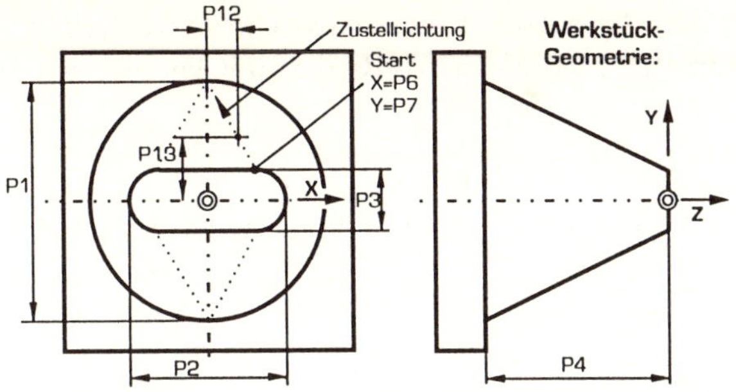

1. Festlegung der Grundparameter:

P1 = Basisdurchmesser
P2 = Steglänge
P3 = Stegbreite
P4 = Körperhöhe
P5 = Anzahl der Zustellschritte

2. Festlegung der Rechen- und Steuerparameter für die Parameterliste:

P 6 = (P2-P3):2	- Anfangswert in X
P 7 = P3:2	- Anfangswert in Y
P 8 = 0 (Start Z=0)	- Anfangswert in Z
P 9 = ((P2-P3):2):P5	- Zustellmaß für X
P10 = ((P1-P3):2:P5	- Zustellmaß für Y
P11 = P4:P5	- Zustellmaß für Z
P12 = P6-P9	- variables Maß X
P13 = P7+P10	- variables Maß Y
P14 = P8-P11	- variables Maß Z

3. Hauptprogramm:
(steuerungsspezifisch mit DECKEL-Dialog4 CNC-Steuerung)

```
% 5555
N 1  P1=80   ┐
N 2  P2=60   │ Wertzuweisung
N 3  P3=20   │ für Grundpara-
N 4  P4=70   │ meter
N 5  P5=140  ┘
N 6  G0 X0 Y0 Z120
N 7  G17 T30 (Schaftfräser)
N 8  G0 Z1 S+1600
N 9  G1 Z0 F200
N10 %0*5 (Makroprogramm)
N11 G0 Z120 M30
```

4. Makroprogramm:

```
%0*5
N 1  G1 Z=P14 F150 M70
N 2  F350 M70
N 3  G41 G46 A1 X=P12 Y=P13 G0
N 4  G2 X=P12 Y=-P13 I0 J=-P13
N 5  G1 X=-P12
N 6  G2 X=-P12 Y=P13 I0 J=P13
N 7  G1 X=P12
N 8  G40 G46 A1
N 9  P6=P12
N10 P7=P13
N11 P8=P14
N12 L=P15 N1 N11
```

Abb. 3.2.34: Beispiel einer Parameterprogrammierung

3.2.8 CNC-gestützte Geometrieprogrammierung

Moderne CNC-Steuerungen bieten für die manuelle Programmierung von komplexeren Werkstückgeometrien leistungsfähige Softwaremodule in Form von Parameterprogrammen an. Damit lassen sich auf einfache Weise fehlende Schnittpunktkoordinaten berechnen, Konturelemente einfügen sowie mehrere Konturelemente in Form von Konturzügen hintereinander programmieren. Der Aufruf dieser Geometriemakros erfolgt jeweils durch eine G-Funktion, die eine Dialogabfrage der benötigten Parameter anfordert.

1. Einfügen von Konturelementen

Konturecken können durch Einfügen von Radien (Eckenrunden), Fasen (Eckenfasen) und Freistichen entsprechend modifiziert werden. Dieses Einfügen ist bei allen Ecken unter beliebigem Winkel < 180° möglich, die durch den Schnitt von Geraden und Kreisbögen nach Abb. 3.2.35 entstehen.

Hierbei bestehen folgende Kombinationsmöglichkeiten bei Konturecken:
- Gerade — Gerade
- Gerade — Kreisbogen bzw. Kreisbogen-Gerade
- Kreisbogen — Kreisbogen.

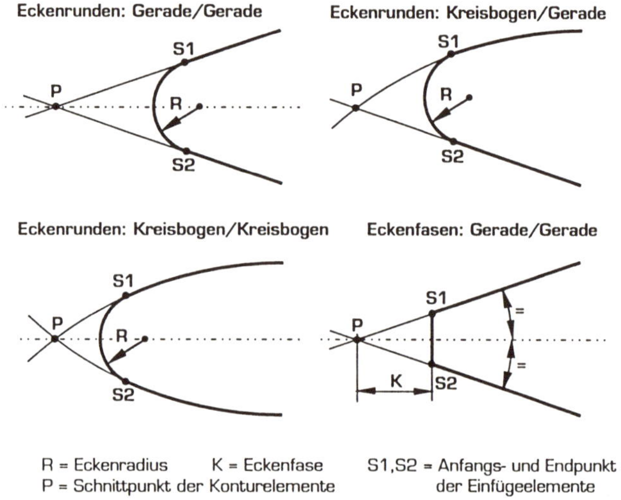

Abb. 3.2.35: Einfügemöglichkeiten von Konturelementen

Programmiervorgang:

Zunächst wird das erste Konturelement zum Schnittpunkt P programmiert und die Art und Größe des einzufügenden Elements durch Parameter angegeben. Anschließend erfolgt die Programmierung des zweiten Konturelements. Die Schnittpunkte S1 und S2 werden durch den Geometrieprozessor automatisch berechnet.

2. Konturzugprogrammierung

Ein in der CNC-Steuerung fest installiertes Geometriemakro erlaubt es, mehrere (z.B. bis zu vier) hintereinanderliegende Konturelemente in einem einzigen Programmsatz zu verarbeiten. Dieser Algorithmus ist stets aus zwei Konturgeraden mit jeweils einem zwischengeschalteten bzw. angefügten Konturelement (Radius bzw. Fase) zusammengesetzt!

Zunächst ist die zu programmierende Geometriekontur durch jeweilige Bildung von „Viererelementen" nach Abb. 3.2.36 aufzubereiten. Nach Aufruf mittels einer

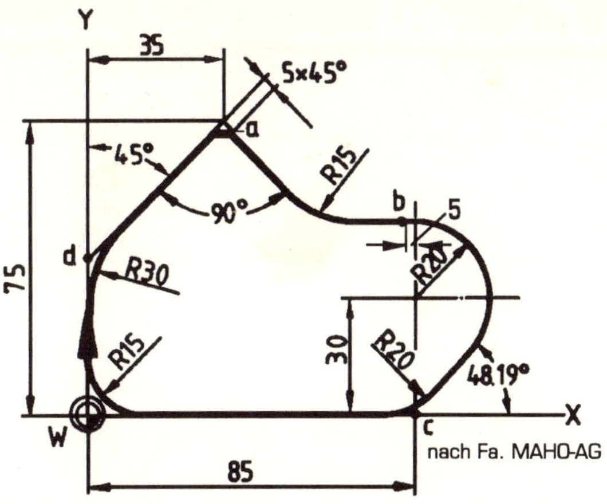

Diese Geometriekontur läßt sich mit vier Dreifach-Konturzügen wie folgt programmieren

```
....
N6 G11 X35 Y75 B90 R30 B1=45 K1=5        (von d nach a)
N7 G11 X45 Y-25 B-45 R15 B1=180          (von a nach b)
N8 G11 X5 Y-50 B0 R20 B1=48.19 R1=20     (von b nach c)
N9 G11 X-85 Y40 B180 R15 B1=90           (von c nach d)
...
```

Abb. 3.2.36: Konturzug-Programmierung einer Werkstückkontur

G-Funktion werden die dialogabgefragten Geometrieparameter direkt aus der Zeichnung eingegeben. Der Konturzug wird sodann vom Prozessor automatisch berechnet und als Programmsatz im Arbeitsspeicher fixiert. Je nach Zeichenvorlage ist die Eingabe von rechtwinkeligen und polaren Koordinaten auch in deren Kombination möglich.

Programmierstruktur des Konturzugs:

- Aufruf „Konturzug“ mit Geometriefunktion z.B. G11
- Zielpositionen X, Y in relativer Programmierung G91 eingeben
- Winkel B bzw. Länge L des ersten Geradenelements eingeben
- Radius R bzw. Fase K des ersten Zwischenelements eingeben
- Winkel B1 bzw. Länge L1 des zweiten Geradenelements eingeben
- Radius R1 bzw. Fase K1 des zweiten Zwischenelements eingeben.

3. Konturerstellung mit Geometrieprozessor [15]

Der Geometrieprozessor wird durch ein äußerst leistungsfähiges Geometriemakro repräsentiert, das die Berechnung und Verknüpfung von geraden und kreisförmigen Konturelementen für komplette WST-Geometrien gestattet. Nach Abruf mittels einer G-Funktion, z.B. G64, werden die aufeinanderfolgenden Geometrieelemente durch die DIN/ISO-Fahranweisungen G1, G2 bzw. G3 sowie deren Parametern satzweise programmiert. Je nach Zeichnungsbemaßung besteht die Möglichkeit sowohl rechtwinkelige als auch polare Koordinaten zu verarbeiten. Für die automatische Konturberechnung werden mindestens zwei Programmsätze jeweils mit Gerade oder Kreisbogen für die Bestimmung der Lage des Startpunktes sowie des Endpunktes dieses Konturzuges benötigt. Nach Bedarf kann ein Zwischenelement als Gerade bzw. Kreisbogen eingefügt werden. In Abb. 3.2.37 ist der Programmierablauf für eine Geometriekontur unter Einsatz eines Geometrieprozessors dargestellt!

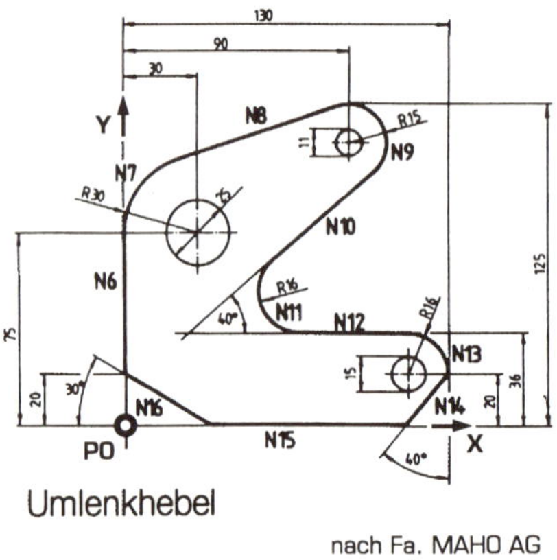

NC-Programm:
(CNC-Steuerung MAHO 432)

```
%PM
N210500
N1 G17 T1 M67
N2 X0 Y-20 Z-12 S400 M13
N3 G41
N4 G1 X0 Y20 F80
N5 G64 (Aufruf Geometrieprozessor)
N6 Y75
N7 G2 R30 I30 J75 R1=1
N8 G1 R1=1
N9 G2 R15 I90 J110 R1=1
N10 G1 B1=220
N11 G3 R16
N12 G1 B1=0 R1=1
N13 G2 R16 I114 J20 J1=1
N14 G1 X1=130 Y1=20 B1=-130
N15 X1=0 Y1=0 B1=180
N16 X0 Y20 B1=150
N17 X-10 Y30
N18 G40
N19 G0 Z100 M30
```

Abb. 3.2.37: Programmierung einer Fräskontur mit Geometrieprozessor

4. Programmierung von speziellen Geometriekonturen

In der Software von modernen CNC-Steuerungen wird in zunehmendem Maße mehr Intelligenz installiert. Hierzu tragen insbesondere auch die als Option implementierten Achsinterpolationsmodule bei. Sie ermöglichen die simultane Steuerung von bis zu 5 Achsen im Funktionszusammenhang durch Geraden-, Kreis- bzw. Spline-Interpolation. Damit läßt sich eine manuelle Programmierung von relativ komplexen Geometriekurven bzw. -formen ermöglichen, die ansonsten nur mit erheblichem Rechenaufwand zu realisieren wären. Während die herkömmlichen Interpolationsarten der Geraden- und Kreisinterpolation bereits angesprochen sind, wird im folgenden auf die Schraubenlinien-, Zylinder- und Spline-Interpolation eingegangen.

Schraubenlinien-Interpolation:

Mit der Schraubenlinien-Interpolation besteht die Möglichkeit, auf CNC-Fräsmaschinen mit 3 Linearachsen unterschiedliche Formen von Helixkurven zu fertigen. Eine diesbezügliche Schraubenlinie wird programmiert durch eine Kreisinterpolation zweier Achsen mit gleichzeitiger Geraden-Interpolation der 3. Achse.

Beispiel für die Programmierung einer Schraubenlinien-Interpolation für Horizontalmaschine G18 (Werkzeug senkrecht zur Bearbeitungsebene), s. Abb. 3.2.38.

N200 G3	X... Y... Z...	I... K...	J...
	Zielpunkt-Koordinaten	Mittelpunkts-Koordinaten	Schraubensteigung

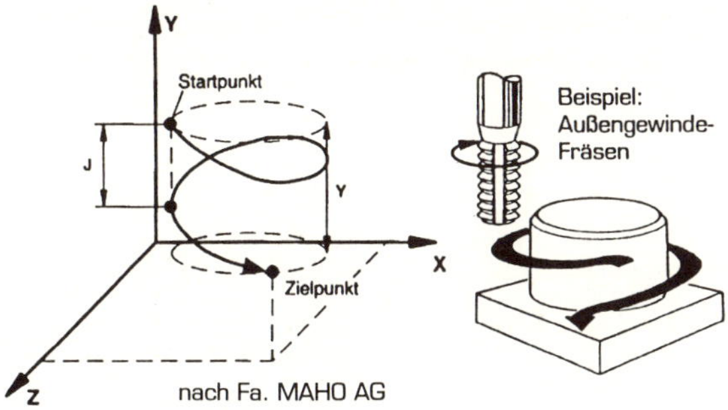

Abb. 3.2.38: Schraubenlinien-Interpolation (Helix)

Zylinder-Interpolation 2D:

Die Zylinder-Interpolation gestattet die Bearbeitung einer Zylindermantelfläche. Voraussetzung ist die Existenz eine Linear- und Rundachse, wobei der Zylinderdurchmesser konstant sein muß. Es können sowohl Geraden als auch Kreisbogen programmiert werden. Kreisbogen sind nur mit Radiusprogrammierung möglich. Die Zielposition der Rundachse wird stets im Gradmaß eingegeben. Die Programmierung selbst ist steuerungsspezifisch ausgerichtet.

Beispiel für die Programmierung einer Zylinder-Interpolation, s. a. Abb. 3.2.39:

%	0321
N10	Achsen-Referenzpunkte anfahren
N20	Positionierung des Fräsers in Horizontalspindel auf Startpunkt C0, Z1

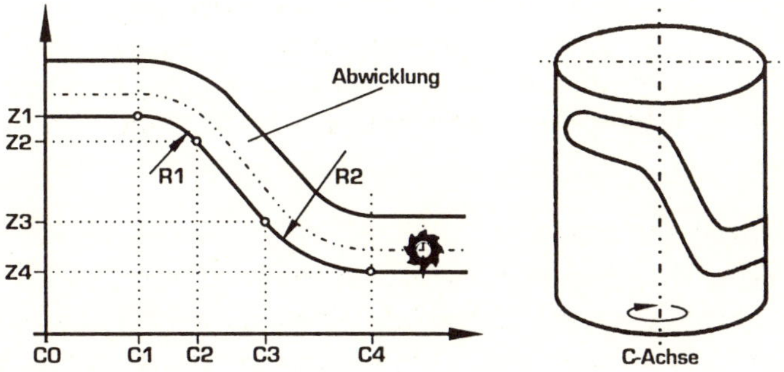

Abb. 3.2.39: Zylinder-Interpolation

N30 Anwahl Zylinder-Interpolation, z.B. G182
N40 G41 C0 Z1 - Bahnkorrektur des Fräsers
N50 G1 Y... F... - Fräserzustellung auf Nuttiefe
N60 G1 C1 Z1 - Konturprogrammierung
N70 G2 C2 Z2 R1 - Konturprogrammierung
N80 G1 C3 Z3 - Konturprogrammierung
N90 G3 C4 Z4 R2 - Konturprogrammierung
N100 G1 C5... - Konturprogrammierung
N110 Abwahl Zylinder Interpolation
N120 M30.

Spline-Interpolation 2D/3D [16]:

Für die Bearbeitung von freigestalteten Geometriekurven bzw. Oberflächen sind bei der Linearinterpolation große Mengen von Koordinaten-Stützpunkten notwendig. Mit der Spline-Interpolation hingegen läßt sich diese Datenmenge durch Verringerung der Stützpunkte erheblich reduzieren. Trotzdem entstehen glatte Konturverläufe und weiche Übergänge, da die einzelnen Kurvensegmente jeweils mit gleicher Steigung und gleicher Krümmung aneinandergesetzt werden. Sollen scharfe Kanten erzeugt werden, so sind die Stützpunkte entsprechend enger zu setzen. Ein wesentlicher Vorteil liegt damit in der erheblichen Reduzierung der Bearbeitungszeit infolge der geringeren Zahl von NC-Sätzen und in der Verbesserung der Bearbeitungsoberfläche.

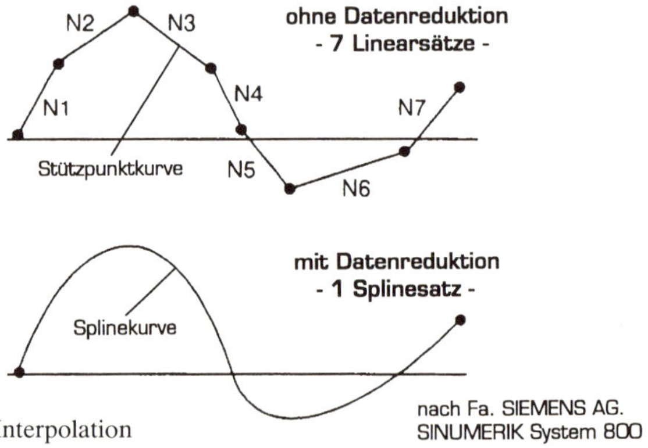

Abb. 3.2.40: Spline-Interpolation

Unter einem „Spline" wird eine Kurvenform verstanden, die keine Kanten besitzt und deren Krümmungsradien sich stets verändern. Ein Spline besteht aus einer Kette von Polynomen 3. Grades (B-Spline), Abb. 3.2.40.

Die Erfassung der Sollkontur anhand von Stützpunkten kann durch folgende Möglichkeiten erfolgen:

- durch Playback-Programmierung, indem diskrete Konturpunkte des Musterwerkstückes mittels elektronischem Handrad angefahren und im Teileprogrammspeicher abgespeichert werden,
- durch Digitalisierung einer 2D-Kontur bzw. einer 3D-Oberfläche mittels 2D/3D-Digitalisierungssystem,
- durch ein CAD-System.

Die auf diese Weise ermittelten Stützpunkt-Koordinaten werden nun zu einem Standard-Programm aus Geometrie-Linearsätzen verarbeitet. Ein sog. **Approximations-Softwaremodul** (installiert in CNC, PC oder CAD) setzt dieses Programm in ein NC-Programm mit Splinesätzen entsprechend um.

In Abhängigkeit der Einflußgrößen „Stützpunktdatenmenge“, „Datenreduktionsfaktor“ und „Kontur-Oberflächengüte“ können unterschiedliche Approximationsverfahren eingesetzt werden. Dieses Splineprogramm kann nur auf modernen CNC-Maschinen abgearbeitet werden, in deren CNC-Steuerungen ein **Spline-Interpolationsmodul** implementiert ist. Es können bis zu 5 Achsen-Splines verarbeitet werden.

Programmierung eines 2D-Splinesatzes:

G6 = G-Funktion für Aufruf der Spline-Interpolation
X, Y = Endpunktkoordinaten (wird durch Approximationsoftware berechnet!)
I = Bahnparameter (wird durch Approximationsoftware berechnet!)
K = Koeffizienten der Achspolynome 3. Grades.

Interpolationsarten Achszahl/Dimension	Anzahl der Vorschubachsen mit inges.	G1	G2/G3	G182	G6	Art der Bearb.Geometrie
2A/2D-Bahnbearbeitung	2	2 und 2		–	–	Geraden bzw. Kreisbögen
2A/2.5D-Bahnbearbeitung	3	2 und 2		–	–	s.oben, jedoch in 3 versch. Ebenen
3A/3D-Konturbearbeitung	3	3	–	–	–	räuml.Konturen mit Geradeninkrementen
3A/2D-Zylinderbearbeitung	3	–	–	2	–	Zylinderbahnkurven
3A/3D-Helikalbearbeitung	3	1	2	–	–	beliebige Schraubenlinien
3A/2D-Splinebearbeitung	3	–	–	–	2	beliebige Geometriekurven
3A/3D-Flächenbearbeitung	3	3	–	–	–	Regelflächen mit Geradeninkrementen
4-5A/3D-Flächenbearbeitung	4-5	4-5	– oder –		4-5	Freiformflächen

G1 = Geradeninterpolation
G2/G3 = Kreisinterpolation
G182 = Zylinderinterpolation
G6 = Splineinterpolation

Abb. 3.2.41: Möglichkeiten der Geometrieerzeugung durch den Einsatz von verschiedenen Interpolationsarten

Zusammenfassung von Steuerungs-Interpolationsarten:
Die CNC-Bearbeitung von komplexen bzw. freigestalteten Flächen mit hohem Schwierigkeitsgrad wird in erster Linie durch die Leistungsfähigkeit der Steuerungs-Interpolatoren sichergestellt. Eine Auswahl von wichtigen und gebräuchlichen Interpolationsmodulen ist in der Tabelle, Abb. 3.2.41, zusammengestellt.

3.2.9 Manuelle Programmeingabe

Bei der manuellen Werkstattprogrammierung muß das meist extern erstellte Steuerprogramm zur Abarbeitung in den Arbeitsspeicher der CNC-Steuerung eingegeben werden. Andererseits lassen sich bei einfachen Programmen die einzelnen Programmschritte unmittelbar über die Tastatur eingeben (Direkteingabe).

Dieser Vorgang sollte mit möglichst einfachen und leicht verständlichen Mitteln vonstatten gehen. Außerdem ist in diesem Zusammenhang stets auf eine unnötige Verlängerung der Rüstzeit zu achten.

1. CNC-Bedienoberfläche

CNC-Steuerungen benötigen zur Eingabe des NC-Programms grundsätzlich eine entsprechende „Programmiertastatur“ für Buchstaben, Ziffern und spez. Zeichen sowie eine Bildschirmanzeige zur Visualisierung der eingegebenen Programmsätze.

Bei modernen CNC-Steuerungen nach Abb. 3.2.42 mit grafisch-interaktiver Bedienoberfläche hingegen erfolgt die Programmeingabe gleichzeitig mit der schrittweisen Erzeugung des NC-Programms. Sie bieten folgende Besonderheiten:
- Grafikunterstützung mit Farbgrafik-Bildschirm
- Dialog-Bedienerführung
- Fenstertechniken
- Pulldown-Menüs, Menü-Tabletts
- Einsatz von Rollkugel- bzw. Softkey- und Symboliktasten.

Damit läßt sich eine bequeme, schnelle und leicht erlernbare Programmeingabe durchführen.

2. Programm-Direkteingabe an der CNC-Steuerung

Ein erstmals zu erstellendes NC-Programm wird mittels Bedienoberfläche direkt in den Arbeitsspeicher der CNC-Steuerung eingegeben. Im Anschluß daran besteht die Möglichkeit, mit Hilfe des Simulationsmoduls eine Programmüberprüfung bzw. evtl. Editierung vorzunehmen.

Zur Vermeidung einer damit verbundenen Erhöhung der Maschinenrüstzeit gestatten moderne CNC-Steuerungen eine sog. **Parallelprogrammierung** aufgrund

Abb. 3.2.42: Bedienoberfläche einer CNC-Steuerung

ihrer Multitaskingfähigkeit. Damit wird es möglich, gleichzeitig zur laufenden NC-Bearbeitung die Programmieraktivitäten für den Folgeauftrag zeitneutral zu erledigen. Dies läßt sich jedoch nur dann realisieren, wenn folgende Bedingungen zufriedenstellend miteinander abgestimmt sind:

- Programmierdauer und Häufigkeit für neu zu erstellende NC-Programme
- Größe des Zeitaufwandes für laufende Überwachungstätigkeiten der CNC-Bearbeitung, z.B. Werkzeugwechsel, Werkstückwechsel, QS-Selbstkontrolle u.a.
- Werkstück-Komplexitätsgrad für Programmerstellung
- Bearbeitungsdauer je Werkstück
- Losgröße des Auftrags usw.

Eine Parallelprogrammierung sollte jedoch dann realisiert werden, wenn folgende Bedingungen häufig vorliegen:

- bei Einsatz von Parameterprogrammen,
- bei Geometrieübernahme mit CAD/CNC-Kopplung an WOP-Steuerungen,

- bei CNC-Bearbeitungszentren mit mitttleren Losgrößen,
- bei Änderungen von bereits vorhandenen NC-Programmen.

In jedem Falle sollte bezüglich dieser Zusammenhänge stets darauf geachtet werden, den mit der Parallelprogrammierung befaßten, hochqualifizierten Maschinenbediener einer Überforderung auszusetzen und damit eine evtl. Qualitätseinbuße zu erleiden.

3. Programmeingabe am CNC-Programmiergerät

Bereits in den 70er Jahren hat sich eine Alternative der manuellen Programmeingabe mit Hilfe eines sog. **Programmiergeräts** eingeführt und bewährt. Damit wird eine Trennung des manuellen Programmierprozesses von der CNC-Steuerung und somit eine örtlich und zeitlich getrennte, **indirekte Parallelprogrammierung** erreicht, die jedoch einer weiteren Person bedarf. Hierbei besteht die Möglichkeit, das NC-Programmiergerät entweder im Arbeitsplatzumfeld der CNC-Maschine oder im Meisterbüro der Fertigungsgruppe einzusetzen.

Die manuell zu erstellenden bzw. erstellten NC-Programme werden ebenso wie bei der CNC-Direkteingabe mittels grafisch interaktiver Bedienoberfläche in den Arbeitsspeicher des Programmiergerätes eingegeben. Nach erfolgter Programmkontrolle durch grafisch-dynamische Bearbeitungssimulation sowie evtl. notwendiger Editierung kann das NC-Steuerprogramm entweder über DNC oder per Diskette in den Arbeitsspeicher der betreffenden CNC-Steuerung transferiert werden.

Moderne CNC-Programmiergeräte, meist als „CNC-Simulatoren" bezeichnet, besitzen i.d.R. eine handelsübliche IBM-kompatible **Hardware** mit MS-DOS- bzw. UNIX-Betriebssystem in folgender Konfiguration, Abb. 3.2.43.

- AT mit 80386-Prozessor, mathem. Coprozessor
- Arbeitsspeicher mit 2 MB für 32-Bit-Version
- Festplattenlaufwerke 20 MB, Diskettenlaufwerk 1,44 MB (5¼″, 3½″)
- serielle Schnittstelle für CNC-Tastatur, parallele Schnittstelle für Drucker
- Videokarten mit mind. VGA-Format (640 x 480 Bildpunkte)
- Farbgrafik-Bildschirm mind. 14″
- Peripheriegeräte wie z.B. spez. CNC-Tastaturen, Drucker, Maus, Digitalisiertablett u.a.

Für die realitätsgerechte Nachbildung von Maschinen- und Steuerungsfunktionen im CNC-Programmiergerät wird eine **steuerungsadäquate Programmiersoftware** eingesetzt. Dabei ist zwischen folgenden Alternativen zu unterscheiden:

- Einsatz einer **maschinen-/steuerungsspezifischen** Programmiersoftware, s. a. Abb. 3.2.43: Jedes Maschinen-/Steuerungskonzept benötigt ein eigenes Pro-

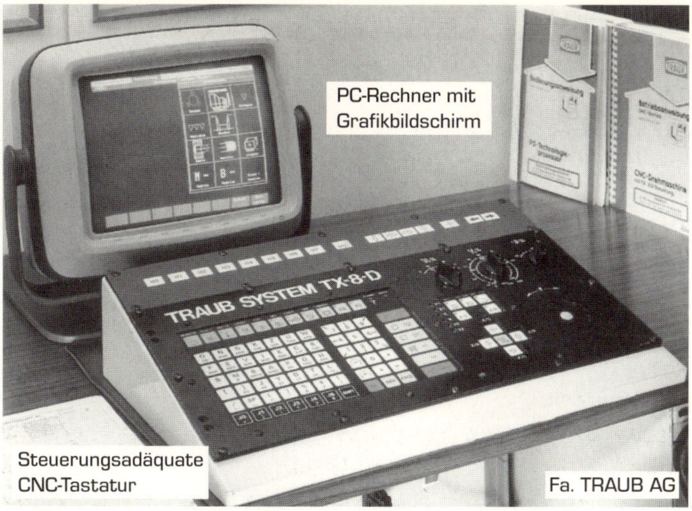

Abb. 3.2.43: Hardware-Konfiguration eines CNC-Programmiergerätes

grammiermodul. Damit verbunden ist ein zusätzlicher Einsatz der dazugehörigen CNC-Tastatur. Gleiches gilt auch für die manuelle Programmierung von verschiedenen Fertigungsverfahren wie z.B. Drehen, Fräsen, Bohren, Erodieren usw.

- Einsatz einer **maschinen-/steuerungsneutralen** Programmiersoftware:
  Für die Programmierung von Maschinen-/Steuerungskonzepten mit gleichem Fertigungsverfahren wird damit nur ein Programmiermodul benötigt. Die Programmiersprache besitzt z.B. ein sog. PAL-Format[1)] bzw. MTS-Format[2)] usw. auf DIN/ISO-Basis. Die Dateneingabe kann sowohl mit einer herstellerneutralen, speziellen CNC-Tastatur[3)] als auch durch eine normale PC-Tastatur mit Symbolaufkleber bzw. speziellen Tastaturfolien vorgenommen werden. Für die Programmkontrolle wird wegen des maschinen-/steuerungsneutralen Programmformats lediglich ein einziges Simulationsmodul verwendet. Die Formatumsetzung in das gewünschte NC-Steuerprogramm erfolgt sodann durch ein maschinen-/steuerungsspezifisches Konvertierungsmodul (z.B. generalisierter PP).

---

1) **P**rüfungs**a**ufgaben und **L**ehrmittelentwicklungsstelle der IHK Mittlerer Neckar
2) **M**athematisch **T**echnische **S**oftware-Entwicklung GmbH
3) entsprechende Projektgruppe des BIBB

Die Programmier-Software für ein CNC-Programmiergerät setzt sich aus folgenden Funktionsmodulen zusammen:

- Einrichtemodul
- Programmiermodul
- Grafisch-dynamische Simulation (verschiedene Betriebsarten)
- Geometriemeß- und Prüfmodul
- Programm- und Datenverwaltung
- Grafische Programmierhilfe
- Konfigurationsprogramme
- Werkzeug- und Spannmittelverwaltung.

3.3 Rechnergestützte AV-Programmierung

Bei der rechnergestützten NCP gelangen leistungsfähige **NC-Programmiersysteme** zum Einsatz, die aus einer Hard- und Softwarekomponente bestehen. Ein NC-Programmiersystem wird in erster Linie durch die Funktionalität seiner Software bewertet, die zudem auf verschiedenen Rechnerkonfigurationen eingesetzt werden kann. Damit läßt sich insbesondere bei der Programmierung unterschiedlicher Fertigungsverfahren sowie bei höheren WST-Komplexitätsgraden eine flexible und wirtschaftliche NC-Fertigung erreichen.

Dieses Programmierverfahren wird in der Hauptsache im Rahmen der technologischen Produktdatenerstellung (Arbeitsplan, Fertigungsstückliste usw.) zentral in der Arbeitsvorbereitung (AV) eingesetzt. Derzeitige Trends bezüglich Datenintegration und selbstorganisierende Gruppentechnologien tendieren jedoch zu dezentralen Organisationsstrukturen, so daß die Ansiedlung der rechnergestützten AV-Programmierung auch in Fertigungsbereichen (Meisterbereich, CNC-Fertigungsgruppe u.a.) interessant werden wird.

3.3.1 Funktionsdarstellung

Für den wirtschaftlichen und universellen Einsatz eines modernen NC-Programmiersystems sind eine Reihe von grundsätzlichen Anforderungen zu beachten:

1. Möglichkeit der NC-Programmerstellung für verschiedene Fertigungsverfahren, wie z.B. Drehen, Bohren/Fräsen, Schleifen, Erodieren usw. mit dem gleichen Programmiersystem.
2. Verarbeitung von unterschiedlichen Geometriearten, wie z.B. analoge Zeichnungen, digitale CAD-Dateien, externe Geometriedateien, Digitalisiergeometrie usw.
3. Einfach zu bedienende und leicht verständliche Bedienoberfläche.

4. Möglichkeit der Erstellung eines maschinen-/steuerungsneutralen NC-Programm-Zwischenformats im CLDATA-Format.
5. Bereitstellung von umfangreichen, fertigungsspezifischen Technologiedateien für Betriebsmittel (Werkzeuge, Spannmittel) und Schnittdaten.
6. Leistungsfähiger Simulationsmodul für Programm- und Kollisionskontrolle.
7. Kostengünstige und kompatible Hardware-Konfigeration auf PC-Basis.

Die Software eines NC-Programmiersystems besitzt einen modularen Aufbau anhand von verschiedenen Programmierprozessoren in Verbindung mit der Bedienoberfläche und zahlreichen fertigungstechnologischen Erfahrungsdateien. Eine diesbezügliche Funktionsstruktur zeigt die Abb. 3.3.1.

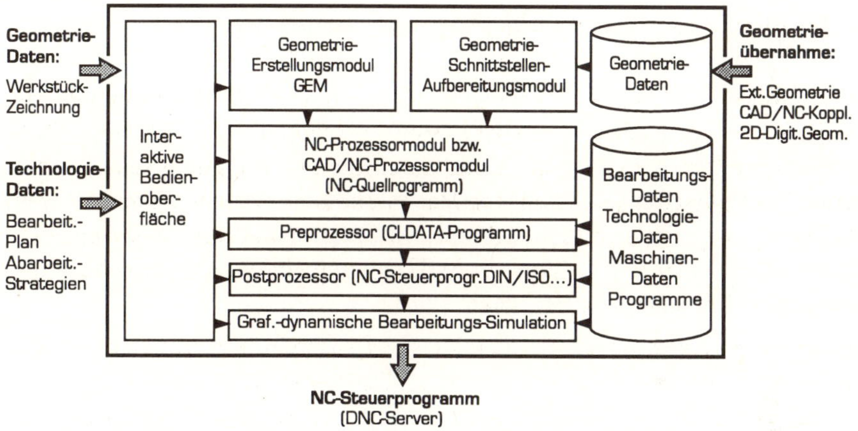

Abb. 3.3.1: Funktionsstruktur der rechnergestützten AV-Programmierung

Ein charakteristisches Merkmal der rechnergestützten NCP stellt die getrennte Verarbeitung von Geometrie- und Technologiedaten dar. Damit wird eine universelle Programmierung mit unterschiedlichen Geometrieformaten ermöglicht. Bei den meisten Programmiersystemen lassen sich sowohl technische Zeichnungen und digitalisierte bzw. gescannte Handskizzen und Grafikvorlagen als auch externe und CAD-Dateien auf Diskette bzw. online über Schnittstellenmodule verarbeiten. Hierzu sind jeweils entsprechende Geometriekonvertierungsmodule erforderlich.

Im NC-Prozessormodul erfolgt die eigentliche Programmerstellung nach einem vorbereiteten Bearbeitungsplan mit Art und Reihenfolge von BVO und BOP. Hierbei werden sowohl die bereits vorher erstellten Geometriedateien eingefügt, als auch die erforderlichen Technologiedaten wie z.B. Werkzeuge und Schnittdaten programmiert. Das Ergebnis stellt das sog. **Quellprogramm** dar, das meist mit einer NC-Prozessoreingabesprache nach DIN 66246/ISO 4342 erzeugt wird.

NC-Programmiersysteme können verschiedene Ausführungsformen aufweisen, s. a. Abb. 3.3.7:

- als NC-Prozessor mit fertigungstechnisch orientierter Programmiersprache, wie z.B. EXAPT, COMPACT II, TC-APT bzw. sonstigen spez. Maschinensprachen,
- als CAD/NC-Prozessor (sog. Koppelmodul),
- als Kombination der beiden vorstehenden Ausführungen.

Basiert die Generierung eines NC-Quellprogramms bereits auf einem maschinen-/steuerungsspezifischen Format, so liegt eine **direkte Steuerprogrammerstellung** vor. Dies erfordert jedoch für jedes Maschinen-/Steuerungskonzept eine eigene NC-Programmiersoftware.

Wird hingegen das Quellprogramm durch einen nachgeschalteten Preprozessor in ein maschinen-/steuerungsneutrales **CLDATA-Programm** konvertiert, so handelt es sich um eine **indirekte Steuerprogrammerstellung.** Das eigentliche NC-Steuerprogramm wird dabei erst nach Festlegung des Maschinen-/Steuerungskonzepts mittels zugeordnetem Postprozessor vom CLDATA-Programm erzeugt.

Die meisten NCP-Systeme gestatten bereits bei der Programmgenerierung eine **Online-Programmkontrolle.** Dabei handelt es sich um eine 2D/3D-Simulation der Werkzeugverfahrwege, wodurch evtl. Syntaxfehler, ungeeignete Werkzeuge und falsche Geometriedaten unmittelbar im Programmierprozeß festgestellt und editiert werden können, Abb. 3.3.2.

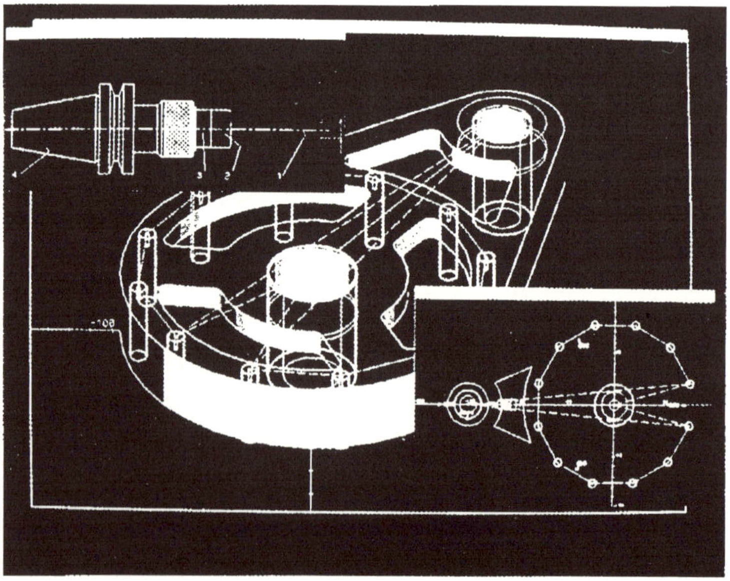

Abb. 3.3.2: Grafische Online-Simulation bei der Programmgenerierung in Mehr-Fenstertechnik

Während bei der direkten Steuerprogrammerstellung stets ein maschinen-/steuerungsspezifisch konfiguriertes Simulationsmodul zur Endkontrolle des NC-Steuerprogramms erforderlich ist, genügt bei der indirekten Steuerprogrammerstellung ein einziges Simulationsmodul, z.B. im CLDATA-Format. Dieser Vorteil wird jedoch mit dem Nachteil erkauft, daß hierbei keine Kollisionsüberprüfungen im Maschinenarbeitsraum simuliert werden können.

Gestaltung der Bedienoberflächen:

Im Sinne einer wirtschaftlichen rechnergestützten NCP kommt der Bedienoberfläche der NC-Software eine besondere Bedeutung zu. Die Dateneingabe sollte daher einfach, ergonomisch gestaltet und leicht erlernbar sein und mit möglichst hoher Rechner- bzw. Grafikunterstützung vonstatten gehen. Die derzeit praktizierten Bedienoberflächen lassen sich wie folgt einordnen:

1. Programmeingabe in der NC-Sprache (Editormodus)

Hierunter wird das direkte Programmieren von Einzelsätzen mit einer fertigungstechnologisch orientierten Programmiersprache wie z.B. APT (**A**utomatically **Pro**grammed **T**ools) bzw. mit dem maschinen-/steuerungsspezifischen DIN/ISO-Code verstanden. Während die erste Alternative zu einem maschinen-/steuerungsneutralen CLDATA-Programm führt, erzeugt die zweite Möglichkeit unmittelbar das Ziel-Steuerprogramm, wobei kein Post-Prozessor benötigt wird.

Diese Art der Programmeingabe mit Hilfe der Tastatur erfordert jedoch eine aufwendige Ausbildung und Einarbeitung in die z.T. abstrakte, vielgestaltige und vor allem auch steuerungsspezifische Semantik und Syntax der Programmiersoftware.

2. Programmiereingabe mit Menüsystem und Dialogführung

Der Programmierablauf erfolgt durch die Auswahl von Menüfunktionen, die ihrerseits Eingabemasken mit den notwendigen Programmierablaufschritten zur Eingabe der Geometrie- und Technologieparameter öffnen. Je nach Softwarestand erfolgt mit Hilfe von Technologie-Erfahrungswertdateien eine mehr oder weniger automatisierte NC-Datengenerierung. Obwohl in dieser Phase keine Kenntnisse der Programmiersprache erforderlich sind, werden sie bei späteren Editiervorgängen im Quell- bzw. CLDATA-Programm unbedingt notwendig.

Alle Daten- bzw. Funktionseingaben erfolgen über Funktionstasten und Maus.

3. Programmeingabe mit grafisch-/interaktiver Bedienerführung

Insbesondere CAD/NC-Prozessormodule sowie CAD integrierte NCP-Module sind in Anlehnung an die CAD-Zeichnungserstellung mit einer grafisch-/interaktiven Bedienerführung ausgestattet. Die Bildschirmmaske besitzt hierbei horizontale und vertikale Softkeyleisten, die mit Zeigergeräten gewünschte Menüfelder einblenden lassen. Durch Selektierung von Prozeßfunktionen werden notwendige Parameter angefordert, die über die Tastatur einzugeben sind. Diese Programmiervorgänge werden in grafischer Darstellung am Bildschirm in Windowtechnik angezeigt, wobei Zoomfunktionen und Scrollbalken eine zusätzliche Unterstützung bilden. Die Kenntnis einer Programmiersprache ist — auch beim Editieren — nicht erforderlich.

Das Menüsystem einer rechnergestützten NC-Programmiersoftware besitzt modularen Aufbau und besteht aus mehreren Hauptmenüs, den damit verbundenen Untermenüs sowie den zugeordneten Submenüs. In der Abb. 3.3.3 ist der vereinfachte Aufbau und der Inhalt eines Menüsystems dargestellt.

Grund-Menü	Geometrie Menü	Allgemeines Bearbeit.-Menü	Programm-Erstellungs-Menü
Unter Menü: Geo-Menü, Allg-Menü, Prg-Menü	Unter Menü: Allg-Menü, Prg-Menü, Grd-Menü	Unter Menü: Geo-Menü, Prg-Menü, Grd-Menü	Unter Menü (Drehen): Geo-Menü, Allg-Menü, Grd-Menü
CAD-Schnittstelle	Geo-Elemente	Bearbeit.Verfahren	Programm-Eröffnung
Editor	Geo-Konturen	Betriebsmittel-Datei	Material/Rohteil-Def.
Simulation	Formelemente	Schnittdaten-Datei	Start-/Sicherh.Pos.
Postprozessoren	Geo-Makros	Bearb.plan-Datei	Bearbeit.Strategie
DNC-Filetransfer	Transformationen	Progr.Makro-Datei	Programmzyklen
Dateienverwaltung	Sondergeometrie	Bearbeitungszyklen	Geometrie-Definition
Einrichteblatt	Geo-Layer	Kommentare	Bearbeit.-Funktionen
ext. Progr.Speicher	Bemaßung	Setup	Darstellung

Abb. 3.3.3: Menüsystem einer rechnergestützten NC-Programmier-Software

3.3.2 Softwarekonfigurationen des NCP-Systems [17], [18], [19]

Die Anwendereignung einer NC-Programmiersoftware wird bezüglich ihrer Möglichkeiten für zu programmierende Fertigungsverfahren beurteilt, Abb. 3.3.4. Dies hat nicht nur Auswirkungen auf Flexibilität und Kosten der NCP, sondern besitzt auch Einflüsse auf Datenkompatibilität, Ausbildung des NC-Personals usw.

Diesbezüglich eingesetzte Bearbeitungsmodule werden derzeit von zahlreichen NC-Softwareherstellern vertreten, wodurch ein komplexes Angebotsfeld hinsichtlich internem Softwareaufbau, Schnittstellengestaltung, Bedienoberfläche, teilautomatischer Programmgenerierung usw. vorliegt. In der Hauptsache jedoch kommt der Erzeugung bzw. Aufbereitung von Geometrie- und Technologiedaten sowie deren Einbindung in die Programmierstruktur eine wichtige Bedeutung zu.

Fertigungsverfahren	Art der Achs-Interpolation	Bemerkungen
Drehen	2Achsen/2D 3Achsen/3D 2x2Achsen/2D	normale Ausführung C-Achse und rot. Werkzeuge Doppel-Werzeugschlitten
Fräsen und Bohren	3Achsen/3D 3Achsen/2.5D 3Achsen/3D	normale Ausführung 3-Ebenenbearbeitung Regelflächenbearbeitung
Stanzen/Nibbeln	2-3Achsen/2D	ohne bzw. mit Werkzeugrotation
Plasma-, Laser- und Wasserstrahlschneiden	2Achsen/2D 3-5Achsen/3D	normale Ausführung räuml.Lasern, Lasercaving
Erodieren	2Achsen/2D 2x2Achsen/3D 3-4Achsen/3D	normales Drahterodieren räuml. Drahterodieren Senkerodieren mit Elektr.-Rotation
Schleifen	Mehrachs./2D	Rund-, Flach- und Profilschleifen

Abb. 3.3.4: Arten von rechnergestützten NCP-Fertigungsmodulen

1. Rechnergestützte Erzeugung und Aufbereitung von Geometriedaten

Eine leistungsfähige NCP-Software muß in erster Linie die Fähigkeit und Flexibilität besitzen, Werkstückgeometrien in analoger und digitaler Form mit unterschiedlichem Datenformat verarbeiten zu können. Hierzu bieten sich folgende Möglichkeiten an:

Grafisch-interaktiver Geometrie-Erstellungsmodul GEM:

Das GEM-Modul ist Bestandteil der NC-Programmiersoftware und stellt im Prinzip ein vereinfachtes CAD-System, meist ohne Schraffur und Bemaßung, dar. Die Werkstück-Fertigteilgeometrie wird anhand von Technischen Zeichnungen durch

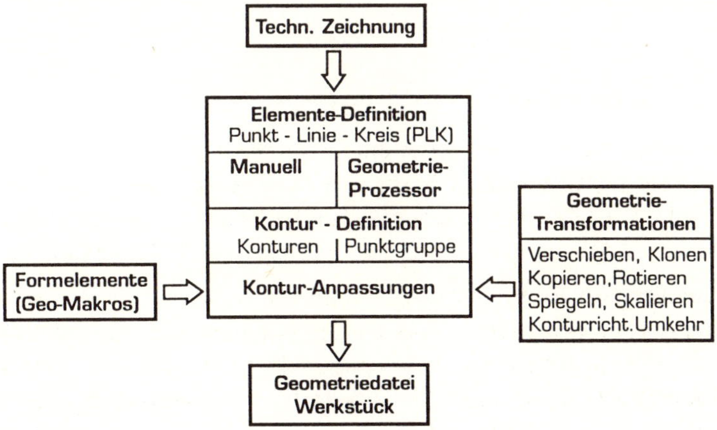

Abb. 3.3.5: Struktur eines Geometrieerstellungs-Softwaremoduls (GEM)

die Definition von Geometrieeinzelelementen, -konturen und -positionen als rechnerinternes Geometriemodell erzeugt und in Dateiform abgespeichert. Der Einsatz von GEM-Modulen führt zu autarken NC-Programmiersystemen, entsprechend Abb. 3.3.7, **Modell A und B.** Sowohl einfache als auch komplexere Geometrien lassen sich damit schnell und effektiv erstellen. Die GEM-Software beinhaltet alle Möglichkeiten der CNC-gestützten Geometrieerzeugung nach Kap. 3.2.8 sowie der Anwendung von Geometrietransformationen. In der Abb. 3.3.5 ist die Funktionsstruktur eines Geometrie-Erstellungsmoduls dargestellt.

Geometrie-Digitalisierungsmodul 2D:

Liegt die zu programmierende Werkstückgeometrie in handskizzenähnlicher Musterdarstellung bzw. als Grafikvorlage vor, so empfiehlt sich eine Geometrieerzeugung mit Hilfe eines Digitizers bzw. Scanners. Die zur Programmerstellung benötigten Geometriekonturen können dabei punktweise mittels Digitalisiertablett, 2D-Profilprojektor oder automatischem Scannersystem erfaßt werden. Zwecks Datenreduktion erfolgt anschließend mit Hilfe einer Approximations-Software die Weiterverarbeitung und Verfeinerung der erfaßten Geometrie sowie die Bereitstellung in Dateiform, Abb. 3.3.6.

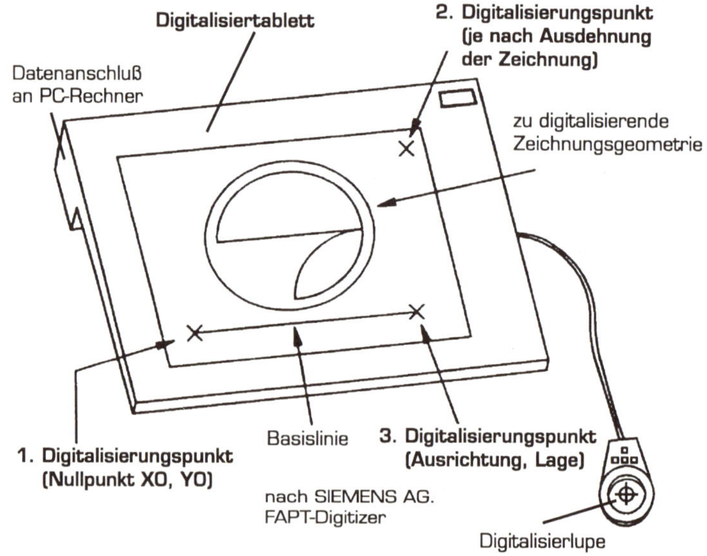

Abb. 3.3.6: 2D-Digitalisierungs-Einrichtung

CAD/NC-Geometriekopplung [20], [21], [22]:

Im Zuge der Datenintegration gewinnt die Mehrfachnutzung bereits erstellter, digitaler Werkstückgeometrie für die NCP zunehmend an Bedeutung. Es handelt sich hierbei um die sog. **CAD/NC-Kopplung** von CAD-interner bzw. -externer Geometrie mit dem NC-Programmiersystem. Laut Definition liegt eine CAD/NC-Kopplung dann vor, wenn eine datentechnische Verknüpfung zweier separater DV-Systeme mit getrennten Daten- und Speicherstrukturen vorliegt. Bei der Programmierung mit CAD/NC-Kopplung werden die CAD-Daten zunächst auf ein standardisiertes Schnittstellenformat wie z.B. DXF, IGES, HP/MI, CPLNDI, STEP usw. konvertiert. Ein nachgeschalteter CAD/NC-Prozessor interpretiert diese Daten auf der Basis einer Geometrieaufbereitung und gibt die Zwischenergebnisse entweder an einen NC-Prozessor weiter, oder er verarbeitet sie unter Hinzufügen von Technologiedaten selbst zu einem NC-Programm, Abb. 3.3.7.

Neben der reinen Kopplung von Geometriedaten werden von der Anwenderseite zunehmend Forderungen für eine gleichzeitige Übertragungsmöglichkeit von fertigungstechnologischen Daten wie z.B. Oberflächenqualität, Form- und Lagetoleranzen usw. erhoben. Diesbezügliche Attribute könnten zumindest in einfacher Form als textliche Zusatzinformationen übermittelt werden. Die meisten der derzeit auf dem Markt vorherrschenden CAD/NC-Systeme lassen eine diesbezügliche erweiterte Datenkopplung nur bedingt zu. Der Grund liegt in der Hauptsache an den unvollständigen und derzeit noch in der Entwicklung befindlichen, gekoppelten Geometrie-/Technologie-Schnittstellen.

Funktionsbeschreibung von CAD/NC-Koppelmodellen (gemäß Abb. 3.3.7):

Koppelmodell C:

Der CAD/NC-Prozessor hat die Aufgabe, lediglich Geometriedaten aufzubereiten, die anschließend in einem separaten NC-Prozessor des Programmiersystems weiterverarbeitet werden. Bezüglich der Übergabe an das NC-Programmiersystem sind zwei Geometriearten möglich:

Geometrieelemente:
Hierbei werden reine Geometrieelemente in Form von Geometrielabel an den NC-Prozessor übergeben. Der Aufbereitungsprozeß selbst besitzt im wesentlichen folgende Ablaufschritte nach Abb. 3.3.8:

- Entfeinerung der Zeichnungsgeometrie (Bemaßung, Schraffur usw.)
- Bildung von Bearbeitungskonturen bzw. -positionen
- Schließen evtl. vorhandener Konturlücken durch Konsistenzprüfung
- Nullpunktdefinition und Festlegung der Bearbeitungsrichtung.

Geometriemakros (Formelemente):
Diese Form der Geometriedatenübergabe setzt eine CAD-Geometriemodellierung auf der Basis von Geometrie-Makros voraus. Hierbei bietet sich vorteilhaft eine Verknüpfung mit fertigungstechnologischen Informationen zu sog. Technologiemakros an. Die wesentlichen Ablaufschritte der Aufbereitung sind:

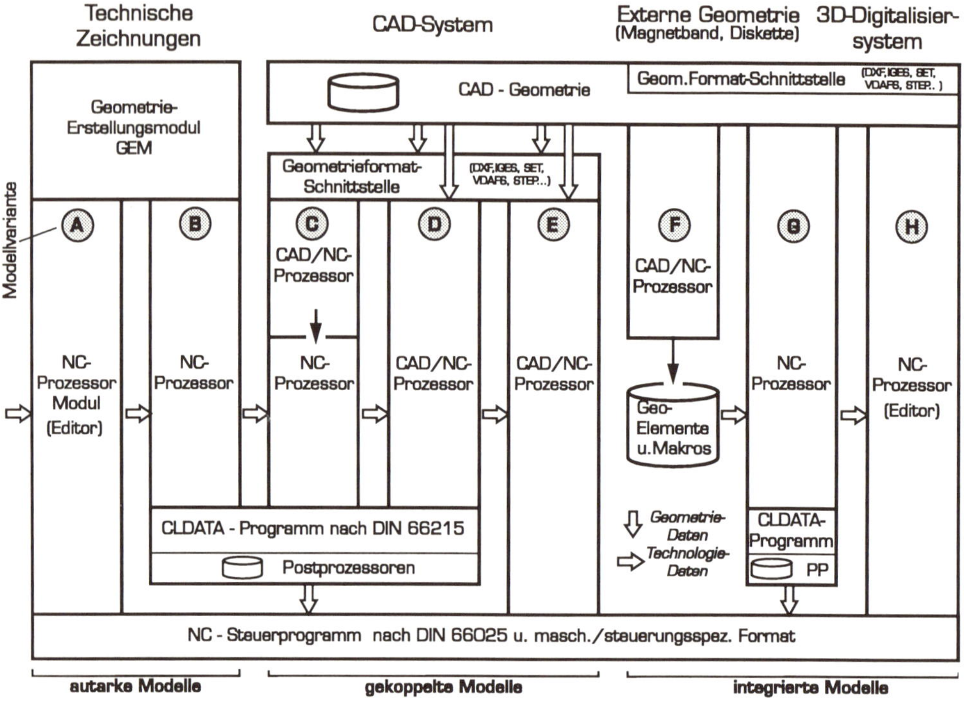

Abb. 3.3.7: Modellvarianten der rechnergestützten NCP-Software

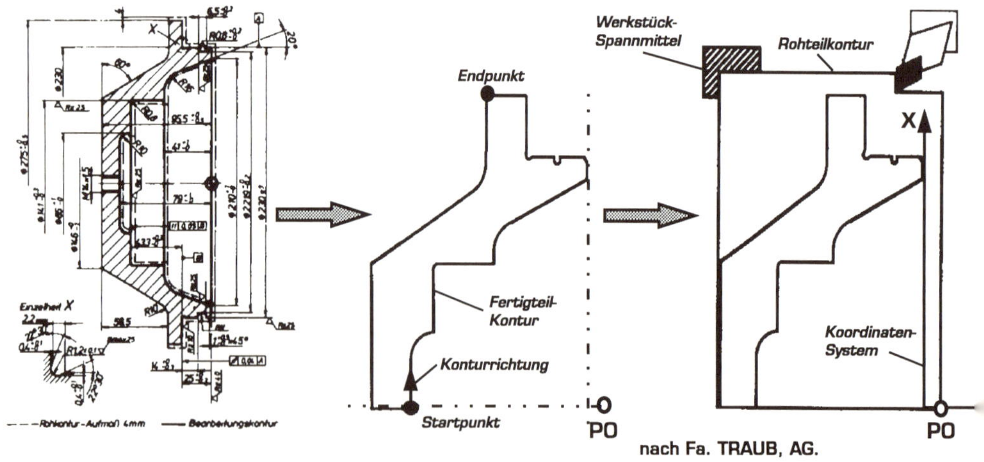

Abb. 3.3.8: Geometrieaufbereitung bei der CAD/NC-Kopplung

- Definition der Art und Position des Makros
- Festlegung der Makroabmessungen durch Parameter
- Fertigungstechnologische Angaben für Toleranzen und Oberflächenqualität u. dgl.

Koppelmodell D:

Dieses CAD/NC-Kopplungsmodell vereinigt die Geometrieaufbereitung und die NC-Programmierung in einem Softwaremodul und ist für die Übernahme einer speziellen Produktmodell-Datenstruktur mit entsprechenden Technologie- und Bearbeitungsattributen unter Anwendung von Transformationsmatrizen ausgelegt. Im Prozessor selbst sind flexiblere Möglichkeiten zur interaktiven Ergänzung von Zusatzdateien, individuellen Korrekturen u. dgl. vorhanden. Ebenso werden sämtliche Ablaufschnitte für die Programmgenerierung durch diesen Koppelprozessor übernommen, wodurch der übliche NC-Prozessor überflüssig wird. Der flexible Einsatz wird durch das CLDATA-Ausgabeformat des NC-Programms sichergestellt.

Koppelmodell E:

Der CAD/NC-Prozessor ist ausschließlich für eine direkte Steuerprogrammerstellung mit maschinen-/steuerungsspezifischem Programmformat konzipiert und entspricht ansonsten der Koppelvariante D. Damit wird für jedes Maschinen-/Steuerungskonzept jeweils eine eigene CAD/NC-Prozessorsoftware notwendig. Bei der Geometrieverarbeitung kann entweder mit der Geometrieformat-Schnittstelle oder mit direktem CAD-Geometrieformat gearbeitet werden, wobei letzteres eine weitere Flexibilitätseinschränkung bedeutet.

Dem ansonsten vorteilhaften Einsatz der CAD/NC-Kopplung stehen jedoch eine Reihe von Nachteilen gegenüber. In diesem Zusammenhang sind einerseits die Probleme einer redundanzfreien Datenhaltung der beiden Softwaresysteme zu nennen und andererseits der notwendige Zusatzausbildungaufwand bezüglich der Schnittstellenproblematik und unterschiedlicher Bedienoberflächen sicherzustellen.

2. Bereitstellung und Zuordnung der Technologiedaten

Die Leistungsfähigkeit und Flexibilität von NC- bzw. CAD/NC-Prozessoren für die Programmgenerierung hängt, abgesehen von einer komfortablen Bedienoberfläche, in hohem Maße von deren Ausstattung mit speziellen Prozessormodulen und Geometrie-/Technologiedateien sowie deren automatisiertem Verarbeitungsgrad ab. In der Abb. 3.3.9 wird die rechnergestützte Ablaufstruktur mit den Funktionszusammenhängen der Geometrie- und Technologiedatenzuordnung in vereinfachter Form aufgezeigt.

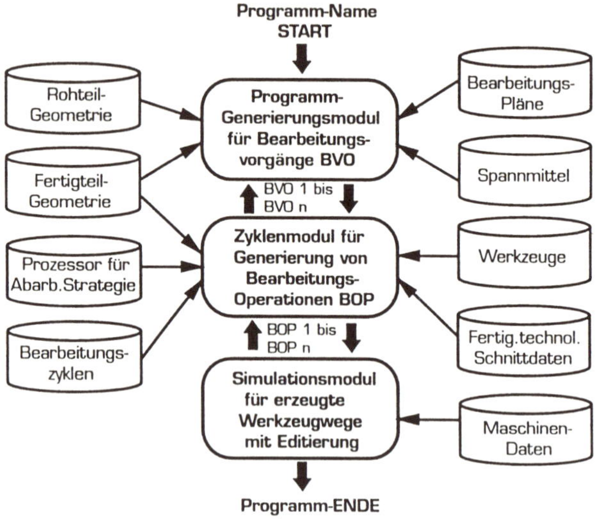

Abb. 3.3.9: Ablaufstruktur des rechnergestützten Programmerstellungsprozesses (vereinfacht)

Bei der Technologieverarbeitung ist zunächst für eine ausreichende Bereitstellung von fertigungstechnologischen Daten, wie z.B. für Werkzeuge, Spannmittel, Schnittwerte usw., in Dateiform zu sorgen. Es handelt sich dabei um anwendungserweiterbare, softwareinterne Erfahrungsdateien mit automatischem Zugriff durch den NC- bzw. CAD/NC-Prozessor. Für den Programmierprozeß wird i.d.R. eine **Spannmitteldatei** (Art, Form), eine **Werkzeugdatei** (Art, Abmessungen, Schneidstoff) sowie eine **Schnittdatendatei** (V_c, f, a_p) benötigt. Die automatische Verarbeitung der auf diese Weise bereitgestellten Technologiedaten im Verlaufe des Programmerstellungsprozesses wird durch folgende Funktionsmodule sichergestellt:

- **Bearbeitungsplanung:** Die Bearbeitungsaufgabe als Arbeitsvorgang verlangt zunächst eine Aufgliederung und Selektion in verschiedene BVO hinsichtlich deren Art und Reihenfolge. Diese meist manuell auszuführende Tätigkeit erfolgt durch den Programmierer, der sich seines Erfahrungswissens bzw. vorhandener Standard-Bearbeitungspläne bedient. Für jeden BVO ist ebenso eine geeignete Bearbeitungsstrategie festzulegen.
- **Spannmittelzuordnung:** Im Zusammenhang mit der vorliegenden Fertigteilgeometrie ist die Rohteilgeometrie zu definieren sowie die Lage und Größe des erforderlichen Spannmittels aus der Datei auszuwählen und festzulegen.
- **Werkzeugzuordnung:** Für jeden BVO ist aufgrund der vorliegenden Fertigteilgeometrie sowie des speziellen Bearbeitungsprozesses ein geeignetes Werkzeug hinsichtlich seiner Art, Abmessung und Schneidenform auszuwählen und festzulegen.

- **Schnittdatenzuordnung:** Sämtliche erforderliche Schnittdaten werden im direkten Zusammenhang mit der Werkzeugauswahl ermittelt. Die Ausgangsbasis stellt hierbei die Festlegung der Schnittgeschwindigkeit V_c aus den in der Schnittwertdatei gespeicherten Möglichkeiten von „WZ-Schneidstoff/WST-Werkstoff"-Kombinationen dar. Während die Vorschubgeschwindigkeit f beim Schuppvorgang über den Spanquerschnitt und der verfügbaren Schnittleistung berechnet werden kann, erfolgt die Festlegung beim Schlichten aufgrund der geforderten Oberflächenqualität (Rauhtiefe). Hierfür sind in der Schnittwertdatei

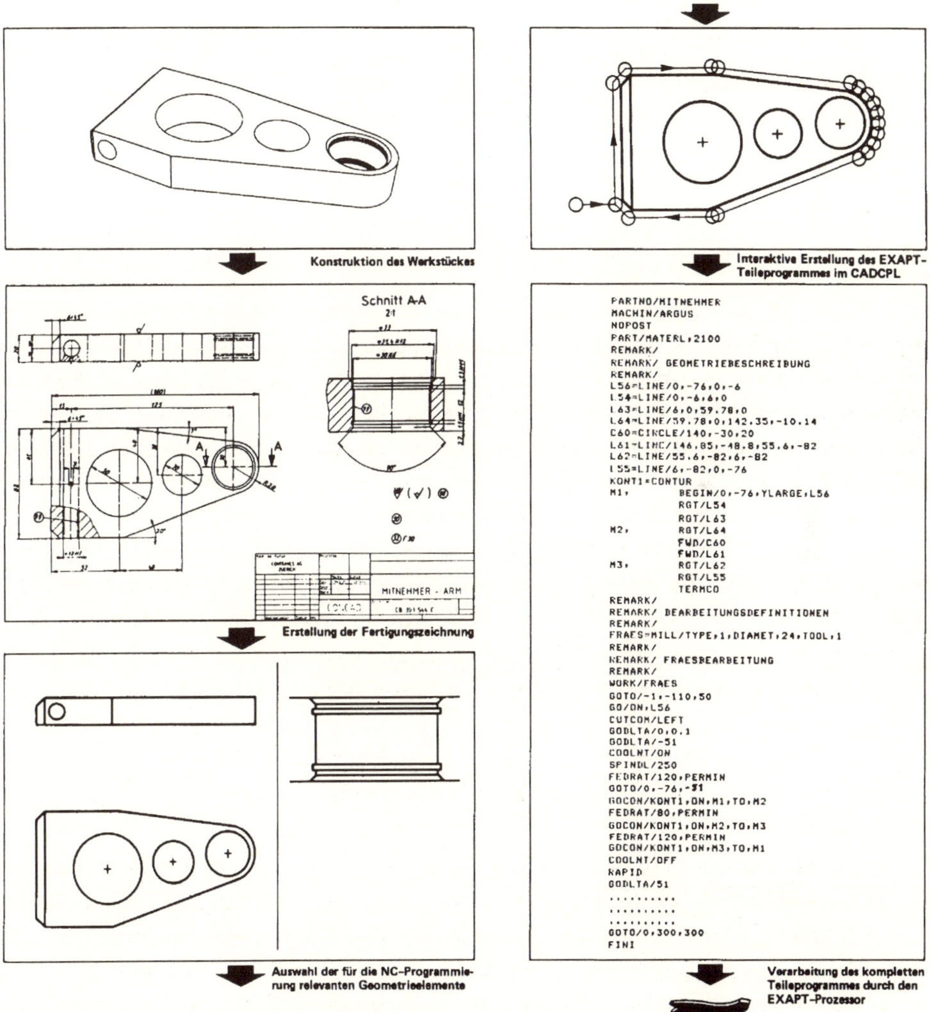

Bild: Contraves/EXAPT

Abb. 3.3.10: Rechnergestütztes Programmierbeispiel für ein Frästeil nach [20] entsprechende Erfahrungsvorschläge in Abhängigkeit der Prozeßeinflußgrößen hinterlegt. Steht ein Schnittdatenprozessor zur Verfügung, so läßt sich eine automatische Bestimmung der Schnittdaten sowie deren Zuordnung im Programmierprozeß erreichen.

Herkömmliche NC-Programmiersysteme erfordern größtenteils noch eine manuelle Verarbeitung dieser vorstehend diskutierten technologischen Funktionsvorgänge. Bei neueren Systemen ist hingegen ein verstärkter Trend zur automatisierten Verarbeitung zu beobachten. Insbesondere existieren bereits NC-Softwaremodule für normale Drehbearbeitung, die eine vollständige Programmgenerierung mit vollautomatischer Geometrie- und Technologiedatenzuordnung ermöglichen!

Programmierbeispiel:

In der Abb. 3.3.10 wird anhand eines Beispiels die rechnergestützte NC-Programmierung eines Frästeils dargestellt.

3.3.3 Hardwarekonfiguration des NCP-Systems

Bei der Hardware von rechnergestützten NCP-Systemen hat sich innerhalb der letzten Jahrzehnte ein beachtlicher Wandel vollzogen. Wurden zunächst nur Prozeßrechner bei der „maschinellen Programmierung“ eingesetzt, so veränderte sich die Rechnerlandschaft bald zugunsten von dezentralen Kleinrechnern (Minirechnern). Die Einführung des Personalcomputers (PC) brachte neue Impulse bezüglich Softwarekompatibilität, Grafikunterstützung, Speicherkapazität und DNC-Fähigkeit hinzu, die eine äußerst leistungsfähige rechnergestützte NCP ermöglichen. Während normalerweise für die NCP von Werkstücken mit einfachem bis mittlerem Komplexitätsgrad PCs mit 80386er bis 80486er Prozessoren und 25 MHz Taktfrequenz eingesetzt werden, gelangen für hohe und höchste Komplexität meist

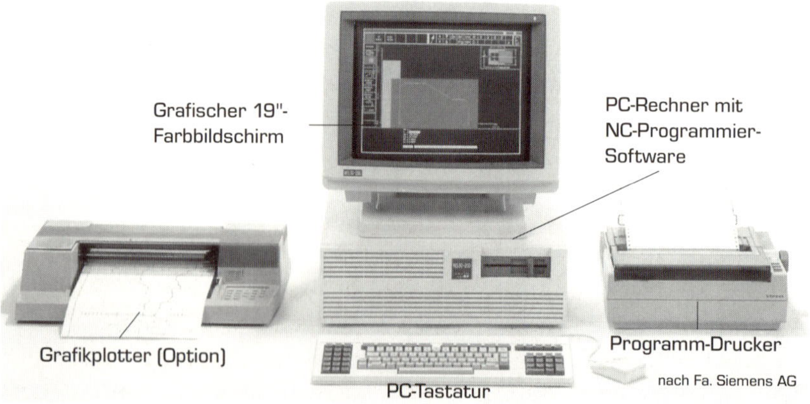

Abb. 3.3.11: Hardware-Konfiguration eines rechnergestützten NC-Programmiersystems

CAD-Workstations bzw. Minirechner zum Einsatz. Die typische Hardware-Konfiguration eines modernen NCP-Systems setzt sich aus folgenden Komponenten zusammen, Abb. 3.3.11:

- **PC-Rechner:** 4 ÷ 8 MB RAM > 25 MHz, 200 MB HD Coprozessor,
- **Betriebssysteme:** MS-DOS — UNIX — OS/2, DNC-Interface seriell bzw. Netzwerkkarte,
- hochauflösender Farbgrafik-Bildschirm > 16″ VGA,
- PC-Tastatur mit Rollkugel,
- Menütablett bzw. Digitalisierungsbrett,
- Diskettenstation 1,44 MB bzw. Streamertape,
- Protokolldrucker DIN A4 bzw. Mehrfarbenplotter (Option).

3.3.4 Bewertungskriterien für NCP-Systeme

Derzeit käufliche NCP-Systeme werden in recht unterschiedlicher Ausstattung von zahlreichen Softwareherstellern angeboten. Für die Beurteilung z.B. beim Kauf eines neuen Systems, bzw. bei der Überprüfung eines vorhandenen Systems, ist es daher notwendig, eine stichhaltige Bewertung anhand charakteristischer Leistungskriterien vorzunehmen. Dabei empfiehlt es sich, ein entsprechendes Bewertungsprofil für das gesamte Einsatzfeld des vorgesehenen NCP-Systems zu erstellen.

Wichtige Bewertungskriterien für die Beurteilung eines NC-Programmiersystems sind:

1. Art und Qualität der integrierten Fertigungsverfahrensmodule
2. Art der Kompatibilitätskriterien wie z.B. Datenformate, Bedienoberfläche, Betriebssystem usw.
3. Ergonomie und Effizienz der Bedienoberfläche und Grafikunterstützung
4. Ausstattung des softwareinternen Technologie-Dateisystems mit NC-Prozessorzugriff
5. Möglichkeiten der Geometriedatenerzeugung bzw. -aufbereitung
6. Arten der CAD/NC-Kopplungsmodelle mit Schnittstellen-Kompatibilität
7. Art der NC-Steuerprogrammerstellung (direkt — indirekt)
8. Unterstützung durch leistungsfähige Bearbeitungszyklen und Abarbeitungsstrategien
9. Automatisierungsgrad der NC-Programmierung
10. Art und Effektivität der Programmkontrolle durch Simulation
11. Art und Anzahl der erforderlichen Postprozessoren
12. Editiermöglichkeiten und Editierkomfort für die NC-Programme
13. Kompatibilität der Systemhardware innerhalb der NC-Organisation
14. Ausbildungs- und Einführungsaufwand für das NC-Programmiersystem
15. Programmierkostensatz unter Berücksichtigung des Nutzungsgrades.

Pos.	Name des Systems	ACAD-NC	BravoNCG, BravoNC, BravoFAB	Dialog
	Lieferant	Comucos GmbH	Applicon	COSCOM
1	Programmierbare Bearbeitungsverfahren			
1,1	Drehen 2/4/n Achsen	2	2–4	ja
1,2	Drehen mit angetriebenen Werkzeugen	noch nicht	ja	ja
1,3	Fräsen 2/3/n Achsen simultan	ja	bis 5	bis 4
1,4	Drahterodieren 2/3/4 Achsen simultan	ja	2, 4	ja
1,5	Handling-Roboter, separat/integriert	nein	nein	nein
1,6	Schweiß-/Montage-Roboter (SR, MR)	nein	Schweiß- & Schneidrob.	nein
1,7	Systemeigene Zyklen, modifizierbar	ja	ja	ja
2	**Rechnersystem**			
2,1	Verwendbare Computer:	386, 486, SUN	DECstation 5000/133 VAXstation 4000/60 HP 7 xx	PC, UNIX, WS
2,2	Betriebssystem	DOS, SUN OS4	VMS, Ultrix, HP-UX	DOS, Windows, UNIX
2,3	Empfohlene min. Speichergröße	12 MB	32 MB	1 MB
2,4	Empfohlene Datensich. (Medium)	Streamer	Festplatte	Tape, Streamer
3	**Grafik**			
3,1	Farben frei wählbar	ja	ja	ja
3,2	Zoomen von Ausschnitten	ja	ja	ja
3,3	Maßstäbl. WZ-Darstellung	ja	ja	ja
3,4	Radiergrafik bei der Simulation	nein	ja	ja
3,5	Kollisionsmeldung durch Signal	nein	nein	ja
3,6	Maus/Digitalisierbrett/	ja	ja/ja	ja/ja
3,7	Ansicht von allen Seiten möglich	ja	ja	ja
4	**DNC/MDE/BDE**			
4,1	RS 232 C/RS 422	k. A.	Koop. mit Fa. Wolf, Produkt WOCAM	ja
4,2	Ethernet/DXF/VDAFS/			ja, + Token R.
4,3	andere Daten-Schnittstellen			CLDATA, APT
4,4	Anschließbare CAD-Systeme			alle
4,5	BDE/MDE-Meldungen: a) man, b) autom.			ja/ja
4,6	BDE/MDE mit stat. & graf. Auswertg. (T/M/J)			ja
4,7	CAQ mit Auswertung (z.B. Regelkarte)			ja
4,8	sep. Terminal pro Maschine erforderlich?			nein, aber empfohlen
4,9	Übertragungsgeschwind. MByte/s			bis 100 MB/s
4,10	Werkzeugdaten-Verwaltung, WZ-Kartei			ja
4,11	Programmvergleich auf Änderungen			ja
5	**Zusatzinformationen**			
5,1	Auf dem deutschen Markt seit:	1986	1975	1978
5,2	Verkaufte Syst. im deutschen Sprachraum	280	750	2900
5,3	Wer erstellt das Anpaßprogramm (PP)	Comucos	Lief. o. Anwender	Anw. o. Lief.
5,4	Prog.-System: Preis von ... bis ... DM	15–30 TDM	SW ab ca. 18 TDM	10–62 TDM
5,5	DNC: Preis pro Maschinen-Anschluß	1700,–	keine Angaben	ab 3500,–
6	**Besonderheiten, Hinweis**	siehe bei 10. Erläut.	Kein PP-Lauf erforderlich, sofortige Fehlermeldung bei Inkompatibilität mit NC-Maschine. Success-Service (Beratung, Schulung)	Joker-Konzept, Datenbank im SAA-Standard, MDE-Joker: Offenes Konzept

Abb. 3.3.12: Spezifikation von firmenspezifischen, rechnergestützten NC-Programmiersystemen

LoG	EXAPT	GKE + CAM	hyperCAM	INCAD
DLog	EXAPT NC syst.-Technik	Keller	Happy User	MTS
2/3/4	bis 6	2	bis 6	2/(4 in Vorber.)
ja	ja	ja	ja	i. V.
2/3	ja	2	2,5 und 3	3
2/3/4	ja	nein	2 und 4	2
nein	separat	nein	nein	i. V.
nein	ja	nein	nein	i. V.
ja	ja	ja, nicht mod.-bar	nein	ja
PC 386/486 PS/2, VAX-VMS	PC ab 386 DEC, HP, SUN u. a.	PC/AT	PC, RS/6000	PC, Workstation
MS-DOS ab V3.1 VMS ab 4.0	DOS 5.0, Windows NT VMS, UNIX	MS-DOS	DOS/AIX	MS-DOS, UNIX
640 KB	PC 8 MB, and. 16 MB	640 KB	4 MB	4 MB/8 MB
Diskette, Band	HW-unabhängig	Diskette, Band	—	Kassette, Streamer
ja	ja	nein	nein	ja
ja	ja	ja	ja	ja, dynam. Zoomen
ja	ja	ja	ja	ja
teilweise	ja	ja	ja	ja, + Vektorgrafik
nein	ja	ja	nein	nein, mathemat. ja
ja	ja	nein	Maus	ja/ja
ja	ja	ja	ja	ja, mit Ausschnitten
ja	ja	ja/ja	RS 232 C	ja
ja	ja	ja/ja/nein	DXF, VDAFS	ja
DNet, V24		nein	CADL, MI, HPGL	Workstation-LAN
DXF, IGES	alle	DXF	AutoCAD, CADKEY, CATIA	alle über DXF, IGES
ja/16 in, 40 out	ja/ja	nein	nein	nein
ja	ja	nein	nein	nein
ja	ja	nein	nein	nein
ja	nein	nein	nein	nein
200 MByte/s	abh. v. Protokoll	—	nein	abh. v. Protokoll
ja	ja	ja	WZ-Verw.	ja
ja	ja	nein	nein	nein
1985	1967	1985/1988	1986	1988
3800	3500	GKE 3200, CAM 3600	2800	2100
Kunde o. DLog	Lief. o. Anw.	Lieferant	Happy User	Lief. o. Anw.
10–40 TDM	ab 15 TDM	ab 3 TDM	17–39 TDM	4,5–20 TDM
ca. 5 TDM inc. Install.	a. Anfrage	—	incl.	4 TDM mit PP
Terminal mit VGA-Grafik LCD-Bildschirm und Touch-Panel	Blechpaket mit Schachteln, Brennen, Laser, Nibbeln u. a., Betr.mittel-org., Fertig.-org., Meßmasch.-prog.	keine	k. A.	frei def.-bare Schutzzonen, Koll.-betrachtung im konfigurierbaren Masch.-raum

Pos.	Name des Systems	OPUS	PCD 800	PEPS
	Lieferant	OPUS-Vertriebs GmbH	Gewa	IFIA
1	Programmierbare Bearbeitungsverfahren			
1,1	Drehen 2/4/n Achsen	2 und 4	2	2/4 bis 8
1,2	Drehen mit angetriebenen Werkzeugen	ja	ja	ja
1,3	Fräsen 2/3/n Achsen simultan	3	3	6 simultan
1,4	Drahterodieren 2/3/4 Achsen simultan	4	4	4 simultan
1,5	Handling-Roboter, separat/integriert	nein	nein	nein
1,6	Schweiß-/Montage-Roboter (SR, MR)	nein	nein	nein
1,7	Systemeigene Zyklen, modifizierbar	ja	ja, PP	ja
2	**Rechnersystem**			
2,1	Verwendbare Computer:	IBM-PC und kompat.	PC, IBM-kompatibel	PC-AT, HP 9000 SUN, IBM-RS 6000 u. a.
2,2	Betriebssystem	MS-DOS/Windows Windows NT	DOS, OS/2	DOS, OS-2, UNIX, MS-Wind., Wind. NT
2,3	Empfohlene min. Speichergröße	2 MB	2 MB, 60 MB Festpl.	DOS 4, UNIX 16 MB
2,4	Empfohlene Datensich. (Medium)	Streamer	Streamer	Disk., Streamer, DAT
3	**Grafik**			
3,1	Farben frei wählbar	ja	ja	ja
3,2	Zoomen von Ausschnitten	ja	ja	ja
3,3	Maßstäbl. WZ-Darstellung	ja	ja	ja, u. Kompl.-WZ
3,4	Radiergrafik bei der Simulation	ja	ja	ja
3,5	Kollisionsmeldung durch Signal	nein	ja	ja
3,6	Maus/Digitalisierbrett/	ja	ja/ja	ja
3,7	Ansicht von allen Seiten möglich	ja	ja, simultan	ja, belieb. Ansicht
4	**DNC/MDE/BDE**			
4,1	RS 232 C/RS 422	RS 422	ja/ja	ja
4,2	Ethernet/DXF/VDAFS/	Ethernet, Arenet	ja/ja/ja	Ethernet, DXF
4,3	andere Daten-Schnittstellen	PPS	IGES, SIGRAPH	TC-IP
4,4	Anschließbare CAD-Systeme	DXF, IGES u. a.	Autocad, PC-Draft Autosketch, HP-ME 10 u.a.	DXF, IGES, HP-MI
4,5	BDE/MDE-Meldungen: a) man, b) autom.	b) ja	ja/ja	ja
4,6	BDE/MDE mit stat. & graf. Auswertg. (T/M/J)	ja	ja	ja
4,7	CAQ mit Auswertung (z.B. Regelkarte)	ja	nein	nein
4,8	sep. Terminal pro Maschine erforderlich?	nein	4 M./Terminal	bis 8 WZM/Terminal
4,9	Übertragungsgeschwind. MByte/s	Novell	10	19200 baud (RS 232)
4,10	Werkzeugdaten-Verwaltung, WZ-Kartei	ja	ja	ja
4,11	Programmvergleich auf Änderungen	ja	ja	ja
5	**Zusatzinformationen**			
5,1	Auf dem deutschen Markt seit:	1976	1975	1985
5,2	Verkaufte Syst. im deutschen Sprachraum	1250	1335	(4000 weltweit)
5,3	Wer erstellt das Anpaßprogramm (PP)	Lief./Anw.	Anw. o. Gewa	Kunde o. IFIA
5,4	Prog.-System: Preis von ... bis ... DM	8—40 TDM	3—40 TDM	7—20 TDM, Basis u. PP
5,5	DNC: Preis pro Maschinen-Anschluß	2—5 TDM	2—4 TDM	auf Anfrage
6	**Besonderheiten, Hinweis**	lauff. u. Windows, Teilefamilien, Macrosprache für spez. Zyklen	Kompl. CAD/CAM-Lösung aus einer Hand. Datenbank für Rohteil und Spannmittel	WZ- u. Prog.-Verwaltung, autom. Blech-abwicklung, Konturerk. bei Stanz./Nibbeln

Abb. 3.3.12: Spezifikation von NC-Programmiersystemen (*Fortsetzung*)

Programat	RADU	sican	TC-APT-I	UNC 8500i	WOP NC
Heyligen-staedt	NC-Programmier-technik	NCDATA AG	NC-CAD Software	mbp UNC Software GmbH	rwt
2–4	2 und 4 (bis 9)	bis 12	2, 4	bis 8	2 und 4
ja	ja	ja	ja	ja	ja
6, bis 2,5 D	bis 5	3	bis 5	bis 5	bis 4
4	bis 5	4	bis 4	bis 4	4
teilw. integr.	nein	integr.	nein	nein	möglich
nein	5 R	nein	nein	Simulation	nein
ja	ja	ja	ja	ja	ja
PC und UNIX-WS	HP 9000/400 HP 9000/700	IBM-PC, VAX, HP, SUN	IBM, DEC, HP 9000/7000	PC, Mini, Workstation	PC, IBM-kompat.
MS-Windows UNIX	UNIX	MS-DOS, VMS, UNIX	DOS/Windows, VMS, UNIX	DOS, HP-UX, AIX, VMS	OS/2
> 4 MB	24 MB	8–24 MB	4–8 MB	AT 1 MB, and. 16 MB	6 MB
Streamer	DAT	Streamer, DAT	DAT, Streamer u. a.	Disk., Stream., Mag.-band	Disk., Streamer
teilw.	ja	ja	8–16	teilweise	nein
ja	ja	ja	ja	ja	ja
ja	ja	ja	ja	ja	ja
nein	ja	ja	nein	ja	nein
nein	ja	nein	nein	ja	nein
Maus + Menüs	ja	ja/ja	ja	ja	Maus
ja	ja	ja	ja	ja	ja
ja	ja	ja	ja	ja	ja/ja
Eth./DXF	ja	Ethern., DXF	DXF/VDAFS	ja	Eth./DXF
APT	ja	IGES	IGES, MI	ASCII, Iges, Attr.	IGES, APT, Compact
alle 2,5 D	beliebig	Medusa, HP (alle)	alle mit SS	mehrere	alle mit genormter SS
ja/ja	ja	ja/ja	nein	ja/ja	ja/ja
ja	ja	ja	nein	ja	ja
nein	ja	nein	nein	Option.	nein
ja	ja	ja	nein	ja, Gruppe mögl.	4 M./Terminal
Ethern.	ja	1	–	bis Ethernet	bis 10 MBit/s
ja	ja	WZ-Verw.	ja	ja, nach DIN 4000	ja
ja	ja	ja	ja	ja	ja
1970	1983	1987	1979	1977	1988
ca. 250	960	300	ca. 1500	> 2000	300
Lief./Anw.	Lief. o. Anwender	Anw. o. Lief.	Anw. o. Lief.	Lief./Anw.	rwt
ab 30 TDM	a. Anfrage	20–50 TDM	ab 11500,–	15–50 TDM	ab 20 TDM
5 TDM	3900,– incl. MDE/BDE	ca. 5 TDM	–	4 TDM	ab 3700,–
–	Progr.-erstellg. über Arbeitspläne, Attributsübern. aus CAD, aut. Schachteln für Blechbearbeitung	Aut. Technologie-Planung, Simul. mit Koll.-berechnung für Mehrachsen-Drehen	offene Menüs, Macros, Dialoge, Stanz./Nibbeln, Lasern, Schachteln, Zeitberechn., Lochstreifengrafik	offenes flex. Syst., HP Open CAM, Koppl. zu Leitst. und SAP-PPS	kompl. Arbeitspläne, Hinterlegung von Arbeitsmethoden, Text fräsen, 3D-Modul für Freiformflächen

Die hierzu notwendigen Spezialinformationen lassen sich i.d.R. durch laufende bzw. sporadische Informations-Aktivitäten gewinnen, wie z.B.:

- durch Besuche von einschlägigen Fachmessen,
- durch Studium von Fachprospekten bzw. Bedienungsanleitungen,
- durch Fach- bzw. Kaufgespräche mit Systemherstellern,
- durch Demo-Vorführungen usw.

Damit kann dem vorhandenen Bewertungsprofil ein entsprechendes Angebotsprofil nach Abb. 3.3.12 von verschiedenen Systemherstellern gegenübergestellt und damit eine qualifizierte Auswahlentscheidung getroffen werden.

3.4 Rechnergestützte CAD-Programmierung

Infolge der vorherrschenden, funktionsorientierten Organisationsstrukturen innerhalb des Produktplanungsprozesses haben sich in bezug auf die NC-Verfahrenskette verschiedenartige Systeme und damit unterschiedliche Datenformate für Geometrieerzeugung und NC-Programmierung herausgebildet. Unter dem Gesichtspunkt einer Mehrfachverwendung digital erstellter Geometriedaten in Verbindung mit fertigungstechnologischen Angaben führte dies zu teilweise aufwendigen Schnittstellendefinitionen in Verbindung mit CAD/NC-Kopplungskonzepten entsprechend Kap. 3.3.2.

Im Zusammenhang mit dem derzeitigen Trend einer objektorientierten Produktplanung bietet sich eine Integration des NC-Prozesses innerhalb des CAD-Systems mit durchgängigem Datenfluß bis hin zur CNC-Bearbeitung als besonders vorteilhaft an. Beim NC-Programmieren kann damit direkt auf die Geometriedaten des rechnerinternen CAD-Modells zugegriffen werden, was zudem die gleichzeitige Übernahme fertigungstechnologischer Daten vereinfacht. Neben dem Wegfall der Geometrieschnittstelle wegen gleichen Datenformats sind die weiteren Vorteile einer gleichen Bedienoberfläche sowie des gleichen Arbeitsplatzes gegeben.

Diesbezügliche NC-Systeme mit **CAD/NC-Integration** sind in verschiedenen Varianten für Fertigungsverfahren wie z.B. Drehen, Bohren/Fräsen, Erodieren usw. bereits erfolgreich im Einsatz. Eine besondere Eignung dieses Verfahrens jedoch liegt bei der Programmierung von Werkstücken mit hohem Komplexitätsgrad (Regel-, Freiformflächen u.ä.) vor sowie bei der Verarbeitung von 3D-Digitalisiergeometrien. Ein objektorientierter Produktplanungsprozeß mit CAD/NC-Integration verlangt jedoch von seiten des Fachpersonals ein erweitertes, funktionsübergreifendes Kenntnisprofil hinsichtlich der produktdefinierenden und fertigungsprozeßbezogenen Arbeitsweisen. Zu bewerten und gegenüberzustellen sind gegebenenfalls auch die am CAD-Arbeitsplatz entstehenden Programmierkosten.

3.4.1 Funktionsdarstellung der CAD-Programmierung

Die Besonderheit dieses Programmierverfahrens liegt in der vollständigen Integration des CAD- und NCP-Moduls zu einem einheitlichen Programmsystem mit einheitlicher Bedienoberfläche. Neben dem direkten Zugriff auf interne CAD-Dateien können auch externe Werkstückgeometrien bzw. Digitalisierdateien über standardmäßige Schnittstellen (z.B. DXF, IGES, VDAFS, SET usw.) übernommen werden, Abb. 3.4.1.

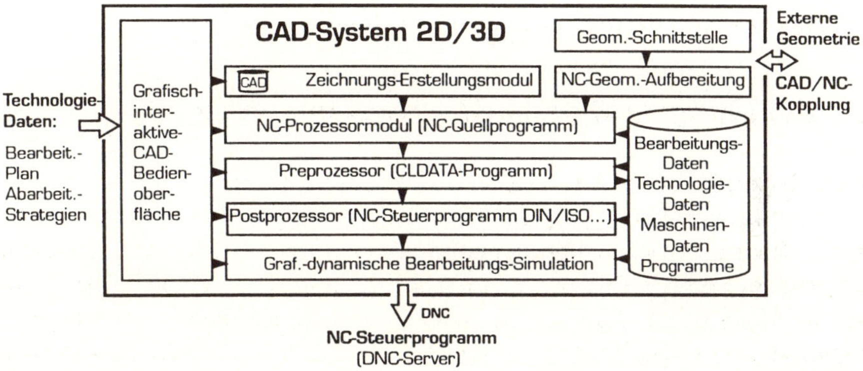

Abb. 3.4.1: Funktionsstruktur der rechnergestützten CAD-Programmierung

Bei herkömmlichen CAD/NC-integrierten Systemen wird anhand eines Zeichnungserstellungs- und Geometriebearbeitungsmoduls die Werkstückgeometrie in **programmiergerechte Konturen** bzw. **Formelemente** aufbereitet. Die Übergabe dieser Geometrielabels bzw. Geometriemakros an das NC-Programmiermodul erfolgt sodann automatisch über die interne Softwareschnittstelle. Die Konzeption dieser Schnittstelle ist bidirektional ausgebildet, d.h. der übergebene Datenblock kann im Anschluß an die Programmerstellung und evtl. vorgenommener Änderungen wieder in CAD-Daten zurückgewandelt werden.

Die eigentliche NC-Programmerstellung erfolgt mit Hilfe des integrierten NC-Prozessormoduls und besitzt im wesentlichen gleiche bzw. ähnliche Funktionalitäten wie bei der rechnergestützten AV-Programmierung nach Kap. 3.3.

CAD-integrierte NC-Programmiersysteme erfordern eine leistungsfähige Daten- und Grafikverarbeitung. Dies bedingt den Einsatz von Workstations bzw. PCs mit hochauflösenden Grafikbildschirmen und Multitasting-Betriebssystemen wie z.B. VMS, Unix, OS/2 u.ä., Abb. 3.4.2.

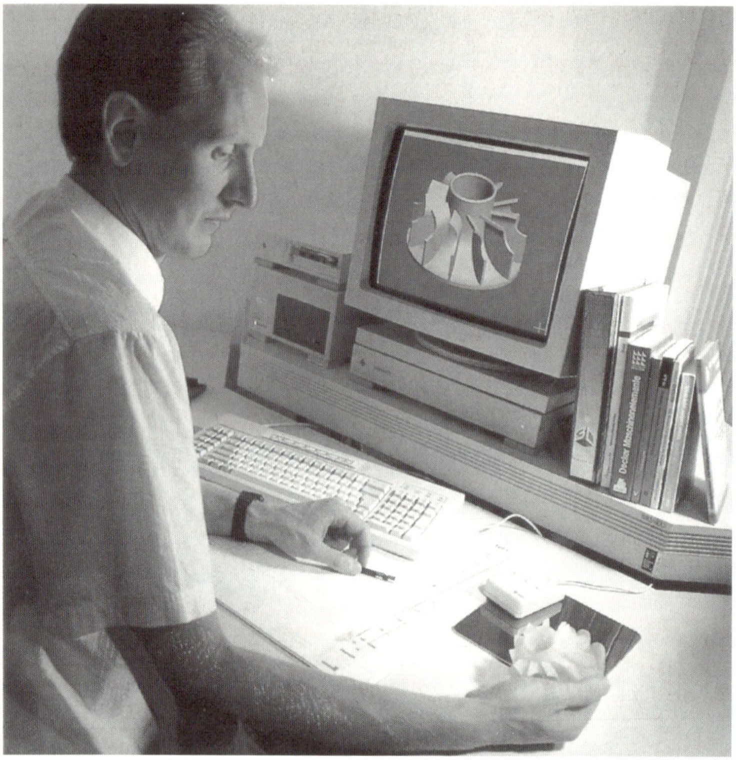

Abb. 3.4.2: CAD-Arbeitsplatz mit integrierter NC-Programmierung

3.4.2 Integrierte CAD/NC-Kopplung [23]

Im Unterschied zum schnittstellenbehafteten CAD/NC-Kopplungsmodell **C** gemäß Abb. 3.3.7 erfolgt beim integrierten Kopplungsmodul **F** sowohl die Erzeugung als auch die Aufbereitung der Geometriedaten auf dem CAD-System selbst. Die Werkstückgeometrie wird hierbei mittels eines CAD-Zeichnungserstellungsmoduls auf herkömmliche Weise generiert. Die für die NCP erforderlichen Geometriedaten lassen sich anschließend durch Verwendung eines speziellen Geometrieaufbereitungsmoduls entsprechend der Abb. 3.4.3 herauslösen.

Dieses CAD-integrierte Aufbereitungsmodul besitzt folgende Ablaufstruktur:

1. **Aufbereitung der Zeichnungsgeometrie:** Ausblenden von Zeichnungsebenen, wie z.B. Bemaßung, Ansichten, Schnitte, Textangaben usw.
2. **Darstellung der Bearbeitungskonturen und -positionen:** Elemente selektieren und zu Konturen verbinden, Bearbeitungspositionen markieren, Formelemente festlegen (ggf. Schraffuren bzw. Umlaufkanten entfernen).

3. **Festlegung von Rohteilgeometrie und Spannmittelkonzept:** Rohteilabmessungen mit Bearbeitungsaufmaßen definieren, anschließend System, Form und Lage des Spannmittels festlegen.
4. **Definition des Werkstück-Koordinatensystems mit Abgrenzung des Bearbeitungsbereiches:** Werkstück-Nullpunkt festlegen, Sicherheitspositionen bzw. -bereiche definieren (evtl. Werkzeugwechselpositionen festlegen).
5. **Definition der Fertigteilkonturen:** Konsistenzprüfung von Bearbeitungskonturen mit evtl. Schließen von Konturlücken bzw. Einfügen von Geometrie-Formelementen, Definition von Konturaufstart- und -Abstartpositionen einschließlich Konturbearbeitungsrichtungen.

Die auf diese Weise erzeugten Bearbeitungsgeometrien können nun in Form von Geometrielabels bzw. von Geometriemakros zwecks späterer Weiterverarbeitung auf NC-Programmiersystem datenbankmäßig zwischengespeichert werden.

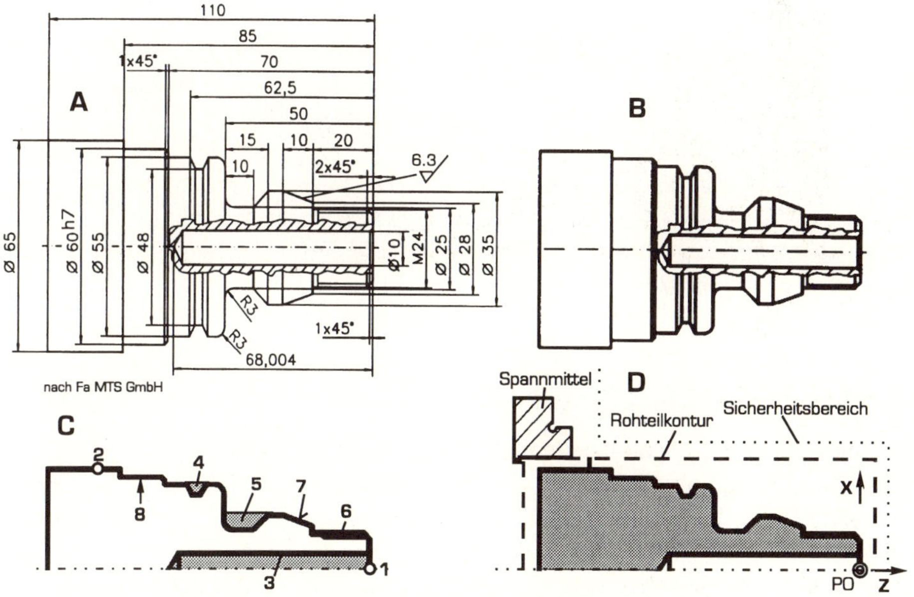

A : CAD-Geometrie mit fertigunstechnologischen Informationen

B: Evtl. Geometrieformat-Konvertierung in das NCP-Format, grafisch- interaktive Geometriebereinigung (Layerausblendung, Konturbereinigungen usw.)

C: Technologische Werkstückinformationen:
Definition der Bearbeitungskontur 1 bis 2 mit Angabe der Richtung
Definition der Formelementmakros 3, 4 ,5 und 6
Definition der Technologiemakros 7 (Oberflächengüte) und 8 (Maßtoleranz)

D: Festlegung von Roteilgeometrie und Spannmittelart, Werkstück-Koordinatensystem

Abb. 3.4.3: CAD-integrierte Geometriedatenaufbereitung für CAD/NC-Kopplung

Im Hinblick auf die integrierte Geometriedatenbearbeitung auf dem CAD-System bietet sich als besonders vorteilhaft die zusätzliche Ausstattung der Geometrieformelemente mit fertigungstechnologischen Daten an.

Ein Nachteil dieses Verfahrens stellt jedoch die Angebundenheit an das Datenformat des CAD-Systems für die angekoppelten NC-Programmiersysteme dar.

3.4.3 Integrierte CAD/NC-Programmierung für 2D/3D-Bearbeitung [24], [25]

CAD/NC-integrierte Systeme bestehen grundsätzlich aus einem CAD-System mit integriertem NCP-System, wodurch jegliche Schnittstellenprobleme entfallen. Die Geometriebeschreibung liegt dabei im rechnerinternen Modell des CAD-Systems nur einmal vor. Insgesamt bieten sich folgende Vorteile:
- gemeinsames Datenmodell,
- gleiche Bedienoberfläche,
- einheitliche Datenhaltung,
- volle Verfügbarkeit der CAD-Funktionen für die NCP.

Durch den Einsatz von leistungsfähigen CAD-Systemen besteht u.a. auch die Möglichkeit, Werkstücke mit komplexeren Geometrien vorteilhaft und wirtschaftlich zu programmieren. Integrierte CAD/NC-Programmiersysteme werden derzeit für verschiedene Fertigungsverfahren angeboten, wie z.B.:
- Drehen in mehreren Achsen (2—6 Achsen),
- Bohren/Fräsen in 3 Achsen,
- Stanzen/Nibbeln in 2—3 Achsen,
- Drahterodieren in 2—4 Achsen,
- Senkerodieren in 4 Achsen.

Die CAD/NC-Integration ist vorteilhaft einsetzbar bei der Varianten-Konstruktion unter Einsatz von Technologiemakros und beschleunigt den Produktentwicklungsprozeß ganz wesentlich.

1. Menüsystem einer CAD/NC-Integrations-Software

Die modernen integrierten CAD/NC-Systeme besitzen eine grafisch-interaktive Bedienoberfläche mit einfacher Dialogführung und komfortablem Window-Menüsystem mit Haupt-, Unter- und Submenüs. Für den Programmiervorgang stehen Maus, Grafiktablett und Auflagefolie zur Verfügung. Der prinzipielle Aufbau und Inhalt eines Menüsystems ist in Abb. 3.4.4 dargestellt.

Verwaltungs-Menü	CAD-Menü	NC-Progr.-Menü	Simulations-Menü
Geo-Schnittstelle	CAD-Modul	NC-Progr. Modul	Darstellungsfenster
Bearbeit. verfahren	2D/3D-Modellierer	Betriebsmittel-Datei	Grafik-Editor
Konfiguration	Regelflächenmodul	Schnittdaten-Datei	Graf.-dyn. WZ-Simul.
Makrodateien	CAD-Dateien	Bearb. plan-Datei	Solid-Darstellung
DNC-Filetransfer	Transformationen	Progr. Makro-Datei	Sondergrafik-Darst.
Dateienverwaltung	Darstellungsmodul	Bearbeitungszyklen	
Postprozessoren	Geo-Aufbereitung	Darstellungsmodul	

Abb. 3.4.4: Vereinfachtes Haupt-Menüsystem eines integrierten CAD-Programmiersystems

2. Programmierablaufschritte bei der CAD/NC-Integration

Der folgenden Abhandlung wird das Integrationsmodell G nach Abb. 3.3.7 mit indirekter NC-Steuerprogrammerstellung zugrundegelegt. Die Programmierablaufstruktur stellt sich wie folgt dar:

1. Mit Hilfe der Modellierungsmodule wird das gewünschte 2D/3D-Werkstück-Geometriemodell erzeugt, das die Grundlage sowohl für die Zeichnungserstellung, als auch für die NC-Programmierung darstellt.
2. Im Rahmen der Zeichnungserstellung werden alle für die NCP relevanten Geometriedaten direkt als Bearbeitungskonturen bzw. Formelemente definiert. Verknüpft man z.B. diese Formelemente mit zusätzlichen, fertigungstechnologi-

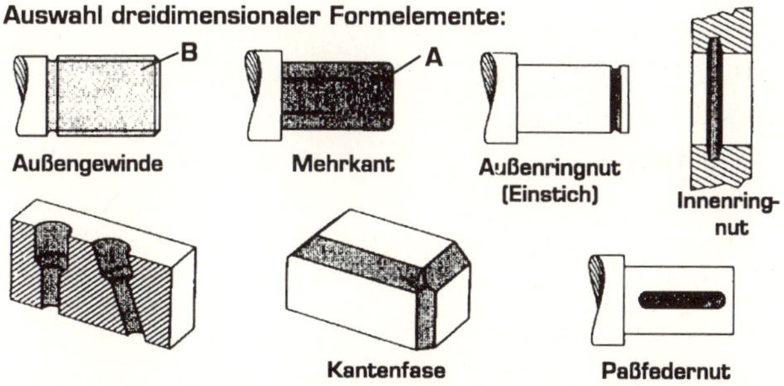

Formelementmakro: A FORM1, aknt k=6 swt=17 d=20 a=0
(spez. Geomakro) (Sechskant, Schl.weite 17, Wellen-D=20 usw)
B FORM2, gewf tb form=A l=20 dn=20
(DIN-genormtes Außengewinde)

Technologiemakro = Formelementmakro + fertigungstechnol. Daten
z.B. MAKRO1, L=250 D=140 RA=1.6 E=8
R=2.5 B=0 TOOL=2307 OBFL=2 TOL=30

- SIEGRAPH-Software -
nach Fa. Siemens AG

Abb. 3.4.5: Definition von Formelement- und Technologiemakros schen Daten, wie z.B. Toleranzen, Schlichtaufmaße, Werkzeugart, Oberflächenangaben usw., so entstehen sog. **Technologiemakros,** entsprechend Abb. 3.4.5.

3. Bei der Definition der **Rohteilgeometrie** erfolgt die Festlegung von Abmessungen und Rohteillage sowie den daraus resultierenden Aufmaßen zur Fertigteilgeometrie. Damit kann aus der Betriebsmitteldatei ein geeignetes **Spannmittel** in die Werkstückzeichnung hereinkopiert bzw. neu konstruiert werden. Nach erfolgter Festlegung der Bereichsabgrenzung werden diese Ergebnisse in Form eines Rohteil/Spannmittelmakros abgespeichert.
4. Mit Unterstützung der Bearbeitungsplan-Datei erfolgt die Aufstellung **des Bearbeitungsplans.** Hierbei werden sowohl die Art und die Reihenfolge der notwendigen BVO einschließlich deren BOP festgelegt. Mit Hilfe einer CAD-Funktion könnte u.a. auch das **Differenzvolumen** zwischen Roh- und Fertigteil berechnet und auf die verschiedenen BVO aufgeteilt werden. Damit läßt sich eine entsprechende Zuordnung dieser BVO zu den bereits definierten Technologiemakros bzw. Bearbeitungskonturen durchführen. Für jeden BVO ist eine geeignete Bearbeitungsstrategie festzulegen.
5. Für jede BOP erfolgt die Zuordnung eines geeigneten Werkzeuges. Hierbei kann man sich entweder der vorhandenen Komplettwerkzeugdatei bedienen oder aber ein passendes Werkzeug aus der WZ-Bauelementedatei (WZ-Halter, Schneidenträger, Schneidplatte u.a.) neu zusammenstellen.
6. Im folgenden besteht die Notwendigkeit, jedem Werkzeug die bestgeeigneten Schnittdaten bezüglich Drehzahl, Vorschubgeschwindigkeit und Zustelltiefe zuzuordnen. Dies kann sowohl durch Zugriff auf die Schnittdaten-Datei als auch anhand von Berechnungsalgorithmen (Schnittdatenprozessor) erfolgen.
7. Nach Programmeröffnung und Festlegung von Sicherheits- und Werkzeugwechselposition ist der NC-Programmgenerierungsmodul aktiv. Unter Einsatz des Zyklusmoduls werden nun für jeden BVO unter Zugriff auf die jeweiligen Technologiemakros bzw. Bearbeitungskonturen die Werkzeugwege generiert. In diesem Zusammenhang werden gleichzeitig auch zusätzliche bearbeitungstechnologische Funktionen wie z.B. Werkzeugradiuskorrekturen, Schnittaufteilungen, Abarbeitungsstrategien usw. verarbeitet. Je nach Softwarestandard können diese Vorgänge sowohl teilautomatisch durch grafisch-interaktive Bedienerführung, als auch vollautomatisch durchgeführt werden. Das Ergebnis stellt ein maschinen-/steuerungsneutrales NC-Programm im CLDATA-Format dar und wird in einer NC-Datei gespeichert.
8. Die erzeugten Werkzeugverfahrwege können mit Hilfe eines Online-Simulationsmoduls simultan zum Generierungsprozeß in den gewählten Ansichten der Werkstückzeichnung dargestellt werden. Zusammen mit der vorliegenden Geometrie von Werkstück, Werkzeug und Spannmittel ist neben der Syntaxkontrolle eine visuelle Überprüfung bezüglich eventueller Kollisionen und Kon-

turverletzungen möglich. Hierzu notwendige Editiermaßnahmen sowie ein evtl. Einfügen zusätzlicher Programmteile werden mittels eines leistungsfähigen, interaktiven Darstellungs- und Änderungsmoduls realisiert.

9. Da die Zuordnung des NC-Programms zum CNC-Maschinenkonzept — und damit zum benötigten Postprozessor — meist erst bei Auftragsbeginn festliegt, erfolgt der PP-Lauf zur Erzeugung des NC-Steuerprogramms i. d. R. zu einem späteren Zeitpunkt auf einem geeigneten Werkstatt-Programmiersystem.

3.4.4 Integrierte CAD/NC-Programmierung für 3D-Bearbeitungsflächen [26] (SOLID FREEFORM MANUFACTURING)

Bei der Programmierung von komplexen 3D-Werkstückgeometrien wird eine aufwendige Erzeugung und Verarbeitung von Freiform- und Ausrundungsflächen notwendig. Dies erfordert in jedem Falle ein **integriertes 3D-CAD/NC-System** mit indirekter, jedoch in den meisten Fällen mit direkter NC-Steuerprogrammerstellung, dem die Modellvariante G bzw. H der Abb. 3.3.7 zugrundeliegt.

Das integrierte 3D-CAD/NC-System mit direkter NC-Steuerprogrammerstellung wird meist auch als „CAD/CAM-Kopplung" bezeichnet.

Die Besonderheit dieses Programmierverfahrens liegt im durchgängigen Prozeßablauf, angefangen von der Geometriemodellierung bis zur direkten Programm-

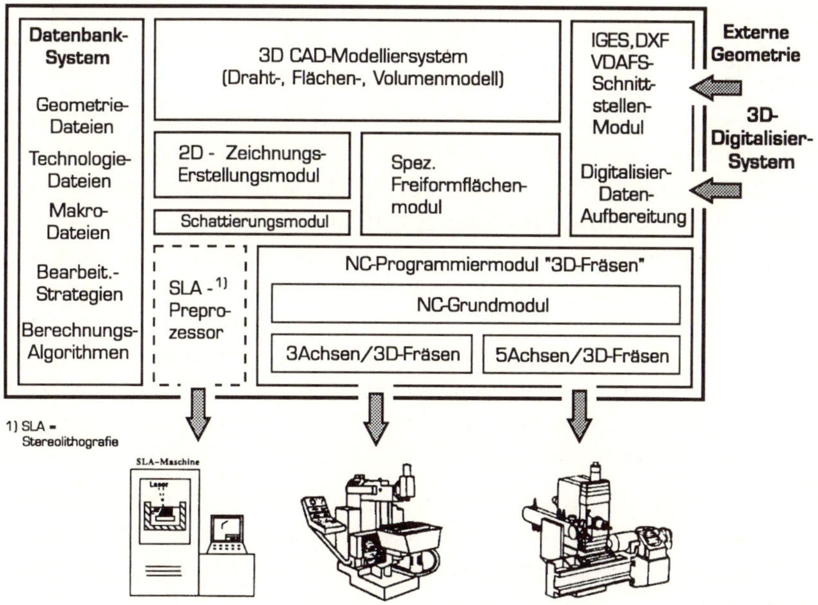

Abb. 3.4.6: Funktions-Softwaremodule eines 3D-CAD/CAM-Systems für 3- und 5-Achsfräsen

übertragung an die CNC-Maschine. In diesem Zusammenhang hat sich der Modell-, Werkzeug- und Formenbau als wichtigstes Einsatzfeld herauskristallisiert, wobei in flexibler Einzelfertigung neben normaler $2\frac{1}{2}$D-Bohr- und Fräsbearbeitung insbesondere 3D-Werkstücke mit Regel- und Freiformflächen zu fertigen sind.

Dazu bedarf es leistungsfähiger Systemkomponenten wie z. B. eines 3D/CAD-Modellierers, eines Freiformflächenmoduls und eines spez. NC-Programmiermoduls, die auf einem Programmierplatz gemeinsam installiert und mit einer einheitlichen Bedienoberfläche und gleichem Datenformat ausgestattet sind. Die Funktionsstruktur eines diesbezüglichen 3D-CAD/NC-Systems ist in Abb. 3.4.6 dargestellt.

Die Geometrieerzeugung für 3D-Bearbeitungsflächen kann grundsätzlich durch zwei Verfahren erfolgen:

- durch 3D/CAD-System mit 3D-Modellierer und anschließender Freiformflächengenerierung auf der Basis einer rechnerinternen Geometriedarstellung.
- durch 3D-Digitalisierung unter Vorlage eines Körpermodells bzw. Musterteils mit anschließender Datenaufbereitung, s. Kap. 3.4.5.

1. Geometrieerzeugung mit 3D/CAD-Systemen

Hierzu wird ein leistungsfähiges CAD-Softwaremodul auf der Basis von Draht-, Flächen- oder Volumenmodellen benötigt. Bei der modernen Volumenmodellierung wird das Werkstück aus Basis- und Profilkörpern, wie z. B. Quader, Prisma, Zylinder, Kegel, Kugel, Torus usw., aufgebaut, entsprechend manipuliert und positioniert. Mit Hilfe von BOOLEschen Operationen wird dieses rechnerinterne 3D-Modell miteinander verschmolzen, geschnitten bzw. mengentheoretisch voneinander abgezogen.

Durch die Anwendung von zusätzlichen Modellierfunktionen, wie z. B. Runden und Fasen von Körperkanten, Einbringen von Aushebeschrägen usw., kann die Werkstückform den fertigungstechnischen Gegebenheiten weitgehend angepaßt werden. Ein 2D-Zeichnungserstellungsmodul führt diesen Werkstückentwurf über in die zeichnerische Darstellung, wobei in unterschiedlichen Ansichten unter beliebigem Blickwinkel projeziert, schraffiert, geschnitten, bemaßt und schattiert werden kann. Ebenso lassen sich komplexe Geometrieformen mit Splinekurven approximieren, beliebige Stufenschritte führen, Technologiemakros definieren und Explosionszeichnungen erzeugen. Die Ergebnisse dienen u. a. auch als Basis für NC-Simulatoren und den damit verknüpften Kollisionsüberprüfungen.

Das auf diese Weise optimierte rechnerinterne 3D-Werkstückmodell steht nun z. B. für eine Fräsbahngenerierung im Freiformflächenmodul bereit oder kann durch einen nachgeschalteten SLA-Preprozessor zur Herstellung eines realen Kunststoffmodells nach dem Stereo-Lithographieverfahren aufbereitet werden.

2. Erzeugung und Modifizierung von 3D-Bearbeitungsoberflächen mit Freiformflächenmodul [27], [28]

Für die im Werkzeug- und Formenbau herzustellenden, teils äußerst komplizierten 3D-Werkstückoberflächen reicht die mit Modelliersystemen auf analytischer Basis erzeugte 3D-Regelflächengeometrie nicht aus. Es bedarf vielmehr einer zusätzlichen, flächenorientierten Werkstückbeschreibung mit Hilfe eines sog. **Freiformflächenmoduls (FFM),** das eine Flächengenerierung mittels numerischer Verfahren, d.h. durch Interpolation und Approximation von Polynomen höheren Grades erlaubt. Die auf solche Weise erzeugten Freiform-Oberflächen werden u.a. als sog. „**n**on **u**niform **r**ational **B**ezier **S**pline"-Oberflächen (NURBS) dargestellt. Diesbezügliche Freiformflächensegmente (Flächenpatches), z.B. für eine 3D-Fräsbearbeitung, können auf unterschiedliche Weise generiert werden, Abb. 3.4.7:

- Durch Konstruktion von ebenen Stützpunkt- bzw. Führungskurven aus Geraden, Kreisbogen bzw. Splinekurven im 2D-Zeichnungserstellungsmodul. Anschließend werden im FFM räumliche Ausgleichsflächensegmente erzeugt, die

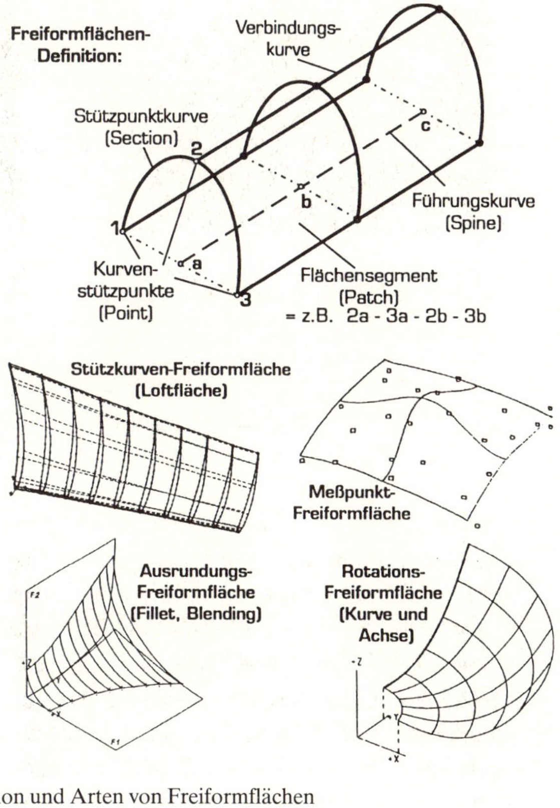

Abb. 3.4.7: Definition und Arten von Freiformflächen

durch „Überziehen“ auf räumlich positionierte Stützpunktkurven entlang einer Führungskurve entstehen (Loftings).

- Durch manuelle bzw. maschinelle 3D-Digitalisierung von Punktemustern anhand eines Netzlinienkonzepts des Werkstückmodells. Die Freiformfläche wird im FFM durch Approximationsberechnung im Hinblick auf Maßgenauigkeit und Glättungsgüte erzeugt.
- Durch Umwandlung und Manipulation von bereits in der Volumenmodellierung generierten Bearbeitungsflächen mittels speziellem Transformationsalgorithmus im FFM.
- Durch interaktive Definition und Manipulation von Stützpunkt- bzw. Führungskurven mit anschließender Flächengenerierung durch Lofting sowie Drehung und Verschiebung von räumlichen Profilkurven ausschließlich im FFM.

Das FFM verfügt außerdem über zusätzliche **Oberflächenmodifikationen** zur interaktiven Verbesserung und Optimierung der erzeugten Freiformflächen, wie z.B.:

- Änderungen von lokalen Oberflächenbereichen hinsichtlich Verbesserung der Oberflächengüte
- Definition von Flächenschnittkurven zur Erzeugung von Formtrennebenen
- Einfügen von Verrundungsflächen bei Flächendurchdringungen mit konstantem und variablem Radius (Fillets, Blendings)
- Generierung von Offset-Flächen zur Erzeugung von Wanddicken
- Ausbringen von Entformungsschrägen, Schwundkompensation
- Durchführung allgemeiner Flächenmanipulationen wie z.B. Schneiden, Trimmen, Kopieren, Rotieren, Verschieben, Spiegeln, Verbiegen, Schiefstellen, Verlängern usw.

Für die grafische Visualisierung stehen vielfältige Möglichkeiten der statischen und dynamischen 2D/3D-Darstellung zur Verfügung. Alle erzeugten Werkstück-Freiformflächen werden als grafische Dateien datenbankmäßig abgespeichert.

3. NC-Programmerstellung mit spez. 3D/Fräs-Programmiersystem [29], [30], [31]

Das integrierte und mit gleicher Datenbasis operierende NCP-System hat die Aufgabe, die im FFM erzeugten Freiformflächen sowie alle übrigen 2D-Werkstückkonturen und Technologiemakros, fertigungstechnologisch aufzubereiten und in entsprechende Werkzeugwege für die Fräsbearbeitung umzusetzen. Es setzt sich zusammen aus einem NC-Grundmodul und den Bearbeitungsmodulen für 3-Achsen- und 5-Achsen-Fräsbearbeitung.

NC-Grundmodul:

Der NC-Grundmodul entspricht im Prinzip den Ausführungen bei der integrierten CAD/NC-Programmierung und stellt die für Fräsbearbeitungsmodule gemeinsam erforderlichen Funktionalitäten zur Verfügung.

- 3D/Werkzeugweg-Simulationsmodul für Freiformflächenbearbeitung mit räumlicher Darstellung von Werkzeugspitze bzw. Werkzeugzentrum. Integriert sind u.a. Kollisionskontrollen in bezug auf evtl. Verletzungen anschließender Formsegmente, durch vorgelagerte Bearbeitungsoperationen.
- Grafisch-interaktiver Editiermodul zum Ändern, Hinzufügen bzw. Entfernen.
- Bibliothek mit verschiedenen Fräsbearbeitungsstrategien zur optimalen Fräsbahnerzeugung an Freiformflächen für die Schrupp- und Schlichtbearbeitung.
- Konturfräszyklen für Taschen- und Hügelbearbeitung mit verschiedenen Restbearbeitungsstrategien.
- Technologiermakros und sonstige Bohr- und Fräszyklen für 2D-Bearbeitung.
- Technologiedateien für Werkzeuge, Spannmittel und Schnittdaten, insbesondere im Hinblick auf 3D-Fräsbearbeitung.

Programmierung der 3D-Fräsbearbeitung:

Bei der 3D-Fräsbearbeitung wird zwischen einer **3-Achsen-** und einer **5-Achsenbearbeitung** unterschieden. Die wesentlichen Unterscheidungsmerkmale sind in Abb. 3.4.8 zusammengestellt.

Die Programmierung erfolgt auf übliche Weise mit dem Programmerstellungsmodul, der je nach Softwarestand einen unterschiedlichen Automatisierungsgrad besitzen kann. Der Programmierablauf selbst läßt sich in folgende Abschnitte aufgliedern:

1. Festlegung der erforderlichen Bearbeitungsvorgänge mit Aktivierung der zu bearbeitenden Flächensegmente bzw. Technologiemakros
2. Überprüfung der frägerechten Raumlage des Werkstück-Rohteils mit Entscheidung für geeignetste Aufspannstrategie
3. Definition von Startpositionen, Sicherheitshöhen bzw. Sicherheitsbereichen
4. Werkzeugwahl für die verschiedenen Bearbeitungsvorgänge mit Zuordnung der Schnittdaten
5. Auswahl der geeigneten Fräsbearbeitungsstrategien bzw. Fräszyklen in bezug auf die zu bearbeitende Geometrieform
6. Generierung der Werkzeugwege für Schrupp-, Vorschlicht- und Schlichtbearbeitung
7. Kontinuierliche Kontrolle der Bearbeitung durch 3D-Grafiksimulation mit evtl. erforderlicher Editierung
8. Aktivierung eines evtl. notwendigen PP-Laufs bei indirekter NC-Steuerprogrammerstellung.

Vergleichskriterien:	3Achsen/3D-Bearbeitung	5Achsen/3D-Bearbeitung
1. Art der Achsen:	3 Linearachsen	3 Linearachsen 2 Dreh-bzw Schwenkachsen
2. Simultane Achsinterpolation:	3Achsen/3D-Linear	5Achsen/3D-Linear bzw. -Spline
3. Stellung der Fräserachse:	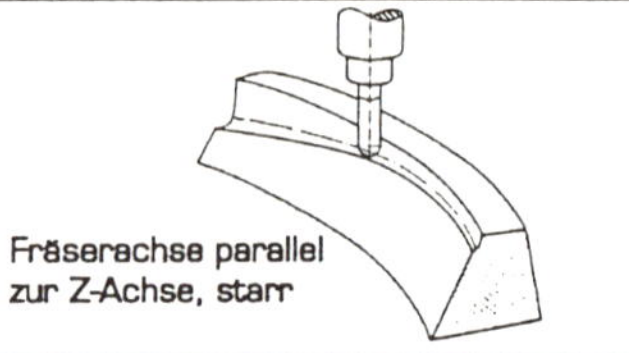 Fräserachse parallel zur Z-Achse, starr	Fräserachse stets senkrecht zur Werkstückoberfläche 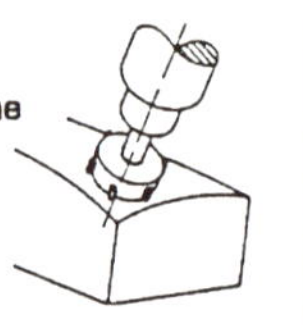
4. Fräsverfahren	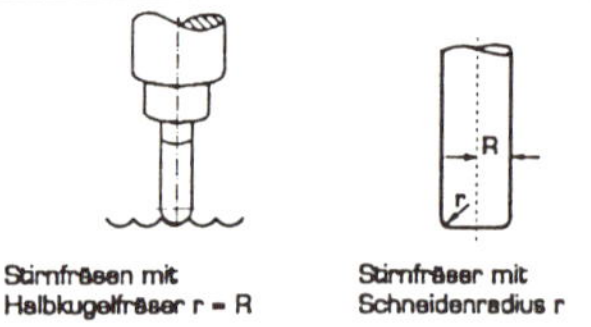	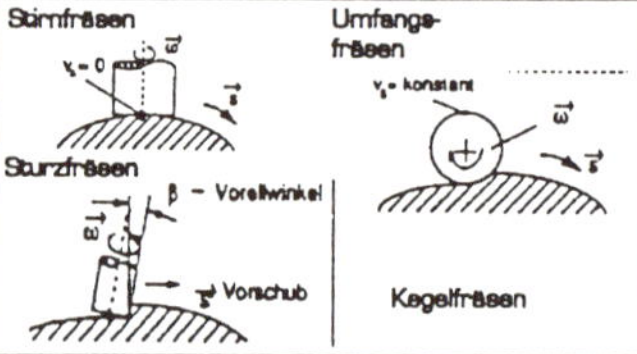
5. Frässtrategien:	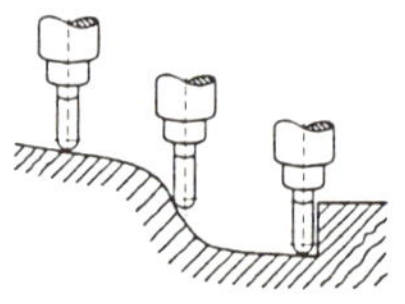	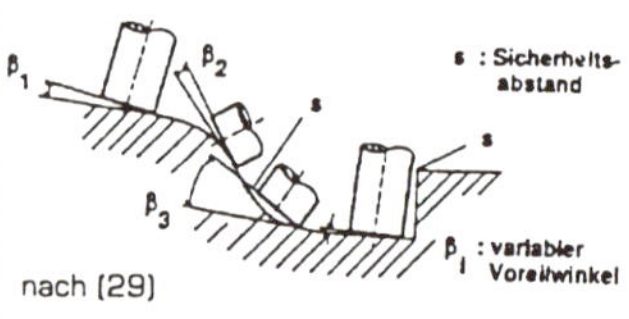
6. Bearbeitbare Werkstückflächen	Grund-, Profil- und Regelflächen	Grund-, Profil-, Regel-,Freiform- und Ausrundungsflächen

Abb. 3.4.8: Gegenüberstellung der 3-Achs- und 5-Achs-3D-Fräsbearbeitung

Schruppbearbeitung beim 3D-Fräsen:

Zur Minimierung des üblichen 3D-Bearbeitungsaufwands ist vor allem eine leistungsfähige Schruppbearbeitung aus dem Rohteil heraus von Bedeutung. Dies kann u.a. durch eine automatische Topologieanalyse geschehen, wobei in die zu bearbeitende Freiformfläche in variablen Abständen horizontale Schnittebenen unter Berücksichtigung von Sicherheitszonen und Schlichtaufmaßen nach Abb. 3.4.9 gelegt werden. Diese unterschiedlichen 2D-Schnittkonturen können nun mit komfortablen Steuerungsfräszyklen für Hügel- und Taschenbearbeitung mit unterschiedlichen Restbearbeitungsstrategien (z.B. mäanderförmig, konturparallel, äquidistant, s. a. Abb. 3.5.12) rationell bearbeitet werden. Hierzu gelangen i.d.R. normale Schaftfräser und Messerköpfe im Hinblick auf optimalen Spanvolumenabtrag und maximale Spindelleistung zum Einsatz.

Besonderheiten bei der Schruppbearbeitung:

- Berechnung des Zerspanungsvolumens durch Differenzbildung aus Rohteil- und Fertigteilvolumen unter Beachtung von Sicherheitszonen und Schlichtaufmaßen,

- Bearbeitung von Positiv- und Negativformen mit Berücksichtigung von Wanddicken,
- Bestimmung des größtmöglichen Fräserradius, berechnet aus dem Höhenschnitt der Freiformfläche,
- Mehrflächen-Schruppbearbeitung durch Zusammenfassung mehrerer Flächensegmente,
- Fräsbearbeitung mit automatischer Fräszustellung bei konstanter und variabler Zustelltiefe,
- bei der 5-Achsen-Fräsbearbeitung kann die Werkzeugachse senkrecht oder mit einem variablen Voreilwinkel zum Oberflächenelement nach Abb. 3.4.8 gesteuert werden. Damit lassen sich auch konkave Flächen kollisionsfrei bearbeiten,
- automatische Restflächenbearbeitung mit kleinerem Fräserdurchmesser.

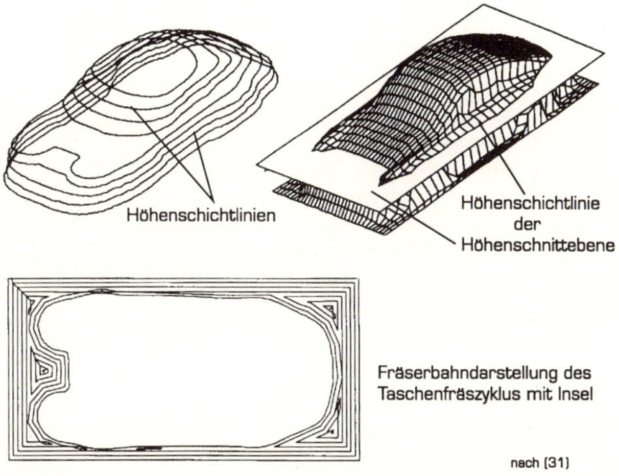

Abb. 3.4.9: Topologieorientierte Fräsbahnerzeugung durch Höhenschnittebenenbildung

Schlichtbearbeitung beim 3D-Fräsen:

Bei der Schlichtbearbeitung muß entweder eine entsprechende Schruppbearbeitung oder eine andere Art der Vorformung vorausgegangen sein. Hier kommt es insbesondere darauf an, mit Hilfe von flächenüberdeckenden Fräsbahnsystemen eine geometrisch und gestaltmäßig tolerierte Bearbeitungsoberfläche zu erzeugen. Die Schlichtbearbeitung selbst gliedert sich auf in ein bzw. mehrere Vorschlichtgänge durch stetige Aufmaßreduzierung sowie in den Fertigschlichtvorgang, Abb. 3.4.10. Bei konkaven Flächen werden entsprechende Halbkugelfräser bzw. Schaftfräser mit „variablem Sturz" eingesetzt. Der notwendige Voreilwinkel wird automatisch berechnet, wodurch eine mögliche Konturbeschädigung vermieden wird.

Abb. 3.4.10: Bearbeitungsarten beim 3D-Fäsen

Die Qualität der Schlichtbearbeitung wird durch zwei Kriterien entsprechend der Abb. 3.4.11 definiert:

- Durch die **Geometrietoleranz** (Vorwärts- und Seitwärtstoleranz): Sie bestimmt die Abweichung ΔH1 der Fräsbahnen von der Fertigteiloberfläche.
- Durch die **Oberflächengüte** (Restwelligkeit): Sie wird definiert durch die Restmaterialhöhe ΔH2, die zwischen zwei nebeneinander liegenden Fräsbahnen gegenüber der Fertigteiloberfläche verbleibt.

Der Fräsbahnabstand kann entweder als feste Größe programmiert werden, oder er läßt sich durch einen vorgegebenen Oberflächenwert ΔH2 automatisch berechnen.

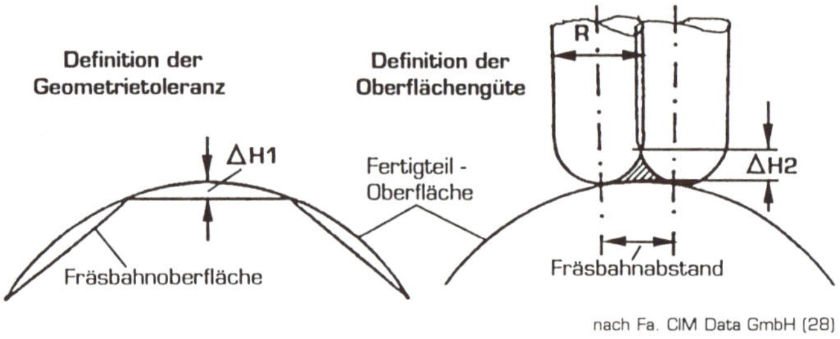

Abb. 3.4.11: Qualitätskriterien bei der 3D-Schlichtbearbeitung

Beim Schlichten von Freiformflächen besteht die Möglichkeit, folgende bewährte Frässtrategien einzusetzen:

- Beim **isoparametrischen Fräsen** wird jedes Flächensegment, das die zu fräsende Werkstückoberfläche beschreibt, einzeln bearbeitet, Abb. 3.4.12. Die Richtung der Fräsbahnen orientiert sich dabei entweder parallel zur Stützpunktkurve oder parallel zu den Verbindungskurven. Mit Hilfe der Fräserradiuskorrektur erfolgt stets eine äquidistante Flächenbearbeitung der Innen- bzw. Außenseite. Im Gegensatz zur Fräsbearbeitung mit mäanderförmigen Fräsbahnen kann auch eine Bearbeitung in nur einer Fräsrichtung, z.B. mit Gleich- bzw. Gegenlauffräsen, gewählt werden. Das Fräsen eines Werkstücks mit mehreren Freiformflä-

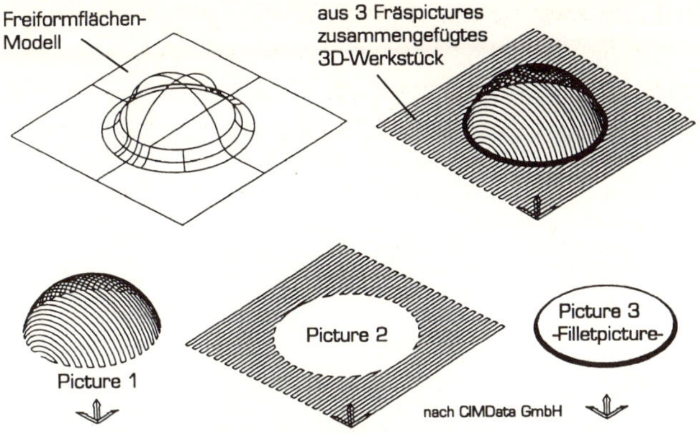

Abb. 3.4.12: Isoparametrisches Fräsen eines 3D-Werkstücks

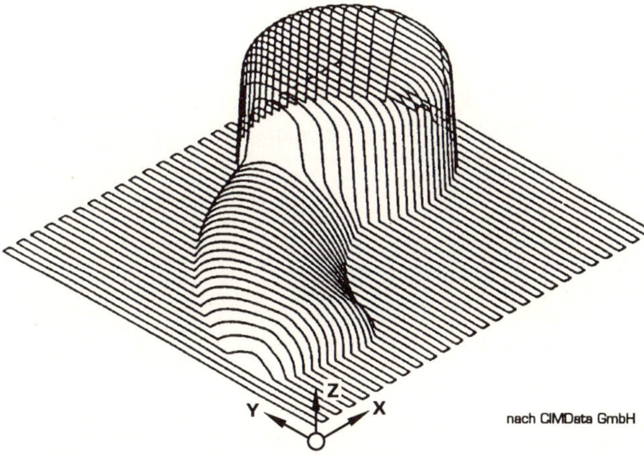

Abb. 3.4.13: Achsparallele Frässtrategie in X-Richtung

chensegmenten erfolgt durch Einzelprogrammierung der Fräspictures mit anschließender Zusammenführung im NC-Programm.

- Beim **achsparallelen Fräsen** besteht die Möglichkeit, zusammengefügte Freiformflächensegmente integriert zu fräsen, Abb. 3.4.13. Die Richtung der Fräsbahnen kann hierbei parallel zur X- oder Y-Achse festgelegt werden. Es bietet sich auch die Möglichkeit an, die Fräsbahnen im ersten Schlichtgang parallel zur X-Achse und im zweiten Schlichtgang parallel zu Y-Achse zu programmieren.

Besonderheiten bei der Schlichtbearbeitung:

- Möglichkeit der individuellen Programmierung von Fräsbahnabstand und Vorschuboptimierung für bestimmte, bearbeitungssensible Oberflächenbereiche.

- Bearbeitungsoptimierung durch Bildung spez. Bearbeitungsbereiche, wobei der Fräser immer aufsteigend im Ziehschnitt arbeitet.
- Automatische Kollisionserkennung bei vorliegendem Hinterschnitt bzw. bei kleinerem Kontur-Krümmungsradius gegenüber dem eingesetzten Fräserdurchmesser.

3.4.5 3D-Digitalisieren mit CAD-Programmierung [32], [33]

Die im Kap. 3.4.4 dargestellte CAD/CAM-Programmierung kann hinsichtlich ihrer aufwendigen Handhabung sowie ihrer z.T. recht komplexen Freiformflächengenerierung den Praxisanforderungen nicht immer voll genügen. In diesen Fällen kann auf das bewährte, handgefertigte Urmodell zurückgegriffen werden, wobei die Werkstücke durch Modellabtastung und gleichzeitigem Kopierfräsen hergestellt werden. Das Problem besteht hierbei jedoch in der relativ geringen Flexibilität und im großen Aufwand für notwendige Modelländerungen und Modellagerhaltung.

Durch eine **3D-Digitalisierung** eines Modells in Verbindung mit der Datenaufbereitung auf einem 3D-CAD/NC-Programmiersystem hingegen läßt sich durch die rechnerinterne Darstellung ein sog. „Software-Modell" erzeugen. Damit verbunden ist nicht nur eine einfache bzw. schnelle Änderung und Archivierung, sondern auch eine beliebige Modifizierung dieses rechnerinternen Modells mit den Softwaremodulen des Programmiersystems. Durch die anschließende Fertigung auf leistungsfähigen 3- bzw. 5-Achsen-CNC-Fräsmaschinen wird eine flexible und qualitativ hochwertige 3D-Freiformflächenbearbeitung sichergestellt.

1. 3D-Digitalisiersystem [34]

Ein Digitalisiersystem besteht aus folgenden Komponenten, Abb. 3.4.14:
- dem Abtastkopf,
- der Digitalisiersteuerung,
- dem Datenrechner,
- der Abtastsoftware und
- der Digitalisiereinrichtung.

Digitalisiersysteme gliedern sich auf in berührende, laseroptische und stereoskopische Systeme. Das hauptsächlich eingesetzte und technologisch ausgereiftere System stellt die berührende Abtastung mit Abtastknopf dar. Probleme können hierbei durch Reibungs- und Abdrängeffekte auftreten, wenn für die Fräswerkzeuge andere Abmessungen als für den Abtaststift eingesetzt werden.

Laseroptische Systeme zeigen trotz moderner Technologie gewisse Schwächen bei der Digitalisierung steiler Flächenbereiche sowie bei schwierigen Oberflächen und unzureichenden Lichtverhältnissen. Stereoskopische Systeme errechnen mit Bild-

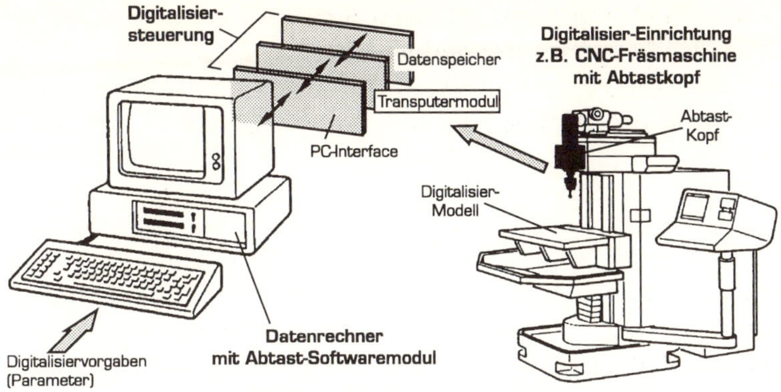

Abb. 3.4.14: Anordnung und Datenfluß eines 3D-Digitalisiersystems

verarbeitungsmethoden die Werkstückoberfläche aus zwei digitalen Bildern. Diese Technologie besitzt insbesondere Vorteile bei Oberflächen, die „rundum" erfaßt werden sollen.

Der **3D-Abtastknopf** besteht aus einem parallel auslenkenden Abtastfühler mit auswechselbaren Taststiften, der in die Werkzeugaufnahme der Digitalisiereinrichtung eingewechselt wird, Abb. 3.4.15.

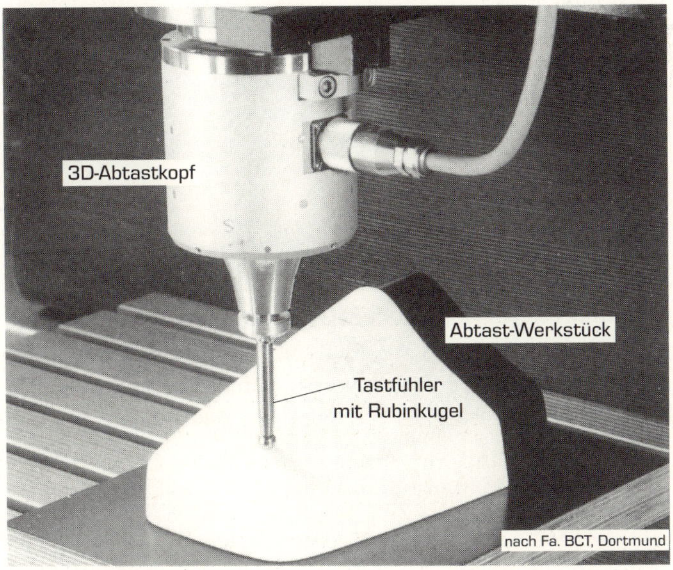

Abb. 3.4.15: 3D-Abtastkopf mit Muster-Werkstück

Dieser messende 3D-Fühler wird mit den Hauptbewegungen X, Y und Z der Digitalisiereinrichtung kontinuierlich und mit konstanter Auslenkung über die Werkstückoberfläche geführt. Erfolgt aufgrund eines Flächenanstiegs oder dgl. eine Fühlerauslenkung, so werden durch die **Digitalisiersteuerung** die betroffenen Achsen unmittelbar nachgeregelt, so daß die Tasterauslenkung stets erhalten bleibt. Die aktuellen Meßpositionen werden von der Digitalisiersteuerung mit einer Abtastfrequenz von ca. 5 ms durch direkten Zugriff auf die Achsregelkreis-Meßsysteme der Digitalisiereinrichtung als Tastkugel-Mittelpunktsbahn erfaßt, mit Geraden verbunden und abgespeichert. Gleichzeitig wird mit Hilfe einer Online-Datenreduktion sichergestellt, nicht notwendige Abtastdaten (z.B. Zwischenpunkte einer Geraden usw.) zu eliminieren. Durch eine automatische Verfolgung des Geometrieprofils erkennt die Digitalisiersteuerung außerdem kritische Flächenbereiche, die sodann mit langsamerer Abtastung und damit höherer Punktedichte aufgenommen werden.

Das Digitalisiersystem wird durch einen **PC/AT-Datenrechner** unter Einsatz einer schnellen Digitalisiersteuerung mittels eines Transputermoduls gesteuert. Zur Programmierung des Digitalisiervorgangs steht außerdem eine komfortable **Abtast-Software** mit grafischer Bedienoberfläche zur Verfügung, wobei alle Digitalisierparameter wie z.B. Abtastbereich, Abtaststrategie, Abtastgeschwindigkeit, Abtastbreite, Tasterradius u.a. mit Dialogführung in eine sog. Digitalisiervorgangsmaske eingetragen werden können. Für eine Digitalisierung in aufrichtsarmen Schichten lassen sich mehrere dieser Digitalisiervorgänge als Unterprogrammkette aneinanderhängen und ohne Unterbrechung abarbeiten.

Das Digitalisiersystem ist ausgelegt für den Einsatz auf verschiedenen CNC-Einrichtungen, wie z.B. 3- bzw. 5-Achsen-Fräsmaschinen, 3-Achsen-Meßmaschinen, spez. Handdigitalisiergeräten mit NC-Achsen u.dgl.

2. 3D-Digitalisiervorgang

Der Digitalisierprozeß beginnt mit dem Rüstvorgang, wobei das zu messende 3D-Werkstück auf dem Maschinentisch entsprechend gespannt, der Abtastknopf in die Spindelaufnahme eingesetzt und der Referenzpunkt angefahren wird. Im Meßmaschinenmodus erfolgt nun das manuelle Antasten von Bezugs- bzw. Anfahrpunkten, wodurch der Abtastbereich eines Digitalisiervorgangs festgelegt wird. Bei der anschließenden Eingabe der Digitalisierparameter kann je nach Form und Oberflächentopologie des Werkstücks unter verschiedenen **Abtaststrategien** nach Abb. 3.4.16 ausgewählt werden, wie z.B.:

- Abtasten mit senkrechter Abtastebene, wie z.B. mit paralleler oder beliebiger Winkelabtastbahn gegenüber den Maschinenachsen. Dies kann entweder mäanderförmig oder in einer Richtung mit Eilrücklauf erfolgen.

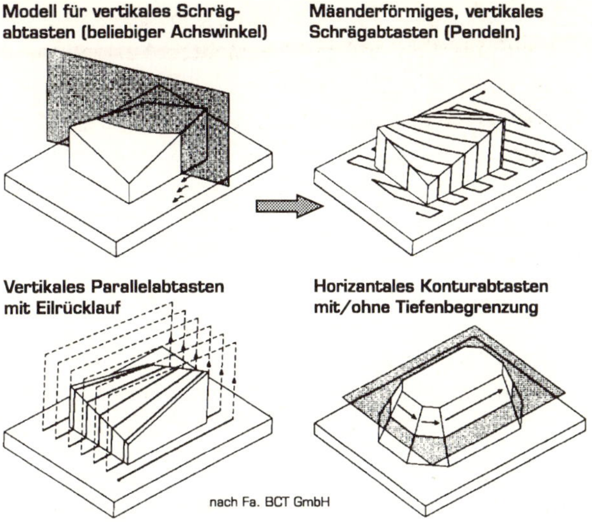

Abb. 3.4.16: Abtaststrategien für das 3D-Digitalisieren

- Abtasten mit waagerechter Abtastebene ohne und mit Tiefenbegrenzung.
- Handabtasten (Playback) sowie mit auf- bzw. absteigender Zustellung.

Die beim Digitalisierprozeß erfaßten Positionskoordinaten beschreiben aufgrund der eingesetzten Tastkugel mit dem Radius **r** die Abtastbahnen des Tastkugelmittelpunkts. Zur Erzeugung der wahren Oberflächengeometrie müssen somit diese Koordinaten mittels einer räumlichen Äquidistantenkompensation umgerechnet werden. Ebenso sind die beim Digitalisierungsvorgang aufgetretenen Verfälschungen durch Abdrängungs- bzw. Reibungseffekte der Tastkugel gegenüber der Abtast-Sollebene zu kompensieren. Hierzu wird ein Simulationsverfahren zur Erzeugung eines regelmäßigen Konturrasters in Verbindung mit einem Datenreduktionsverfahren auf der Basis einer Splinekurven- und Splineflächenerzeugung eingesetzt. Die auf diese Weise aufbereiteten und verfeinerten Oberflächendaten können nun im Datenrechner z.B. im PAL-Format (Binärcode) sozusagen als „digitales Modell" abgespeichert werden.

Auf Wunsch kann mit Hilfe eines grafisch-dynamischen Simulationssystems dieses Digitalisierergebnis sowohl als 3D-Modell als auch im 2D-Zeichenformat mit herkömmlichen Darstellungsfunktionen begutachtet werden.

3. Alternativen der NC-Programmerzeugung

Die Weiterverarbeitung der erzeugten und aufbereiteten Digitalisierdaten zur Herstellung von entsprechenden Werkstücken kann im Prinzip mit zwei verschiedenen Methoden erfolgen, Abb. 3.4.17:

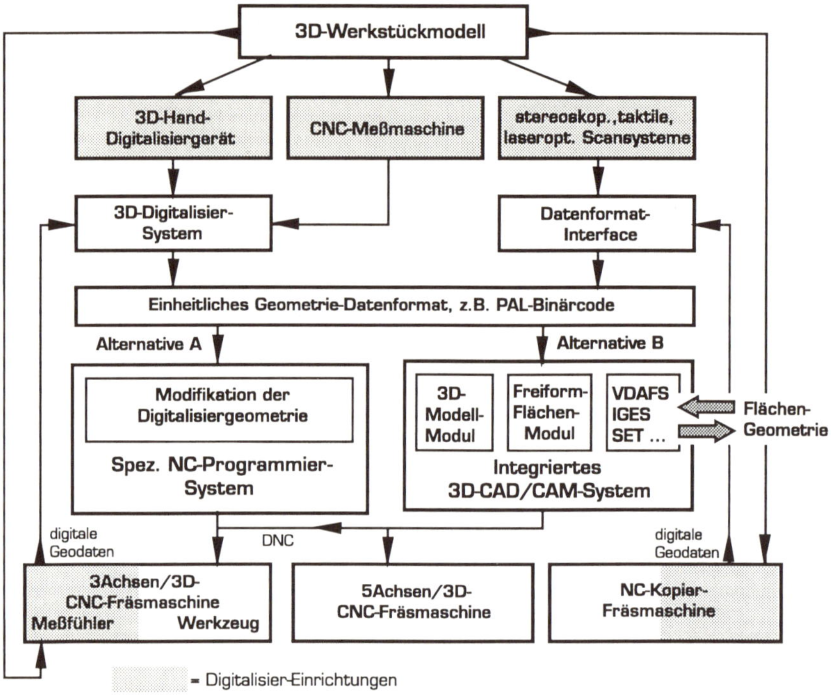

Abb. 3.4.17: Möglichkeiten der 3D-Digitalisierung für Geometriedatenerzeugung und NC-Programmierung

A: Verarbeitung der Digitalisiergeometrie mit spez. NCP-System:

Diese an sich bereits sehr leistungsfähige Lowcostversion ist hauptsächlich für die Fräsbearbeitung von einfacheren Flächenstrukturen geeignet. Die Besonderheit liegt in der Integration des 3D-Digitalisiersystems mit dem NCP-System im gemeinsamen Datenrechner mit gleicher Bedienoberfläche. Hierzu kommt, daß sowohl der Digitalisiervorgang mit Meßtastkopf als auch die anschließende Werkstückbearbeitung mit Fräswerkzeugen auf der gleichen CNC-Fräsmaschine durchgeführt werden kann.

Modifizierung der Digitalisiergeometrie:

Die im 3D-Digitalisiersystem erzeugten und aufbereiteten Digitalisierdaten sämtlicher Digitalisiersegmente lassen sich mit einer Reihe von herkömmlichen Geometrie-Transformationen bearbeiten wie z.B. drehen, verschieben, spiegeln, skalieren, positiv/negativ bearbeiten, umwandeln, zusammenfügen, teilen, ausdünnen, vervielfachen, verzerren usw. Ebenso kann ein beliebiges, in den drei Raumrichtungen unterschiedliches Schwundmaß eingerechnet werden.

Erzeugung von NC-Programmen:

Das NC-Programm wird entsprechend der Vorgehensweise unter Kap. 3.3.2 menügeführt und i.d.R. im direkten DIN/ISO-Format erstellt. Der Schwerpunkt liegt im wesentlichen bei der Festlegung der optimalen Frässtrategie einschließlich der notwendigen Schrupp-, Vorschlicht- und Schlichtvorgänge. Die gewählte Frässtrategie ist hierbei gegenüber der beim Digitalisieren eingesetzten Abtaststrategie vollständig entkoppelbar. Die Programmiersoftware bietet folgende Besonderheiten:

- Einsatz beliebiger Werkzeugformen und Werkzeugdurchmesser (3D-WZ-Korrektur)
- Schruppen und Schlichten in mehreren Bearbeitungsgängen mit beliebigem 3D-Aufmaß, Schruppen mit autom. Schnittaufteilung
- Fräsrichtung und Fräsbahnabstand sind frei wählbar
- Positiv- und Negativformen können ohne Einschränkungen gefertigt werden
- Schwundmaßbearbeitung, Skalieren und Spaltdickenberücksichtigung sind in allen 3 Achsen realisierbar
- Die erzeugten Werkzeugbewegungen können in Geraden- (G1) oder Splineinterpolation (G6) ausgegeben werden.

B: Verarbeitung der Digitalisiergeometrie mit integriertem 3D-CAD/NC-Programmiersystem:

3D-Digitalisiersysteme als spezielle Inselkonzepte werden den heutigen Anforderungen hinsichtlich Flexibilität und Datenintegration nicht mehr gerecht. Das Digitalisieren von komplexen 3D-Werkstücken muß sich vielmehr in die Prozeßkette CAD-NCP-CNC bezüglich eines gleichen Datenformats nahtlos integrieren lassen. In diesem Zusammenhang ist von besonderer Wichtigkeit, daß das 3D-CAD/NC-Programmiersystem auf einfache und schnelle Weise vom 3D-Digitalisiersystem mit einer hinreichenden Grunddatenstruktur versorgt wird. Damit eröffnen sich mit den leistungsfähigen Software-Werkzeugen (3D-Modelle, Freiformflächenmodul, Geometrieflächen-Schnittstellenmodul usw.) alle erdenklichen Möglichkeiten einer flexiblen Freiformflächen-Modifikation für komplexeste Werkstücke. Außerdem können auf diese Weise von anderen Digitalisiersystemen stammende sowie über die Flächenschnittstelle importierte Abtastgeometrien problemlos und schnell modifiziert und für das NC-Programmieren bereitgestellt werden.

3.5 Rechnergestützte Werkstattprogrammierung

[35], [36], [37], [38], [39], [40], [41]

Die permanente Forderung nach höherer Produktivität und Flexibilität im Fertigungsbereich erfordert auch bei der NC-Programmierung neue Ansätze hinsichtlich einer optimaleren Nutzung des vorhandenen Fertigungspotentials in Verbindung mit einer Reduzierung von Maschinenrüst- und Programmeinfahrzeiten. Durch den Einsatz von rechnergestützten NC-Programmiersystemen im Planungsbereich resultieren bereits zahlreiche Vorteile gegenüber der manuellen NCP wie z.B.:

- Verkürzung der Programmierzeiten
- Programmierbarkeit von Werkstücken mit höherem Komplexitätsgrad
- Reduzierung der Programmierfehler durch grafische Simulation
- Einbindung in die betriebliche Datenorganisation usw.

In diesem Zusammenhang ergeben sich jedoch zusätzliche Problemfelder wie z.B. das Erlernen einer weiteren Programmiersprache, hoher fertigungstechnologischer Aufwand beim Programmeinfahren mit Editieren des Quellprogramms, unbefriedigende Nutzung des Humankapitals im Fertigungsbereich u.a. Die hieraus abzuleitenden Forderungen an ein neues Programmierverfahren lauten deshalb:

- Einsatz eines rechnergestützten Programmiersystems direkt am CNC-Arbeitsplatz bzw. in der CNC-Fertigungsgruppe
- Entwicklung einer einfachen und facharbeitergerechten Bedienoberfläche
- Schaffung eines einheitlichen, maschinen-/steuerungsneutralen Programmformats
- Sicherstellung einer automatisierteren, mit fertigungstechnologischem Erfahrungswissen unterstützte NC-Programmierung.

Das diesbezügliche Entwicklungsergebnis gegen Ende der 80er Jahre stellt die sog. „**W**erkstatt**o**rientierte **P**rogrammierung“ unter der Abkürzung WOP dar. Die Grundversion basiert auf einem speziellen rechnergestützten NC-Programmiersystem, dessen PC-Hardware als Bedienrechner in die CNC-Steuerung integriert ist, Abb. 3.5.1.

Diese moderne WOP-NC-Programmiermethode wurde am Beispiel der Drehbearbeitung entwickelt und in relativ kurzer Zeit in die Praxis eingeführt. Derzeit sind zahlreiche WOP-Programmiersysteme im Einsatz, wobei insbesondere die Fertigungsverfahren Drehen, Bohren/Fräsen, Rundschleifen, Laserschneiden, Stanzen/Nibbeln und Drahterodieren unterstützt werden.

Die Charakteristik der WOP-Programmierung basiert auf folgenden Features:

- Grafisch-interaktive Bedienoberfläche ohne Programmiersprache
- Optimierung bzw. Änderung von NC-Programmen mit grafisch-interaktivem Editor in gleicher Form wie bei der Neuprogrammierung
- Einheitliche Bedienoberfläche für unterschiedliche Fertigungsverfahren
- Grafisch-dynamische Simulation des Bearbeitungsprozesses zur Kontrolle und Optimierung des NC-Programms

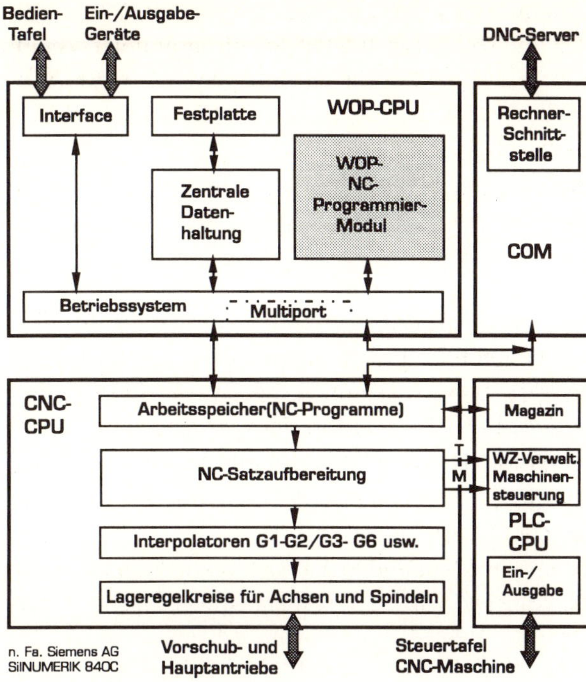

Abb. 3.5.1: Integration des WOP-Programmiersystems in die CNC-Steuerung

- Einheitliches NC-Programmformat innerhalb des Werkstattbereichs
- Möglichkeit der Programmierung an der CNC-Steuerung parallel zum Bearbeitungsprozeß u. dgl.

3.5.1 Funktionskonzept der WOP-Programmierung

Das modulare Programmierkonzept besitzt einen objektorientierten Aufbau im Gegensatz zu den bisherigen funktionsorientierten Programmierstrukturen. Dabei werden Werkstückgeometrie, Bearbeitungsplanung und Fertigungstechnologie durch semantische Verknüpfung in ein **3D-Fertigungsmodell** umgesetzt.

Die vorstehend genannten Komponenten besitzen Modellcharakter und beinhalten folgende Funktionen, Abb. 3.5.2.

Geometriemodell:

- 3D-Rohteil- und Fertigteilbeschreibung
- Definition von Bearbeitungsbereichen, -konturen, -positionen
- Geometrieattribute, z.B. Oberflächengüte, Formelelemente
- Werkzeug- und Spannmittelgeometriebeschreibung.

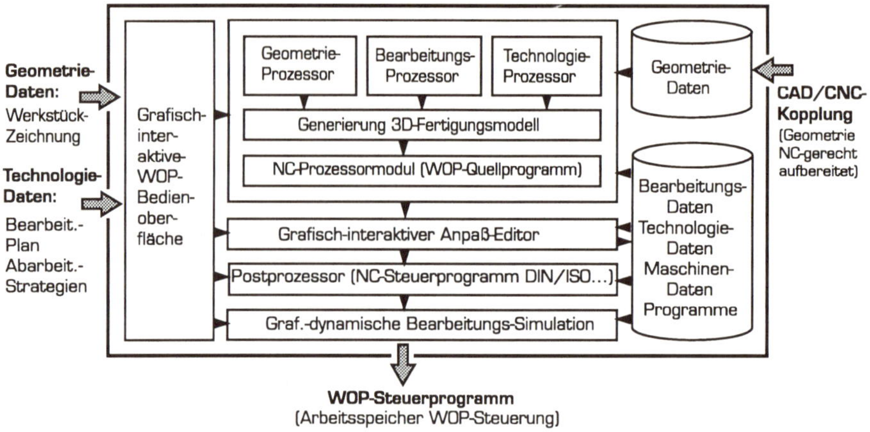

Abb. 3.5.2: Funktionsstruktur der rechnergestützten WOP-Programmierung

Bearbeitungsmodell:
- Bearbeitungsplanung (Art, Anzahl und Reihenfolge der BVO, BOP)
- Definition des Bearbeitungsortes (z. B. Geometriebereich)
- Definition der Bearbeitungskinematik (Zyklen), Abarbeitsstrategien.

Technologiemodell:
- Werkzeugzuordnung zu jeder BOP
- Schnittdatenzuordnung (f, a_p, v_c bzw. n_s)
- M-Funktionen-Zuordnung.

Die weitere Aufgliederung des Geometrie-, Bearbeitungs- und Technologiemodells führt zu Teilmodellen, die die erforderlichen Programmschritte definieren und jeweils in Funktionsbeziehung zueinander stehen. Diese sog. **Grundobjekte des Fertigungsmodells** lassen sich in zwei Arten aufgliedern:
- Die **statischen Objekte** sind fester Bestandteil des Programmiersystems. Sie repräsentieren dessen fertigungstechnische Verfahren und Bearbeitungsmethoden durch Softwaremodule und Datenbankdateien.
- Die **generischen Objekte** werden in der Programmierphase erzeugt und dienen der Beschreibung der Bearbeitungsaufgabe. Durch grafisch-interaktive Programmierschritte können diese Objekte und ihre Zusammenhänge beliebig modifiziert werden.

Aus dem Fertigungsmodell wird mit Hilfe des NC-Prozessors ein Quellprogramm im WOP-Format erzeugt. Dieses WOP-Quellprogramm ist maschinen-/steuerungsneutral und kann jederzeit ohne Kenntnis einer Programmiersprache grafisch-interaktiv editiert werden. Damit besteht die Möglichkeit, das auf einem WOP/PC-System erstellte WOP-Quellprogramm auf ein WOP/CNC-System mittels DNC zu übertragen. Hier erfolgen sodann alle maschinen-/steuerungsabhängigen Programmanpassungen (z.B. Werkstücknullpunkt, Spannmittel usw.) sowie die Optimierung der Zerspandaten durch den Maschinenbediener, was in zeitlicher Hinsicht meist problemlos in Parallelprogrammierung während des Bearbeitungsprozesses möglich ist.

Der Programmiervorgang selbst erfolgt über eine grafisch-interaktive WOP-Bedienoberfläche mit Farbgrafikbildschirm an der CNC-Steuerung. Je nach Automatisierungsgrad der NC-Software brauchen nur diejenigen Geometrie- und Technologiedaten eingegeben werden, die nicht in Erfahrungswertdateien vorliegen bzw. durch Berechnungsalgorithmen automatisch erzeugt werden. Das Geometriemodell kann dabei entweder durch einen integrierten Geometrieprozessor erzeugt oder als CAD/CNC-Koppelgeometrie importiert werden. Falls kein eigenes Schnittstellenmodul vorhanden ist, muß diese Geometrie bereits im CAD-System auf das WOP-Format konvertiert und entsprechend NC-gerecht aufgearbeitet werden, s. a. Abb. 3.4.3.

Die WOP-Programmierung gliedert sich bezüglich des Programmierortes innerhalb des Fertigungsbereichs in die **Fertigungsgruppen- bzw. Meisterbereichsprogrammierung** sowie in die **Arbeitsplatz- bzw. CNC-Maschinenprogrammierung** auf. Damit lassen sich folgende WOP-Konzepte definieren, Abb. 3.5.3:

1. Als **CNC-steuerungsintegriertes Programmiersystem (WOP/CNC)**, wodurch auch eine schnelle, flexible und effiziente Parallelprogrammierung durch den Bediener am Maschinenarbeitsplatz möglich wird. Ein besonderer Zeitvorteil wird hierbei durch CAD/CNC-Geometriekopplung sowie beim Einfahren neuer Programme erzielt. Das WOP-Quellprogramm kann stets grafisch-interaktiv editiert werden. Eine evtl. notwendige Konvertierung in das DIN/ISO-Steuerprogramm für konventionelle CNC-Steuerungen erfolgt unabhängig vom Programmierprozeß.

2. Als **PC-integriertes Programmiersystem (WOP/PC)** mit PC-Tastatur, analog der Hardwareausstattung des AV-Programmiersystems mit Standardbetriebssystem, wie z.B. MS-DOS, OS/2 und UNIX. Als vorteilhaft kann hier das Arbeiten mit dem maschinen-/steuerungsneutralen WOP-Quellprogramm z.B. im Meisterbereich oder AV-Bereich angesehen werden.

   Zum Auftragszeitpunkt wird dieses Quellprogramm vom WOP/CNC-System über DNC angefordert und bezüglich notwendiger maschinen-spezifischer Anpassungen parallel zum Bearbeitungsprozeß editiert. Durch Postprozessorlauf kann es in jedes gewünschte DIN/ISO-Steuerprogramm für konventionelle CNC-Steuerungen konvertiert werden.

3. Als **WOP-Progammiergerät-System (WOP/PG),** mit WOP-Steuerungstastatur und Grafikbildschirm. Dieser sog. WOP-Simulator kann vorteilhaft insbesondere in der firmenspezifischen NC-Aus- und Weiterbildung eingesetzt werden.

   Die vorgestellten WOP-Varianten führen insgesamt zu einem integrierten, bereichsübergreifenden und flexiblen WOP-Programmierkonzept. Damit werden nicht nur die definierten WOP-Kriterien erfüllt, sondern es wird vielmehr auch eine neue, dezentrale Intelligenz innerhalb des Fertigungsbereichs geschaffen. In Verbindung mit dem vorliegenden fertigungstechnologischen Erfahrungswissen des NC-Personals läßt sich damit die Leistungsfähigkeit und Produktivität erheblich steigern.

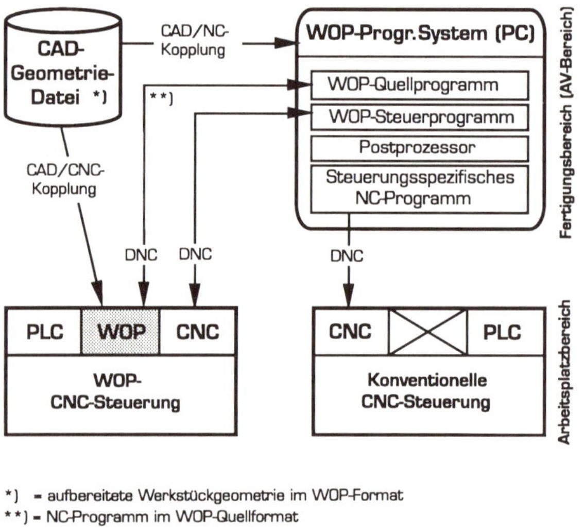

Abb. 3.5.3: Bereichsübergreifender Einsatzbereich der WOP-Programmierung

3.5.2 WOP-Programmierstruktur

Die WOP-Programmiersoftware besitzt einen modularen Aufbau. Durch die grundsätzliche Trennung von Werkstückgeometrie und Bearbeitungsstrategie mit der Fertigungstechnologie kann das einmal definierte Geometriemodell mit unterschiedlichen Abarbeitungsverfahren und fertigungstechnologischen Daten programmiert werden. Ebenso kann ein bereits werkstattoptimiertes Bearbeitungsprogramm auf ein Werkstück mit ähnlicher Geometrie überarbeitet werden. Die NC-Programmierung erfolgt in folgenden Stufen, Abb. 3.5.4:

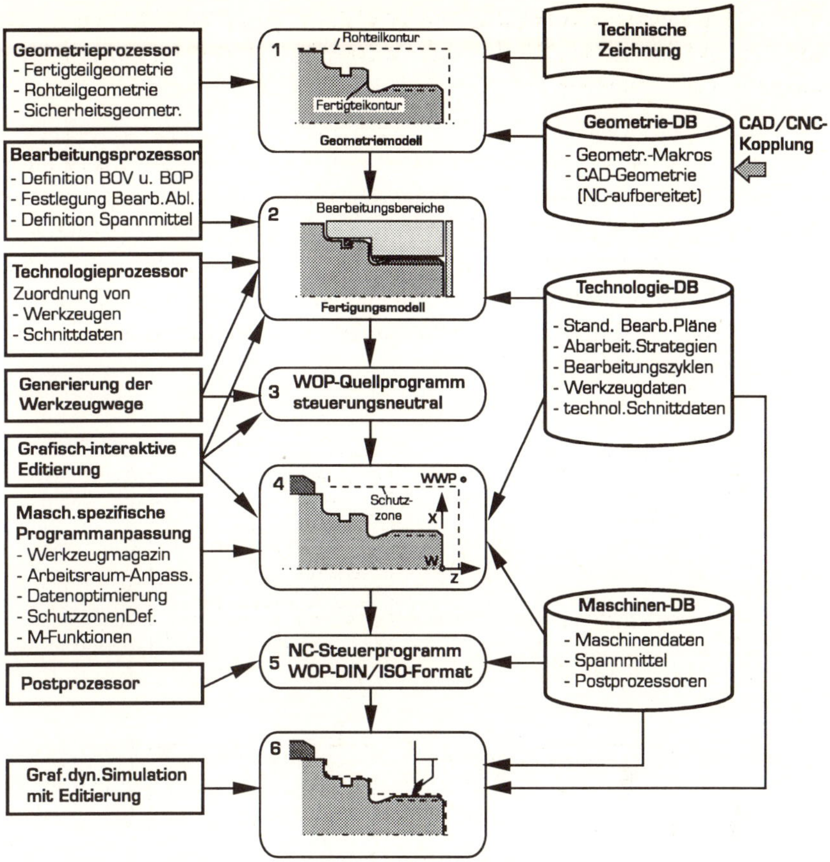

Abb. 3.5.4: WOP-Systemstruktur

Maschinenneutrale Programmierphase A:

1. In der Programmierstufe **„Geometrierzeugung“** beschreibt der Bediener zunächst die Fertigteilgeometrie. Dies kann entweder in Form einer gerichteten Geometrie oder mittels einer bereits im CAD-System konvertierten und aufbereiteten Werkstückkontur erfolgen. Eine zusätzliche Optionsmöglichkeit besteht durch 2D-Digitalisierung von Konturen über Fadenkreuz. Die Rohteilkontur wird i. d. R. über Standard-Geometriemakros erzeugt bzw. bei Guß- und Schmiedeteilen per Aufmaßeingabe automatisch berechnet. Durch Flächendifferenzbildung zwischen Roh- und Fertigteilgeometrie lassen sich alle fertigungstechnologisch orientierten Bearbeitungsbereiche definieren.

   Die jeweiligen geometrischen Eingabefunktionen werden vom Bediener durch Auswahl mittels **Softkeys** angestoßen, wodurch Menümasken aufgeblendet werden. Sämtliche Eingaben werden von einem Geometrieprozessor verarbeitet und sofort am Grafikbildschirm angezeigt. Damit wird eine direkte interaktive Kontrolle bei der Geometrieerzeugung ermöglicht.

2. Nach Abspeicherung der erzeugten Bearbeitungsgeometrie erfolgt als nächste Programmierstufe die **„Definition der Bearbeitungsvorgänge“.** Ausgehend von der beschriebenen Bearbeitungsgeometrie erfolgt zunächst eine Aufgliederung in notwendige Bearbeitungsvorgänge (BVO) in bezug auf die Art und Reihenfolge der Abarbeitung. In der Folge sind sodann für jeden BVO die erforderlichen Bearbeitungsoperationen entsprechend der mit dem gleichen Werkzeug zu bearbeitenden Flächen, Konturen und Positionen zu definieren. Zur Vermeidung von evtl. Konturverletzungen oder Spannmittelkollisionen lassen sich entsprechende Sicherheitsbereiche definieren.

   Im nächsten Schritt erfolgt die **„Festlegung des Bearbeitungsablaufs“** in der Reihenfolge der BVO mit ihren zugeordneten BOP: Hierbei wird jedem BVO ein geeignetes Werkzeug mit entsprechenden Zerspandaten zugeteilt. Sodann ist für jede BOP die entsprechende Bearbeitungsfläche, -kontur bzw. -position sowie das geeignete Abarbeitsverfahren mit WZ-Verfahrstrategie und erforderlicher Oberflächenmodifizierung festzulegen und zuzuordnen. Dieser Programmierprozeß selbst erfolgt mittels der grafisch-interaktiven Bedienoberfläche, wobei sämtliche Werkzeugbewegungen auf dem Grafikbildschirm online dargestellt werden.

3. In der Programmierstufe **„Erzeugung des WOP-Quellprogramms“** erfolgt die automatische Programmgenerierung für sämtliche im vorstehenden Schritt „Festlegung des Bearbeitungsablaufs“ programmierten BVO. Dieses Quellprogramm besitzt ein maschinenneutrales WOP-Format und kann bezüglich vorhandener Syntaxfehler und Konturverletzungen bzw. evtl. Maßabweichungen grafisch-interaktiv editiert werden!

Maschinenspezifische Programmierphase B:

4. Bei der Auftragsbearbeitung muß das erzeugte WOP-Quellprogramm auf die maschinenspezifischen Eigenschaften des NC-Maschinenkonzepts zugeschnitten und hinsichtlich der Zerspandaten optimiert werden. Die möglichen Anpaßaktivitäten innerhalb dieser **„Maschinenspezifischen Programmanpassung“** stellen sich wie folgt dar:
   - Überprüfung der eingesetzten Werkzeuge mit aktueller Bestückung des Werkzeugmagazins, Abb. 3.5.5.
   - Übernahme der realen Spannmittelgeometrie sowie der vorhandenen Arbeitsraumabmessungen einschließlich Werkzeugträger mit Werkzeugen in das NC-Programm. Damit lassen sich bei der nachfolgenden Simulation mögliche Kollisionen leicht erkennen und editieren.

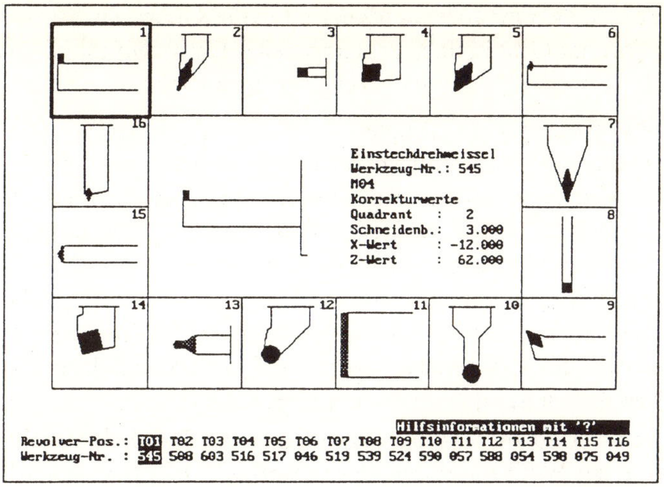

nach Fa. MTS GmbH.

Abb. 3.5.5: Aktuelle Bestückung eines Werkzeugmagazins (Drehmaschinen-Revolver)

- Optimieren und editieren von Bearbeitungsprozeduren und Schnittdaten.
- Eventuelle Korrekturen hinsichtlich Werkstück-Koordinatensystem, WZ-Sicherheitsbereiche o. ä.
- Hinzufügen bzw. Änderung entsprechender M-Funktionen.

5. In der Programmierstufe **„Steuerprogramm-Konvertierung"** wird durch den Einsatz von maschinen-/steuerungsspezifischen Postprozessoren das NC-Steuerprogramm erzeugt. Gleichzeitig erfolgt die Ausgabe eines diesbezüglich detaillierten Einrichteplans mit Werkzeugsatz, Spannmittel und Bearbeitungszeiten.

6. Die Programmierstufe **„Grafisch-dynamische Simulation"** kann das NC-Steuerprogramm in Echtzeit überprüfen. Der Bearbeitungsprozeß wird hierbei mit Rohteil-, Fertigteilgeometrie, Spannmittel, Werkzeugträger mit Werkzeugen sowie Maschinenraumabmessungen vollständig im dynamischen und satzweisen Modus auf dem Bildschirm dargestellt. Auftretende Fehler wie z. B. Unvollständigkeit, Konturverletzungen, Maßabweichungen, Kollisionsprobleme usw. können leicht erkannt und editiert werden.

3.5.3 WOP-Softwaresystem

Das WOP-Programmiersystem besitzt verschiedene Funktionsmodule, die über interne Datenschnittstellen kommunizieren. Zusammen mit der grafisch-interaktiven Bedienoberfläche verrichten sie ihre Dienste auf dem zentral geführten Fertigungsmodell. In der Folge werden die wichtigsten Softwaremodule beschrieben, die zum Funktionsverständnis der WOP-Programmierung beitragen sollen.

1. WOP-Bedienoberfläche mit Dialogprozessor

Die im vorstehenden Kapitel dargestellte Programmerstellung in mehreren Stufen basiert auf einer **grafisch-interaktiven Eingabetechnik,** wobei keine textuelle Eingabesprache benötigt wird. Während bei einer **aktiven** Bedienerführung der Bediener überhaupt nicht in den Prozeß eingreifen kann und ausschließlich Informationslieferant ist, liegt bei einer **passiven** Bedienerführung die Initiative ausschließlich beim Bediener selbst. Für eine werkstattgerechte NC-Programmierung ist hingegen eine Bedienerführung und die Möglichkeit des Bedienereingriffs zugleich erforderlich. Dies läßt sich mit einer **interaktiven** Bedienerführung erreichen, wobei anhand einer Dialogführung Auswahlmöglichkeiten durch Menütechnik bzw. Bildsymbole angeboten werden. Bei **grafisch-interaktiven** Eingabesystemen wird der Informationsinhalt für den Bediener durch zusätzliche grafische Bildschirmdarstellungen erhöht. Durch zusätzlich einblendbare Unterstützgrafiken zur Erklärung von Programmierfunktionen wird damit die Zielvorstellung einer selbsterklärenden Bedienerführung weitgehend realisiert. Die grafisch orientierte Informationsdarstellung basiert auf dem sog. Windowsystem, wobei von den Fähigkeiten der integrierten Benutzerschnittstelle des Rechners Gebrauch gemacht wird. Ebenso lassen sich Funktionsmodule und deren Bedienung getrennt handhaben.

Die grafisch-interaktive Bedienoberfläche wird durch folgende Funktionskomponenten dargestellt:

- Hochauflösender Farbgrafik-Bildschirm
- Dialogprozessor-Software mit speziellem Bildschirmlayout
- Menübaumsystem mit Dialogmasken und Eingabefenster in Windowtechnik
- Bildauswahlsysteme durch Softkeytasten und Selektiersteuerung
- Alpha-, Numerik- und Cursorblöcke mit Steuertastatur, Rollkugel (Maus) usw.

Ein WOP-Bildschirmlayout nach Abb. 3.5.6 besteht im wesentlichen aus dem Grafikbereich und den horizontalen bzw. vertikalen Softkeyleisten am Bildschirmrand. Die Felder dieser Softkeyleisten sind mit wichtigen Programmhauptfunktionen des Menüsystems hinterlegt. Durch Drücken entsprechender Softkeytasten werden Dialogmasken auf dem Bildschirm eingeblendet, die mit hinterlegten Programmier-Auswahlfunktionen — dargestellt durch leichtverständliche Bildsymbole (Piktogramme u.a.) — ausgestattet sind. Durch eine Selektiersteuerung wird die gewünschte Funktion ausgewählt, wodurch ein Eingabefenster mit grafischer Darstellung der betreffenden Funktion sowie eines Eingabefeldes eingeblendet wird. Der Bediener kann nun mittels Tastatur die im Dialog vorgegebenen Funktionsparameter entsprechend eingeben.

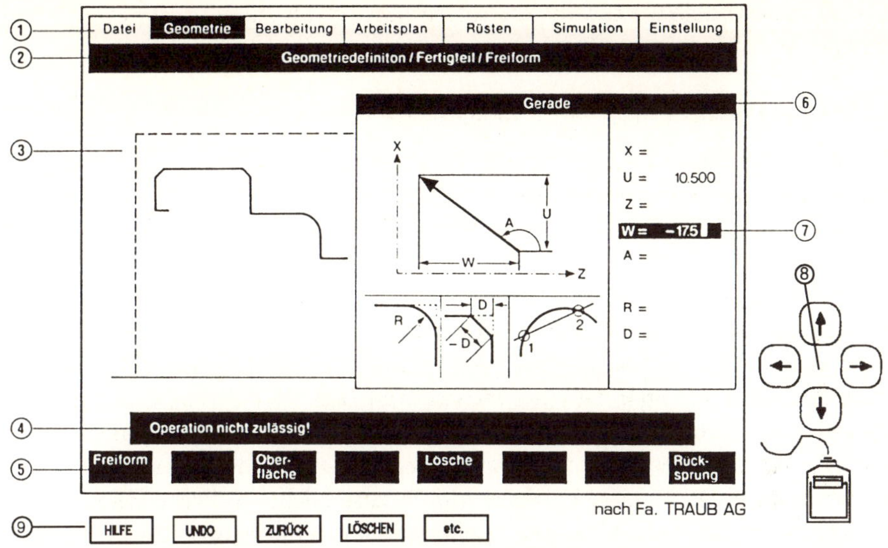

1 - Hauptmenü-Statusbereich
2 - Aktuelle Dialoganzeige
3 - graf. bzw alphanumerischer Informationsbereich
4 - Melde- bzw. Dialogbereich
5 - Softkeyleiste mit Funktionstasten
6 - Eingabefenster für Geometrieart
7 - Eingabefeld für Parameter
8 - Cursortasten mit Maus
9 - allgem.,feste Funktionstasten

Abb. 3.5.6: WOP-Bildschirmlayout

Bei der Geometrieerzeugung kann zusätzlich mit der Fadenkreuzsteuerung und den Rollup-Menüs gearbeitet werden. Die Belegung von Softkeytasten läßt sich vom Anwender auf Wunsch selbst projektieren.

Das Menüsystem als Kernmodul des Dialogprozessors besitzt eine Baumstruktur mit Haupt-, Unter- bzw. Submenüs sowie einer entsprechenden Vernetzung. Die Abb. 3.5.7 zeigt die vereinfachte Darstellung eines Hauptmenüs für ein WOP-Programmiersystem.

Dateiverwaltung und -Manipulation	Geometrie-Prozessor	NC-Programmier-Modul	Hilfs- und Verwaltungsfunktionen
Rohteil-Geometrie	Konturerzeugung	NC-Progr.Prozessor	Programmsichern
Werkzeuge	Posit.Geom.Erzeug.	Bearbeit.Strategie	Ansichten
Mater. u. Schneidst.	Formelemente	Technol.Daten-Zuord.	Bildschirm
Neutr. Bearb.Pläne	Makroerzeugung	Abarb.Strategie-Ausw.	Darstellung
Abarbeit.Strategien	Transformationen	Bearbeitungszyklen	Programminformat.
Masch./Spannmit.D.	Geometrie-Editor	Progr.generierung	Programmladen
Postprozessoren	Geo-Schnittstelle	Simulation	NC-Editor

Abb. 3.5.7: Hauptmenüsystem der rechnergestützten WOP-Programmierung

2. Geometrieprozessor

Das für die NC-Programmierung benötigte Geometriemodell setzt sich in der Hauptsache aus **Rohteil- und Fertigteilgeometrie** zusammen. Außerdem wird eine zusätzliche Hilfsgeometrie zur Definition von Sicherheitszonen um das Spannmittel sowie für das Eilganganfahren der Werkzeuge an das Werkstück benötigt.

Die Bearbeitungsgeometrie kann mit Hilfe des Geometrieprozessors in folgender Form erstellt werden:

Als Bearbeitungsfläche:

Bearbeitungsflächen resultieren aus der Differenz zwischen Rohteil- und Fertigteilgeometrie, wobei eine Aufgliederung in fertigungstechnologisch relevante Bearbeitungsbereiche erfolgt. Typische Bearbeitungsflächen sind **Formelemente** bei Dreh- und Fräswerkstücken, wie z.B. Nuten, Taschen, Gewinde, Zapfen usw., sowie **Abspanflächen** bei Drehteilen, entsprechend Abb. 3.5.8.

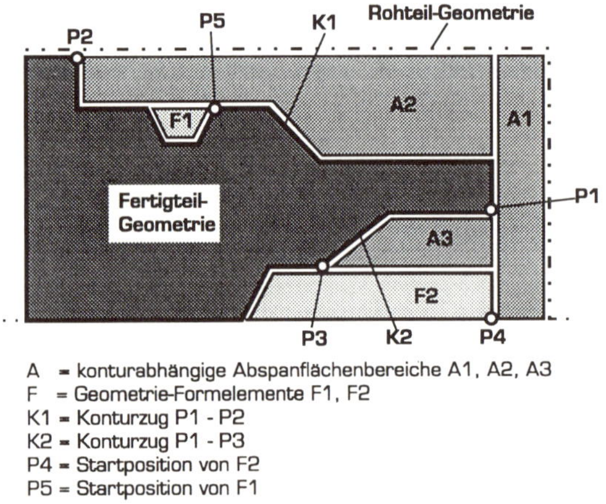

Abb. 3.5.8: Definition der Geometrie-Bearbeitungsbereiche für ein Drehwerkstück

Als Bearbeitungskontur:

Bearbeitungskonturen stellen Konturzüge der Fertigteilgeometrie dar, die durch Geraden und Kreisbogen repräsentiert werden. Konturen können offen oder geschlossen sein bzw. Außen- oder Innenkonturen darstellen. Bearbeitungskonturen lassen sich auf unterschiedliche Weise erzeugen, Abb. 3.5.9:

- **Konturen mit gerichteter Geometrie:** Die Geometrieelemente aus der Technischen Zeichnung werden anhand einer „menügeführten Kontureingabe" nacheinander eingegeben. Durch eine Dialogmaske werden alle benötigten Parameter abgefragt und über Richtungstasten eingegeben.

- **Konturen mit Hilfsgeometrie:** Die zu erstellende Kontur wird zunächst mit Hilfsgeometrieelementen beschrieben. Auf dieser Geometriestruktur wird anschließend die Fertigteilkontur definiert bzw. angelegt. Hierzu stehen mehr als 40 Geometrie-Definitionsmöglichkeiten des Geometrieprozessors bezüglich Punkte, Linien, Kreisbogen zur Verfügung. Die Berechnung erfolgt durch Auswahl der geeigneten Definitionsmöglichkeit mit anschließender Eingabe der angeforderten Parameter. Eine eingeblendete grafische HELP-Maske erläutert die Funktion dieser Parameter.
- **Konturen mit Standardgeometrie:** Häufig vorkommende Geometriekonturen wie z.B. Rechteck, Kreis, Langloch, Kreisring, Vieleck usw. werden als Konturmakros abgespeichert. Bei Benutzung wird die gewünschte Geometriekontur durch die Auswahl von Makroart und Abmessungsparameter erzeugt. Die Anwendung erfolgt hauptsächlich bei der Erstellung der Rohteilgeometrie.

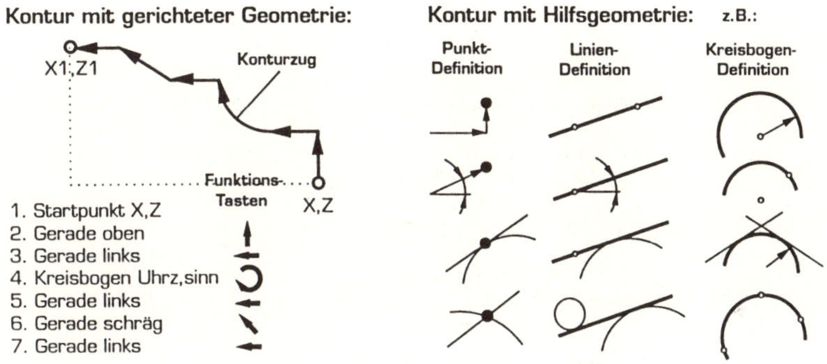

Abb. 3.5.9: Möglichkeiten der Fertigteilkonturerzeugung

Als Bearbeitungsposition:

Bearbeitungspositionen stellen im wesentlichen Bohrpositionen sowie Start- und Endpunkte für Bearbeitungskonturen und -flächen dar. Bearbeitungspositionen lassen sich für verschiedene Anwendungsmöglichkeiten erzeugen:

- **Erzeugung von Einzelpositionen:** Die Eingabe von Einzelpositionen erfolgt durch normale Punkteingabe und Koordinateneingabe, bzw. mit Fadenkreuzcursor.
- **Erzeugung von Mehrfachpositionen durch Positioniermakros:** Häufig vorkommende Positionsstrukturen wie z.B. Punktlinie, Punktkreis (Teilkreis), Punktemuster bzw. beliebiges Punktbild lassen sich als Positioniermakros abspeichern. Bei Benutzung wird die gewünschte Punktestruktur angewählt und mit den angeforderten Geometrieparametern besetzt.

- **Erzeugung von Einfach- und Mehrfachpositionen mit Formelelementen,** Abb. 3.5.10: Hierbei lassen sich Bearbeitungspositionen zusammen mit Formelementmakros erzeugen, wie z.B. ein- bzw. mehrfachpositionierte Bohrungen, Taschen, Nuten, Zapfen usw.

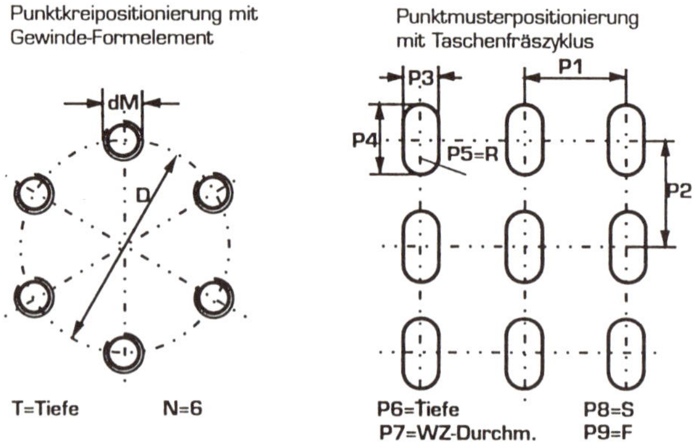

Abb. 3.5.10: Mehrfachpositionierung von Geometrie-Formelementen bzw. Bearbeitungszyklen

Eine weitere Möglichkeit der Geometrieprogrammierung bietet sich bei Formelelementmakros durch Ergänzung mit fertigungstechnologischen Daten wie z.B. Werkzeugart, Werkzeugdurchmesser, Drehzahl, Vorschub usw. Dies entspricht in etwa den Bearbeitungszyklen von CNC-Steuerungen, die im Zuge der Programmerstellung somit direkt angesprochen werden können.

Für die Berechnung und Erzeugung sämtlicher Geometriedaten werden Hochleistungs-Geometrieprozessoren eingesetzt, die eine einfache und schnelle Geometrieerstellung ermöglichen. Ebenso können sämtliche Geometrie-Transformationen sowie eine automatische Rohteilbeschreibung durch äquidistante Fertigteilkonturberechnung bei vorgegebenem Aufmaß durchgeführt werden. Die Darstellung für die Art, Größe und Lage des erforderlichen Spannmittels läßt sich anhand von Spannmittelmakros gewinnen. Die Modifizierung der Geometriebeschreibung während der Eingabe bzw. deren nachträglicher Korrektur wird durch einen grafisch-interaktiven Editor sichergestellt, wobei z.B. auch die Nullpunktslage geändert oder ein Konturmakro oder dgl. neu definiert werden kann.

3. WOP-Bearbeitungsprozessor

Die rechnerinterne Darstellung der Bearbeitungsaufgabe (JOB) innerhalb des Fertigungsmodells besitzt einen methodisch orientierten Aufbau nach Abb. 3.5.11.

Ein JOB (Arbeitsvorgang AVO) beinhaltet die Bearbeitungsplanung, aufgegliedert in Art und Reihenfolge der Bearbeitungsvorgänge mit zugeordneten Bearbeitungsgeometrien sowie fertigungstechnologischen Informationen. In jedem BVO werden die statischen und generischen Bearbeitungselemente miteinander verknüpft. Dies erfolgt durch die Definition erforderlicher BOP unter Zuordnung eines geeigneten Werkzeuges. In diesem Zusammenhang sind folgende Programmierschritte durchzuführen:

- Auswahl des geeigneten Abarbeitsverfahrens
- Übernahme der zugeordneten Bearbeitungsgeometrie
- Festlegung der erforderlichen WZ-Verfahrstrategie
- Festlegung der erforderlichen Oberflächenbearbeitung.

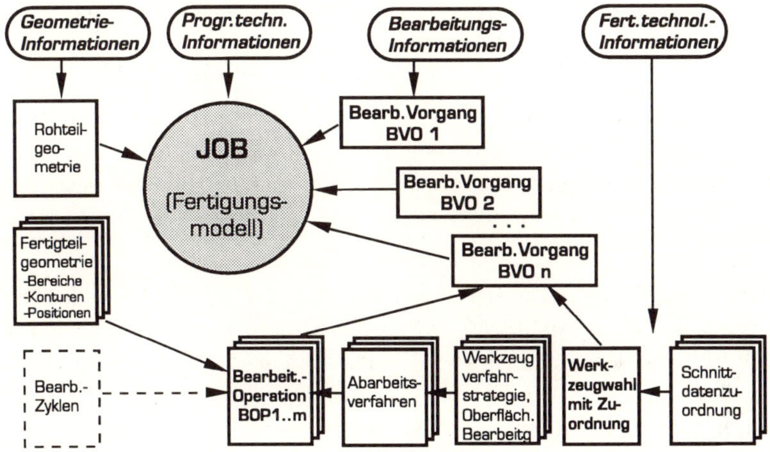

Abb. 3.5.11: Technologische Modellierung der Bearbeitungsaufgabe

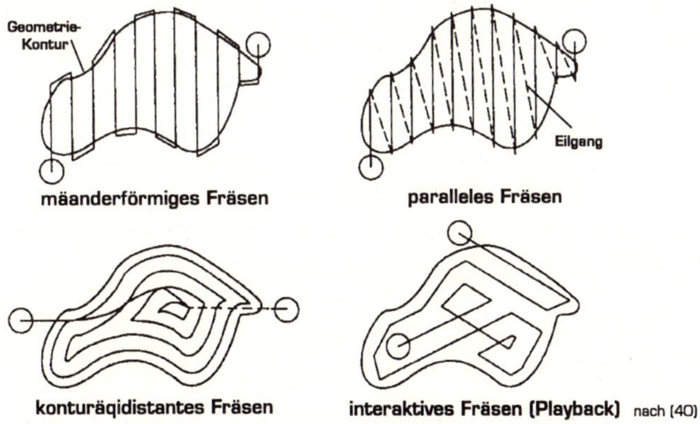

Abb. 3.5.12: Werkzeug-Verfahrstrategien beim Flächenfräsen

Jeder definierten BOP ist hierbei ein geeignetes **Abarbeitsverfahren** nach Abb. 2.7 zuzuordnen. Für jedes dieser ausgewählten Abarbeitsverfahren wiederum muß in der Folge eine optimale **Werkzeug-Verfahrstrategie** nach Abb. 3.5.12 bestimmt werden. Schließlich ist noch die Festlegung der **Bearbeitungsart** hinsichtlich der geforderten Oberflächengüte wie z.B. Schruppen, Schlichten u.dgl. zu definieren.

In der Folge des Programmierablaufs kann für jeden Bearbeitungsvorgang der zugeordnete Bearbeitungsbereich aus der momentanen Spanvolumendifferenz zwischen Roh- und Fertigteilgeometrie fortlaufend berechnet werden. Damit läßt sich

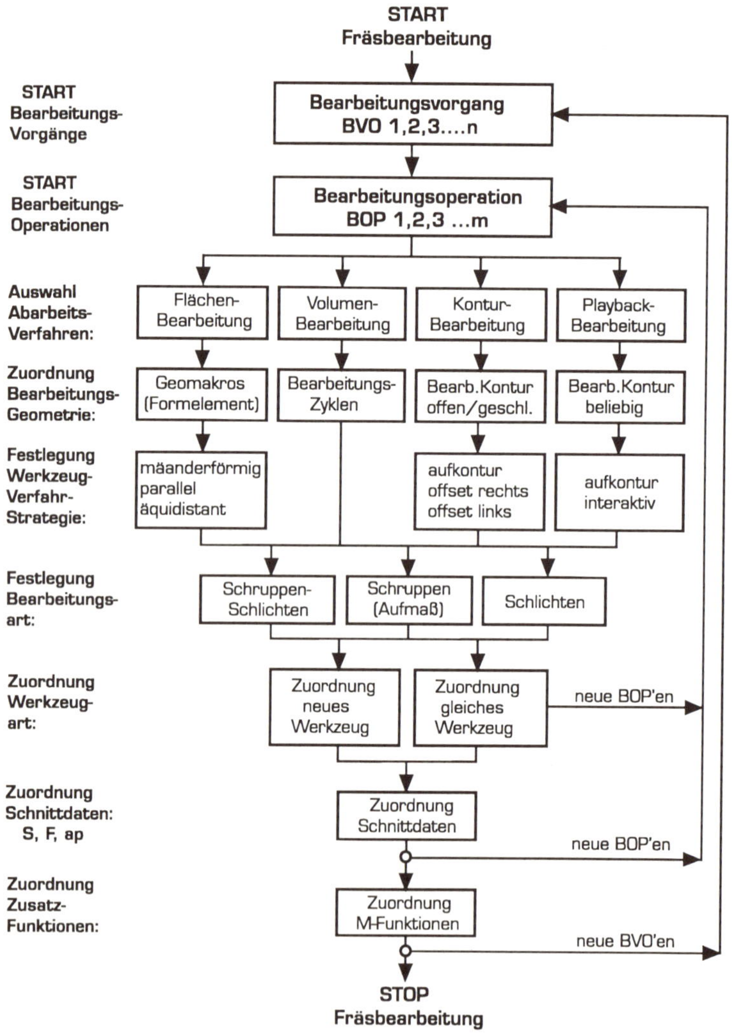

Abb. 3.5.13: Menübaumstruktur für die Programmierung einer Fräsbearbeitung

z.B. bei neueren Programmiersystemen eine automatische Werkzeugzuordnung in Verbindung mit einer automatischen Flächenbearbeitung realisieren.

Der Bearbeitungsablauf eines JOBs selbst erfolgt auf der Basis einer speziellen Menübaumstruktur mit grafisch-interaktiver Unterstützung durch den Dialogprozessor, Abb. 3.5.13. Je nach Umfang der Bearbeitungsaufgabe mit BVO und deren BOP wird diese Menübaumstruktur wiederholt in der Art eines Ablaufzyklus auf verschiedenen Pfaden durchlaufen.

4. WOP-Technologieprozessor (TP)

Im Bearbeitungsablauf wird für jeden Bearbeitungsvorgang BVO ein dem Bearbeitungsprozeß adäquates Werkzeug nach Art, Form und Größe vom TP vorgeschlagen. Diese Vorschläge können vom Programmierer jederzeit modifiziert werden. Gleichzeitig mit dieser Werkzeugfestlegung sind geeignete und aufeinander abgestimmte Werte für die Schnittdaten f, a_p und v_c bzw. n_s über eine Erfahrungsdatei zu bestimmen oder aber vom TP berechnen zu lassen.

Diese fertigungstechnologischen Festlegungen werden durch ein umfangreiches Erfahrungs-Dateiensystem unterstützt, das mit einem maskenorientierten Dialogprogramm verwaltet, geändert, erweitert und gelöscht werden kann. Der Technologieprozessor besitzt folgende Technologiedateien:

- Die **Werkzeugdatei,** in die jedes Werkzeug in Form einer Grafik sowie mit den wichtigsten Geometrie- bzw. fertigungstechnologischen Daten abgespeichert ist.
- Die **Schneidstoffdatei** mit Art, Form und Größe der gebräuchlichsten Schneidstoffe. Jeder Schneidstoffart ist ein Vorschub- und Schnittgeschwindigkeitsbereich zugeordnet.
- Die **Werkstoffdatei** mit den für das vorhandene Werkstückspektrum geltenden Materialqualitäten und deren Bezeichnungen, wobei für jeden Werkstoff optimale Schnittgeschwindigkeitsbereiche definiert sind.
- Die **Vorschubdatei** mit Erfahrungswerten für die verschiedenen aktuellen Fertigungsarten.

Sämtliche Dateien sind frei durch den Programmierer bzw. Maschinenbediener konfigurierbar und repräsentieren somit das vorhandene Fertigungs-Know-how. Die Ermittlung der Schnittdaten beim Bearbeitungsablauf kann auf verschiedene Weise erfolgen:

- **Manuelle Schnittdatenermitttlung durch Erfahrungswerte:**
  Anhand des vorgegebenen Werkstückwerkstoffes und der gewählten Oberflächenbearbeitungsart werden von der Werkstoffdatei potentielle Werkstoff-Schneidstoffkombinationen vorgeschlagen, wobei jeweils ein optimaler Schnittgeschwindigkeitsbereich aufgezeigt wird. Nach Festlegung des Schneidstoffes mit der zugeordneten Schnittgeschwindigkeit kann mittels Schneidstoffdatei

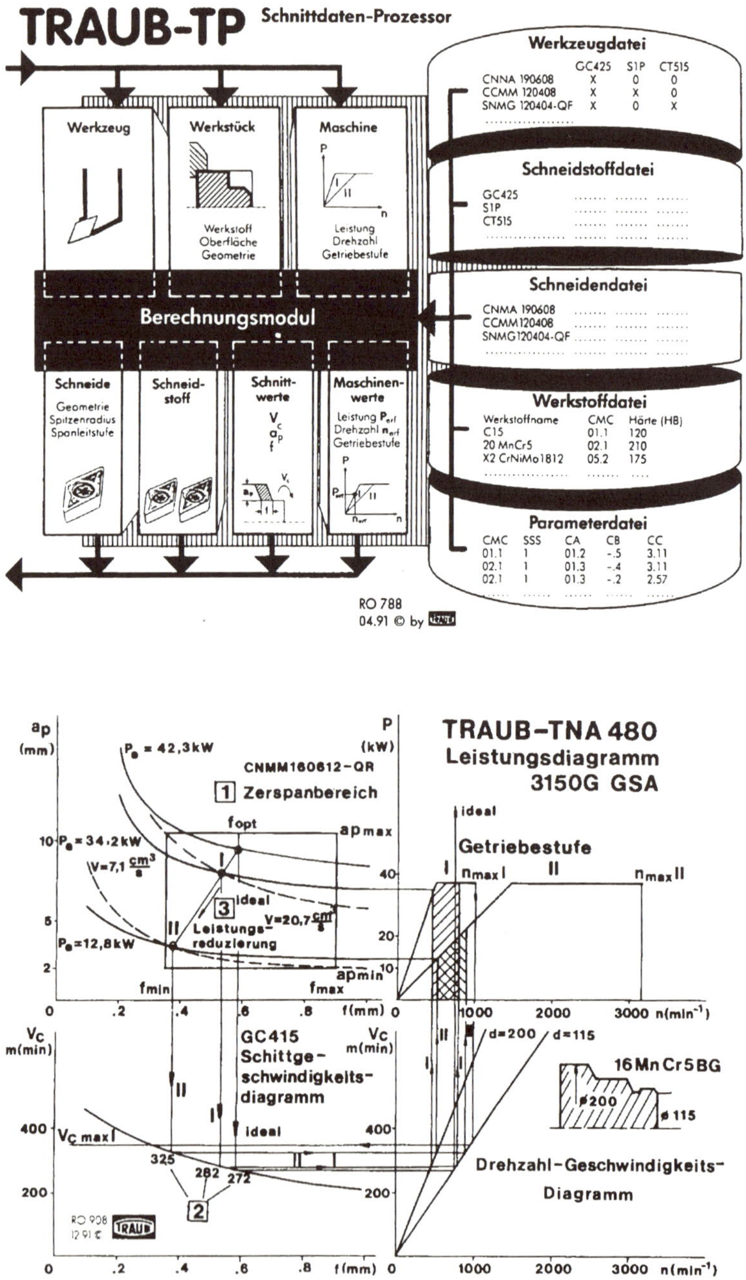

Abb. 3.5.14: Funktionsmodell eines Schnittdatenprozessors mit Berechnungsalgorithmus

bzw. Vorschubdatei die Vorschubgeschwindigkeit **f** ermittelt werden. Die Festlegung der Spandicke $\mathbf{a_p}$ erfolgt über entsprechende Erfahrungswerte. Durch spezielle Konfiguration lassen sich diese Schnittdaten einem Werkzeug direkt zuordnen, so daß bereits bei der Werkzeugfestlegung ein Systemvorschlag für die bestgeeigneten Schnittwerte vorliegt.

- **Automatische Schnittdatenermittlung mit Schnittdatenprozessor (SDP),** Abb. 3.5.14 [42]:
  In Abhängigkeit von den vorliegenden Werkstückkenngrößen (Werkstoff, Rohteil-/Fertigteilgeometrie, Oberflächengüte) sowie den gewählten Bearbeitungskenngrößen (Abarbeitsverfahren, WZ-Verfahrstrategie usw.) wird vom SDP ein geeignetes Werkzeug (WZ-Halter, Schneidstoff, Schneidengeometrie, Schneidenradius, Spanleitstufe) vorgeschlagen. Durch zusätzliche Einbeziehung der WZM-Antriebskennlinie (Leistung, Drehzahl, Bereichsgetriebestufe) kann mit Hilfe eines Rechenalgorithmus neben der Spindeldrehzahl $\mathbf{n_s}$ und dem Schruppvorschub **f** insbesondere auch die Spanzustelltiefe $\mathbf{a_p}$ berechnet bzw. festgelegt werden. Beim Schlichtvorgang wird der Vorschub entsprechend der geforderten Oberflächengüte unter Einsatz von Korrekturfaktoren bestimmt.

  Sämtliche Vorschlagwerte und Rechenergebnisse des SDP können vom Programmierer nach Bedarf erfahrungsgerecht geändert werden. Ebenso lassen sich diesbezügliche Variationsrechnungen für spezielle Bearbeitungsaufgaben durchführen.

5. WOP-Simulationsmodul

Die grafisch-dynamische Prozeßsimulation bietet die Möglichkeit einer vollständigen Darstellung des Bearbeitungsprozesses in Echtzeit. Sie besteht aus einem eigenständigen Softwaremodul mit Schnittstellen zur WOP-Bedienoberfläche, die sowohl den Zugriff auf die Simulationsparameter als auch den Eingriff in den Simulationsablauf einschließlich einer Editierung gestatten, Abb. 3.5.15.

Den Kern dieses Simulationsmoduls bildet ein **rechnerinternes 3D-Geometriemodell** für Werkstück, Werkzeug und Maschine, das neben den üblichen Programmkontrollen in bezug auf Syntax, Konturverletzungen, Maßhaltigkeit usw. zusätzliche Kollisionsüberprüfungen im Maschinenarbeitsraum ermöglicht. Im Rüstmodus wird zunächst die Simulationskonfiguration mit Rohteilgeometrie, Spannmittelgeometrie bzw. -anordnung, Werkzeugmagazin und Arbeitsraumabmessungen erzeugt und in das Geometriemodell übergeben, Abb. 3.5.16. Im anschließenden Simulationsablauf erfolgt zunächst eine Decodierung der eingelesenen NC-Programmsätze verbunden mit einer grafischen Darstellung am Bildschirm.

Bei allen Verfahranweisungen werden in einem festen Zeitraster Verfahrinkremente mittels eines Volumenspulgenerators erzeugt und für die beteiligten Vorschubachsen interpoliert. Auf diese Weise können die im Programm aufgerufenen

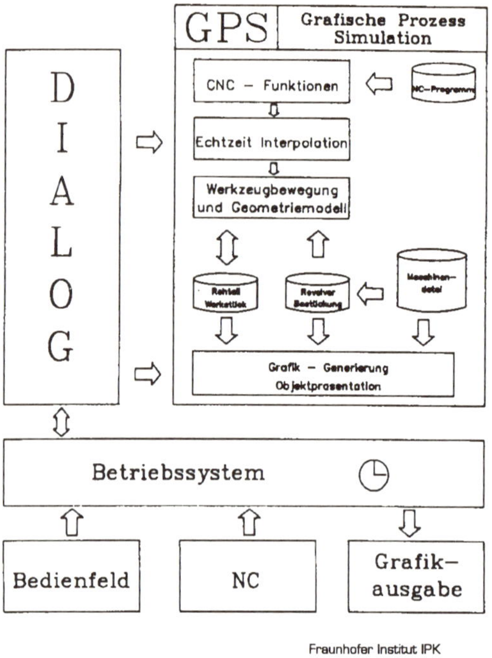

Abb. 3.5.15: Einbindung des Simulationsmoduls in das WOP-Programmiersystem

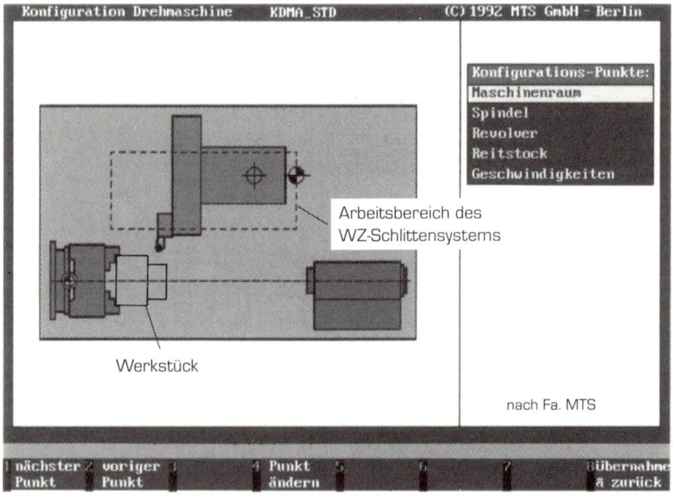

Abb. 3.5.16: Arbeitsraum-Konfiguration für eine Drehmaschinen-Simulation

Werkzeuge kontinuierlich am Bildschirm bewegt werden. Alle erzeugten Geometriedaten werden für die grafische Ausgabe aufbereitet und das Datenformat für die Bildschirmausgabe generiert.

Durch die einfache, parametrisierte Einstellung einer Simulations-Konfiguration mittels der grafisch-interaktiven Bedienoberfläche in Verbindung mit den Technologiedateien lassen sich NC-Programme für unterschiedlichste Maschinen-/Steuerungskonzepte problemlos simulieren. Das räumliche Geometriemodell gestattet die Schnittbildung an beliebigen Stellen der Simulationsgrafik sowie eine Raumansicht aus allen Richtungen. Durch die Zoomfunktion können Grafikausschnitte in beliebiger Größe eingeblendet werden. Die Simulationsdarstellung kann in Radier- oder Strichgrafik erfolgen.

Notwendige Änderungen bzw. Ergänzungen werden über einen grafisch-interaktiven Editor im WOP-Quellprogramm vorgenommen. Auf Wunsch lassen sich Bearbeitungszeiten, Nebenzeiten und Werkzeugeinsatzzeiten berechnen und aufzeigen.

Die WOP-Simulation gestattet außerdem eine grafisch-interaktive Verfahrwegoptimierung beim Einfahren des NC-Programms. Hierbei wird eine äquidistante Schutzzone um die Fertigteilgeometrie definiert, die vom Werkzeugeilgang nicht verletzt werden darf. Durch Simulation im Einzelsatzmodus werden alle Bearbeitungsoperationen hinsichtlich ihrer Eilganganfahr- und Eilgangwegfahrwege an die Bearbeitungsgeometrie überprüft. Um überflüssige „Luftschnitte" zu vermeiden, sollten alle diesbezüglichen Eilgangwege möglichst nahe an dieser Schutzzone liegen.

Kapitel 4 Funktionserweiterungen der NC-Programmiertechnik

Die hohe Akzeptanz der CNC-Technologie in bezug auf die Fertigungsverfahren Bohren, Drehen und Fräsen führte in den 80er Jahren zu verstärkten und zusätzlichen Aktivitäten wie z. B.:

- Automatisierung der Werkzeug- und Werkstückhandhabung
- Entwicklung und Einsatz neuer CNC-Fertigungstechnologien
- Konzepte für Werkstück-Komplettbearbeitung auf einer CNC-Maschine
- Einbeziehung der Werkstückmessung in die CNC-Technik usw.

Daraus eröffnen sich neue Einsatzfelder für die NC-Programmierung, die eine erhebliche Funktionserweiterung und Spezialisierung zur Folge haben, Abb. 4.1.0. Im Prinzip sind hiervon sowohl die manuellen als auch die rechnergestützten NCP-Verfahren betroffen. Im folgenden Kapitel soll aus Übersichtsgründen lediglich eine qualitativ orientierte Strukturbetrachtung für diese zusätzlichen Programmierkomplexe vorgenommen werden.

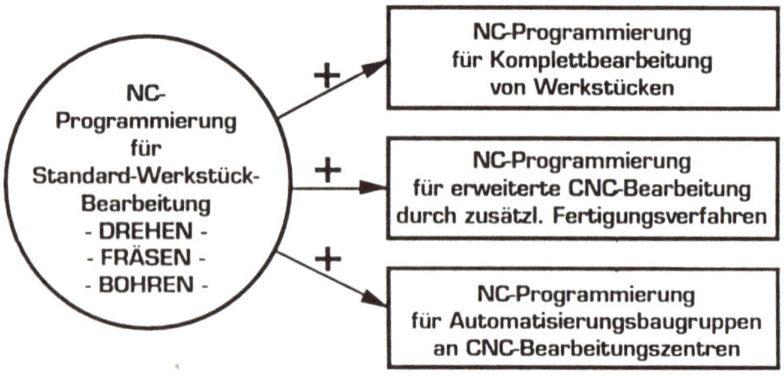

Abb. 4.1.0: Zusätzliche Einsatzfelder der NC-Programmierung

4.1 NC-Programmierung der Werkstück-Komplettbearbeitung [43]

Die Komplettbearbeitung von Werkstücken auf einer CNC-Maschine ist das Ergebnis permanenter Rationalisierungsaktivitäten, verbunden mit einer weiterentwickelten CNC-Technik. Es geht dabei um die Integration von verschiedenen Maßnahmen wie z. B. der Bearbeitung mit mehreren Fertigungsverfahren in einer Aufspannung, der Mehrseitenbearbeitung sowie der Parallelbearbeitung mit mehreren Werkzeugen und an mehreren Werkstücken. Die Werkstück-Komplettbearbeitung steht heute für eine hochflexible und produktive Fertigungsart bei mittleren und kleineren Losgrößen zur Bearbeitung komplexer Werkstücke. Vorteilhaft sind insbesondere die damit verbundenen Rüst-, Prozeß- und Lagerzeitverkürzungen, was zu geringeren Auftragsdurchlaufzeiten und damit kleineren Stückkosten führt, Abb. 4.1.1.

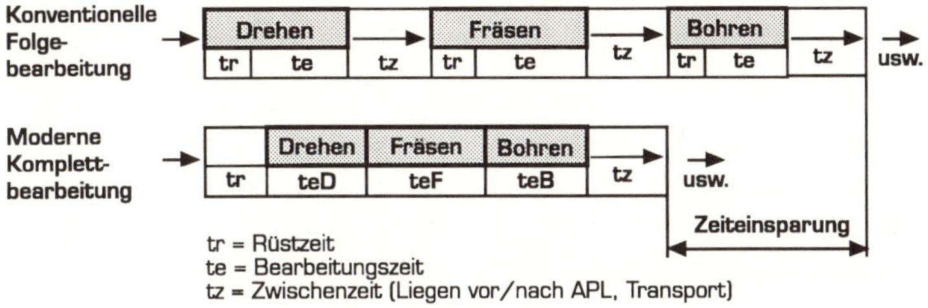

Abb. 4.1.1: Zeiteinsparungsvergleich von Komplettbearbeitung und Folgebearbeitung

4.1.1 NC-Programmierung bei Mehrverfahrenbearbeitung [44], [45], [46], [47]

1. Zusätzliche Bohr- und Fräsbearbeitung beim CNC-Drehen

Eine zunehmend interessante und wirtschaftliche Möglichkeit im Rahmen der Komplettbearbeitung stellt die gemeinsame Dreh-, Bohr- und Fräsbearbeitung auf einer CNC-Drehmaschine dar. Dies erfolgt in gleicher Werkstückspannung, wo-

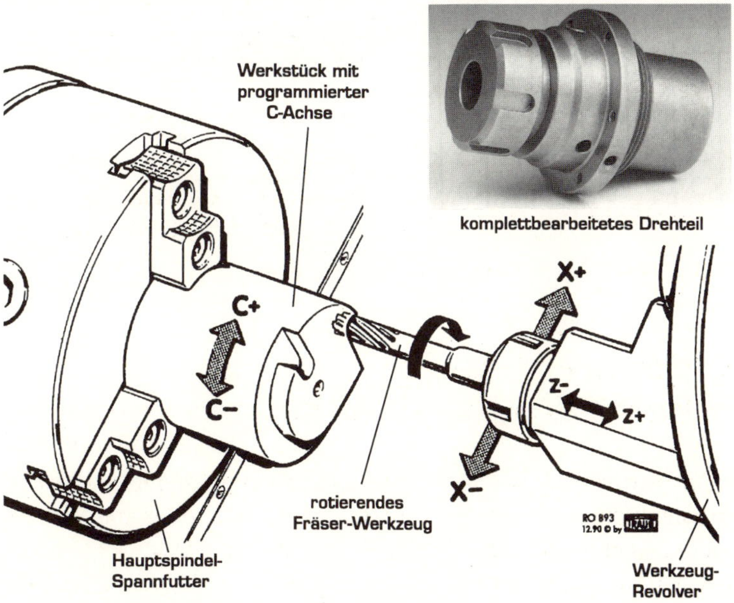

Abb. 4.1.2: Komplettbearbeitung durch zusätzliche Bohr- und Fräsbearbeitung auf einer CNC-Drehmaschine

durch ein wiederholtes Rüsten und eine zusätzliche Werkstückhandhabung eingespart, sowie eine höhere Bearbeitungsgenauigkeit gegenüber der Folgebearbeitung erzielt wird. Hierzu benötigt die CNC-Drehmaschine eine zusätzliche NC-Drehachse für die Hauptspindel (C-Achse) mit angetriebenen Revolverwerkzeugen nach Abb. 4.1.2. Sämtliche Fertigungsverfahren, Drehen, Fräsen, Bohren, Gewinden usw., können innerhalb eines NC-Programms als Bearbeitungsvorgänge zusammengefaßt und entsprechend programmiert werden.

Angetriebene Werkzeuge führen eigenständige Schnittbewegungen aus und werden von einem stufenlos regelbaren AC-Motor des Werkzeug-Revolvers angetrieben. Sie können ebenso wie feststehende Werkzeuge in die Werkzeugaufnahmen des Revolvers eingesetzt und eingestellt werden. Je nach Lage zum Maschinen-Koordinatensystem wird zwischen einem X-, Y- und einem Z-Werkzeug unterschieden, Abb. 4.1.3.

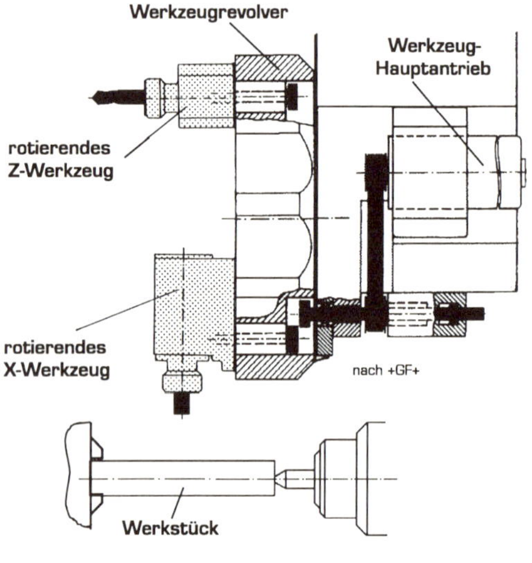

Abb. 4.1.3: Arten von angetriebenen Werkzeugen im Drehmaschinen-Revolver

Damit eröffnen sich gegenüber dem konventionellen Drehen zusätzliche Bearbeitungsmethoden wie z. B.:

- Bearbeitung bei rotierender Hauptspindel mit angetriebenen Werkzeugen (gegenläufiges Bohren, über-/unterholendes Gewinden, Rotationssägen, Mehrkantdrehen, Gewindefräsen usw.)
- Bearbeitung bei positionierter Hauptspindel mit angetriebenen Werkzeugen (stirnseitiges und radiales Bohren, Gewinden und Nutenfräsen, Durchschlitz- und Eintauchfräsen mit Scheibenfräser)

- Bearbeitung bei geregelter Hauptspindel (C-Achse) mit angetriebenen Werkzeugen (stirnseitige, radiale und umfangsorientierte Konturen bzw. Nuten)
- Bearbeitung an Werkstückrückseite mit angetriebenen Werkzeugen.

Bei der NC-Programmierung dieser Bohr- und Fräsbearbeitungen in Verbindung mit C-Achse und angetriebenen Werkzeugen werden folgende Möglichkeiten unterschieden:

- **Programmierung bei positionierter Hauptspindel:**
  Vor Beginn der Bearbeitung mit rotierendem Werkzeug ist zunächst dessen Drehzahl und Drehrichtung sowie die gewünschte C-Achsenposition für das Werkstück zu programmieren. Anschließend werden dann die erforderlichen Achsverfahrbewegungen für X- bzw. Z-Achse hinzugefügt, je nachdem, mit welcher rotierenden Werkzeugart gearbeitet werden soll, Abb. 4.1.4. Hierbei lassen sich sämtliche Bohrarbeiten sowie einfache Fräsarbeiten durchführen.
- **Direkte C-Achsenprogrammierung:**
  Mit der C-Achse als rotierende Vorschubachse können im einfachsten Fall radiale und stirnseitige Kreisringnuten in 1D-Fräsbearbeitung programmiert wer-

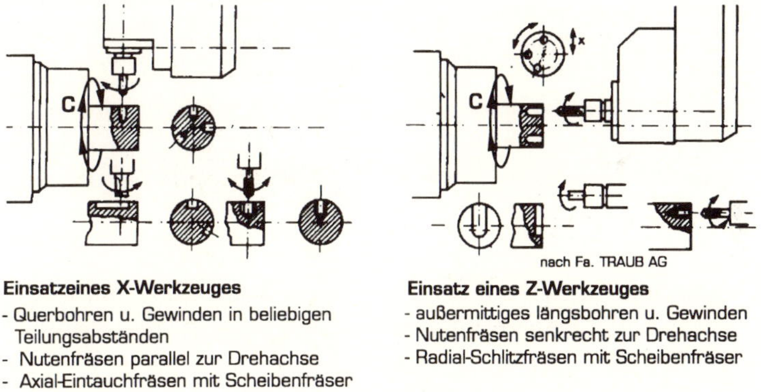

Abb. 4.1.4: Beispiele für Bohr- und Fräsbearbeitung bei positionierter Hauptspindel mit C-Achse

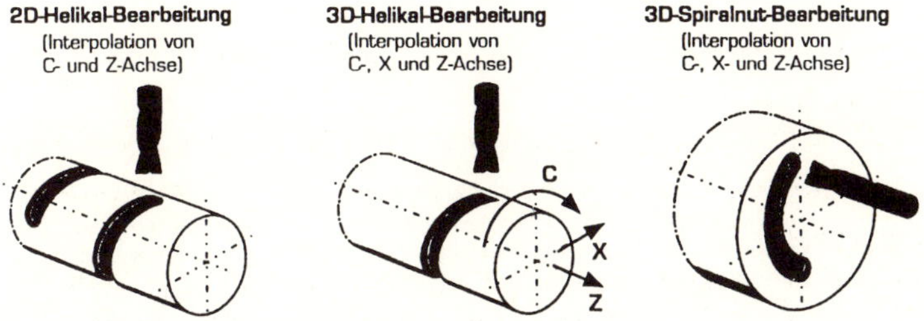

Abb. 4.1.5: Bearbeitungsmöglichkeiten bei Simultanbearbeitung von C-Achse mit X- und Z-Achse

den. Interessanter erscheint jedoch die simultane Programmierung von C-Achse mit der X-Achse **oder** der Z-Achse (2D, z.B. Drehfräsen) sowie mit der X-Achse **und** Z-Achse (3D). Damit lassen sich Bearbeitungsformen wie z.B. stirnseitige 2D/3D-Spiralnuten sowie radiale Helixnuten u.ä. herstellen, Abb. 4.1.5.

Die manuelle Programmierung erfolgt steuerungsspezifisch nach DIN/ISO und besitzt folgende qualitative Ablaufstruktur:

- Werkzeugaufruf mit Drehzahl und Drehrichtung des angetriebenen Werkzeugs
- Aktivierung der C-Achse (M17)
- Startposition des Werkzeuges in Sicherheitsebene, Kühlmittel einschalten
- Zustellung des Werkzeuges
- Gewünschte Verfahrbewegung von C, X- und Z-Achse unter Geradeninterpolation G1 mit Vorschubgeschwindigkeit
- Werkzeugrückzug auf Sicherheitsebene
- Werkzeugrückzug auf WZ-Wechselposition, angetriebenes Werkzeug ausschalten
- Abschalten der C-Achse (M18).

- **Indirekte 2D/C-Achsenprogrammierung:**
  In diesem Zusammenhang eröffnet sich eine weitere Möglichkeit für komplexere Flächen- und Kontur-Fräsbearbeitungen. Dies läßt sich jedoch mit manueller Programmierung nicht mehr ohne weiteres durchführen und erfordert die Unterstützung durch ein **Koordinatentransformations-Softwaremodul** in der CNC-Steuerung. Je nach Einsatz von angetriebenen X- bzw. Z-Werkzeugen können damit eine Reihe von interessanten Bearbeitungsformen programmiert und gefertigt werden, Abb. 4.1.6.

  Die Anwahl der Koordinatentransformation mit der G-Funktion G11 bewirkt eine „Umschaltung“ vom Drehmodus in den Fräsmodus. Damit wird es möglich, anstelle des realen Polar-Koordinatensystems mit C-, X- und Z-Achse ein karte-

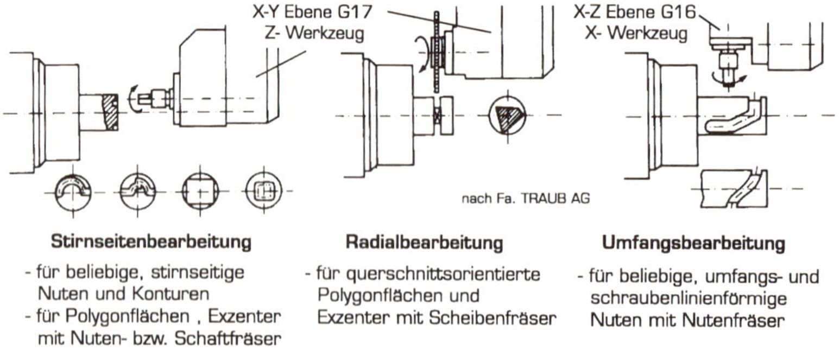

Abb. 4.1.6: Bearbeitungsmöglichkeiten bei Programmierung mit Koordinatentransformation

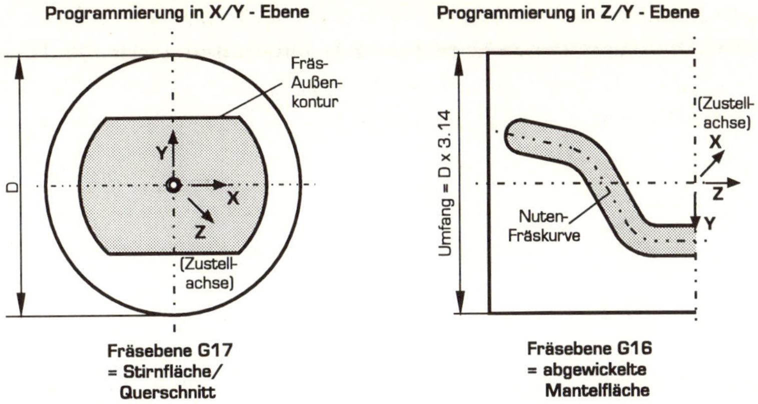

Abb. 4.1.7: Wahl der Fräsebenen bei Programmierung mit Koordinatentransformation

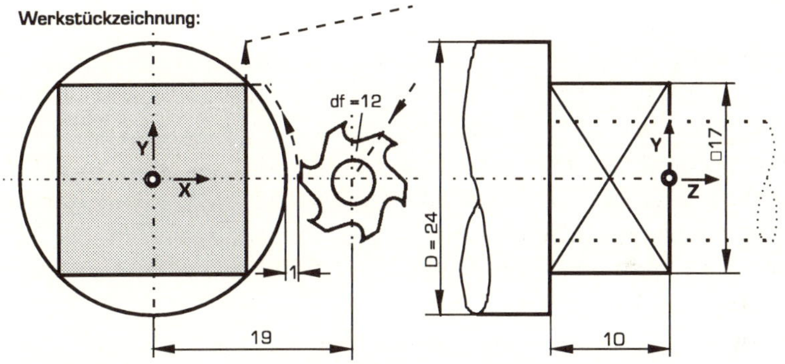

NC-Programm: (steuerungsspez. TRAUB TNS30)

% 02222	Unterprogr.Beginn, Programmnummer
N4 T404 M5	WZ-Wechsel m. Schaftfräser df=12 mm, Spindelstop
G94 M22 M23	Vorschub mm/min, rot. WZ ein, Drehr. Uhrzeigersi
B061000	Drehzahl rot. WZ = 1000 1/min
M17	C-Achse wird aktiviert
G28 C0	Referenzpunkt C-Achse anfahren
G0 X38 Y0 Z2	WZ positionieren im Eilgang auf Sicherheitsebene
G0 Z-10 M8	WZ zustellen, Kühlmittel EIN
G11	Fräsmodus EIN (Koordinatentransformation)
G17	Fräsebene "Stirnfläche" aktivieren
G42	Fräserradiuskorrektur EIN (rechts in Vorschubrichtung)
G0 X13 Y0	Wegloses Fräseranstellen für Konturaufstart
G3 X9.84 Y8.5 I-13 J0 F3000	kreisbogenförmiges Austarten mit 3000 mm/min
G1 X-8.5 F150	Konturfräsen 1. Vierkantseite
G1 Y-8.5	Konturfräsen 2. Vierkantseite
G1 X8.5	Konturfräsen 3. Vierkantseite
G1 Y9	Konturfräsen 4. Vierkantseite
G40	Fräserradiuskorrektur AUS
G10	Fräsmodus AUS
G0 X30	WZ wegfahren
G26 M25 M9	WZ zurückziehen auf WWP, rot.WZ AUS, Kühlmittel AUS
M18	C-Achse AUS
M99	Unterprogramm ENDE

Abb. 4.1.8: Programmier-Beispiel für stirnseitiges Vierkantfräsen mit Koordinatentransformation

sisches Koordinatensystem mit fiktiver Y-Achse sowie der X- und Z-Achse zu verwenden. Bei der Programmierung ist wie üblich auf die richtige Auswahl der Fräsebene für simultane 2D-Achseninterpolation zu achten, Abb. 4.1.7.

Der Vorteil dieser Koordinatentransformations-Software liegt in der bei Fräsmaschinen gewohnten kartesischen Programmierung, deren Ergebnis anschließend auf das reale Polarkoordinatensystem der Drehmaschine umgerechnet wird. Die Ablaufstruktur einer diesbezüglichen manuellen Programmierung zeigt das Programmierbeispiel nach Abb. 4.1.8.

2. Zusätzliche Werkstückmessung bei der CNC-Drehbearbeitung [48], [49]

Aus einer NC-Werkstückbearbeitung resultieren stets Abweichungen gegenüber den programmierten Sollmaßen durch Zufallsfehler und systematische Fehler am Fertigungssystem „CNC-Maschine — Werkzeug — Werkstück — Personal — Umgebungseinflüsse“ usw.

Während Zufallsfehler von der Maschinengenauigkeit bzw. von den Werkstückeigenschaften abhängen und im wesentlichen stabil bleiben, ergeben sich systematische Fehler durch Werkzeugverschleiß bzw. Temperaturgang der Werkzeugmaschine (instabile, unregelmäßige Fehler). Für die Beherrschung enger Maßtoleranzen ist daher eine unmittelbare Erfassung (Inprozeßmessung) dieser systematischen Fehler innerhalb des Bearbeitungsprozesses von besonderer Wichtigkeit, Abb. 4.1.9. Damit läßt sich eine rechtzeitige Bewertung mit Korrekturstrategie durchführen und möglichen Werkstückausschuß vermeiden.

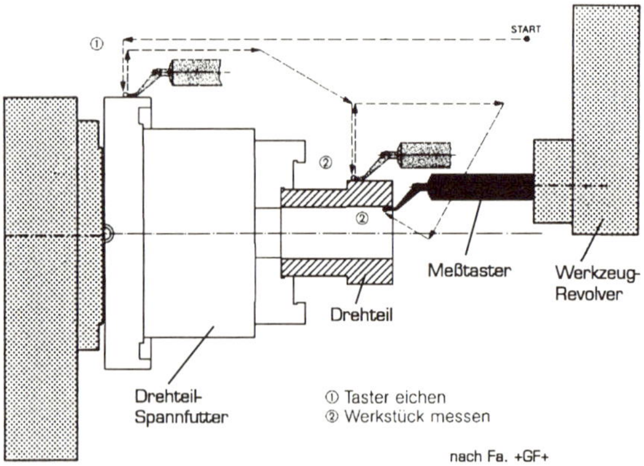

Abb. 4.1.9: Inprozeß-Meßvorgang am CNC-Drehzentrum

Meßkonzept der Inprozeßmessung:

Diese „meßgeregelte CNC-Bearbeitung“, die gleichzeitig ein Werkzeug-Überwachungssystem darstellt, erfordert ein zusätzliches Inprozeß-Meßmodul. Es besteht aus folgenden Komponenten:

- Meßtaster mit Werkzeughalter einschließlich Meßwertübertragungssystem
- Meß-Software, bestehend aus Meßmakros für Meßzyklen und Meßdatenauswertung sowie Zusatzmakros für die Durchführung der Bearbeitungs-Korrekturstrategie bzw. der Werkzeug-Standzeitüberwachung.

Der schaltende 3D-Meßtaster wird beim Rüstvorgang anstelle eines Werkzeuges in den Werkzeug-Revolver eingespannt. Er ist ebenso wie alle übrigen Werkzeuge auf einem Werkzeug-Voreinstellgerät voreinzustellen. Der Eichvorgang und anschließende Meßvorgang mit Auswertung der Meßergebnisse besorgt ein Meßmakro, das mit den notwendigen Geometrie- und Meßparametern programmiert wird.

Das beim gesteuerten Anfahren des Meßtasters an die Meßposition erzeugte Schaltsignal wird über eine berührungslose Schnittstelle an das betreffende Achsenmeßsystem übertragen und als Meß-Istwert in die Meßsoftware der CNC-Steuerung eingelesen.

Das universell programmierbare Meßmakro gestattet die Durchführung von Außen- und Innenkonturmessungen sowie Durchmesser- und Längenmessungen.

Auswertung der Meßergebnisse mit Korrekturstrategie:

Mit Hilfe der Meßsoftware wird zunächst die Differenz zwischen Sollwert und Istwert gebildet und unter Einbeziehung eines Dämpfungsfaktors der Korrekturwert des aktuellen Werkzeuges berechnet. Für die Korrekturstrategie wird das Toleranzfeld des Nennmaßes herangezogen, das mit einer durch Eingriffsgrenzen definierten Kerntoleranz modifiziert wird, Abb. 4.1.10.

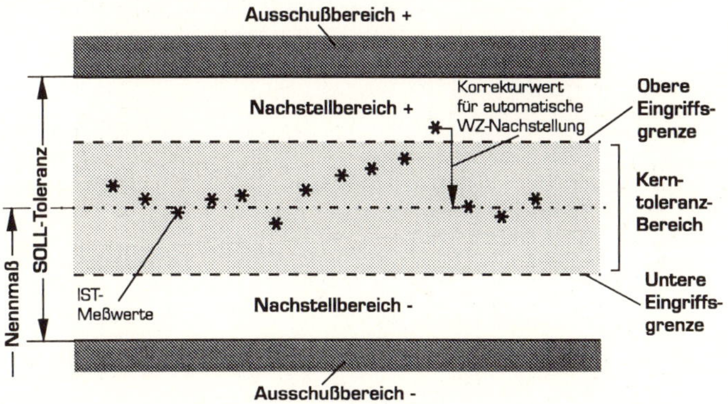

Abb. 4.1.10: Werkzeug-Korrekturwertbildung für X-Achsenkompensation

Zur Vermeidung von Werkstückausschuß bietet die Meßsoftware folgende Strategien für die Werkzeugkorrektur:

- Liegt der Meßwert innerhalb der Kerntoleranz, so erfolgt kein Eingriff
- Liegt der Meßwert im Nachstellbereich, so erfolgt eine definierte Zustellung des

aktuellen Werkzeuges über den Werkzeug-Korrekturspeicher der CNC-Steuerung

- Erreicht bei wiederholter Werkzeugzustellung die aufaddierte Zustellsumme den programmierten Sollwert (max. WZ-Verschleiß), so liegt Standzeitende des Werkzeugs vor. Es erfolgt ein unmittelbarer Programmstop am Programmende M30, wobei zwei Folgemöglichkeiten bestehen:

  a) Manuelles Einwechseln eines gleichen Werkzeuges
  b) Automatisches Einwechseln eines Schwesterwerkzeuges aus dem WZ-Revolver

- Liegt der Meßwert im Ausschußbereich, so erfolgt unmittelbarer Programmstop.

Struktur der NC-Programmierung:

Die NC-Programmierung der Inprozeßrechnung erfolgt i.d.R. mit firmenspezifischer Syntax auf der Basis von Makroprogrammen direkt an der CNC-Steuerung. Der Meßprozeß selbst wird als normaler Bearbeitungsvorgang an der geforderten Stelle in das Werkstückprogramm eingebunden.

Nach Programmierung des Meßtasters unter T..., erfolgt dessen Eilgangspositionierung (Ausstellposition) im Abstand von jeweils 0,5 mm in X- bzw. Z-Richtung vor den betreffenden Nennmaß-Konturelementen (Sollmaß). Der Meßzyklus erkennt sodann selbständig die Anfahrrichtung und stellt den Tastfühler automatisch an das bearbeitete Konturelement an. Er endet nach erfolgtem Meßvorgang wieder in der Anstellposition, von wo aus eine weitere Meßstelle angefahren oder der Bearbeitungsprozeß fortgesetzt werden kann. Die Programmierstruktur eines integrierten Meßprozesses ist in der Abb. 4.1.11 dargestellt.

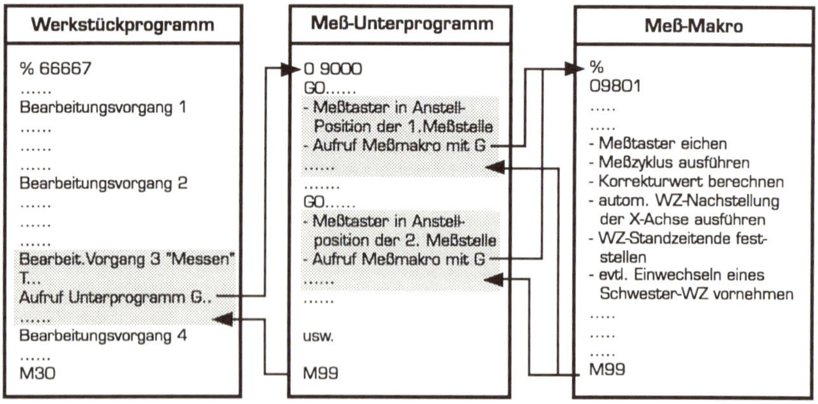

Abb. 4.1.11: Einbindung des Meßprozesses in die Werkstückprogrammierung

Im **Meßunterprogramm** wird die eigentliche Meßstrategie programmiert wie z.B.

- das Anfahren einer oder mehrerer Meßstellen am Werkstück
- das Messen bei jedem **n-ten** Teil für eine oder mehrere Meßstellen
- jede Meßstelle kann für eine beliebige Werkstückfolge aktiviert werden, z.B. Meßstelle 1 bei jedem Werkstück, Meßstelle 2 bei jedem dritten Werkstück usw.
- das Messen mit Mittelwertbildung für eine oder mehrere Meßstellen.

Zur Aktivierung des Meßmakros sind folgende werkstück- und prozeßbezogenen Parameter zu programmieren:

- Sollmaß des Konturelements in X und Z (Meßstelle)
- Aktuelles Bearbeitungswerkzeug T...(Adresse für WZ-Nachstellung)
- Nummer des Werkzeugspeichers
- Obere und untere Toleranzgrenze
- Kerntoleranzgröße
- Dämpfungsfaktor D (mit Korrekturwert = Differenzzeit $x \frac{D[\%]}{100}$
- Zustellsumme (Sollwert für max. WZ-Verschleiß)
- Maßnahmen nach Grenzüberschreitung für Zustellsumme oder Toleranzgrenze
- Aufrufhäufigkeit des Eichvorgangs
- Mittelwertbetrachtung.

Bewertung der Inprozeßmessung:

Die in den automatischen Bearbeitungsprozeß integrierte Werkstückmessung hat den Vorteil der unmittelbaren Erkennung von systematischen Maßabweichungen. Damit lassen sich für die Folgewerkstücke entsprechende Korrekturmaßnahmen generieren und einleiten. Die Bearbeitungsqualität wird sozusagen geregelt, wobei ein möglicher Werkstückausschuß vermieden wird.

Nachteilig wirkt sich hingegen die zusätzliche Meßzeit sowie eine gewisse Einbuße an Meßgenauigkeit infolge Messung im Maschinenarbeitsraum aus.

Neben dieser Werkstücktoleranz-Messung mit indirekter Standzeitüberwachung stehen zusätzliche Meßzyklen für weitere Fertigungsverfahren mit folgenden Meßfunktionen zur Verfügung:

- Messung von Bohrungsmittelpunkten und Werkstücklängen durch Mehrpunktmessung
- Ermittlung von Werkstück-Nullpunkten und Werkstückwinkellagen durch Rohteilerfassung für automatisches Rüsten
- Automatische Werkzeug-Voreinstellung über festen Meßtaster usw.

4.1.2 NC-Programmierung bei Mehrseitenbearbeitung

Eine weitere Möglichkeit der Komplettbearbeitung stellt die **Mehrseitenbearbeitung** von Werkstücken in einer Maschinenaufspannung dar. Der Hauptvorteil liegt im Wegfall von ansonsten notwendigen Werkstückumspannungen auf der gleichen CNC-Maschine mit den damit verbundenen Genauigkeitseinbußen. Die hierfür notwendige NC-Programmierung wird durch ein Gesamtprogramm realisiert, wobei die Einzelprogramme der verschiedenen Werkstückseiten mit Hilfe von Kopplungs-Programmiersätzen durch Aufruf von Unterprogrammen verbunden werden.

1. Mehrseitenbearbeitung auf CNC-Universal-Fräszentrum

Eine sinnvolle Mehrseitenbearbeitung von Fräswerkstücken ist bei folgenden Anwendungsfällen gegeben:

- 5-Seitenbearbeitung von quaderförmigen bzw. kubischen Werkstücken wie z.B. Gehäusen
- 4-Seitenbearbeitung von Spannpaletten mit 4-fach-Werkstück-Bestückung.

Für die hardwaremäßige Zusatzausrüstung eines üblichen Fräszentrums ist zunächst als 4. Achse ein CNC-gesteuerter Rundtisch (Pos. 4), zuminderst jedoch ein 90°-Schalttisch notwendig, um die 4 Seitenflächen entsprechend bearbeiten zu können. Ferner wird ein NC-schaltbarer Spindelkopf (Pos. 2) benötigt, der die automatische Umschaltung von der horizontalen Spindellage in die vertikale Spindellage sicherstellt, Abb. 4.1.12. Als Fräsmaschinensteuerung genügt eine übliche

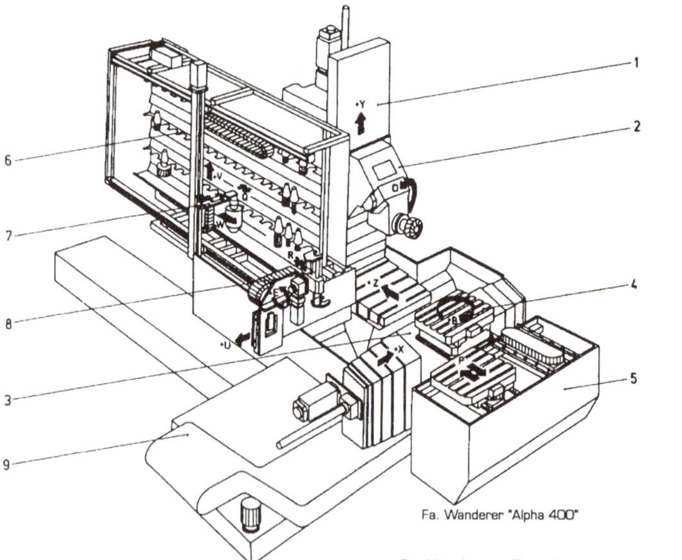

1 - Fahrständer (Z-Achse)
2 - NC-Horizontal-/Vertikalfräskopf
3 - X-Achsen-Konsolschlitten
4 - NC-Rundtisch als B-Achse
5 - Fester Palettenwechsel-Einheit
6 - Werkzeug-Regalmagazin
7 - Werkzeug-Zubringergreifer
8 - Doppelreifer für WZ-Übergabe
9 - Späneförderer

Abb. 4.1.12: CNC-Universal-Fräszentrum für Mehrseitenbearbeitung

2½D-Bahnsteuerung, die eine Ebenenprogrammierung in G17 (horizontale Spindellage) und G18 (vertikale Spindellage) zuläßt, s. a. Abb. 3.2.3.

Das NC-Programm einer Werkstück-5-Seitenbearbeitung besitzt folgende Programmierstruktur (Horizontalmaschine) nach Abb. 4.1.13.

```
%
556677               Programmnummer
M11                  Achsklemmung B-Achse AUF
G0 B0                B-Achsenreferenzpunkt anfahren
M10                  Achsklemmung B-Achse ZU
M53                  Fräskopf in Horizontalspindellage schalten
G17 T100 M66         Ebenenanwahl X/Y, WZ-Nummer, autom. WZ-Wechsel
G54 G0 X.. Y.. Z1    gesp. Nullp.Verschiebung, Positionierung auf Sich.Ebene
........      ┐
........      │      Teilprogramm für Werkstückseite 1
........      │      mit Einsatz der notwendigen Werkzeuge
G53           ┘
........      ┐
G0 B90        │
........      │
G0 B180       │      Weitere 3 Teilprogramme für die Werksückseiten
........      │      2, 3 und 4 mit Einsatz der notwendigen Werkzeuge
G0 B270       │
........      │
G0 B0         │
G53           ┘
........
M54                  Fräskopf in Vertikalspindellage schalten
G18 T150 M66         Ebenenanwahl X/Z, WZ-Nummer, autom. WZ-Wechsel
G54 G0 X.. Z.. Y1    gesp. Nullp.Verschiebung, Positionierung auf Sich.Ebene
........      ┐
........      │      Teilprogramm für Werkstückoberseite
........      │      mit Einsatz notwendiger Werkzeuge
G53           ┘
M30
```

Abb. 4.1.13: Programmierstruktur einer 5-Seiten-Fräsbearbeitung

Bei der Vierfachanordnung von Werkstücken auf einer Spannpalette sind für jedes Werkstück die betreffenden Nullpunkte zu ermitteln und anhand von programmierbaren Nullpunktverschiebungen wie z.B. G55 bis G58 abzuspeichern. Die einzelnen Teilprogramme der Werkstückseiten lassen sich vorteilhaft in Form von Unterprogrammen erstellen. Es bestehen alle Möglichkeiten der simultanen Mehrachsenbearbeitung, einschließlich der 4-Achsen-/3D-Linearinterpolation. In der Hauptsache wird in diesem Zusammenhang die rechnergestützte NC-Programmierung eingesetzt, wobei ein entsprechendes Softwaremodul für die B-Achse vorhanden sein sollte.

2. Zweiseitenbearbeitung bei CNC-Drehmaschinen

Bei dieser Vor- und Rückseitenbearbeitung ist eine NC-gesteuerte Umspannung des vorderseitenbearbeiteten Drehteils notwendig. Während die Vorderseitenbearbeitung in der üblichen Verfahrensweise erfolgt, muß das Drehteil vor Beginn der

Rückseitenbearbeitung von der Hauptspindel in eine zusätzliche Drehspindel-Einheit umgespannt werden. Bei Einschlitten-Revolverdrehmaschinen werden in diesem Zusammenhang zwei Alternativen unterschieden, Abb. 4.1.14:

- Rückseitenbearbeitung mit Synchrongegenspindel im Reitstockschlitten, wobei der Werkzeugrevolver mit Werkzeugen für Vor- und Rückseitenbearbeitung ausgestattet ist.
- Rückseitenbearbeitung mit Synchronspindel als Werkzeugsystem im Revolverschlitten. Hierfür ist eine zusätzliche feste Nachbearbeitungsstation mit festen bzw. rotierenden Werkzeugen notwendig.

Diese Art der Vor- und Rückseitenbearbeitung stellt eine Folgebearbeitung dar, da lediglich ein Revolverschlitten zur Verfügung steht. Der eigentliche Umspannvorgang wird jeweils durch Anfahren und Abgreifen der Gegen- bzw. Synchronspin-

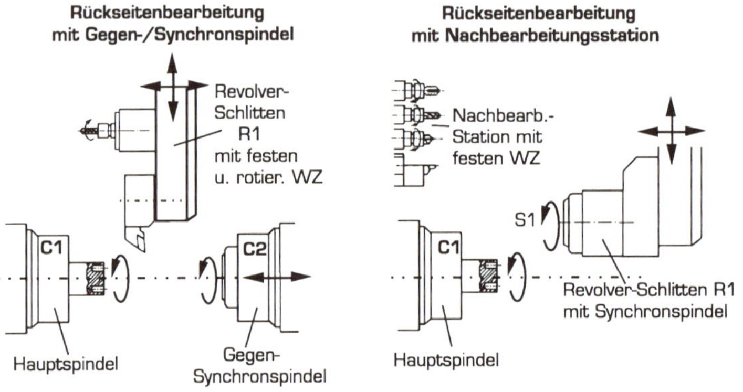

Abb. 4.1.14: Möglichkeiten einer Zweiseitenbearbeitung beim CNC-Drehen

```
%
665544                          Programmnummer
G0 X.. Z.. G96 S.... T505 M4  ┐ Eilgangpositionierung auf Sicherh.Ebene,
........                      │ konst. Schnittgeschwindigkeit, WZ-Nummer,
........                      │ Spindellinkslauf
........                      │
........                      ├ 1. Teilprogramm für Werkstück-Vorderseite
                              ┘
G97 S.... T606 M4 M67         ┐
........                      ├ Umspannprogramm
........                      │ für Werkstückumspannung von Hauptspindel
........                      │ auf Gegen/Synchronspindel im WZ-Revolver
                              ┘ M67 - Gegenspindel Spannzange öffnen
G0 X.. Z.. S.... T707 M3      ┐
........                      │
........                      ├ 2. Teilprogramm für Werkstück-Rückseite
........                      │
M30                           ┘
```

Abb. 4.1.15: Programmierstruktur für Vor- und Rückseiten-Drehbearbeitung mit Werkstückumspannung del an das vorderseitenbearbeitete Drehteil in der Hauptspindel bewerkstelligt. Auch bei der Stangenbearbeitung sind in der Abstechphase die beiden Drehzahlen von Haupt- und Gegenspindel stets zu synchronisieren. Für die Programmierung der beiden Teilprogramme ist ein vorderer und hinterer Werkstück-Nullpunkt zu berücksichtigen. Es können feste und rotierende Werkzeuge eingesetzt werden. Die Programmierstruktur für eine Zweiseitenbearbeitung stellt sich wie folgt dar, Abb. 4.1.15.

4.1.3 NC-Programmierung bei Werkzeug- und Werkstückparallelbearbeitung [50], [51]

Im Gegensatz zu den vorstehend ausgeführten Möglichkeiten einer Werkstück-Komplettbearbeitung mit seriellen Bearbeitungsvorgängen erfolgt hier eine parallele Bearbeitung auf einer CNC-Maschine. Es wird zwischen folgenden Arten der Parallelbearbeitung unterschieden:

- **Die Werkzeug-Parallelbearbeitung:** mindestens zwei Werkzeuge sind bei einer Werkstückbearbeitung innerhalb einer Bearbeitungsstation gleichzeitig im Einsatz.
- **Die Werkstück-Parallelbearbeitung:** mindestens zwei Werkstücke im Arbeitsraum einer CNC-Maschine werden gleichzeitig bearbeitet.

Durch Parallelbearbeitung wird nicht nur eine kurze Bearbeitungszeit (≙ Dauer des längsten Teilprogrammes!), sondern auch eine hohe Maschinen-Produktivität sichergestellt. Allerdings ist ein höherer Rüst- und Programmieraufwand in Kauf zu nehmen. Gleichzeitig lassen sich auch die Mehrverfahren- und Mehrseiten-Bearbeitung integrieren. Parallelbearbeitungen erfordern eine Mehrkanalstruktur der CNC-Steuerung.

1. Möglichkeiten der Parallelbearbeitung beim CNC-Drehen

Die Parallelbearbeitung ist besonders bei CNC-Drehmaschinen stark ausgeprägt. Das Maschinenkonzept basiert meist auf einer Zweischlitten- bzw. 4-Achsen-Version mit zwei Werkzeugrevolvern, wobei zusätzliche Komponenten wie z.B. Nachbearbeitungsstation, Gegenspindel, 3. Revolver usw. möglich sind.

Bezüglich einer Parallelbearbeitung von Vorder- und Rückseite eines Drehteils in Verbindung mit möglicher Werkzeugparallelbearbeitung stehen verschiedene Maschinenkonzepte zur Verfügung, Abb. 4.1.16.

Hierbei besitzt jede Schlitteneinheit R mindestens 2 Linearachsen mit X- und Y-Achse, so daß bei einer Zweischlittenausführung in Grundausstattung mindestens eine 2 x 2-Achsen-Bahnsteuerung erforderlich ist. Dazu können noch zusätzliche C-Achsen sowie Synchronantriebe für die Revolver- und Gegenspindel eingesetzt werden.

Alternativen von möglichen Maschinenkonzeptionen	WZ-Parallelbearbeitung WST-Vorderseite	WZ-Parallelbearbeitung WST-Rückseite	Vor- und Rückseiten-Bearbeitung	WST-Parallel-Bearbeitung
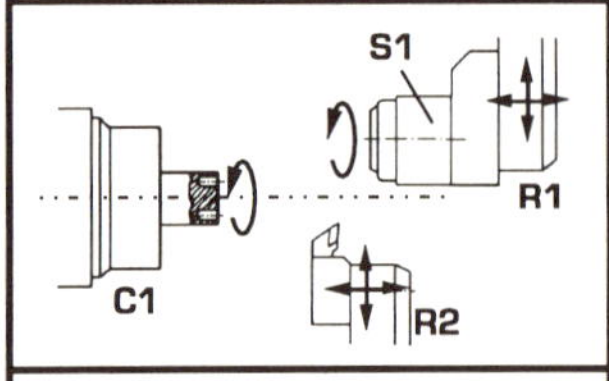	möglich	nicht möglich	möglich mit Synchro-Spindel in R1	nicht möglich
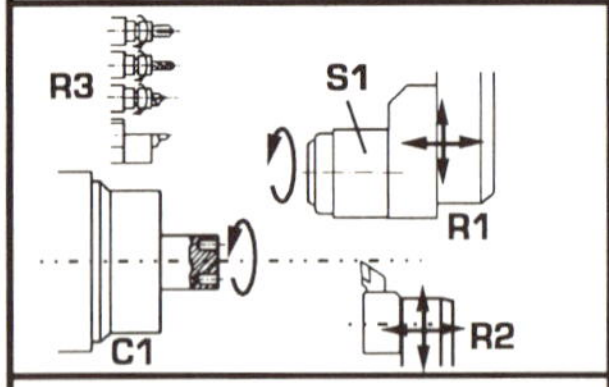	teilweise möglich	nicht möglich	möglich mit Synchro-Spindel	möglich
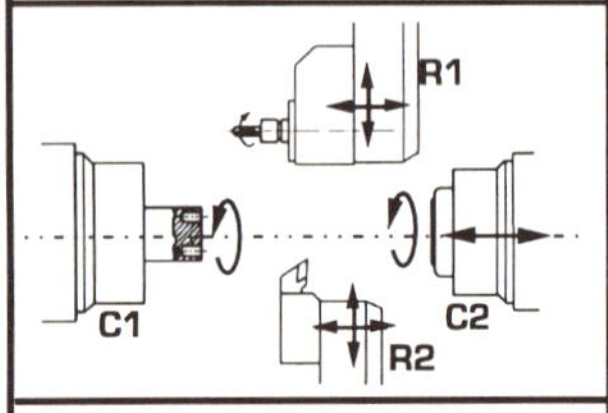	teilweise möglich	teilweise möglich	möglich	möglich
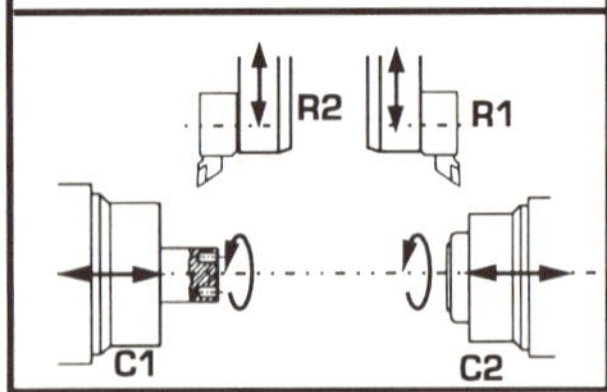	nicht möglich	nicht möglich	möglich	möglich

C1 = C-Achse Hauptspindel
C2 = C-Achse Gegen-Synchronspindel
S1 = Revolver-Synchronspindel
R1, R2 = WZ-Revolverschlitten
R3 = feste Nachbearbeitungsstation
↻ = Spindelantrieb

Abb. 4.1.16: Möglichkeiten der Werkzeug- und Werkstückparallelbearbeitung beim CNC-Drehen

2. Programmierstruktur der Schlittensynchronisation

Das NC-Programm für eine simultane Doppelschlittenbearbeitung setzt sich aus zwei Programmteilen zusammen, wobei die beiden Revolverschlitten mit R1 (hinten) und R2 (vorne) bezeichnet werden. Für die Synchronisation dieser beiden Schlitten zur Funktionsverkettung bestimmter Bearbeitungsvorgänge wird beim Programmieren das Zeichen „!" verwendet. Dieses Zeichen muß hierbei stets als separater Programmsatz geschrieben werden. Die grundsätzliche Programmierstruktur einer Schlittensynchronisation und deren Regeln für die Funktionsverkettung ist in Abb. 4.1.17 dargestellt.

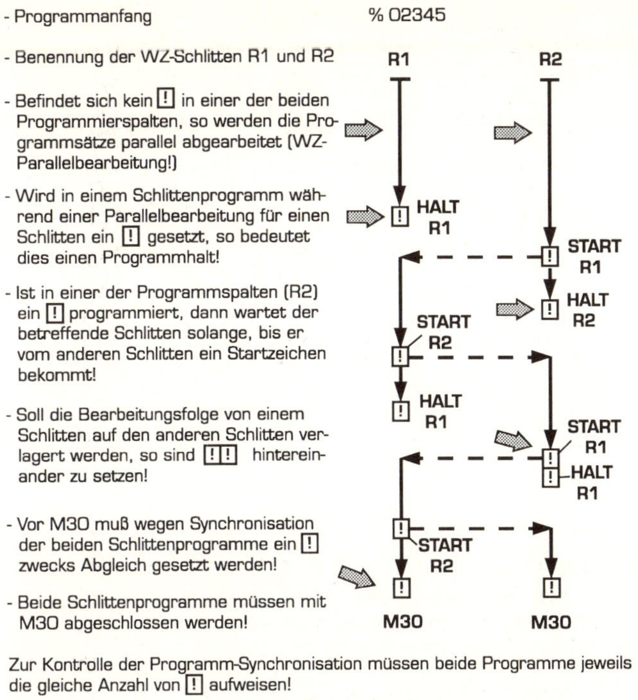

Abb. 4.1.17: Programmierstruktur und Regeln einer Zweischlitten-Synchronisation beim CNC-Drehen

3. Programmierbeispiel für die Schlittensynchronisation

Vor Programmierbeginn empfiehlt sich die Aufstellung eines Bearbeitungsplans für die Schlittensynchronisation, wobei sämtliche Bearbeitungsvorgänge zu definieren und bezüglich ihrer Reihenfolge auf die beiden Revolverschlitten zu verteilen sind. In diesem Zusammenhang gilt es, die gewünschte Schlittenparallel- bzw. Schlittenseriellbearbeitung durch entsprechende Synchronisationskennzeichnung ! zu steuern. Anhand eines Programmierbeispiels mit Abstechen der Werkstückvorderseite und Übernahme des Drehteils in die Revolver-Synchronspindel zur Rückseitenbearbeitung soll dieser Programmieralgorithmus entsprechend dargestellt werden, Abb. 4.1.18.

Die grafisch-dynamische Simulation einer Zweischlittenbearbeitung ist im Hinblick auf eine optimale Aufteilung der Bearbeitungsvorgänge auf die beiden Revolverschlitten sowie aus Gründen einer vorbeugenden Kollisionskontrolle von besonderer Wichtigkeit, Abb. 4.1.19. Neben den simultanen Werkzeugbewegungen im Arbeitsraum besteht die zusätzliche Möglichkeit, Greif-, Umspann- und Werkstückbewegungen grafisch nachzubilden.

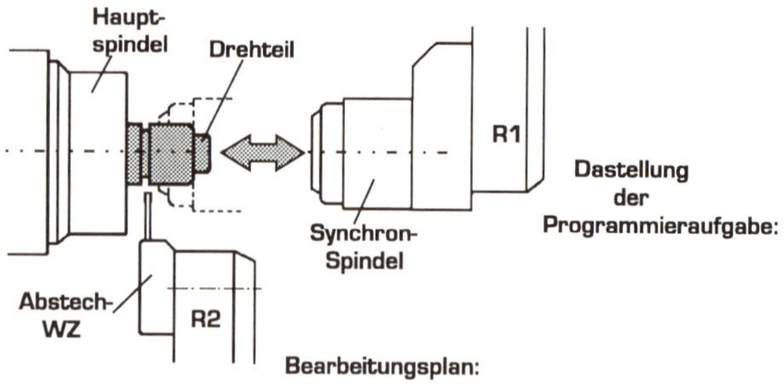

Bearbeitungsplan:

Programmteil R1 für Rückseiten-Bearb.	Programmteil R2 für Vorderseiten-Bearb.
Positionieren R1 auf Drehteil, Drehzahl synchronisieren, Drehteil spannen	Positionieren R2 mit Abstech-werkzeug
	Abstechvorgang des Drehteils
Rückzug R1 mit Synchronspindel, Synchronspindel AUS	Rückzug R2 mit Abstech-werkzeug

NC-Programm:

```
%O111111
R1 ............................................. R2
N7 G97 S500 T707 M4 M67                          T1010
M37  (Synchr.Spindel EIN)  \                     G0 X50 Z-50
G94              (Spannzange AUF)                !
G0 X0 Z5
G1 Z-20 F3000
M66  (Spannzange schließen)
! .............................................. N10 G96 V100 T1010 M4
!                                                G92 S3000
                                                 G0 X42 M8
                                                 G1 X-0.5 F0.08
G27 M39  (WWP anfahren, ........................ !
          Synchr.Spindel AUS)                    G1 W0.2 F0.2
                                                 G26 M9  (WWP anfahren)
! ................................................!
M30                                              M30
```

Abb. 4.1.18: Programmierbeispiel einer Zweischlitten-Synchronisation für Abstechen und Abgreifen eines Drehteils

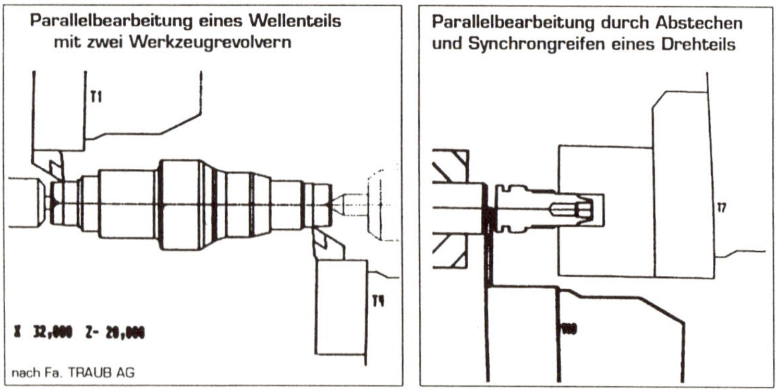

Abb. 4.1.19: Grafisch-dynamische Simulation bei Zweischlittenbearbeitung

4.2 NC-Programmierung mit erweiterten CNC-Fertigungsverfahren

Aus der erfolgreichen Einführung der CNC-Technik in bezug auf die Fertigungsverfahren Drehen, Bohren und Fräsen sowie der damit verbundenen Akzeptanz in den Fertigungsbetrieben, resultierten weitere Maschinen- und Steuerungsentwicklungen für Fertigungsverfahren der spanenden, abtragenden und umformenden Fertigungstechnologie. Hiervon haben sich eine Reihe von hochtechnologischen und für die heutige Fertigungssituation nicht mehr wegzudenkende CNC-Fertigungskonzepte herausgebildet, die hinsichtlich ihrer Flexibilität, Fertigungsqualität und Wirtschaftlichkeit große Bedeutung gewonnen haben. Das folgende Teilkapitel behandelt, für eine Auswahl diesbezüglich wichtiger CNC-Fertigungsverfahren, die hierzu notwendige Programmiertechnik in qualitativer Hinsicht.

4.2.1 **Programmierung von Schleifbearbeitungsverfahren** [52], [53]

Die Schleiftechnologie stellt gegenüber den Fertigungsverfahren Drehen, Bohren, Fräsen usw. i. d. R. höhere Anforderungen an die CNC-Steuerung im Hinblick auf

- eine höhere Fertigungsgenauigkeit mit 0,1 µm Auflösung,
- größere Geschwindigkeitsregelbereiche und
- geringere Schleppfehler bei Linear- und Zirkularinterpolation.

In Verbindung mit den Forderungen nach höherer Flexibilität und dem Einsatz spezieller Schleiftechnologien führte dies zur Entwicklung eigenständiger Schleifsteuerungen mit modularem Aufbau und einfacher, grafischer Bedienoberfläche. Die moderne CNC-Schleiftechnologie läßt sich im wesentlichen darstellen durch das Funktionssystem von Schleifmethode, Abrichtmethode, Inprozeßmessung, Schleifzyklen und schleiftechnologischen Erfahrungsdateien.

Da beim Schleifen die bearbeitungstechnologische gegenüber der geometrischen Werkstückkomplexität dominiert, könnte im Prinzip eine 2-Achsen-Bahnsteuerung diesen Anforderungen genügen. Für den praktischen Einsatz werden jedoch für die Realisierung der anstehenden Schleif- und Abrichtprozesse in Verbindung mit zusätzlichen Bearbeitungseinrichtungen weitere CNC-Hilfsachsen notwendig, die nicht im simultanen Funktionszusammenhang gesteuert werden müssen, Abb. 4.2.1.

Bei der CNC-Schleifbearbeitung wird zwischen folgenden Methoden unterschieden:

- Rundschleifen mit Außen- und Innenschleifen
- Flach-/Konturschleifen mit Pendel- und Vollschnittschleifen
- Spitzenlosschleifen

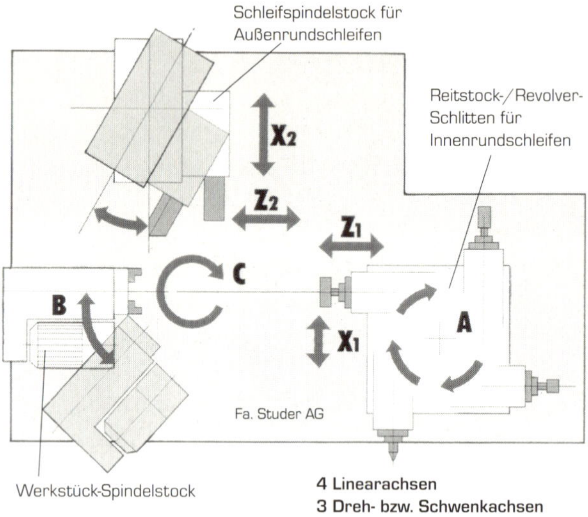

Abb. 4.2.1: Funktionslayout einer Universal-CNC-Rundschleifmaschine

- Werkzeugschleifen
- Sonderschleifen (Verzahnung, Keilwellenprofile, Nockenformen usw.).

In den nachstehenden Ausführungen wird aus Gründen der Übersicht lediglich auf das **Universal-Rund-** und **-Flachschleifen** eingegangen, wobei insbesondere Schleiftechnologie und NC-Programmierstruktur erläutert werden. Hauptzielgrößen für das CNC-Universalschleifen stellen die Komplettbearbeitung, hohe Flexibilität sowie der Einsatz für Einzel- und Kleinserienfertigung dar.

1. **CNC-Universalrundschleifen** [54], [55]

Unter Universalrundschleifen wird die Komplettbearbeitung von Werkstücken mit Außen- und Innenrundschleifen verstanden, Abb. 4.2.2.

Der Aufbau einer Universal-Rundschleifmaschine entspricht im Prinzip dem Konzept einer CNC-Außenrundschleifmaschine mit Schleif- und Werkstückspindelstock, wobei die Innenschleifgruppe mit folgenden Varianten eingebunden sein kann:

- durch schwenkbaren Schleifspindelstock für Schleifscheiben- bzw. Schleifstifteinsatz,
- durch Reitstock-Revolverschlitten mit Innenschleifaggregaten (s. a. Abb. 4.2.1),
- durch automatischen Einschwenk-Spindelkopf in den Arbeitsraum.

Die hierbei eingesetzten Hochfrequenzspindeln besitzen einen großen Drehzahlregelbereich mit Höchstdrehzahlen bis zu 180000 min^{-1}. Je nach Bedarf besitzen diese CNC-Maschinen neben den beiden Hauptachsen X und Z zusätzliche Dreh-

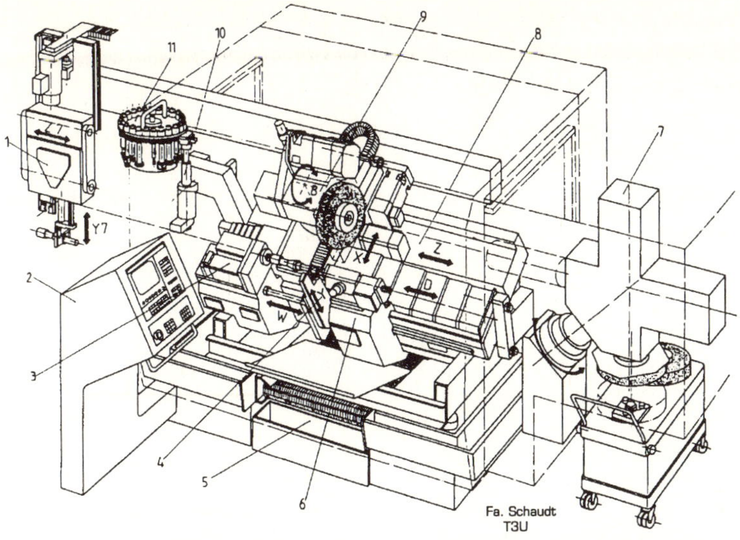

1 - Werkstückhandhabungs-Einrichtung
2 - CNC-Steuerung
3 - Werkstück-Spindelstock
4 - Meßkopf mit Inprozeßsystem
5 - Kühlmittel-Reinigungsanlage
6 - NC-gesteuerter Reitstock
7 - Außen-Schleifscheibenwechsler
8 - Maschinen-Schrägbett
9 - Schleif-Spindelstock
10 - Innenschleifstift-Wechsler
11 - Innenschleifstift-Magazin

Abb. 4.2.2: Universal-Rundschleifzentrum mit autom. Werkstück- und Werkzeughandhabung

bzw. Schwenkachsen A und B (z.B. für Kegelschleifen), sowie weitere Hilfsachsen U, V, W für Meßsteuerung, Scheibenabrichtsystem bzw. programmierbarer Reitstockverstellung. Für die zu bewältigenden Schleifaufgaben werden 2-Achsen-/2D-Bahnsteuerungen mit Linear- und Zirkularinterpolation eingesetzt, wobei eine stufenlose Drehzahlregelung für Werkstück und Schleifscheibe möglich sein soll. Für das zylindrische bzw. konische Gewindeschleifen ist eine zusätzliche Schraubenlinieninterpolation mit C- und Z-Achse bzw. X-Achse notwendig.

Zur Beherrschung von Genauigkeit und Stabilität des Schleifprozesses gelangen programmierbare Scheiben-Auswuchteinrichtungen mit Schwingungsaufnehmer, Meß- und Steuerelektronik in Verbindung mit einem Stellmotor zum Einsatz.

Erstellung der Werkstückgeometrie:

Die für das Rundschleifen notwendigen Werkstückkonturen werden i.d.R. auf herkömmliche Weise element- bzw. konturzugorientiert der technischen Zeichnung entnommen. Bei modernen WOP-Steuerungen steht hierfür ein grafisch-interaktives Geometrieerstellungsmodul zur Verfügung. Liegt ein Schleifvorgang mit vorangegangener Drehbearbeitung vor, so kann auf die bereits vorliegende Drehteilkontur zugegriffen werden, wobei lediglich das Schleifaufmaß und die Maßtoleranz berücksichtigt werden muß. Die auf diese Arten erzeugte Schleif-Fertigteilkontur wird sowohl für die Programmierung des Schleifprozesses selbst, als auch für den Scheibenabrichtprozeß herangezogen.

CNC-Rundschleiftechnologie:

Zur universellen Rundschleifbearbeitung stehen eine Reihe von Schleifstrategien zur Verfügung; Abb. 4.2.3.

- Das **Einstechschleifen** besitzt zwei Schleifbewegungen, den Scheibeneinstechvorschub in der X-Achse und den Werkstück-Rundvorschub. Hierbei wird zusätzlich unterschieden zwischen dem Geradeeinstechschleifen wie z.B. Geradeeinstechen ohne und mit Profil und dem Schrägeinstechschleifen.

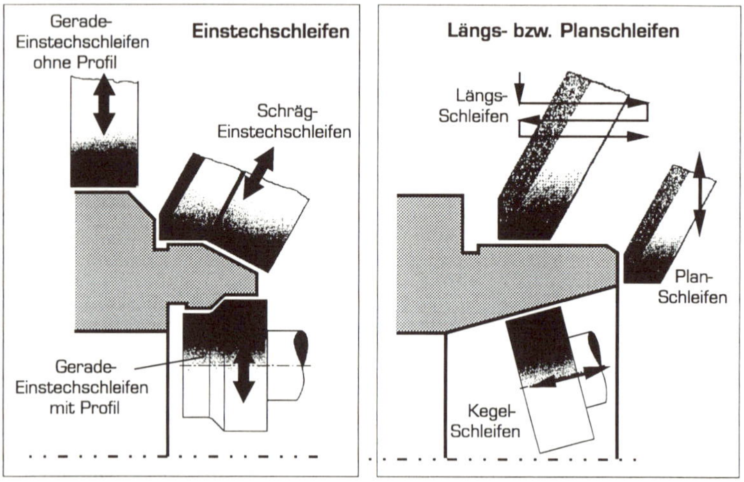

Abb. 4.2.3: Rundschleifstrategien für Einstech-, Längs- und Planbearbeitung

- Das **Längs- und Planschleifen** benötigt drei Schleifbewegungen, die Schleifzustellung in X, den Schleifvorschub in Z sowie den Werkstück-Rundvorschub und erfolgt stets in mehreren Schleifdurchgängen mit geringen Scheibenzustellbeträgen. Durch Winkelverstellung des Schleifspindel- bzw. Werkstückspindelstocks läßt sich eine beliebige Kegelbearbeitung durchführen. Dies gilt sowohl für eine Außen- als auch für eine Innenschleifbearbeitung.
- Das **Bahnkonturschleifen** arbeitet mit mindestens vier Schleifbewegungen, der Schleifzustellung X, der simultanen Schleifbewegung X und Z mit Geraden- bzw. Kreisinterpolation, der Werkstück-Rundvorschubbewegung und der Schleifscheibenschwenkbewegung B gegenüber der Werkstückachse. Zum Ein-

satz gelangt eine nur wenige Millimeter breite CBN- bzw. Diamantschleifscheibe, wobei zwischen Schleifkörper und Werkstück eine punktförmige Kontaktzone gegenüber der normalerweise vorliegenden Kontaktlinie zustandekommt. In Verbindung mit der Hochgeschwindigkeits-Schleiftechnologie lassen sich mit diesem sog. „Quickpoint"-Verfahren komplexe Außenschleifkonturen für Längs- und Planbearbeitung herstellen, Abb. 4.2.4, [56].

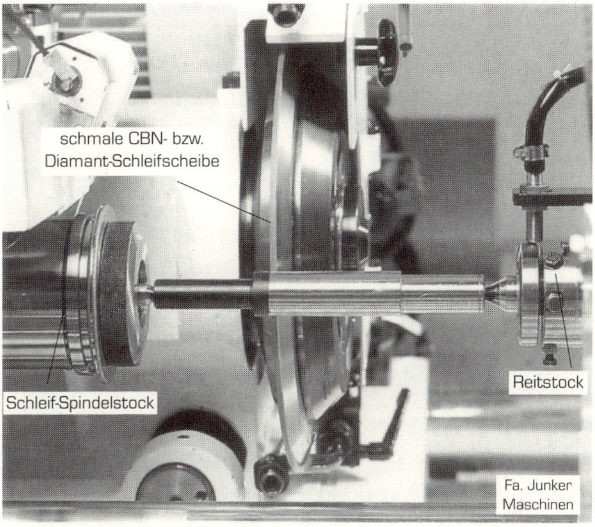

Abb. 4.2.4: Bahnkonturschleifen mit dem Quickpointverfahren

Technologiedaten für Schleifbearbeitung:

Beim Rundschleifprozeß gelangen verschiedenartige Schleifscheibenarten bezüglich ihrer Form, Abmessungen, Schleifmittelart, Schleifkorngröße, Scheibenhärte und Gefügestruktur zum Einsatz. Die optimale Kombination wird dabei bestimmt durch die Zielgrößen der Schleifaufgabe mit Werkstückgeometrie, Werkstückwerkstoff, Oberflächengeometrie, Schleifleistung usw. Für die Führung des Schleifprozesses werden weitere fertigungstechnologische Informationen wie z.B. Zustelltiefe, Vorschubgeschwindigkeit, Schnittgeschwindigkeit usw. benötigt. Bei der NC-Programmierung kann hierbei auf diesbezüglich komfortable **Schleiftechnologiedateien** in den CNC-Steuerungen zugegriffen werden. Bei modernen Schleifmaschinensteuerungen bzw. NC-Programmiersystemen mit wissensbasierter Unterstützung lassen sich nach Eingabe sämtlicher Werkstückdaten die optimale Schleifstrategie sowie zugehörige Werkzeuge und Maschineneinstelldaten automatisch ermitteln.

Schleifscheibenabricht- und -profiliersysteme:

Das Abrichten der Schleifscheibe stellt einen entscheidenden Bearbeitungsvorgang für die Sicherstellung von Werkstückform und -genauigkeit beim Schleifprozeß dar. Diese Maßnahme muß während der Schleifbearbeitung u.U. öfters wiederholt werden (Scheibenschärfen u.dgl.), jedoch spätestens bei Ablauf der vorgegebenen Scheibenstandzeit. Dieser Scheibenabrichtprozeß kann je nach Maschinenbauart mit unterschiedlichen Methoden durchgeführt werden:

- Mit festem Abrichtgerät, das auf dem Werkstückspindelstock bzw. auf dem Reitstockschlitten befestigt ist. Die notwendigen Abrichtbewegungen werden hierbei von der Schleifscheibe selbst über die Z- und X-Achse durchgeführt.
- Mit eigenständigen Abrichtkreuzschlitten, der über die Hilfsachsen, z.B. U und V, NC-gesteuert wird. Die Schleifscheibe muß beim Abrichtvorgang in einer definierten Z/X-Stellung positioniert sein.

Beim CNC-Abrichten gelangen im wesentlichen Einkorn- bzw. Diamantabrichtrollen zum Einsatz. Für das Abrichten der Schleifscheibe zur Profilherstellung sowie zwischen den Stufen des Schleifprozesses kann je nach Komplexität der Abrichtaufgabe zwischen folgenden **Abrichtmethoden** gewählt werden:

- **Längs- bzw. Planabrichten** für gerade und nichtprofilierte Schleifscheiben: Der Abrichtvorgang wird anhand eines wiederholbaren Abrichtzyklus um einen Zustellbetrag solange durchgeführt, bis der vorgegebene Abrichtbetrag erreicht ist. Dieser Abrichtbetrag entspricht dem Abnahmebetrag des Schleifscheibendurchmessers, um den die betreffende Vorschubachse durch ein steuerungsinternes Funktionsmodul kompensiert wird.
- **Profilabrichten** für profilierte Schleifscheiben zur Bearbeitung von Werkstücken mit komplizierten Scheibenkonturen. Die Profilscheibe weist damit an ihrem Umfang das Negativprofil der zu bearbeitenden Werkstückkontur auf, wobei der Profilabrichtdiamant bzw. die Diamantabrichtrolle eine Werkzeugfunktion entsprechend der Drehbearbeitung besitzt, Abb. 4.2.5.

  Zur Sicherstellung eines form- und maßgetreuen Scheibenprofils ist es notwendig, eine exakte Bahnberechnung mit Kompensation des Diamantwerkzeugradius für das Profilabrichten zu programmieren. Für die Kompensation des Abrichtebetrags an der betreffenden NC-Achse muß die CNC-Steuerung über ein entsprechendes Funktionsmodul verfügen.
- **CD-Abrichten** für profilierte Schleifscheiben mit Profilform-Diamantrolle (CD = Continous Dressing). Im Gegensatz zu den vorstehend beschriebenen Abrichtstrategien mit intermittierendem Scheibenabrichtprozeß erfolgt hier ein kontinuierliches Abrichten während des Schleifprozesses. Das Scheibenprofil und damit das Werkstückprofil bleibt während der gesamten Schleifdauer unverändert. Das kontinuierliche Abrichten führt zu einer laufenden Verringerung

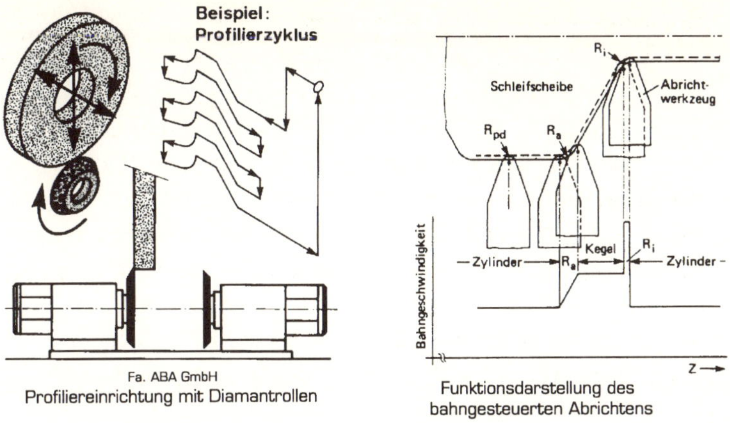

Abb. 4.2.5: Systeme für das Abrichten von Schleifscheiben

des Scheibendurchmessers, was sowohl eine stetige Kompensation des Abrichtbetrags als auch eine v = konst.-Regelung der Schleifscheibe erfordert. Nachteilig wirkt sich ein erforderlicher Antrieb der Diamantrolle sowie das feste Geometrieprofil aus, wodurch diese Abrichtstrategie nur für Serienfertigung geeignet ist.

Schleifprozeß-Meßeinrichtungen:

Moderne Schleifmaschinensteuerungen besitzen zur sicheren und stetigen Beherrschung des automatischen Schleifprozeßablaufs entsprechende Prozeßregelungssysteme. Diese sog. Inprozeßmeßeinrichtungen bestehen aus dem Prozeßmeßgerät, dem Meßdatenverarbeitungsmodul und einem Softwaremodul zur Generierung der Prozeßkorrekturmaßnahme durch die CNC-Steuerung. Das **Längenpositions-Meßsystem** hat die Aufgabe, evtl. vorhandene axiale Werkstückaufspannfehler — z.B. beim Außenrundschleifen zwischen Spitzen — zu erfassen und automatisch zu kompensieren. Mit dem **Durchmesser-Meßsystem** sind Möglichkeiten gegeben, sowohl ein meßgesteuertes Durchmesserschleifen auf Fertigmaß zu programmieren, als auch eine automatische Korrektur von Zylindrizitätsfehlern sicherzustellen.

Programmierstruktur für NC-Rundschleifen:

Die hauptsächlich angewandte manuelle Programmierung und neuerdings die WOP-Programmierung von Rundschleifbearbeitungen erfolgt durch Hauptprogrammdarstellung, wobei die erforderlichen Schleifscheibenkonditionierungen über spezielle Abricht-Unterprogramme aufgerufen werden. Das Hauptprogramm selbst beinhaltet alle erforderlichen Schleifbearbeitungsvorgänge mit den zugeordneten Schleif- und Abrichtwerkzeugen einschließlich der Technologiedaten. Die erforderlichen Schleifstrategien für das Einstech-, Längs- und Planschleifen werden i.d.R. durch Aktivierung von CNC-internen Schleifzyklen mit Parametereingabe programmiert, Abb. 4.2.6.

Beim simultanen Außenrund-Konturschleifen stellt sich der Ablaufzyklus einer Schleifoperation ähnlich der einer Drehbearbeitung dar, wie z.B.:

- Eilganganfahren auf Sicherheitsposition
- Konturzustellung (Luftschleifen)
- Konturschruppen bzw. Konturschlichten mit Ausfeuern (Einsatz der Schleifzyklen)
- Eilgangrückzug auf Sicherheitsposition usw.

Die Programmierung einer Bahnkorrektur für unterschiedliche Scheibenrundungsradien wird mit steuerungsspezifischen G-Funktionen ermöglicht. Sämtliche schleifspezifischen Technologiedaten für die Schleif- und Abrichtvorgänge lassen sich aus CNC-internen Erfahrungsdateien entnehmen.

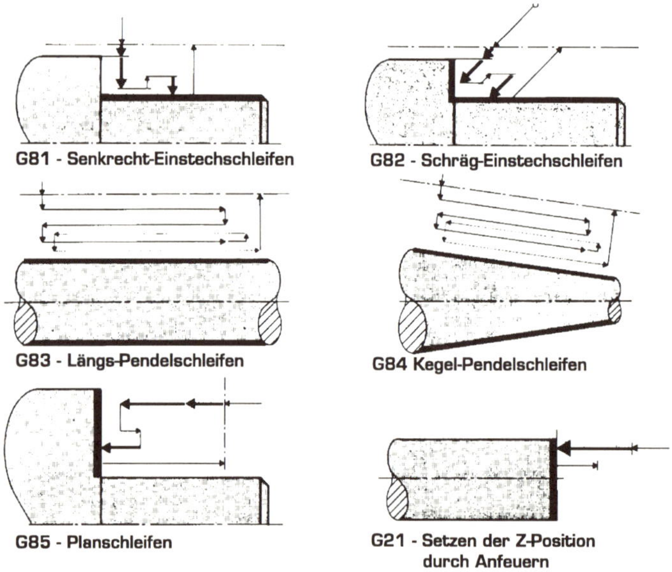

Abb. 4.2.6: CNC-Schleifzyklen für Außenrundbearbeitung

Programmierbeispiel für CNC-Rundschleifen:

Eine Flanschbuchse nach Abb. 4.2.7 soll durch Außenkontur-Einstechschleifen sowie durch Bohrungs-Einstechschleifen auf einer Universal-Rundschleifmaschine gefertigt werden. Die Schleifbearbeitung besitzt folgenden Bearbeitungsplan mit vier Bearbeitungsvorgängen:

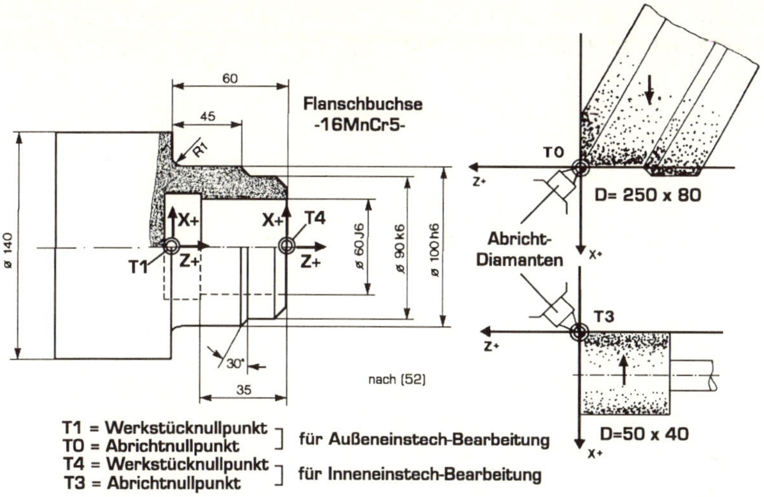

Abb. 4.2.7: Rundschleifaufgabe mit Werkstückgeometrie und Werkzeugabricht-Koordinatensystem

Hauptprogramm: (nach DIN/ISO-steuerungsspez. Format "Karstens CNC 83")
Dieses Hauptprogramm benötigt zwei Abricht-Unterprogramme, %1000 für "Außen und %2000 für "Innen" sowie zwei Schleif-Einstechzyklen G80 "Außen" und G6 "Innen".

```
%4000
N10  G22 L1000                   Aufruf Abricht-Unterprogramm %1000
N20  G97 S150                    Werkstückdrehzahl 150 1/min
N30  G52                         Längspositionieren
N40  G80 X99.99 Z0 Y0.4 K0.3 I0.03 B0.01
         F0.02 H100 J3 E0        Schrägeinstechen (E0 = außen)
N50  G00 X20 T0
N60  G00 Z40 T3
N70  M49                         Innenschleifspindel einschwenken
N80  M46                         Innenschleifspindel EIN
N90  G00 X50 T4
N100 G06 X60.004 Z-40 Y0.4 K0.3 I0.04 B0.01
         F0.02 H40 J3 E1         Einstechen (Schruppen, E1 = innen)
N110 G00 Z40 T3
N120 G22 L2000                   Aufruf Abricht-Unterprogramm %2000
N130 G00 X50 T4
N140 G06 X60.004 Z-40 Y0.1       Einstechen (Schlichten, E1 = innen, Auf-
         K0.06 I0.02 E1          maße u. Geschw. sind gespeichert wirksam)
N150 G00 Z40 T3
N160 G22 L2000                   Aufruf Abricht-Unterprogramm %2000
N170 M48                         Innenschleifsp. in Ruhelage zurückschw.
N180 M30                         Programmende
```

Abricht-Unterprogramm: (Beispiel: für das Abrichten der Innenschleifscheibe)

```
%2000
N10  M83                         Abrichten Innenschleifscheibe gestartet
N20  G00 Z40 T3
N30  G00 X-4 M08
N40  M73                         Abrichter in Arbeitsstellung schwenken
N50  G04 X2                      Verweilzeit 2 Sekunden
N60  G05 X-0.04 E1               Abrichtbetrag 0.04mm kompensieren
N70  G00 Z-54
N80  G00 X0
N90  G01 Z2 F250                 Längsabrichten
N100 G00 X-4 M09
N110 G00 Z40
N120 M74                         Abrichter in Ruhestellung schwenken
N130 M30     nach (52)           Unterprogrammende(M30 wirkt hier wie G99)
```

Abb. 4.2.8: NC-Programm für Rund-Einstechschleifen einer Flanschbuchse nach Abb. 4.2.7

- Profilieren der Schleifscheibe T0 mit Abrichtdiamant
- Schräg-Einstechschleifen der Außenkontur in einer Schleifoperation mit Schleifzyklus
- Abrichten der Innenschleifscheibe T3 (Innenschleifspindel und Abrichteinheit werden in den Arbeitsraum geschwenkt)
- Einstechschleifen der Bohrung und Schleifzyklus in zwei Schleifoperationen, Abrichten vor jeder Schleifoperation.

Bei der Programmierung wird zunächst das Hauptprogramm erzeugt, das den kompletten Bearbeitungsablauf darstellt. Außerdem sind zwei Abricht-Unterprogramme für die Außenprofilscheibe und für die Innenschleifscheibe zu erstellen, Abb. 4.2.8.

2. CNC-Universalflachschleifen [57]

Moderne Universal-Flachschleifmaschinen gestatten außer dem sog. Pendelflachschleifen zusätzliche Schleifmethoden, wie das Kontur- und Profilschleifen. Diese Maschinen sind bezüglich ihres Achsen- und Koordinatensystems den Horizontal-Fräsmaschinen ähnlich. Neben den drei linearen Hauptachsen X, Y und Z mit 2D-Bahnsteuerung können eine zusätzliche Rundtisch-Achse sowie weitere Achsen für das NC-gesteuerte Scheiben-Abrichtsystem angeordnet werden, Abb. 4.2.9.

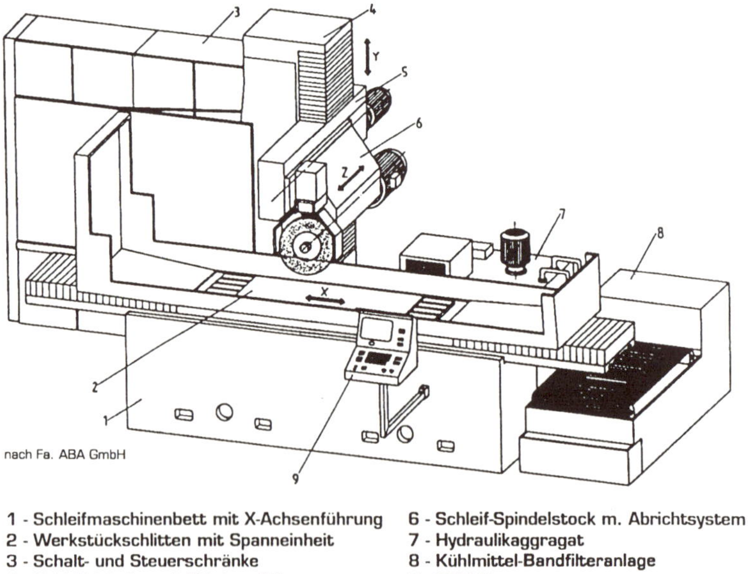

1 - Schleifmaschinenbett mit X-Achsenführung
2 - Werkstückschlitten mit Spanneinheit
3 - Schalt- und Steuerschränke
4 - Schleifständer mit Y-Achsenführung
5 - Querschlitten mit Z-Achsenführung
6 - Schleif-Spindelstock m. Abrichtsystem
7 - Hydraulikaggragat
8 - Kühlmittel-Bandfilteranlage
9 - CNC-Steuerung

Abb. 4.2.9: Universal-CNC-Präzisions-Flachschleifmaschine

Anstatt des auf dem Schleifspindelstock befestigten Abrichtgerätes läßt sich auch eine Profil-Einrolleinrichtung mit Diamantrolle einsetzen.

CNC-Flachschleiftechnologie:

Die moderne Flachschleiftechnologie repräsentiert eine Reihe von wichtigen Schleifmethoden nach Abb. 4.2.10, wie z.B. das Flächenschleifen, Profilschleifen und Konturschleifen.

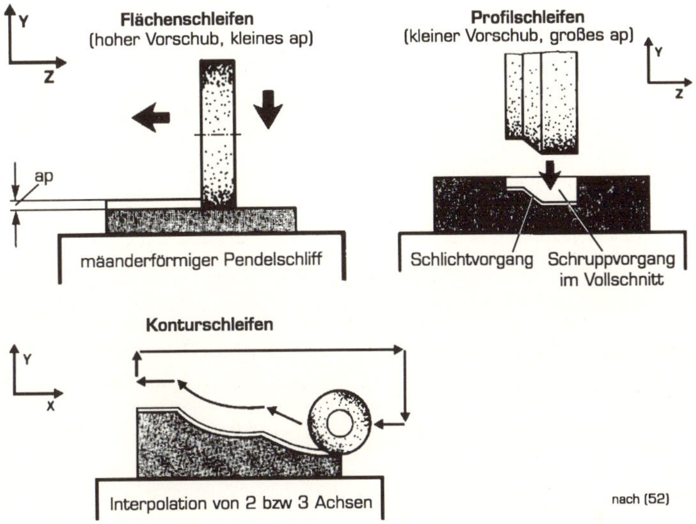

Abb. 4.2.10: Schleifmethoden beim CNC-Flachschleifen

Das **Flächenschleifen** erfolgt i.d.R. mit Pendelschliff, das durch geringere Schleiftiefen-Zustellinkremente in Y-Achse, hohe Vorschubgeschwindigkeit in X-Achse und mäanderförmigem Scheibenvorschub in Z-Achse gekennzeichnet ist.

Beim **Profilschleifen** oder Vollschnittschleifen gelangt eine der Werkstückkontur entsprechende Profilscheibe zum Einsatz. Im Gegensatz zum Flächenschleifen wird hier umgekehrt gearbeitet, nämlich mit voller Schleifzustellung pro Hub bzw. Doppelhub, wobei nur eine geringe Vorschubgeschwindigkeit entsprechend dem Fräsverfahren programmiert werden darf.

Das **Konturschleifen** von Flächen oder Profilen kann für beliebige Werkstückkonturen jeweils in Zwei- bzw. Dreiachseninterpolation eingesetzt werden.

Für den Einsatz und die Programmierung der Scheibenabricht- und Profiliersysteme gelten im Prinzip die gleichen Ausführungen wie beim Rundschleifen. Ähnlich organisiert ist der Zugriff auf optimierte, schleifspezifische Technologiedaten in den CNC-Steuerungen. Mit speziellen Schleifzyklen und grafisch unterstützter

Werkstück-Konturerstellung kann die manuelle Programmierung erheblich vereinfacht und verkürzt werden.

Programmierbeispiel für Flachschleifen:

Für den Programmierablauf beim CNC-Flachschleifen gelten in etwa die gleichen Bedingungen wie beim CNC-Rundschleifen. Das Hauptprogramm enthält alle erforderlichen Schleifbearbeitungsvorgänge mit dem zugeordneten Schleifwerkzeug sowie den Schleif-Technologiedaten. Durch entsprechende Aufrufe können Unterprogramme für erforderliche Schleif- und Abrichtprozesse aktiviert werden.

Zeichnung für Profilführungsleiste:

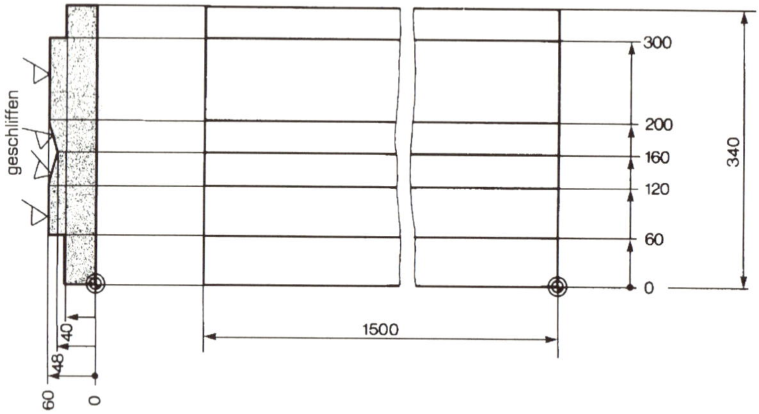

Flach-Profilschleifen einer Profilführungsleiste mit profilierter Schleifscheibe D=400 X 250,
Schleifaufmaß = max. 0.5 mm

Parameterliste:

```
R6   aktueller Schleifscheiben-      R12 Vormaß
     radius                          R13 Fertigmaß absolut
R7   Zustellbetrag in V              R20 zu zerspanender Betrag
R10  Anzahl der Schleifen            R21 zweimal Zustellung
     beim Ausfeuern                  R22 Restzustellung pro Hub
R11  Aufmaß inkremental
```

Parameter-Hauptprogramm:

```
N10  G01 G90 V250 F500 M04 S30      Maschine in Ausgangsstellung,
N20  G01 U-20 F10000                Schleifscheibe ein
     R11:=0.5 R12:=0.03 R13:=48     Parameterzuweisung
N30  G01 VR13+R11+R6 F20000 M7      V-Achse auf Werkstückanf., Kühlung ein,
     R10:=3 R7:=0.03 R21:=2*R7      Pendelvorschub und Parameterzuweisung
     R20:=R11-R12 R23:=R13+R12+R6
N40  B%30                           Unterprogramm Schleifen aufrufen
N50  B%20                           Unterprogramm Abrichten aufrufen
N60  G01 VR13+R12+R6 F20000         Schleifscheibe in V positionieren
     R10:=6 R7:=0.005 R21:=2*R7     Parameterzuweisung
     R20:=R12 R23:=R13+R6           Parameterzuweisung
N70  B%30                           Unterprogramm Schleifen aufrufen
N80  G00 V250 M9                    V-Achse in Ausgangstellung, Kühlung aus
N90  M5                             Spindel stop
N100 M30                            Programmende
```

nach [52]

Abb. 4.2.11: Programmierbeispiel für Flach-Profilschleifen

Anhand eines Programmierbeispiels wird in der Abb. 4.2.11 die Programmierstruktur für eine Flach-Profilschleifbearbeitung dargestellt.

4.2.2 Programmierung von Blechbearbeitungsverfahren [58]

Unter „Blechbearbeitung" werden Fertigungsverfahren verstanden, die in der Lage sind, flächenorientierte Rohteile wie z.B. Platinen mit konstanter Dicke, durch Heraustrennen, Ausstanzen, Nibbeln, Bohren, Abkanten usw. zu bearbeiten. Hierbei sind unterschiedliche Materialien und Abmessungen zu bearbeiten. Bedingt durch Rohmaterialform und Bearbeitungsverfahren gelangen spezielle CNC-Maschinen- und Steuerungskonzepte zum Einsatz, wobei jedoch deren NC-Programmierung mit Ausnahme der Bearbeitungstechnologie (Werkzeug) eine ähnliche Vorgehensweise und Struktur besitzt.

Bei den CNC-Steuerungen herrschen überwiegend 2-Achsen-/2D-Bahnsteuerungen vor. In zunehmendem Maße werden jedoch durch Verfahrens-Weiterentwicklungen bezüglich Komplettbearbeitung auch simultane 3—5-Achsen-/3D-Steuerungen bzw. Mehrachsensteuerungen eingesetzt. Der inzwischen erreichte hohe Technikstand dieser CNC-Blechbearbeitungstechnologie bewirkt die Sicherstellung einer hochproduktiven und flexiblen Fertigung insbesondere bei kleinen und mittleren Losgrößen. Bei der CNC-Blechbearbeitung wird zwischen folgenden Fertigungsverfahren unterschieden:

- Plasmaschneiden, Laserschneiden 2D/3D, Hochdruckwasserstrahlschneiden
- Stanzen, Nibbeln, Abkanten, Umformen
- Kavitätsbearbeitung („Lasergravieren"), Flächenstrukturbearbeitung
- Laserbohren, Laserschweißen
- Gesenk- und Schwenkbiegen.

In den nachstehenden Ausführungen werden stellvertretend für die CNC-Blechbearbeitung die Laserbearbeitung und die Stanz-/Nibbelbearbeitung herausgegriffen und auf deren spezielle Bearbeitungstechnologien und Programmierstrukturen näher eingegangen.

1. CNC-Laserbearbeitung (2D) [59]

Das Laserschneiden kann vorteilhaft eingesetzt werden für die Bearbeitung von beliebigen komplexen 2D-Werkstückkonturen und filigranen Durchbrüchen mit dünnen Stegen. In der Praxis gelangen hauptsächlich zwei Laser-Maschinentypen zum Einsatz, Abb. 4.2.12.

Die C-Gestell-Maschinen besitzen einen festen Laserschneidkopf („feste Optik") sowie eine Koordinatenführung mit mehreren Spannpratzen, die eine sichere Einspannung der Werkstückplatine gewährleisten. Die 2D-simultangesteuerte Koordi-

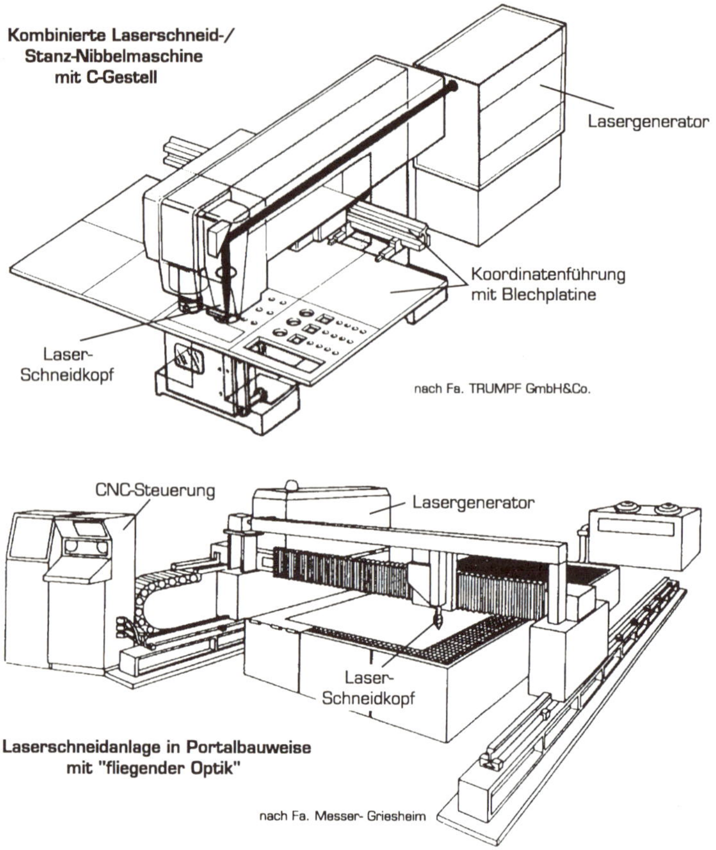

Abb. 4.2.12: Bauarten von CNC-Laserschneidmaschinen

natenführung, der Laserschneidkopf und das Tischgestell bilden mit dem C-Maschinenrahmen eine kompakte Einheit. Der geregelte Laserstrahl wird im Lasergenerator erzeugt und über gekühlte Umlenkspiegel dem Laserschneidkopf zugeführt, mit einer Linse gebündelt und auf die Werkstückoberfläche fokussiert. Ein druckgesteuertes Schneidgassystem im Laserschneidkopf sorgt für das Ausblasen der aufgeschmolzenen Werkstoffpartikel aus dem Schneidspalt.

Die Höheneinstellung des Laserschneidkopfes wird in Abhängigkeit von der Blechdicke NC-gesteuert, wobei Werkstückunebenheiten automatisch ausgeglichen werden können.

Die Portal- bzw. Brücken-Maschinen sind für größere Arbeitsbereiche ausgelegt und arbeiten mit einer sog. „fliegenden Optik", da hier der Laserstrahl über beweg liche Achsen achsparallel geführt und umgelenkt werden muß. Damit erübrigt sich eine Umspannung bei größeren Werkstückplatinen, wodurch die volle Platinenfläche für die Laserbearbeitung zur Verfügung steht. Eine kapazitive Höhenregulierung des Schneidkopfes in der Z-Achse sorgt für eine stetige Abstandskonstanz zwischen Fokussierdüse und Platinenoberfläche während des Schneidvorgangs. Zur weiteren Ausstattung gehören eine programmierbare Einstellung des Schneidgasdruckes und Umstellung der Schneidgasart. Ebenso ist mit Hilfe einer Schneidkopf-Wechseleinrichtung eine flexible Anpassung an unterschiedlichste Bearbeitungsaufgaben gegeben. Der Lasergenerator gestattet die Regelung der Laserleistung, ein verzögerungsfreies An-/Ausschalten des Laserstrahls sowie eine bahngeschwindigkeitsabhängige Laser-Leistungssteuerung.

Geometrieerstellung bei der Laserbearbeitung:

- **Geometriebeschreibung:** Die Geometriebeschreibung der Laserschneidkonturen für manuelle bzw. rechnergestützte Programmierung erfolgt im Prinzip mit den bisher beschriebenen Möglichkeiten, d.h. durch

  - Technische Zeichnung (Einzelelement- und Konturzugprogrammierung)
  - Geometrieerstellungsmodul mit gerichteter bzw. Hilfsgeometrie
  - Geometriemakros wie z.B. Einzelloch, Lochreihe, Lochkreis usw.
  - Übernahme externer Geometrie über Geometrieschnittstelle.

  Beim Geometrie-Erstellungsmodul wird das Verfahren der „gekoppelten Geometrie“ angewandt, d.h. Konstruktionsmerkmale und Zusammenhänge bleiben bei Änderungen stets erhalten. Auch sind sämtliche Geometrietransformationen, wie z.B. Verschieben, Drehen, Spiegeln, Scalieren, Dehnen usw., verfügbar. Jedes Geometrie-Einzelteil erhält neben dem Dateinamen die Extension „.geo“ (z.B. TEIL 50.geo).
- **Bildung von Zweiteillagen:** Die Zweiteillage ist ein mit sich selbst verschachteltes Einzelteil, s. a. Abb. 4.2.14, „Mehrfachnutzenbearbeitung“. Damit läßt sich beim Schachtelvorgang auf der Platine eine bessere Platzausnutzung erreichen. Jede Zweiteillage erhält neben dem Dateinamen die Extension „.mtl“.

Platinenschachtelung (Nesting):

Die Werkstückgeometrien in Einzel- bzw. Zweiteillage können höchstenfalls gleich groß oder — was in der Regel der Fall ist — kleiner als die Rohteilplatine sein. Hierbei ist es aus Gründen einer bestmöglichen Flächennutzung der Platine zweckmäßig, eine platinenoptimale Schachtelung von Werkstücken in Einzel- und Zweiteillagen vorzunehmen, Abb. 4.2.13. Dies kann bei einfachen Verhältnissen manuell erfolgen oder aber bei komplexeren Geometriekonturen in größerer Stückzahl mit Hilfe eines Schachtelprozessormoduls durchgeführt werden. Hierbei werden für das zu verschachtelnde Teilespektrum alle möglichen Kombinationen

zwischen jeweils einer minimalen und maximalen Stückzahl durchgerechnet. Beim Schachtelvorgang werden zwei Vorgehensweisen unterschieden:
- die Mehrfachschachtelung von gleichen Werkstückgeometrien und
- die Mehrfachschachtelung von unterschiedlichen Geometrien.

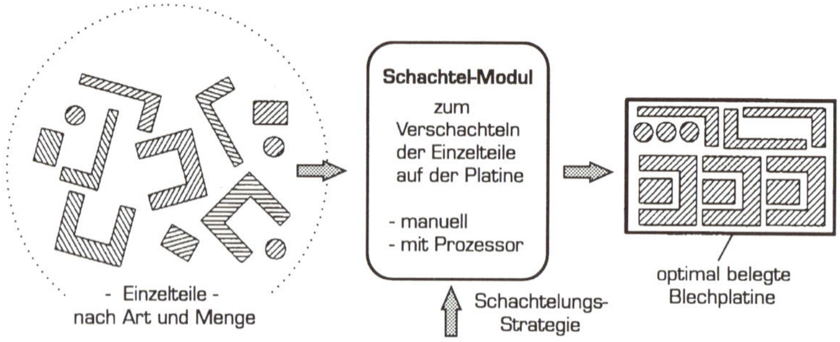

Abb. 4.2.13: Funktion der Platinenschachtelung mit Einzelteilen

Zur optischen Verschachtelung unterschiedlichster Geometrieformen (Vollteile, Hohlteile, offene Teile usw.) verfügt der Schachtelprozessor über eine Reihe von leistungsfähigen Strategien.

Für die Durchführung einer Schachtelaufgabe mit Schachtelprozessor sind folgende Parametereingaben notwendig:
- Dateiname der Rohteilplatine mit Extension „.taf"
- Platinenabmessung in X, Y und Z
- Tafelränder, evtl. Stegbreiten zwischen Konturen
- Dateinummern der zu verschachtelnden Werkstücke (..geo und ...mtl)
- jeweils zugeordnete Stückzahl, die minimal bzw. maximal verschachtelt werden soll
- gewünschte Schachtelstrategie
- Platinenmaterial.

Das Schachtelungsergebnis mit der extension „.taf" wird als Geometriedatei für die spätere Technologieprogrammierung abgelegt.

Laserbearbeitungsstrategie:

Im Vordergrund steht zunächst die Auswahl einer geeigneten Bearbeitungsstrategie, die in der Hauptsache von der auszuschneidenden Werkstückformen und der Platinenbelegungsart abhängt. Hierbei wird unterschieden zwischen einer Zuschnittbearbeitung, einer Mehrfachnutzenbearbeitung sowie einer Bearbeitung von verschachtelten Platinen, Abb. 4.2.14.

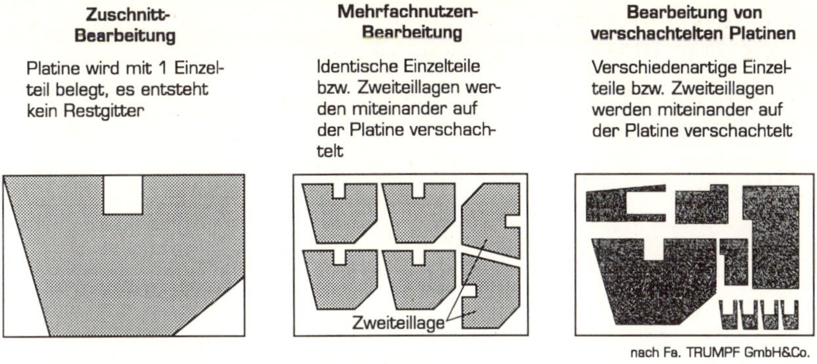

Abb. 4.2.14: Arten von Laserbearbeitungsstrategien

Die **Mehrfachnutzenbearbeitung** bedeutet, daß zumindest ein Einzelteil bzw. eine Zweiteillage auf einer Blechplatine mehrfach ausgeschnitten werden soll. Dies kann auf zwei verschiedene Arten erfolgen, Abb. 4.2.15:

- Durch Gitterfertigung: Hierbei werden gleiche bzw. unterschiedliche Nutzen aus einer Platine so herausgetrennt, daß ein sog. Restgitter entsteht.
- Durch „gemeinsame Trennschnitte“: Dies stellt eine Mehrfachnutzenbearbeitung ohne Restgitter dar. Die hieraus resultierenden Vorteile sind eine bessere Platinennutzung, eine kürzere Laserbearbeitungszeit und eine Vereinfachung der Reststückeentsorgung.

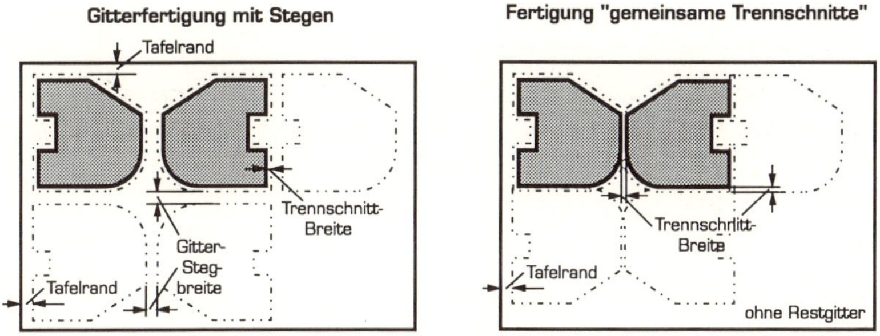

Abb. 4.2.15: Alternativen der Mehrfachnutzen-Bearbeitung

Unter **Zuschnittbearbeitung** wird eine Platinenbelegung verstanden, bei der Konturteile eines Nutzens mit den Platinenkanten zusammenfallen, so daß keine eigentlichen Tafelränder entstehen. Damit werden insbesondere bei großflächigen Nutzen Trennschnittlängen und Material eingespart. Bei der erweiterten Zuschnitt-Bearbeitung sind stets mehrere Nutzen pro Platine herstellbar, Abb. 4.2.16.

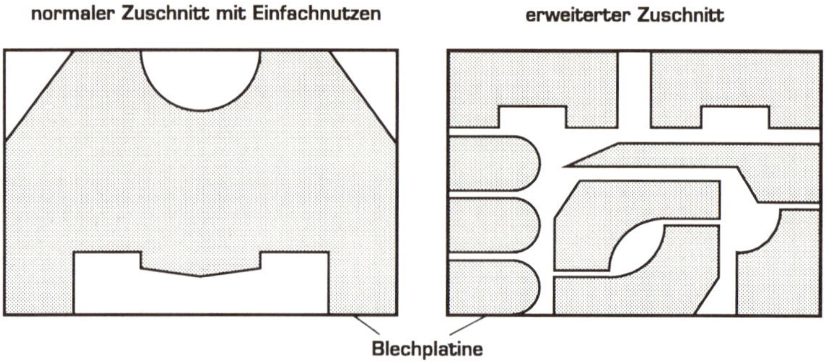

Abb. 4.2.16: Alternativen der Zuschnittbearbeitung

In diesem Zusammenhang stellt die Platineneinspannung ein weiteres Entscheidungskriterium dar. Hierbei bestehen je nach Maschinentyp die Möglichkeiten, mit festen oder mit wegschwenkbaren Spannpratzen zu arbeiten.

Die zu programmierenden Technologiewerte für eine Laserbearbeitung werden in einer sog. **Technologietabellennummer** (TTN) zusammengefaßt, die vom NC-Programm mit einer Codierung, z.B. G801 [TTN], aufgerufen werden kann. Sie setzt sich zusammen aus der Lasertabellennummer und einer Kennziffer für die Laserbearbeitungsart, Abb. 4.2.17.

Beispiel: - Laserbearbeitung mit spez. Laser-, Prozeß- und Werkstückparametern entsprechnd der Lasertabellennummer 4444.
- Gewünschte Laserbearbeitungsart: sanftes Einstechen, normale Schneidart, kleine Konturgröße (Ermittlung der Kennziffer s.unten!)

Lasertabellennummer 4444					
Einstechart		Schneidart		Konturgröße	
normal	sanft	normal	reduziert	groß	Klein
0	1	0	1	0	1

Kennziffer für Laserbearbeitungsart = 101

Damit ergibt sich die Technologietabellennummer mit 4444101

nach Fa.TRUMPF GmbH&Co

Abb. 4.2.17: Definition der Technologietabelle für Laserbearbeitung

Die Lasertabellennummer enthält alle erforderlichen Laser-, Prozeß- und Werkstückparameter für die Einstellung und Optimierung der Laserbearbeitung, wie z.B. die Schlüsselparameter: Maschinenart — Laserleistung — Materialart — Materialdicke — Gasdruck — Linsenbrennweite u. dgl.

Die Laserbearbeitungsart wird durch die zu wählende Einstechart, Schneidart und Konturgröße mittels einer Kennziffer festgelegt. Dies gilt ebenso für weitere Bearbeitungsarten wie z.B. Körnen, Kennzeichnen und Abdampfen.

Im Technologiedatenspeicher der Laser-CNC-Steuerung sind eine Vielzahl von erfahrungsgestützten Technologietabellen abgespeichert. Zur Abarbeitung eines NC-Programms an der Laserschneidmaschine wird jeweils auf die programmierte TTN zugegriffen, wobei deren Informationsinhalt anhand von technologischen Einstellzyklen durch die Steuerung umgesetzt wird.

Die Festlegung der Laserbearbeitung und deren Programmierfolge kann entweder manuell oder rechnergestützt geschehen. Hierzu ist für jede Kontur ein geeigneter Lasereinstech- und -abschaltpunkt festzulegen. Jeder Werkstückkontur wird sodann eine geeignete Technologietabellennummer zugeordnet. Anhand eines Re-

Verschachtelte Blechplatine:

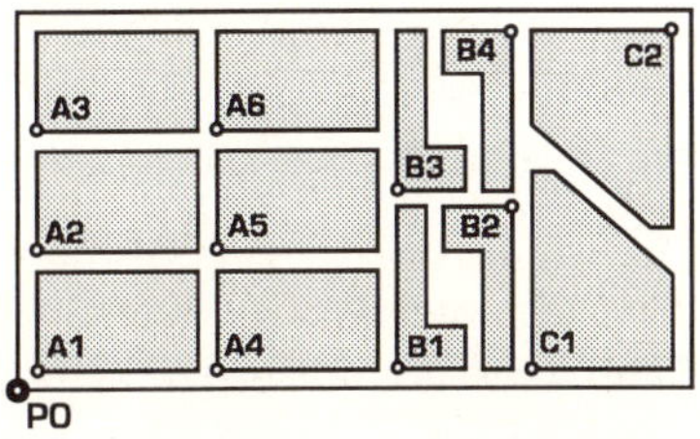

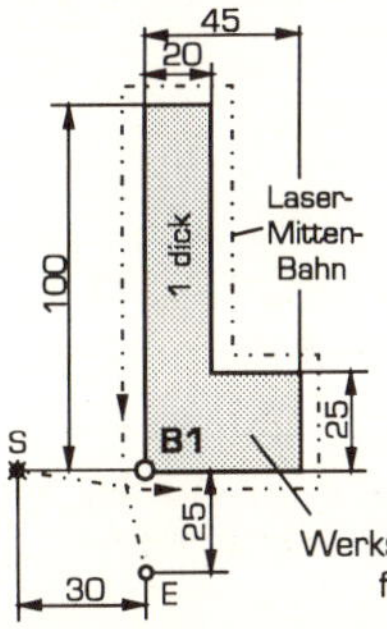

Unterprogramme:

Es werden drei Unterprogramme benötigt:

Teil A: P100010
Teil B: P200010
Teil C: P300010

S = Laserstart
E = Laserende

Hauptprogramm-Struktur:

%, Prpgrammnummer
Definition Platinenabmessungen
Nullpunktdef., Maschinen-/Steuerungsart

Teil Nr.A, lfd Nr.1
Nullpunktverschiebung für A1
Unterprogramm-Aufruf Q100010 (s.Beisp.)
.........(gleiches gilt bis Teil A6)

Teil Nr.B, lfd.Nr.1
Nullpunktverschiebung für B1
Unterprogrammaufruf Q200010 (s.Beisp.)
Teil Nr.B, lfd.Nr.2
Nullp.verschiebung und -verdrehung für B2
Unterprogrammaufruf Q200010
.........(gleiches gilt für Teil B3 und B4)

Teil Nr.C, lfd.Nr.1
Nullpunktverschiebung für C1
Unterprogrammaufruf Q300010
Teil Nr.C, lfd.Nr.2
Nullp.verschiebung und -verdrehung für C2
Unterprogrammaufruf Q300010

Laserbetrieb AUS
Programmende
Lasereinstelldaten

Programmierbeispiel für Unterprogramm Teil B:

```
(DSF, P200010)
N10 (*MSG, Unterpr.Nr. P200010)
N20 (*MSG, Teilenummer 1)
N30  G801 (1000000) M21(1)     Technol.Tabelle, Anw. Rad.korr.Sp.=0.1mm
N40  G0 X-30 Y0                Positionieren der Lasereinstechposition S
N50  G934                      Einstechen mit Technologie
N60  G915                      Laser EIN
N70  G42 X0 F5                 Bahnkorrektur rechts, Vorschubwert
N80  G1 X45 F10  ┐
N90      Y25     │
N100     X20     │             Programmierung der
N110     Y100    │             Teilekontur B
N120     X0      │
N130             ┘
N140 G40 Y-25                  Bahnkorrektur AUS, Positionierung auf E
N150 G918                      Laser AUS
N160 M2                        Unterprogramm ENDE
```

Abb. 4.2.18: Programmierstruktur für Laserschneiden mit Beispiel für Unterprogramm gelwerkes lassen sich damit die darin enthaltenen Informationen in entsprechende G- und M-Funktionen für die CNC-Steuerung umsetzen.

Programmierstruktur und NC-Programmerzeugung:

Im Hauptprogramm wird der Bearbeitungsablauf mit Positionsbewegungen zu sämtlichen Werkstückkonturen auf der Platine sowie mit Unterprogramm-Aufrufen beschrieben. Für jedes Einzelteil ist ein eigenes Unterprogramm mit Geometriekontur und Lasertechnologiewerten zu programmieren. Während das Hauptprogramm vorteilhaft durch ein rechnergestütztes NC-Programmiersystem erzeugt werden kann, lassen sich die Unterprogramme meist problemlos auch manuell programmieren.

Rechnergestützt erstellte Programme werden in üblicher Weise mittels Postprozessoren auf das betreffende maschinen-/steuerungsspezifische DIN/ISO-Format konvertiert. Durch den Einsatz eines Softwaremoduls für Laserbearbeitungssimulation kann das erzeugte NC-Programm bezüglich Syntax, Bearbeitungsfehler und Kollisionen überprüft und editiert werden.

Anhand eines **Programmierbeispiels** wird in der Abb. 4.2.18 die Programmierstruktur einer Laserbearbeitung dargestellt.

2. CNC-Stanz- und Nibbelbearbeitung [60], [61]

Das Stanz-/Nibbelverfahren wird hauptsächlich dort eingesetzt, wo regelmäßige Durchbrüche und einfache achsparallele Konturen in größerer Anzahl und bei größeren Abmessungen zu bearbeiten sind. Eine weitere und zunehmend interessantere Anwendung besteht durch das Nibbeln von kreisförmigen Konturformen sowie von Materialien, die mit dem Laser nur begrenzt schneidbar sind. In diesem Zusammenhang gelangen Standardwerkzeuge mit sog. Werkzeugrotation zum Einsatz.

Die CNC-Stanz-/Nibbelmaschinen besitzen eine typische C-Gestellbauweise. Das Antriebssystem bildet der NC-gesteuerte Hydraulikstanzkopf in der Z-Achse, die auch mit einer zusätzlichen NC-Drehachse für Werkzeugrotation ausgestattet werden kann. Der Vorschubantrieb erfolgt durch eine bahngesteuerte 2D-Koordinatenführung in X- und Y-Achse, an der die Spannpratzen zum Einspannen der Blechplatine angeordnet sind, Abb. 4.2.19. Die Werkstückplatine selbst wird zur Sicherstellung einer exakten Auflage sowie einer ebenen bzw. leichtgängigen Führung durch einen festen Kugelführungstisch unterstützt.

Durch den Einsatz einer NC-Drehachse im Stanzkopf wird eine programmierbare Rotation des Werkzeugsatzes (Stempel, Niederhalter, Matrize) ermöglicht. Damit werden nicht nur bessere Konturbearbeitungsqualitäten erzielt, sondern auch weniger Werkzeuge notwendig und damit kürzere Rüstzeiten erzielt. Matrize und

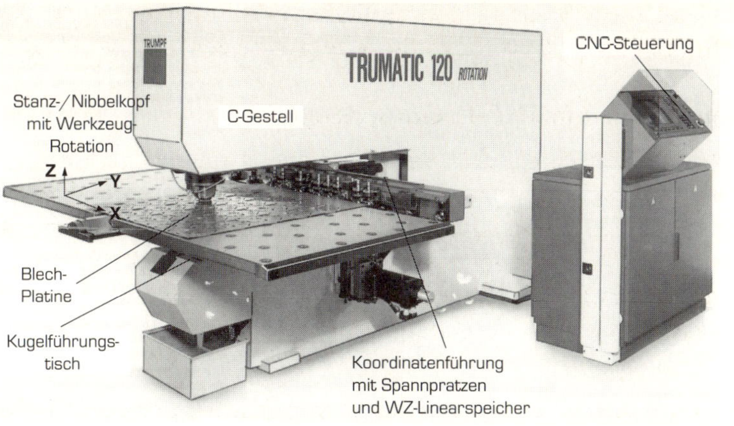

Abb. 4.2.19: Aufbau einer CNC-Stanz- und Nibbelmaschine

Stempel werden durch zwei getrennte elektrische Servoantriebe in exakter Synchronisation gedreht. Die Bearbeitung kann sowohl durch „Einzelstanzen“ von Positionierungen mit spez. Werkzeuggeometrie, als auch durch „Nibbeln“ (Knabberschneiden) von Konturformen mit Standardwerkzeugen durchgeführt werden. Die Besonderheit bei der CNC-Steuerung liegt in der hochdynamischen Synchronisation zwischen den simultan gesteuerten Achsbewegungen und der intermittierenden Stößelhubbewegung des Werkzeugs. Damit lassen sich beim Nibbeln max. Hubfrequenzen im Bereich von 300 bis 500 Hübe/min je nach vorliegenden Bearbeitungsparametern wie z.B. Blechdicke, Material, Oberflächenqualität usw. erreichen.

Bei der Werkzeugbereitstellung wird zwischen zwei verschiedenen Systemen unterschieden:

- Die Ausrüstung des Stanzkopfes mit **Mono-Werkzeugaufnahme.** Hierbei kann ein Werkzeugsatz entweder manuell oder automatisch mittels eines auf der Koordinatenführung angeordneten Pickup-Werkzeug-Kassettensystems gewechselt werden.
- Durch den Einsatz eines **WZ-Wechselmagazins** mit mehreren, z.B. 8 bis 10 Werkzeugstationen, kann eine schnelle Wechselzeit des Werkzeugsatzes realisiert werden. Dieses WZ-Magazin ist im unteren Teil des Maschinengestells eingebaut und ermöglicht eine äußerst kurze Werkzeugsatz-Wechselzeit. Es bietet sich außerdem die Möglichkeit, in jeder Magazinstation ein sog. **Multitool-Werkzeug** einzusetzen, was bei bestimmten Stanz-/Nibbelbearbeitungen die Produktivität wesentlich erhöht, Abb. 4.2.20. Sämtliche Werkzeuge eines Multitools können durch eine programmierte Rotation in jede Winkellage gebracht werden.

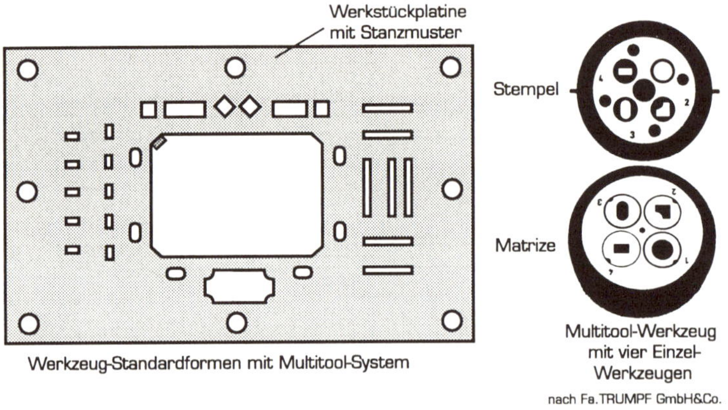

Abb. 4.2.20: Einsatz von Multitool-Werkzeugsystemen in CNC-Stanz-/Nibbelmaschinen

Werden Werkstückplatinen eingesetzt, die größer als der Nennarbeitsbereich der Stanz/Nibbelmaschine sind, so besteht die Möglichkeit des Wendens bzw. des programmierbaren Nachsetzens der Platine. Liegen andererseits zu bearbeitende Geometrieelemente im Spannpatzen-Totbereich vor und besitzt die Maschine drei bzw. vier Spannpratzen, so läßt sich durch programmiertes Rückschwenken betreffender Spannpratzen eine Komplettbearbeitung der Werkstückplatine durchführen.

Geometrieerstellung bei Stanz-/Nibbelbearbeitung:

Die **Erzeugung der Werkstückgeometrie** beim Stanzen/Nibbeln kann im Prinzip auf ähnliche Weise wie bei den anderen Fertigungsverfahren erfolgen. Da hier jedoch meist einfachere Geometrieelemente und regelmäßige Geometriekonturen zu bearbeiten sind, ist eine manuelle bzw. makroorientierte Geometrieerstellung mittels grafisch-interaktiver Werkstückbeschreibung zweckmäßig, Abb. 4.2.21.

Während die Definition von Geometriemakros durch einfache Eingabe der Geometrieparameter und Start-Koordinatenfestlegung erfolgt, werden die freien Konturen durch übliche Geraden- und Kreisbogendefinitionen erzeugt. Bei der rechnergestützten Geometrieerstellung kann von der zusätzlichen Möglichkeit der Geometrietransformation Gebrauch gemacht werden wie z.B. mit Verschieben, Verdrehen, Spiegeln, Scalieren usw. von Geometrieregelkonturen.

Die **Belegung der Blechplatinen** mit den erforderlichen Werkstückgeometrien erfolgt auf die gleiche Weise wie bei der Laserbearbeitung unter Pos. 1, wobei ebenso zwischen einer **Mehrfachnutzen-** und einer **Zuschnittbearbeitung** unterschieden wird. Die Platinenbelegung bei der Mehrfachnutzen-Bearbeitung kann hierbei entweder manuell oder mittels eines Schachtelungs-Prozessormoduls nach

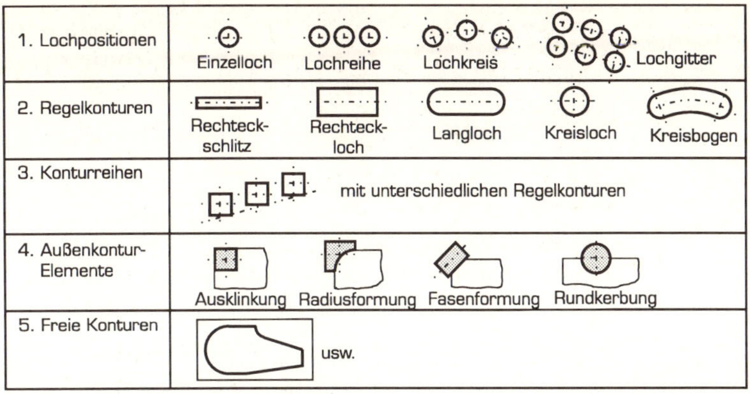

Abb. 4.2.21: Möglichkeiten der Geometriebeschreibung bei der CNC-Stanz-/Nibbelbearbeitung

Abb. 4.2.14 vorgenommen werden. Bei der Plazierung der Werkstückgeometrien können unterschiedliche Methoden eingesetzt werden wie z.B. Besäumen mit und ohne Platinenrand sowie Gittertrennung mit gemeinsamem Trennschnitt.

Stanz-/Nibbel-Technologie:

Nach Vorliegen der optimalen Platinenbestückung im Hinblick auf geringstmöglichen Werkstoffverschnitt erfolgt die Festlegung der Bearbeitungsvorgangs-Reihenfolge für alle definierten Werkstückgeometrien. Eng damit verknüpft ist die jeweils anzuwendende Stanz-/Nibbelbearbeitungsstrategie sowie die zugeordnete Werkzeugart, Abb. 4.2.22. Es besteht die Möglichkeit, eine Werkstückgeometrie mit nur einem oder auch mit mehreren Werkzeugen zu bearbeiten.

In diesem Zusammenhang sind folgende wesentlichen Zielkriterien zu beachten:

- Einsatz großflächiger Werkzeuge zur Minimierung der Hubzahlen
- Verwendung von wenigen, universell einsetzbaren Werkzeugen
- Minimierung der Werkzeugwechsel durch Sortierung der Bearbeitungsvorgänge für die gesamte Blechtafel, die jeweils das gleiche Werkzeug erfordern.

Bei der Festlegung der Bearbeitungsreihenfolge ist insbesondere auch auf ein evtl. notwendiges Nachsetzen bzw. Wegschwenken der Spannpratzen zu achten und eine diesbezügliche Programmierung vorzunehmen. Schließlich sind für sämtliche Bearbeitungsoperationen der Blechtafel die Start- bzw. Endpositionen im Hinblick auf kurze Positionierwege zu definieren und deren Nullpunktkoordinaten festzulegen. In diesem Zusammenhang lassen sich verschiedene Abarbeitsstrategien wie z.B. mäanderförmige, spaltenweise und reihenweise Abarbeitung von Teilgeometrien einsetzen.

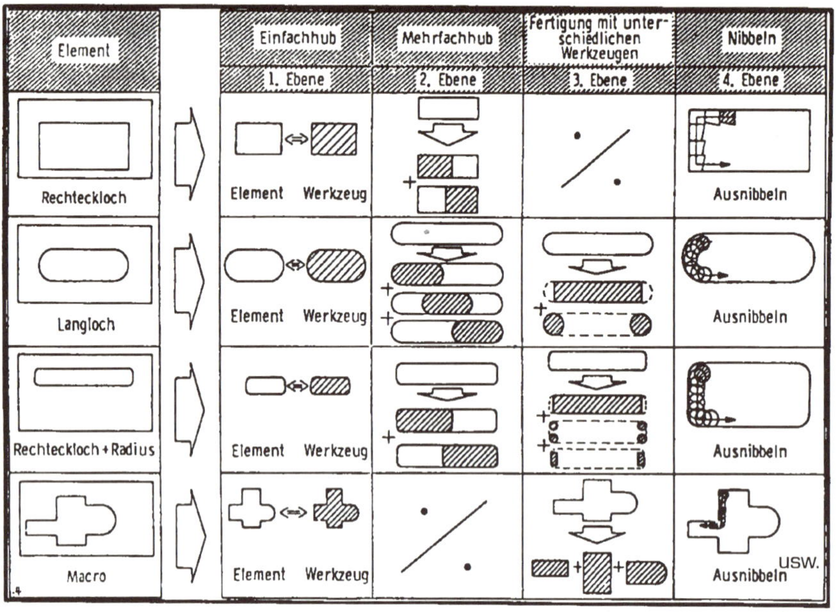

Abb. 4.2.22: Stanz- und Nibbelstrategien für die Bearbeitung von Werkstückgeometrien nach [61]

Standardwerkzeuge:		
Rundwerkzeug	D	für normale Stanz-/Nibbelbearbeitung mit und ohne Werkzeugrotation
Quadratwerkzeug	a x a	
Rechteckwerkzeug	a x l	
Langlochwerkzeug	a x l,r	
Sonderwerkzeuge:		
Trennwerkzeug	z.B. 5 x 156	für Besäumen und Trennen
Bogenwerkzeug	z.B. R45/40	für Einsatz mit C-Achse
Umformwerkzeuge	für Herstellung von Durchzügen, Kiemen, Sicken, Brücken usw., Prägebearbeitung	

Abb. 4.2.23: Arten von Stanz- und Nibbelwerkzeugen

Für eine wirtschaftliche Stanz-/Nibbelbearbeitung sind eine Reihe von Standard- und Sonderwerkzeugen erforderlich, die unterschiedliche Formen und Abmessungen aufweisen können, Abb. 4.2.23. Jedes dieser Werkzeuge wird anhand einer Werkzeugtabelle in der Technologiedatei der CNC-Steuerung unter folgenden Kenndaten abgespeichert:

- Werkzeugnummer
- Eignung für Blechdickenbereich s_{min}/s_{max}
- Werkzeuggeometrie
- Werkzeugkorrekturmaße.

Die Festlegung der Werkzeuggeometrie hängt im wesentlichen von der Blechdicke, der Blechqualität und von der Stempelschneidenform (ebene bzw. schräge Schneidfläche) ab. Hierfür stehen entsprechende Erfahrungswertdateien in der CNC-Steuerung zur Verfügung.

Der beim Nibbeln zu programmierende Vorschubschritt E [mm/Hub] verursacht z.B. beim Einsatz eines Rundwerkzeuges eine direkte Auswirkung auf die geforderte Rauhigkeit R_t der Nibbelkonturfläche. Eine qualitative Darstellung dieser Beziehungen ist in Abb. 4.2.24 zusammengefaßt:

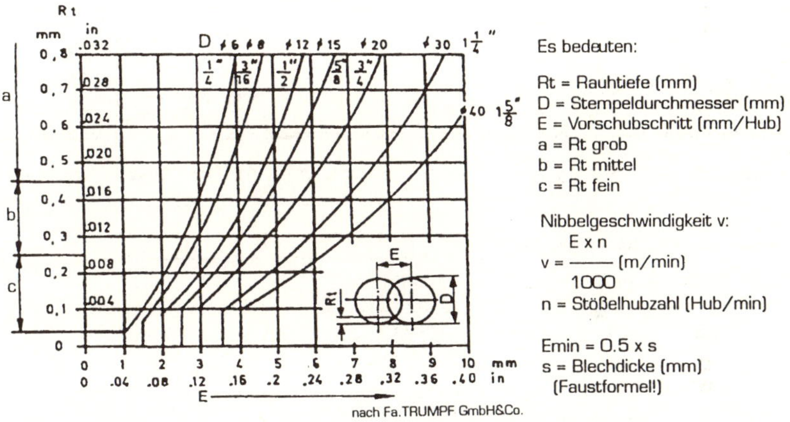

Abb. 4.2.24: Rauhtiefendiagramm in Abhängigkeit von Stempeldurchmesser und Vorschubschritt beim Nibbeln

Programmierstruktur und Programmerzeugung:

Nach erfolgter Platinenbelegung mit den zu bearbeitenden Teilgeometrien werden diesen jeweils geeignete Stanz-/Nibbelwerkzeuge zugeordnet. Anschließend wird versucht, entsprechende Abarbeitsstrategien für eine optimale Bearbeitungsfolge, für Rest- und Austrennbearbeitungen sowie für eine evtl. Teileentsorgung zu definieren. Hierzu stehen i.d.R. verschiedene Bearbeitungszyklen wie z.B. für Ausstanzen, für Nibbeln von Teilegeometrien, für automatisches Nachsetzen der Platine sowie für die Entsorgung von Teilenutzen zur Verfügung.

Der Bearbeitungsablauf sollte sich nach Möglichkeit an einer minimalen Anzahl von Werkzeugwechseln orientieren, d.h. mit einem bestimmten Werkzeug unterschiedliche Werkstückgeometrien nacheinander zu bearbeiten. Hierbei empfiehlt sich eine Sortierung vom kleinsten zum größten Werkzeug.

Die Programmierung selbst läßt sich vorteilhaft anhand moderner WOP-Module der CNC-Steuerung oder mittels komfortabler rechnergestützter Programmiersysteme durchführen. Die Anwendung der Unterprogrammtechnik ermöglicht wegen der teilweise gleichen Schachtelteile die Erzeugung einfacher und kompakter Programme. Mit Programmiersystemen erstellte CLDATA-Programme werden durch übliche Postprozessoren auf das betreffende maschinen-/steuerungsspezifische DIN/ISO-Format konvertiert, wobei neben dem NC-Programmausdruck ein Einrichteplan mit Werkzeugen und Bearbeitungszeiten ausgegeben wird. Ein spez. Stanz-/Nibbel-Simulationsmodul überprüft das erzeugte NC-Programm hinsichtlich Syntax und möglicher Bearbeitungsfehler bzw. Kollisionen, wodurch die Programmeinfahrzeit auf der Stanz-/Nibbelmaschine auf ein Minimum reduziert wird, Abb. 4.2.25.

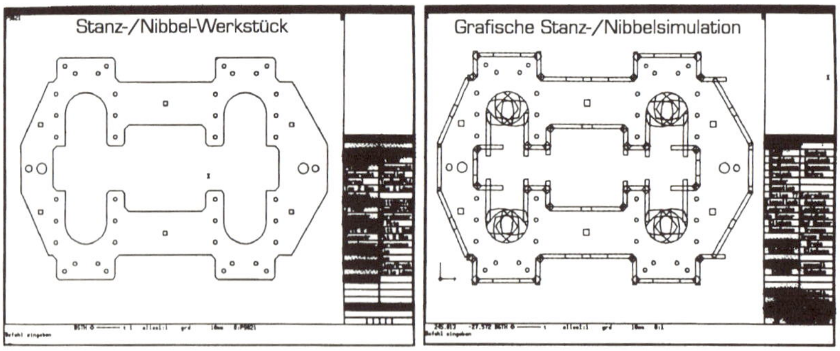

Abb. 4.2.25: Grafisch-dynamische Simulation einer Stanz-/Nibbelbearbeitung

Programmierbeispiel einer Stanz-/Nibbelbearbeitung:

Die Stanz-/Nibbelprogrammierung wird vorteilhaft durch Haupt- und Unterprogrammtechnik realisiert. Während Positionierungen und einfache Geometriekonturen meist direkt im Hauptprogramm programmiert werden, erfolgt für umfangreichere bzw. komplexere Geometriekonturen der Einsatz von entsprechenden Unterprogrammen. Aus Übersichtlichkeitsgründen sollten diese Unterprogramme so abgegrenzt werden, daß sie jeweils nur für ein bestimmtes Werkzeug ausgerichtet sind. Damit ist im Hauptprogramm lediglich noch die Startposition sowie der betreffende Unterprogrammaufruf zu programmieren. Anhand eines Programmierbeispiels nach Abb. 4.2.26 soll die Programmierstruktur und der Programmierablauf einer Stanz-/Nibbelbearbeitung näher erläutert werden.

Zeichnung für Stanz-/Nibbelbearbeitung

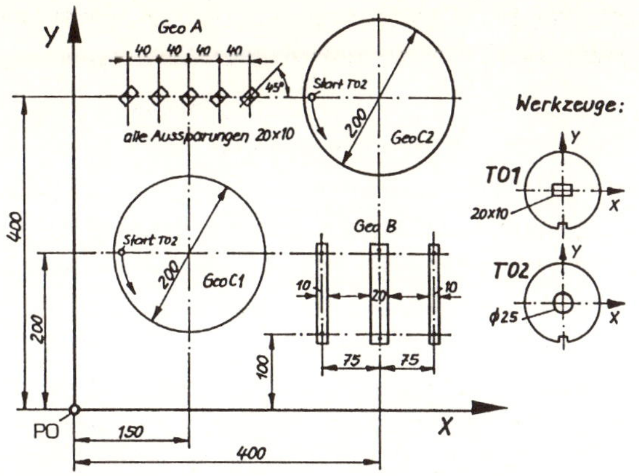

Stanz-/Nibbel-Hauptprogramm:

```
%
(DFS, P55555)
5#MACHTYP$ = "500/91T"                Stanz-/Nibbelmaschine Fa.TRUMPF GmbH&Co
N10  (*MSG, Hauptprogr.Nr. P55555)
N20  (*MSG, Abm.Blechtafel, ...........)
N30  G92                              Nullpunktverschiebung gegenüber MNP
N40  F108                             max. Vorschubgeschwindigkeit m/min
N50  G1 M20                           Abwahl aller Stanz-/Nibbelfunktionen
N60  M28 S2.0                         Blechdicke s=2mm
N70  T00 (99,04)                      Definition der Spannpratze Nr.4 und Nr.8
N80  T00 (99,08)                      auf Koordinatenführung
N90  G56 Xe Ye                        Fahren in Platinen-Einlegeposition
N100 M61                              Spannpratzen öffnen
N110 M00                              Programm-Halt für man. Blecheinlegen
N120 G53 Xe Ye                        Nullpunktverschiebung löschen
N130 G92 Xo Yo                        Werkst.-Nullpunktverschiebung auf PO
N140 T01 (4, 20.00,10.00)             Einsatz Rechteck-Werkzeug 20 x 10
N150 M6 (0,1)                         0=Normalblech, 1=lfde.WZ-Nummer
N160 G90 X70  Y400 C45 M25  ]         Stanzen Einzelhub, WZ-Rotation, GeoA
N170      X230    E40       ]         Stanzen im Abstand 40mm bis Endposit.
N180      X325 Y200 C90 M20 ]         Startpos. GeoB, WZ-Rotation, Abw. Stanzen
N190           Y100 E15 M22 ]         Nibbeln bis Endposit., Vorschub 15 mm/Hub
N200      X400 Y205 C0  M20 ]         Wiederholung .....
N210           Y95  E8  M22 ]
N220      X600 Y200 C90 M20 ]         Wiederholung .....
N230           Y100 E15 M22 ]
N240                C0  M20           WZ-Rotation AUS, Abwahl Nibbeln
N250 T02 (1, 25)                      Einsatz Rundwerkzeug mit D=20
N260 M6 (0,2)                         0=Normalblech, 2=lfde.WZ-Nummer
N270 G90 X62.5 Y200 M20               Startposition für Geo C1
N280 Q10055555                        Nibbel-Unterprogr.Aufruf für GeoC
N290      X312.5 Y400 M20             Startposition für Geo C2
N300 Q10055555                        Nibbel-Unterprogr.Aufruf für GeoC
N310 M30                              Hauptprogramm ENDE
```

Abb. 4.2.26: Programmierbeispiel für eine Stanz-/Nibbelbearbeitung mit Werkzeugrotation

4.2.3 Programmierung von Funkenerosions-Bearbeitungsverfahren [62], [63], [64], [65]

Die funkenerosiven Bearbeitungsverfahren — Senkerodieren und Drahterodieren — haben insbesondere im Bereich des Werkzeug- und Formenbaus eine zunehmende Bedeutung und Dominanz erlangt, Abb. 4.2.27.

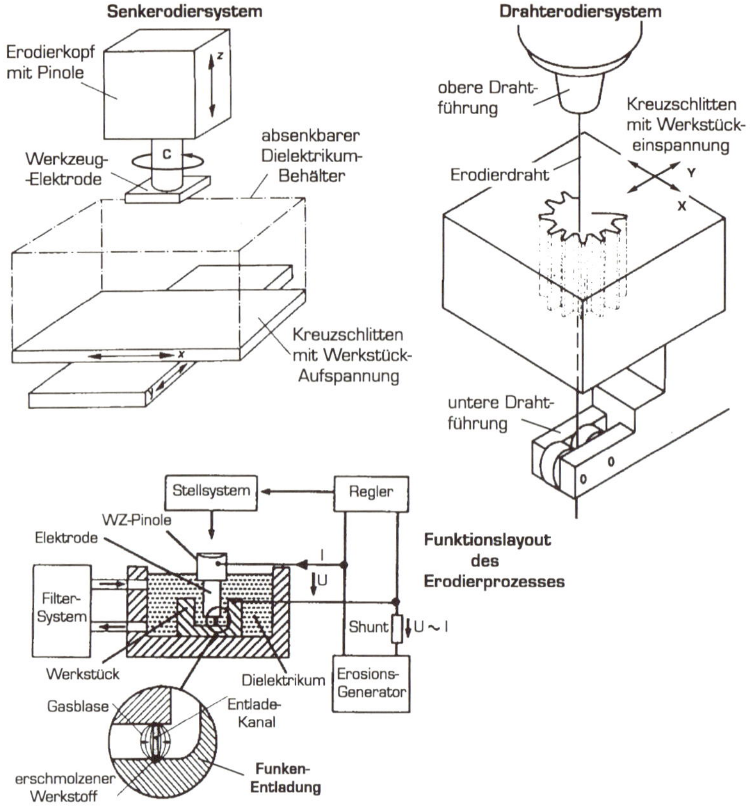

Abb. 4.2.27: Funktionsprinzipien für Senk- und Drahterodieren

Dies ist im wesentlichen auf vielfältige Anforderungen und Entwicklungen zurückzuführen wie z.B.:

- Die Zunahme der Erzeugung von Kunststoffprodukten und damit verbunden
- der Wunsch nach komplexeren 3D-Werkstückformen,
- die Bearbeitung nicht zerspanbarer Werkstücke bezüglich Werkstückform und Materialhärte,
- die Verfügbarkeit verbesserter Erodier- und Steuerungstechniken und
- die Entwicklung rechnergestützter Softwaremodule für einfachere Bedienung und Programmierung der Erodiermaschinen.

Erodierprozeß:

Die Funkenerosion beruht auf einem elektrisch-physikalischen Prozeß, wobei zwischen einer Werkzeugelektrode (Stempel bzw. Draht) und einem Werkstück Material abgetragen wird. Der Erodierprozeß selbst mit Erodierelektrode und Werkstück findet in einem absenkbaren Behälter mit Dielektrikum-Flüssigkeit statt. Die dazu notwendigen Spannungsimpulse im Erodierspalt zwischen Elektrode und Werkstück werden von einem speziellen Impulsgenerator erzeugt. Nach der Ionisierung des Dielektrikums im Erodierspalt bildet sich ein Entladekanal aus, der ein Abschmelzen und Verdampfen von Materialpartikeln des Werkstücks zur Folge hat. Der stets konstant zu haltende Erodierspalt wird aufgrund der programmierten Erodierparameter mittels des Vorschubachsensystems steuerungsgeregelt. Das Dielektrikum hat neben einer guten Ionisierungseignung die zusätzlichen Aufgaben der Elektrodenkühlung sowie der Ausspülung von Abtragspartikeln aus dem Erodierspalt. Trotz neuester Erodiergeneratortechnik unterliegt die Erodierelektrode nach einem gewissen Formverschleiß.

Verfahrensübergreifende NC-Programmierung:

Das Werkstückspektrum beim Erodieren reicht von Werkzeugformen und -profilen bis hin zu geometriekomplexen Prototyp- und Serienteilen. Für die Herstellung von Werkzeugformen sind i.d.R. mehrere Fertigungsverfahren beteiligt wie z.B. das 2D/3D-Fräsen/Bohren sowie das Senk- und Drahterodieren. Zwischen diesen Fertigungsverfahren bestehen bezüglich der Arbeitsvorgangsfolgen bestimmte Funktionszusammenhänge, u.a. auch die Mehrfachverwendung von Geometriedaten für die NC-Programmierung, Abb. 4.2.28.

Während Fräs- und Senkerodiermaschinen in bezug auf das Achsenkoordinatensystem und damit auf die NC-Programmierung einen ähnlichen Aufbau besitzen

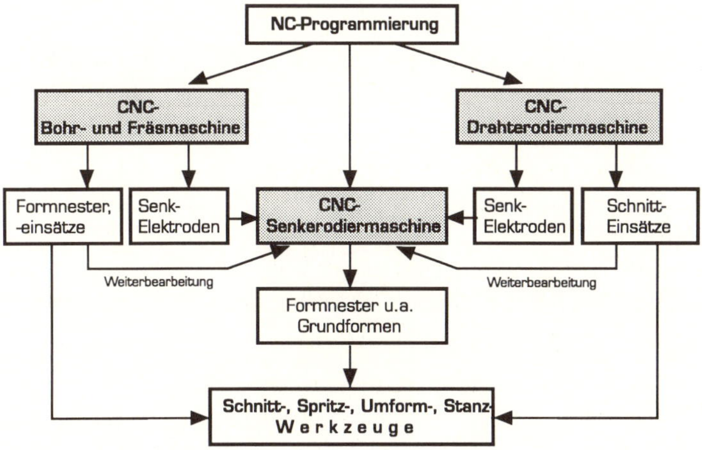

Abb. 4.2.28: CNC-Bearbeitungsstruktur bei der Herstellung von Werkzeugformen

(3—5 Achsen/3D), können Drahterodiermaschinen eher mit Maschinen-/Steuerungskonzepten der CNC-Blechbearbeitung verglichen werden (2 Achsen/2D).

Für eine effiziente NC-Programmierung der Erodierbearbeitung ist es daher notwendig, ein gemeinsames und durchgängiges Gesamtkonzept vorzusehen, wobei gleichartige Datenformate, Bedienoberflächen und Programmierstandards eingesetzt werden sollten. Während Erodierwerkstücke mit geringer und mittlerer Werkstückkomplexität in gewissem Umfang meist manuell programmiert werden, müssen bei den komplexeren Werkstücken leistungsfähige 3D/NC-Programmiersysteme eingesetzt werden. Die Programmiersyntax der Erodiersteuerungen ist außer einem gewissen DIN/ISO-Grundanteil i.d.R. ausgesprochen herstellerspezifisch gehalten.

1. CNC-Senkerodierbearbeitung [66], [67]

Bei der CNC-Senkerodierbearbeitung gelangen hauptsächlich C-Gestell- bzw. Portalmaschinen für größere Werkstücke zum Einsatz, Abb. 4.2.29. Sie besitzen

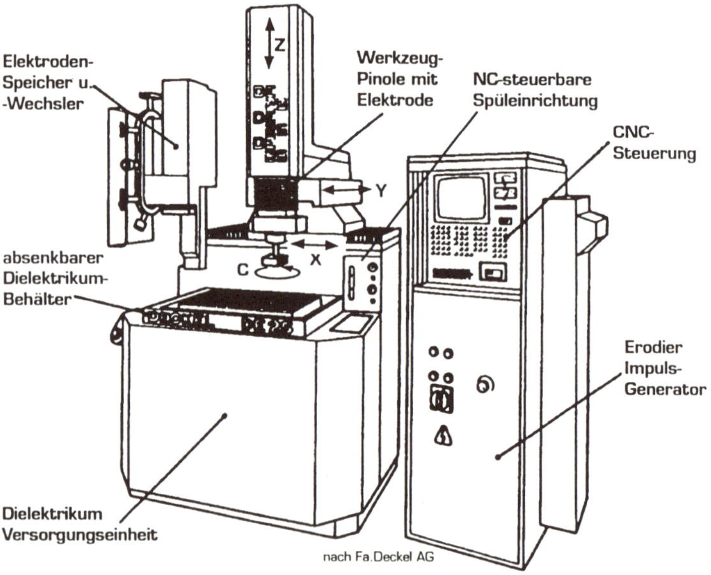

Abb. 4.2.29: CNC-Senkerodierzentrum mit 4 NC-Achsen

leistungsfähige CNC-Bildschirmdialogsteuerungen, die sowohl eine einfache Bedienung als auch eine komfortable Rechnerunterstützung bezüglich adaptiver Erodierprozeßregelung, NC-Programmierung mit Erodierzyklen sowie grafisch-dynamischer Werkstücksimulation bieten.

CNC-Senkerodiertechnologie:

Beim konventionellen Senkerodieren werden die zu bearbeitenden Werkstückkonturen mit abbildenden Formelektroden durch fortlaufende Einsenk-Bearbeitungsgänge wie z.B. Schruppen, Schlichten, Feinschlichten usw. hergestellt. Das Hauptproblem stellt der hohe Fertigungsaufwand dieser 3D-Formelelektroden auf einer Vorfertigungsmaschine dar. Weiterentwicklungen der Steuerungstechnik bezüglich simultaner Mehrachsensteuerungen und Senk-Erodierbearbeitungszyklen ermöglichten es, die Formerzeugung in Verbindung mit einfachen Standardelektroden sozusagen softwaremäßig durchzuführen. Dieses sog. „soft tooling" umfaßt folgende Erodiermöglichkeiten, Abb. 4.2.30:

- 3D-Erodieren mit Röhrchenelektrode (Schichtverfahren)
- Planetärerodieren mit 3-Achsen-Simultansteuerung
- Erodieren mit zusätzlicher C-Achse und Elektrodenwechsler (Helicoidal-Erodieren).

Beim Planetärerodieren wird der geradlinigen Elektrodensenkbewegung Z eine ebene Translationsbewegung X/Y überlagert, wobei die Standardelektrode um einen Betrag R aus der Mittenlage ausgelenkt wird. Durch diese Aufweitung von Einsenkungen lassen sich außerdem die Bedingungen des Erodierprozesses verbessern wie z.B. Spülverhältnisse, Elektrodenverschleiß, Genauigkeit usw. Durch die Umsetzung dieser Planetärfunktion in feste Steuerungszyklen (Senkerodierma-

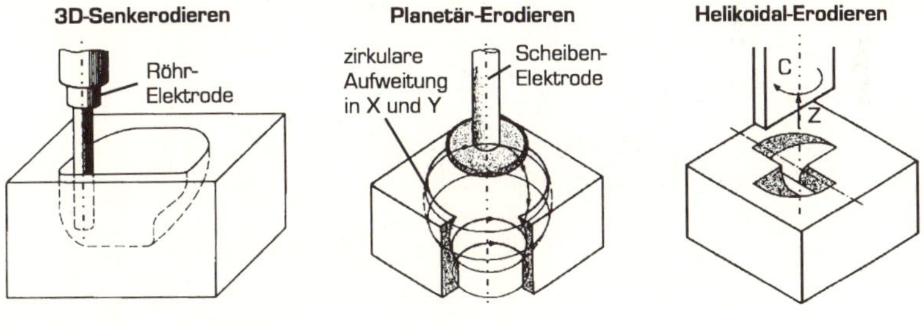

Abb. 4.2.30: Senkerodier-Alternativen mit „Soft tooling"

Aufweitungsart in X/Y-Ebene	Elektroden-Zustellstrategien in Z-Achse zylindrisch	konisch	sphärisch
- Linear			
- Zirkular			
- Sternförmig	-/-		

Abb. 4.2.31: Formgebungsmöglichkeiten beim Einsatz von Planetär-Erodierzyklen

kros) lassen sich eine Reihe von hochkomplexen 3D-Formelementen durch manuelle Programmierung bearbeiten, Abb. 4.2.31.

Gleichzeitig mit der Programmierung einer X/Y-Aufweitbearbeitung sind weitere Elektroden-Zustellungsarten möglich, wie z.B. mit schrittweiser bzw. simultaner Zustellbewegung.

NC-Programmierstruktur für Senkerodieren:

Die Programmierung von Senkerodier-Werkstücken erfolgt noch zu einem beträchtlichen Teil durch manuelles Programmieren an der CNC-Steuerung. Dies wird unterstützt durch eine dialogorientierte Bedienung und Programmierung in WOP-Art sowie durch den Einsatz von leistungsfähigen Planetär-Erodierzyklen. Die Programmierung erfolgt auf übliche Weise durch den Zyklusaufruf mittels einer G-Funktion, welche die Art des Erodierzyklus aktiviert. In der Folge sind sodann unter verschiedenen Adressen die notwendigen Geometrie- und Technologieparameter für die Bearbeitung einzugeben.

Beispiel: Planetärzyklus „zirkulare Aufweitung ohne Zustellbewegung"
G83 L1 B.. D.. R.. I.. O.. H...
Die Parameter besitzen folgende Bedeutung, Abb. 4.2.32:
B = 1. Auslenkrichtung
D = Aufweitungsschritt Δs
R = max. Aufweitung (Planetärradius r)
I = Anzahl der Umläufe zum Ausfunken
O = Rückzugsstrategie
H = Technologiekennzahl für Erodiergeneratoreinstellung.

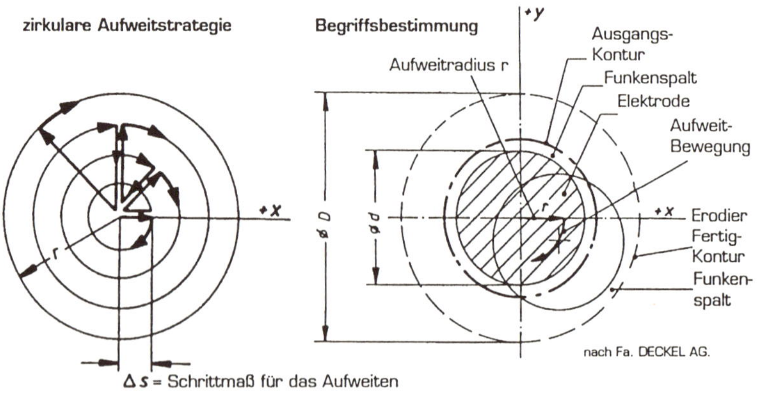

Abb. 4.2.32: Aufweitstrategie und Begriffsbestimmung für den Planetärzyklus „zirkulare Aufweitung"

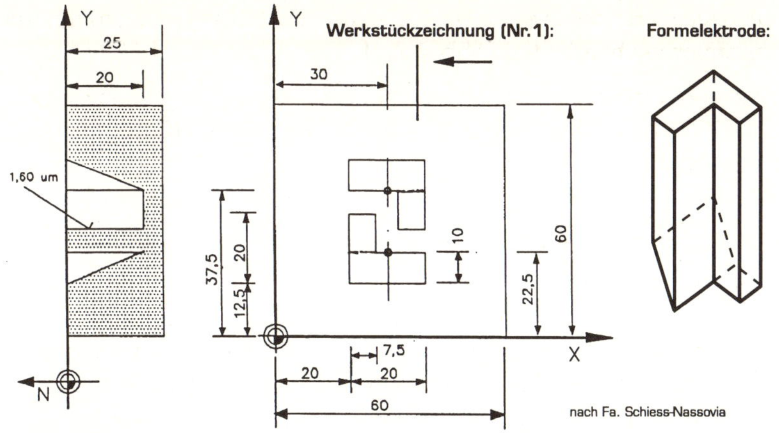

Erodier-Hauptprogramm:

```
% 0666666
N1  G0 X0 Y0 Z50 M7        Werkzeugwechselposition, Spülung ein
N2  G17                    Ebenenprogrammierung X/Y
N3  G22 L9098              U-Programmaufruf "Dielektr.Behälter füllen"
N4  T1001                  Einsatz Elektrode 01 für Schruppen
N5  S01                    Werkstück Nr. 1 aufrufen
N6  G0 Z10                 Eilgang auf Sicherheitsebene
N7  G0 X30 Y22.5 C0        Elektrode positionieren, Drehpinole referieren
N8  G22 L101               Unterprogrammaufruf "Schruppen Einsenkung"
N9  G0 Y37.5 C180          Elektrode in Y und C positionieren
N10 G22 L101               Unterprogrammaufruf "Schruppen Einsenkung"
N11 T1002                  Einsatz Elektrode 02 für Schlichten
N12 G0 Z10                 Eilgang auf Sicherheitsebene
N13 G0 X30 Y22.5 C0        Elektrode positionieren in X,Y und C
N14 G22 L102               Unterprogrammaufruf "Schlichten Einsenkung"
N15 G0 Y37.5 C180          Elektrode in Y und C positionieren
N16 G22 L9099              U-Programmaufruf "Behälter entleeren",WZ-Rückzug
N17 G22 L102               Unterprogrammaufruf "Schlichten Einsenkung"
N18 M30                    Programm-ENDE
```

Erodier-Unterprogramm 101 für Schruppen:

```
N10 G81 Z-0.2 H1004            Anerodieren mit geringer Generatorleistung
N20 G80 L0                     Generator AUS, Elektode freifahren
N30 G81 Z-10 H1019             Erodieren mit höherer Generatorleistung
N40 G80 L0                     Generator AUS, Elektrode freifahren
N50 G81 Z-19.45 H1023          Erodieren mit normaler Generatorleistung
N80 G83 L1 B0 D0.05 R0.3 H1023 Planetärzyklus "zirkulare Aufweitung"
N90 G80 L0                     Generator AUS, Elektrode Rückzug WZ-Wechselposition,
N80 G99                        Unterprogramm-ENDE, Rücksprung ins Hauptprogramm
```

Erodier-Unterprogramm 102 für Schlichten:

```
N10 G60 L19 I4 B0 D0.02 K1     Planetärzyklus "Oberfläche verfeinern"
    E-20 R0.2 Z0 J1016
N20 G80 L0                     Generator AUS, Elektrode Rückzug
N30 G99                        UP-ENDE
```

Abb. 4.2.33: Programmierbeispiel für CNC-Senkerodieren

Der Programmierablauf beim Senkerodieren gestaltet sich hinsichtlich der Handhabung der Geometrieprogrammierung und der Definition des Koordinatensystems ähnlich wie bei der Fräsbearbeitung. Bei der Technologieprogrammierung sind außer den Schaltfunktionen M und dem Werkzeugaufruf T noch zusätzliche Adreßfunktionen zu beachten wie z.B.:

S = Werkstückadresse (S03 ≙ Werkstück Nr. 3)
H = Technologiekennzahl für Einstellung des Erodiergenerators
L0 = Rückfahrgeschwindigkeit zum Startpunkt
L1 = Wiederanfahrgeschwindigkeit zum Startpunkt.

Die Technologiekennzahl stellt eine Codenummer dar, die aus den nachstehenden Erodierprozeßdaten ermittelt wird wie z.B.:

- Material/Elektrodenkombination
- Art der Erodierspaltspülung
- Abarbeitungsart beim Erodieren (Schruppen, Schlichten)
- Oberflächenrauhigkeit
- aktive Elektrodenfläche
- Elektrodenuntermaß usw.

Beim Erodieren auf einem Senkerodierzentrum können i. d. R. mehrere Werkstücke nebeneinander auf dem Werkstücktisch aufgespannt werden. In Verbindung mit der Unterprogrammtechnik läßt sich hierbei eine zusätzliche Programmverkettung der verschiedenen Werkstück-Nullpunkte über die Werkstückadresse S erreichen.

Programmierbeispiel für Senkerodieren:

Anhand eines Programmierbeispiels nach Abb. 4.2.33 soll die Programmierstruktur und der Programmierablauf für das Einsenken mit Formelelektrode näher erläutert werden.

2. CNC-Drahterodierbearbeitung [68]

Beim Drahterodieren sind zwei Bearbeitungsmethoden zu unterscheiden:

- **2-Achsen/2D-Drahterodieren mit starrer Drahtführung:**
  Die Erodierbewegung in X/Y-Ebene erfolgt mittels eines CNC-Kreuzschlittens, auf dem das Werkstück in kragender Aufspannung befestigt ist, s. a. Abb. 4.2.27. Die simultane Bahnsteuerung gestattet eine ebene Schneidbearbeitung mit beliebig komplexer Kontur. Ein vorteilhafter Einsatz liegt für Werkstücke mit großen Schnittiefen sowie mit hoher Oberflächenqualität vor.
- **5-Achsen/3D-Drahterodieren mit beweglicher Drahtführung:**
  Bei festem unterem Drahtführungskopf wird sowohl der obere Drahtführungskopf (Z, U, V) als auch der Werkstücktisch (X, Y) mittels Kreuzschlitten bahngesteuert, wobei zwischen beiden Führungssystemen programmierbare Synchronisationsbeziehungen hergestellt werden können, Abb. 4.2.34. Die Z-Achse, als 5. Achse, dient zur Einstellung der Werkstückdicke. Mit dieser Konzeption

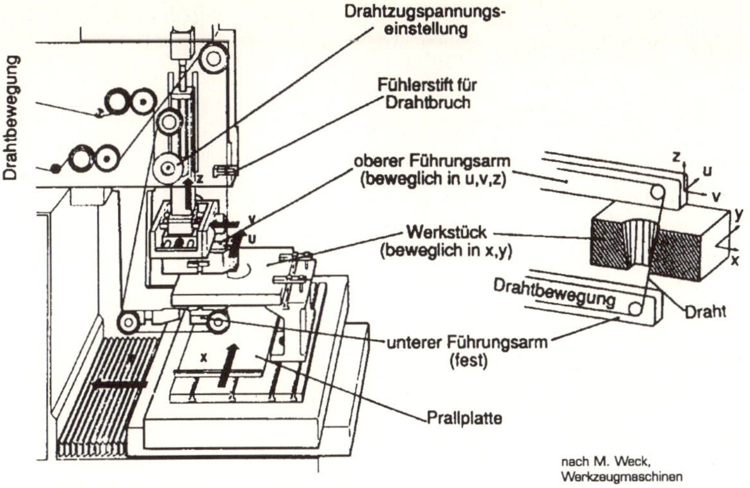

Abb. 4.2.34: Aufbau einer 5-Achsen-CNC-Drahterodiermaschine

eröffnen sich interessante 3D-Bearbeitungsmöglichkeiten für Werkstücke mit komplexen Geometrien.

5-Achsen-Drahterodiermaschinen besitzen sehr leistungsfähige CNC-Bildschirmdialogsteuerungen unter Einbindung der adaptiven Regelung des Drahterodierprozesses. Die NC-Programmierung erfolgt aus Gründen der meist komplexeren Werkstückgeometrie rechnergestützt unter Einsatz von speziellen Drahterodier-Softwaremodulen bei NC-Programmiersystemen.

CNC-Drahterodiertechnologie:

Der kalibrierte Erodierdraht (ca. 0,1 bis 0,3 mm ∅) ist das eigentliche und einzige Werkzeug beim Drahterodieren. Durch kontinuierliches Abwickeln von einem Drahtcoil während des Erodiervorgangs stellt er sozusagen ein sich ständig erneuerndes Werkzeug infolge des Drahtverschleißes dar. Die Erzeugung der Werkstückgeometrie erfolgt ausschließlich durch das simultane Achssteuerungssystem in Verbindung mit einer 2 x 2-Achsen-/2D-Bahnsteuerung. Hierbei können in zwei getrennten parallelen bzw. schrägen Ebenen (Werkstückoberflächen!) voneinander unabhängige Geometriekonturen programmiert werden, wodurch verschiedenartige 3D-Werkstückformen hergestellt werden können, Abb. 4.2.35, wie z.B.:

- Variable Konik-Bearbeitungen mit eckigen bzw. isoradialen Konturradien (max. Drahtauslenkungswinkel = ca. 30°),
- Schneiderodieren von Werkstücken mit 3D-Regelflächen bei unterschiedlichen, jedoch mittigen Geometriekonturen in den beiden Werkstückebenen

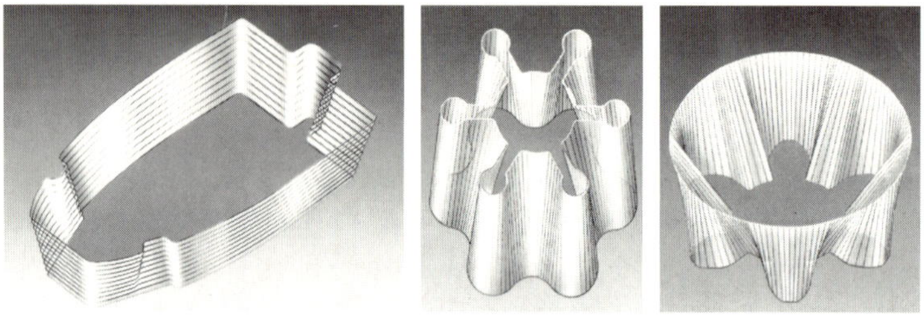

Abb. 4.2.35: 3D-Werkstückformen hergestellt durch 5-Achsen-Drahterodieren

- Schneiderodierbearbeitung durch Verschieben, Verdrehen oder Scalieren einer der beiden Geometriekonturen (z.B. „Twist" u. dgl.).

Eine weitere Variation der 3D-Erodierschnittformen besteht darin, durch jeweilige Zuordnung von Kopplungspunkten auf den beiden unabhängigen Geometriekonturen eine Synchronisation der beiden Drahtführungssysteme zu erreichen.

Zur Sicherstellung eines optimierten Drahterodierprozesses sind die zu programmierenden fertigungstechnologischen Einstelldaten für Erodiergenerator, Vorschubachsen und Spülsystem anhand der vorliegenden Werkstoff-Drahtkombination und Werkstückgeometrie sorgfältig aufeinander abzustimmen. Dies wird unterstützt durch ein wissensbasiertes Dateiensystem, das in der CNC-Steuerung bzw. im NC-Programmiersystem abgespeichert ist. Folgende Haupteinflußgrößen auf den Drahterodierprozeß sind zu berücksichtigen:

Werkstückwerkstoff — Werkstückdicke — Spülungsart — Erodierstrategie (Schruppen, Schlichten) — Drahtwerkstoff — Drahtdicke — Vorschubgeschwindigkeit — Konikwinkel u. dgl.

NC-Programmierstruktur für Drahterodieren:

Die NC-Programmierung von Drahterodierwerkstücken erfolgt größtenteils mit rechnergestützten NC-Programmiersystemen. Hierbei werden die notwendigen Geometriekonturen entweder über eine integrierte **Geometrieerstellungs-Software** oder mittels CAD/NC-Kopplung erzeugt. In diesem Zusammenhang kann zusätzlich auf spezielle Geometriemodule wie z.B. Evolventen-Verzahnungsgeometrie u.ä. zugegriffen bzw. mit Geometriemakros gearbeitet werden.

Bei der Erstellung der Bearbeitungsstrategie für ein Drahterodierwerkstück stellt jede offene bzw. geschlossene Geometriekontur einen eigenen Bearbeitungsvorgang dar, dem stets geeignete Anschnittbohrungen für das Einfädeln des Erodierdrahtes zuzuordnen sind. Diese Startpositionen müssen stets in das Ausfallteil gelegt werden. Besitzt das Werkstück mehrere Bearbeitungsvorgänge, so ist mit Hilfe einer entsprechenden Abarbeitungsstrategie das Steuerprogramm durch Verkettung der Einzelbearbeitungen (Anreihungstechnik) zu erstellen, Abb. 4.2.36. Diese Abarbeitungsstrategie kann manuell oder rechnergestützt durchgeführt werden.

Ein Drahterodier-Bearbeitungsvorgang kann mehrere Bearbeitungsoperationen beinhalten wie z.B. Schruppen (Vollschnitt), Schlichten (Nachschnitt), Feinbearbeitung usw. Hierbei besteht die Möglichkeit, durch Setzen von diskreten Markierungspunkten entsprechende Schnittwiederholungen und Erodierdatenwechsel zu programmieren. Ebenso läßt sich eine Erodierdraht-Radiuskorrektur für Präzisionsbearbeitung durchführen.

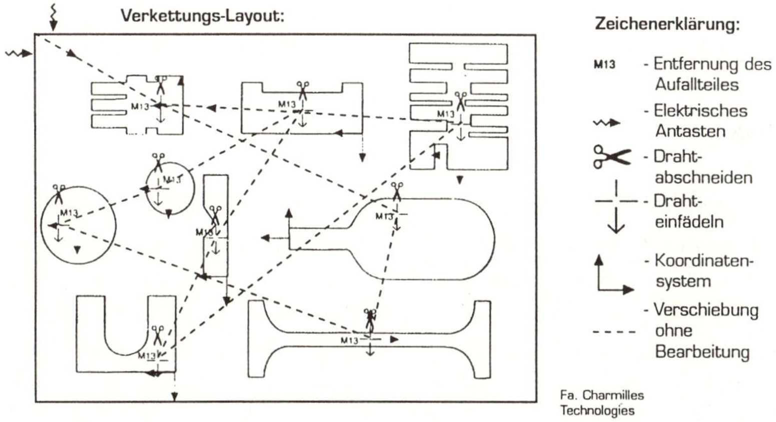

Fa. Charmilles Technologies

Abb. 4.2.36: Drahterodier-Verkettungsstrategie von Bearbeitungsvorgängen

Durch verschiedene Technologiemakros der Drahterodiersteuerung wird die Programmierung und Erodierbearbeitung unterstützt und vereinfacht, wie z.B. mit

- Anfahr- und Ausfahrroutinen für Konturbearbeitung mit Drahtausrichtung und Spülstabilisierung
- Antastroutinen für die Ermittlung von Werkstückpositionen
- Kompletterodieren kleinerer Durchgangsöffnungen durch Vollabtrag (Poketing)
- Kontrolle des Drahtauslenkungswinkels usw.

Zur Steigerung der Bearbeitungsautonomie für aufsichtsarmes Drahterodieren können unterschiedliche Werkstücke über einen längeren Bearbeitungszeitraum gefertigt werden. Dies läßt sich entweder mit Hilfe eines Mehrfach-Werkstückspannsystems oder durch den Einsatz eines Handhabungsroboters durchführen. Die exakten Werkstückpositionen werden hierbei über Referenz-Flächen oder über die vorhandenen Anschnittbohrungen u.a. auch innerhalb der Dielektrikum-Flüssigkeit erfaßt. Zur Sicherstellung eines kontinuierlichen Erodierablaufs wird zusätzlich eine automatische Drahteinfädelungs- bzw. -abschneideeinrichtung auf

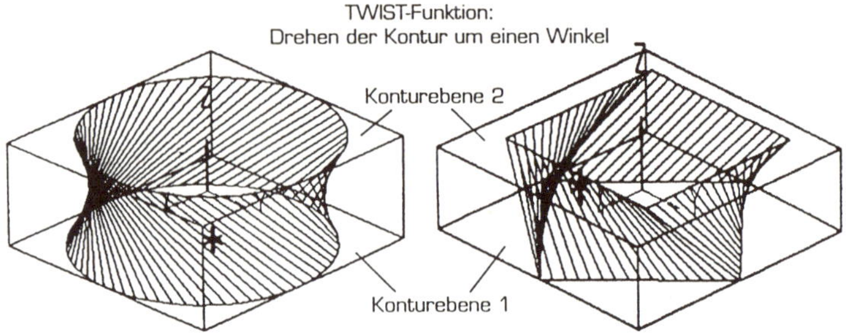

Abb. 4.2.37: Grafisch-dynamische Simulation einer Drahterodierbearbeitung

der Basis einer Hochdruckwasserstrahl-Injektion erforderlich. Diese Einrichtung aktiviert sich ebenso selbsttätig bei evtl. Drahtbruch innerhalb des Erodierprozesses.

Programmierablauf des NC-Steuerprogramms für einen Bearbeitungsvorgang:
- Programm-Nummer ...
- Eilgang aus Sicherheitsposition zur Anschnittbohrung Werkstück 1
- Automatische Drahteinfädelung
- Anfahren an Werkstückkontur
- Erodierbearbeitung mit Werkstückgeometrie (Unterprogramm 1) — Generator, Vorschubgeschwindigkeit — Erodierdraht-Radiuskorrektur — Erodierstrategie mit Schruppen, Schlichten usw.

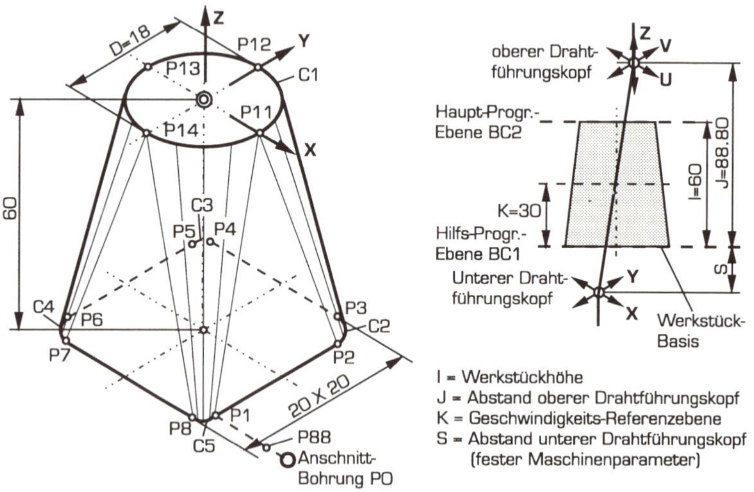

Abb. 4.2.38: Programmierbeispiel für 5-Achsen-Drahterodieren: Werkstückdefinition mit Aufspannung im Arbeitsraum

- Rückfahren in Anschnittbohrungsposition
- Ende Erodierbearbeitung mit autom. Drahtabschneiden
- Rücksetzen auf Sicherheitsposition.

Für alle folgenden Bearbeitungsvorgänge wiederholt sich der vorstehende Programmier-Algorithmus, wobei die neuen Geometrie- und Technologiewerte, Anschnittpositionen und Erodierstrategien zu berücksichtigen sind.

In diesem Zusammenhang kommt insbesondere der grafisch-dynamischen Simulation des erzeugten Erodierprogramms eine entscheidende Bedeutung zu. Bedingt durch die Einzelfertigung und erhöhte Kollisionsgefahr beim 5-Achsen-Drahterodieren sollte eine möglichst hohe Fehlersicherheit angestrebt werden. Auch bei

NC-CLDATA-Programm: (s.hierzu Abb. 4.2.38)

```
 10 PART, @3D/Drahterodieren (MRK)               Programminformationen
 20 MCHN, DIE, ABS
 30 *
 40 P0:13,-13; P88:12,-12;
 50 P1:10,-9; P2:10.9; P3:9.10; P4:-9,10         Geometriedefinition in BC1-Ebene
 60 P5:-10,9; P6:-10,-9; P7:-9,-10; P8:9,-10
 70 C2:9,-9,1; C3:9,9,1; C4:-9,9,1; C5:9,-9,1
 80 CV1:*
 90 P1; MRK,1; P2,MRK,2; C3,CCW,P3; MRK,3
100 P4; MRK,4; C4,CCW,P5; MRK,5                  Synchronisationsmarkierungen
110 P6; MRK,6; C5,CCW,P7; MRK,7                  der BC1-Kontur
120 P8; MRK,8; C2,CCW,P1; MRK,1
130 *
140 C1:0,0,9
150 P11:9,0; P12:0,9; P13:-9,0; P14:0,-9         Geomeriedefinition in BC2-Ebene
160 CV2:*
170 P11; MRK,1; MRK,2; C1,P12
180 MRK,3; MRK,4; C1,P13                         Synchronisationsmarkierungen
190 MRK,5; MRK,6; C1,P14                         der BC2-Kontur
200 MRK,7; MRK,8; C1,P11
210 MRK,1
220 BC1:CV1,XY,-60                               Definition der BC-Konturen(Basic Curves)
230 BC2:CV2,XY,0
240 *
250 SS1:205,BC1,BC2,AUX(BC CLOSE)                Definition der Werkstückoberfläche
260 *                                            ("205" = Konturart)
270 FCOD,50                                      Vorschubgeschwindigkeit = 50 mm/min
280 *
290 WIRE,0.2                                     Erodierdraht-Durchmesser = 0.2 mm
300 WIRE,60,88.70,30                             Werkstück-/Maschinenzuordnung: I,J,K
310 *
320 @% 012345                                    Programmnummer
330 @(mit MRK-Anweisung)
340 FROM,P0,P88                                  Konturanfahren von Anschnittbohrung aus
350 @G42 @
360 CUT,SS1; P88                                 Drahterodieren mit Drahtradiuskorrektur
370 @G40 @
380 P0, @U0 V0                                   Rücksetzen auf Anschnittbohrung
390 @M2
400 @%
410 FINI                                         Programmende
420 PEND
```

Abb. 4.2.39: Programmierbeispiel für 5-Achsen-Drahterodieren (NC-CLDATA-Programm)

rechnergestützt erstellten NC-Programmen sollte daher auf eine maschinenspezifische Simulation an der CNC-Steuerung großer Wert gelegt werden, Abb. 4.2.37.

Programmierbeispiel für Drahterodieren:

Das in der Abb. 4.2.38 dargestellte 3D-Werkstück mit vorgegebener Aufspannsituation soll auf einer 5-Achsen-Drahterodiermaschine gefertigt werden. Die Programmerstellung erfolgt auf einem NC-Programmiersystem mit spez. Drahterodiermodul (FANUC FAPT-DIE-CUT). Das entsprechende CLDATA-Programm mit Programmierstruktur ist in der Abb. 4.2.39 dargestellt. Das NC-Steuerprogramm für die Drahterodiermaschine wird durch den Einsatz eines zugeordneten Postprozessormoduls erzeugt.

4.3 NC-Programmierung für Automatisierungsbaugruppen an CNC-Bearbeitungszentren

CNC-Bearbeitungszentren stellen im Rahmen der rechnergestützten Fertigungssysteme vollautomatisch arbeitende Fertigungseinrichtungen dar. Sie resultieren aus der Hochautomatisierung des halbautomatischen Basiskonzepts „CNC-Maschine" mit zusätzlichen Automatisierungsbaugruppen, wie z.B. die automatische Werk-

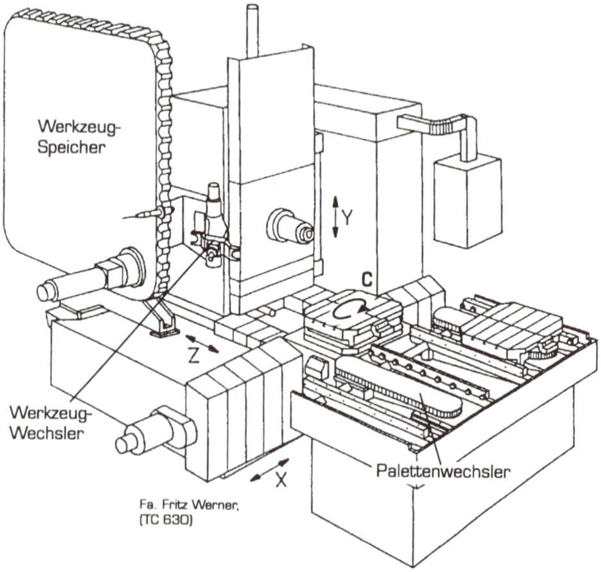

Abb. 4.3.1: Automatische Werkzeug- und Werkstückhandhabung eines 4-Achsen-Horizontal-Fräszentrums

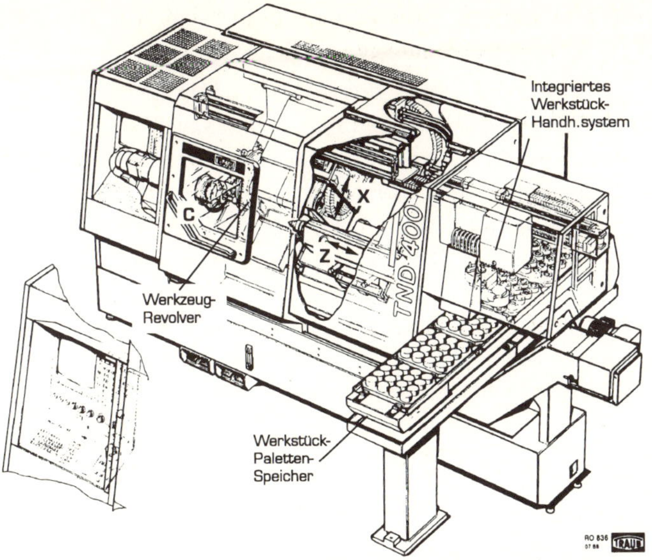

Abb. 4.3.2: Automatische Werkstückhandhabung eines CNC-Komplettbearbeitungszentrums

zeug- und Werkstückhandhabung sowie den integrierten Einrichtungen zur Prozeßüberwachung und Werkstückkontrolle. Dieser höhere Automatisierungsgrad erfordert einen größeren Aufwand an CNC-Steuerungsfunktionen und somit auch für die NC-Programmierung. Liegen diese Automatisierungsbaugruppen innerhalb des Funktionsbereichs des Bearbeitungszentrums, so erfolgt die Programmierung stets über das Hauptprogramm der CNC-Steuerung.

Aus Gründen der Übersichtlichkeit beschränken sich die nachstehenden Ausführungen auf die automatische Handhabung und Überwachung des Werkzeugsystems sowie der automatischen Werkstückhandhabung bei CNC-Fräs- und CNC-Drehzentren, Abb. 4.3.1 und Abb. 4.3.2.

4.3.1 Programmierung der automatischen Werkzeughandhabung [69], [70]

Für die automatische Werkzeughandhabung ist ein maschinengebundener Werkzeugspeicher mit Werkzeugwechsler sowie eine Werkzeugverwaltung in Form einer CNC-Software erforderlich. Während bei CNC-Fräszentren wegen des höheren Werkzeugbedarfs verschiedene Werkzeugmagazinarten mit unterschiedlich großen Speicherkapazitäten einsetzbar sind, gelangt bei CNC-Drehzentren ausschließlich der bewährte Werkzeugrevolver zum Einsatz, der gleichzeitig die WZ-Speicher- und Wechselfunktion in sich vereinigt.

Funktionsstruktur des automatischen Werkzeugwechsels:

Beim automatischen Werkzeugwechsel eines CNC-Fräszentrums besteht die Forderung für das rechtzeitige Bereitstellen des Folgewerkzeuges an die Werkzeugmagazin-Übergabestelle zum bevorstehenden Werkzeugwechsel. Außerdem muß sich die Hauptspindel vor Beginn des Werkzeugwechsels an der vorgegebenen festen Wechselposition befinden und gleichzeitig eine definierte Spindeldrehposition (orientierter Spindelhalt) aufweisen.

Der nun über das NC-Programm anzustoßende, automatische **Werkzeugwechselzyklus** stellt sich nach Abb. 4.3.3. wie folgt dar:

- Einschwenken des Werkzeug-Doppelgreifers aus der vertikalen Parkstellung um 90° in die Werkzeug-Greifpositionen
- Gleichzeitiges Greiferschließen für auszuwechselndes Spindelwerkzeug und einzuwechselndes Magazinwerkzeug
- Spannsystem des Spindelwerkzeughalters lösen
- Axiales Herausziehen der Werkzeuge aus Spindel- und Magazinaufnahme
- Drehbewegung des Doppelgreifers um 180°
- Axiales Einschieben der ausgetauschten Werkzeuge in die Spindel- und Magazinaufnahme
- Spannsystem des Spindel-Werkzeughalters schließen
- Doppelgreifer beidseitig öffnen
- Rückschwenken des Doppelgreifers um 90° in vertikale Parkstellung
- Zyklusstart für Weiterbearbeitung mit nächstem Werkzeug.

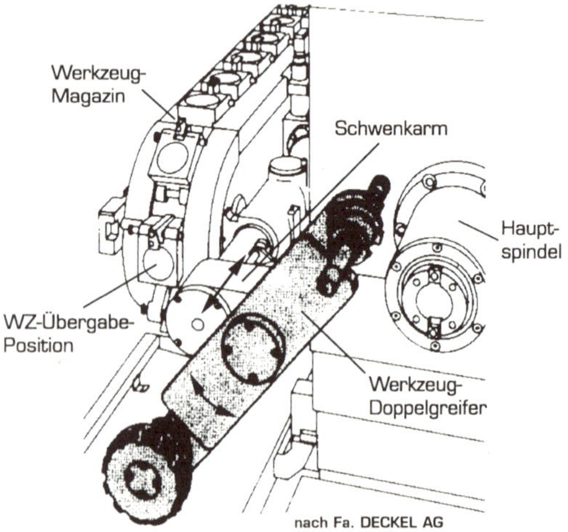

Abb. 4.3.3: Werkzeugwechselsystem mit Werkzeugmagazin eines Horizontal-Fräszentrums

Sowohl die Bereitstellungsaktivitäten des einzuwechselnden Werkzeugs (Vorwahl) als auch der beschriebene Werkzeugwechselzyklus wird durch ein spezielles SPS-Programm-Modul der PLC-Steuerung realisiert. Die hierzu notwendigen Schaltfunktionen sind über das Hauptprogramm der CNC-Steuerung entsprechend zu programmieren.

Werkzeugverwaltung des Werkzeugmagazins:

In der CNC-Werkzeugverwaltung werden sämtliche Werkzeuge des Werkzeugmagazins in Dateiform geführt und während des Bearbeitungsprozesses auf aktuellem Stand gehalten. Für eine aktive Werkzeugdatei ist die Angabe folgender Werkzeugkenngrößen von Bedeutung:

Werkzeugart mit Werkzeugnummer, hierbei wird unterschieden in:

- programmbezogene Werkzeuge, wie z.B. T220,
- programmneutrale Werkzeuge, wie z.B. TT222 (Standardwerkzeuge für unterschiedliche NC-Programme),
- Schwesterwerkzeuge, wie z.B. T220,1 usw. (Schwesterwerkzeuge werden nicht programmiert. Sie werden dann automatisch eingewechselt, wenn die Standzeit des Originalwerkzeuges abgelaufen ist).

Werkzeugmagazinplatz: Beim Rüsten des Werkzeugmagazins müssen sowohl für die programmbezogenen Werkzeuge, als auch für die auszutauschenden Ersatzwerkzeuge (Standard- bzw. Schwesterwerkzeuge) der CNC-Steuerung, die jeweils gewählten Magazinplatz-Nummern unter Zuordnung zur Werkzeugnummer mitgeteilt werden. Hierbei wird unterschieden in:

- Festplatzcodierung, wobei die Zuordnung der Werkzeuge zu den Magazinplätzen stets die gleiche bleibt, z.B. T220 F (Anwendung z.B. für große Werkzeuge bzw. Sonderwerkzeuge).
- Variable Platzcodierung, wobei eine Veränderung der Werkzeug-/Maschinenplatzzuordnung bei jedem Werkzeugwechsel entsprechend dem Programmablauf erfolgt. Diese Zuordnungsänderung wird von der Werkzeugverwaltung laufend mitgeführt.

Werkzeugkorrekturwerte: Jeder Werkzeugnummer müssen beim Rüstvorgang mit Hilfe des Werkzeugvoreinstellgerätes die entsprechenden Werkzeugkorrekturwerte zugeordnet werden. Im Gegensatz zu den programmbezogenen Werkzeugen sind die Werkzeugkorrekturwerte für Standard-Werkzeuge in allen NC-Programmen gültig.

Werkzeugstandzeit: Insbesondere für stark beanspruchte Werkzeuge besteht die Möglichkeit einer Standzeitüberwachung durch die Steuerung. Hierbei wird aus der Differenz zwischen der max. Standzeit und der Summe aller Werkzeugbearbeitungszeiten eine Werkzeugrestzeit gebildet. Bei abgelaufener Standzeit kann damit automatisch ein entsprechendes Schwesterwerkzeug eingewechselt werden.

Beispiel für einen Werkzeugeintrag in die CNC-Werkzeugverwaltung:

WZ-Magazinplatz	Werkzeug-Nr.	Max. Standzeit	Codierungsart	WZ-Korrekturwerte L1 L2 R
1	T220	–	–	
2	T60	30	F	
3	T60.1	30	–	
4	T60.2	30	–	
5	TT100	–	F	

NC-Programmierstruktur für automatischen Werkzeugwechsel:

Die NC-Programmierung des automatischen Werkzeugwechsels erfolgt mit dem üblichen Werkzeugaufruf T... und einem zusätzlichen Schaltbefehl M66 für die automatische Auslösung des Werkzeugwechselzyklus. Soll innerhalb des Bearbeitungsablaufs ein manueller Werkzeugwechsel (z.B. für Sonderwerkzeuge) vorgenommen werden, so wird mit M6 programmiert.

Um eine möglichst kurze Werkzeugwechselzeit sicherzustellen, muß das einzuwechselnde Werkzeug „vorgewählt" werden, d.h., es ist rechtzeitig vor Beginn des Werkzeugwechselzyklus durch den Magazintransport auf der Werkzeugmagazin-Übergabestelle bereitzustellen. Diese Werkzeugvorwahl ist mit dem Werkzeugauf-

```
%
O6688            Programmnummer
......
G0 Y.. Z..       Hauptspindel in Werkzeugwechselposition
M19              Orientierter Spindelhalt
G17 T60 M66      T60 in Magazinübergabeposition, Werkzeugwechsel
......           (T60 in Spindel) ,Werkzeug-Korrekturwerte aktivieren
......
......           Bearbeitungsablauf mit Werkzeug T60
......
T80 M18          T80 in Magazinübergabeposition bereitstellen
.
G0 Y.. Z..       Hauptspindel in Werkzeugwechselposition
M19              Orientierter Spindelhalt
G17 T80 M66      Autom. Werkzeugwechsel (T60 aus Spindel,
......           T80 in Spindel, T60 in WZ-Magazin)
......
......           Bearbeitungsablauf mit Werkzeug T80
......
M68              Werkzeug-Rückwechsel (T80 aus Spindel in WZ-
......           Magazin)
M30              Programmende
```

Abb. 4.3.4: Programmierstruktur für einen automatischen Werkzeugwechsel ruf T... und dem nachfolgenden Schaltbefehl M18 zu programmieren. Das in der Abb. 4.3.4 dargestellte Programmierbeispiel zeigt den qualitativen Programmierablauf in bezug auf den automatischen Werkzeugwechsel bei einem vertikalen Fräsbearbeitungszentrum.

4.3.2 Programmierung der automatischen Werkstückhandhabung

Die Realisierung einer automatischen Werkstückhandhabung an einem Bearbeitungszentrum erfordert einen zusätzlichen Investitions-, Steuerungs- und Überwachungsaufwand. Dafür aber bietet sie den Vorteil, die manuellen Werkstückwechselzeiten zu minimieren und infolge des automatischen Prozeßablaufs die produktive Maschinenlaufzeit durch Pausenüberbrückung und aufsichtsarme Schichtbearbeitung wesentlich zu erhöhen. Dies bedeutet sowohl eine höhere Produktivität als auch einen geringeren Maschinenkostensatz.

Das Greifen, Spannen und Indexieren der vielgestaltigen Werkstückformen sowie deren Transport von und zur Bearbeitungsstation, stellen das eigentliche Problem der automatischen Werkstückhandhabung dar. In diesem Zusammenhang haben sich für den Fertigungseinsatz folgende automatische Werkstück-Handhabungsmethoden herausgebildet:

(a) Werkstück-Handhabung mit Spannpaletten für Fräs-, Bohr- bzw. Erodierteile. Die Werkstück-Rohteile werden auf einen Palettenspann-/Speicherplatz mittels eines modularen Spannsystems manuell auf die Palette gespannt und von einem Palettenwechsler in die Bearbeitungsstation des Bearbeitungszentrums eingebracht. Die Werkstückpalette wird in der Bearbeitungsstation entsprechend indexiert und gespannt.

(b) Werkstück-Handhabung mit Vereinzelungssystem für Dreh-, Schleif- und Frästeile sowie für Blechplatinen. Die Werkstück-Rohteile werden auf einem Vorbereitungsplatz manuell in **lageorientierte Einlegepaletten** eingebracht und mittels eines Palettenfördersystems an dem betreffenden Maschinenpufferplatz bereitgestellt. Von hier aus erfolgt durch ein Werkstückhandhabungssystem (z.B. Portal-Lader, Roboter) die Vereinzelung der Rohteile aus der Einlegepalette und die Einbringung in die automatische Werkstück-Spanneinheit der Bearbeitungsstation.

(c) Werkstück-Handhabung mit Stangenbearbeitung für Drehteile. Die in einem Stangenlademagazin gespeicherten Werkstückstangen werden nach deren Vereinzelung der Stangenspanneinheit in der Hauptspindel des Drehzentrums zugeführt. Nach erfolgtem Bearbeitungsprozeß wird das Fertigteil von der Stange abgestochen.

Hinsichtlich der Programmierstruktur für eine automatische Werkstückhandhabung wird auf die vorstehende Methode (a) und (b) näher eingegangen.

Programmierung des automatischen Werkstück-Spannpalettenwechslers [71]:

Die Werkstück-Spannpalette besteht aus einer einheitlichen Basis-Trägerplatte, auf deren Unterseite Funktionsflächen und -elemente zur Führung, Indexierung und Spannung auf Speicher- und Bearbeitungsstationen angeordnet sind. Die Oberseite hingegen ist mit einem flexibel-einstellbaren Spannsystem ausgestattet, das die Aufspannung unterschiedlicher Werkstückformen zuläßt. Spannpaletten werden meist bei Bohr-, Fräs- und Erodierbearbeitungen eingesetzt, wobei die Werkstücke parallel zur Maschinenhauptzeit manuell gespannt und auf einer Speicherstation zwischengepuffert werden.

Bei CNC-Bohr- und Fräszentren wird im Prinzip zwischen zwei Palettenwechselarten, dem Festpalettenwechsler und dem Drehpalettenwechsler unterschieden, Abb. 4.3.5.

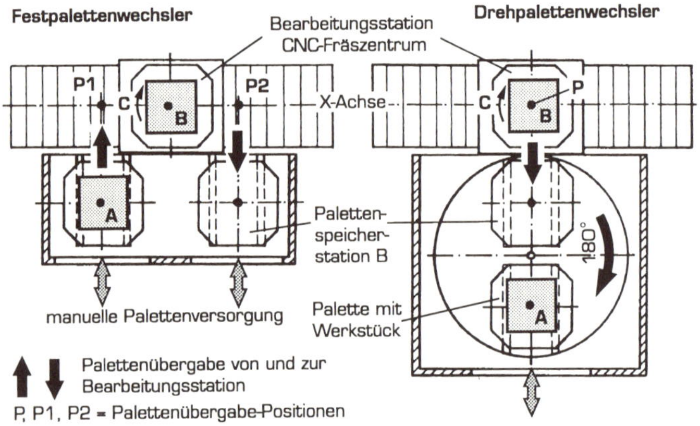

Abb. 4.3.5: Funktionsdarstellung von Werkstück-Palettenwechslern

Die Steuerung des Palettenwechslers erfolgt i.d.R. mit zwei SPS-Zyklenprogrammen für das Paletteneіn- und -ausfahren durch die PLC-Steuerung. Im Hauptprogramm der CNC-Steuerung werden lediglich die entsprechenden Zyklusaufrufe unter einer Maschinenfunktion M... programmiert.

Der Ablaufzyklus eines Palettenwechselvorgangs mit Ausgangspunkt „Palette A in Speicherstation“ und „Palette B in Bearbeitungsposition“ stellt sich wie folgt dar (vgl. hierzu Abb. 4.3.5):

- Parallel zur Bearbeitung der Palette B erfolgt das manuelle Ausspannen des Fertigteils auf der Palette A sowie das anschließende Einspannen des Rohteils mit Freigabemeldung an die CNC-Steuerung.

- Nach Fertigbearbeitung der Palette B fährt die Bearbeitungsstation in die rechte Übergabeposition P2. Die Palette B wird sodann auf die Palettenspeicherstation B zurückgezogen.
- Die Bearbeitungsstation fährt zurück in die linke Übergabeposition P1. Die Palette A wird auf die Bearbeitungsstation geschoben.
- Die Bearbeitungsstation fährt in Bearbeitungsposition und startet die Bearbeitung der Palette A.

In einem Programmierbeispiel für die Palettenhandhabung auf einem Festpalettenwechsler wird nach Abb. 4.3.6 die Programmierstruktur für das Hauptprogramm der CNC-Steuerung dargestellt.

```
%
O8877               Programmnummer
......
G0 X=P1             Bearbeitungsstation des FZ zur Übergabeposition P1(ohne Palette)
G0 C180             Positionieren NC-Drehtisch für Palettenübergabe
M68                 Überschieben Palette A auf Bearbeitungsstation
G17 T110 M66        Ebenenanwahl, Werkzeug-Nr., automat. WZ-Wechsel
G0 C0
......              Bearbeitungsablauf unter Einsatz der erforderlichen Werkzeuge
......              für die Bearbeitungsvorgänge (Unterprogramm)
......
G0 X=P1             Bearbeitungsstation zur Übergabeposition P1
G0 C180             Positionieren NC-Drehtisch für Palettenübergabe
M69                 Zurückziehen Palette A auf Palettenspeicherposition
G0 X=P2             Bearbeitungsstation des FZ zur Übergabeposition P2(ohne Palette)
M68                 Überschieben Palette B auf Bearbeitungsstation
G17 T110 M66        usw.
......              Wiederholung des Bearbeitungsablaufs für gleiches Werkstück
......
M30                 Programmende
```

Abb. 4.3.6: Programmierstruktur für einen automatischen Werkstück-Palettenwechsel

Werkstück-Spannpaletten können als **Einfachpalette** mit jeweils einem aufgespannten Werkstück in Ein- bzw. Mehrseitenbearbeitung oder als **Mehrfachpalette** mit mehreren gleichen oder unterschiedlichen Werkstücken (meist Einseitenbearbeitung) ausgebildet sein, s. Abb. 4.3.7. Zur Festlegung bzw. Überprüfung der Werkstücknullpunkte besteht die Möglichkeit, im Zusammenhang mit dem Inprozeßmeßsystem sowie durch den Einsatz spez. Meßzyklen eine Ausmittelung unterschiedlicher Werkstückaufmaße bzw. eine Kompensation von fehlerhaft aufgespannten Werkstücken durch entsprechende Programmierung vorzunehmen. Der Einsatz von Mehrfachpaletten mit sog. Aufspannwürfel mit unterschiedlichen Werkstücken erfordert ein zusätzliches Softwaremodul zur Palettenpositionserkennung. Damit erhält die CNC-Steuerung in Abhängigkeit der Palettenpositionen 0° — 90° — 180° — 270° entsprechende Auftragsinformationen und kann die betreffenden NC-Programme mit zugeordnetem Werkzeugsatz automatisch aufrufen.

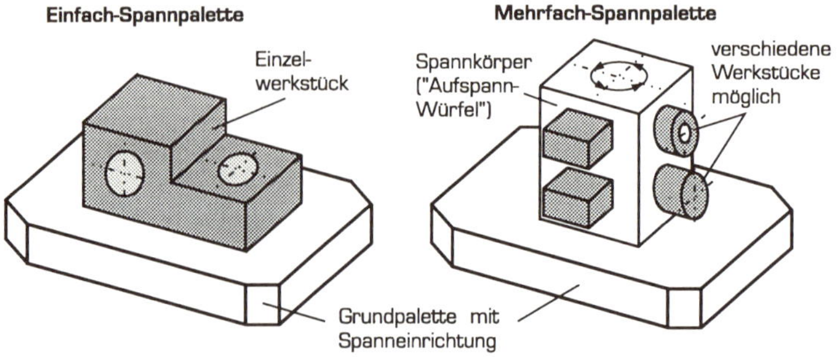

Abb. 4.3.7: Ausführungen von Werkstück-Spannpaletten

Programmierung des automatischen Werkstückwechslers mit Vereinzelungs- und Zuführsystem [72]:

Im Gegensatz zum automatischen Spannpalettenwechsel wird hier die automatische Werkstückhandhabung durch Vereinzelung der Werkstücke aus Paletten mit anschließender Zuführung in das Maschinenspannsystem realisiert. Die Werkstückpaletten sind als sog. Einlegepaletten mit spez. Formeinsätzen oder als Verstellpaletten ausgebildet und werden auf einer an der Maschinenperipherie angeordneten Vertakteinrichtung bereitgestellt. Für die Vereinzelung sowie für die Zu- und Abführung der Werkstücke sorgt meist eine Portal-Ladeeinrichtung, die aus einem linienförmigen Portalgerüst sowie einer NC-gesteuerten Transporteinheit mit mehrachsigem Werkstück-Greifersystem besteht, Abb. 4.3.8.

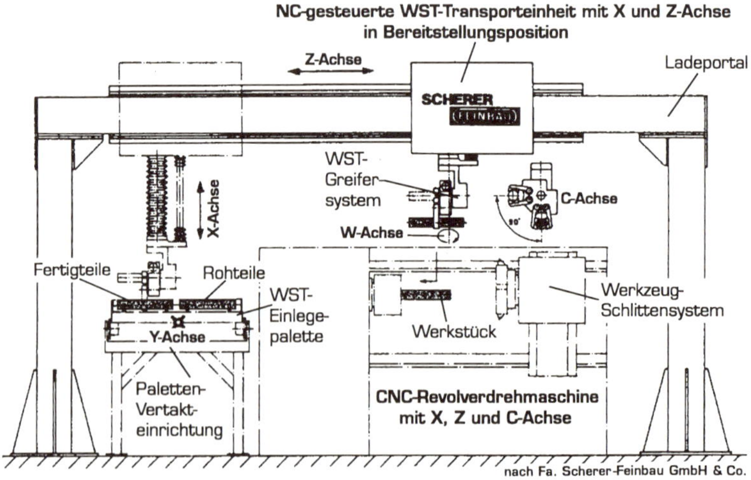

Abb. 4.3.8: Funktionsdarstellung einer Portalladeeinrichtung für Dreh- und Schleifzentrum

Die Transporteinheit besitzt zwei NC-Achsen, die horizontale und spindelparallele Z-Achse sowie die vertikale X-Achse. Die für eine dreidimensionale Werkstückhandhabung notwendige Y-Achse liegt in der Paletten-Vertakteinrichtung, die die Vereinzelung der Werkstücke zusammen mit der Transporteinheit sicherstellt. Das Werkstück-Greifersystem besteht aus einem Doppelgreifer mit auswechselbaren Roh- und Fertigteilspannzangen sowie aus einem mehrachsigen Greifersystem für die lagegenaue Palettenvereinzelung und Futtereinspannung der Werkstücke. Das Greifersystem selbst kann je nach Einsatzanforderungen mit folgenden Schaltfunktionsachsen ausgerüstet werden:

- einer Schwenkachse C für jeweilige Positionierung des Rohteil- und Fertigteilgreifers in Aufnahme bzw. Übergabeposition des Werkstückes,
- einer Aufrichtachse A zur Positionierung des Werkstückes in eine vertikale oder horizontale Lage,
- einer Wendeachse W zum Wenden des Werkstückes vor der Hauptspindel für Vor- und Rückseitenbearbeitung.

Bei hochautomatisierten Drehzentren kann der Portal-Lader zusätzlich auch für einen automatischen Spannbacken- und Greiferwechsel eingesetzt werden (selbstrüstendes Drehzentrum). Während für Futterteile hauptsächlich Dreifachgreifer in verschiedenen Größenrastern eingesetzt werden, bieten sich für Wellenteile einfache Prismen-Zweifachgreifer an.

Programmierstruktur der Werkstückhandhabung eines Portal-Laders [73]**:**

Die Programmierung dieser automatischen Werkstückhandhabung erfordert eine integrierte Betrachtung der Werkstückbearbeitung mit den notwendigen Werkstückmanipulationen wie z.B. Palettenvereinzelung, Zuführung, Abführung, Drehung und Aufrichtung der Drehteile. Zur Sicherstellung einer möglichst kurzen Werkstückwechselzeit kann damit ein teilweiser Paralellbetrieb zwischen Werkzeug-Schlittensystem und Werkstück-Transporteinheit programmiert werden. Eine hierfür geeignete Verfahrensweise bietet das Prinzip der Doppelschlittenprogrammierung entsprechend Kap. 4.1.3. In einem Beispiel zur autom. Wellenbearbeitung soll die entsprechende Programmierstruktur für die Werkstück-Transporteinheit in Verbindung mit dem Werkzeug-Schlittensystem dargestellt werden, Abb. 4.3.9.

Hierzu gelten die folgenden Voraussetzungen entsprechend Abb. 4.3.8:

- die Transportsystemeinheit ist ausgestattet mit X-, Z-, C-Achse,
- die Vertakteinheit ist ausgestattet mit Y-Achse und 4fach-Werkstückeinlegepaletten.

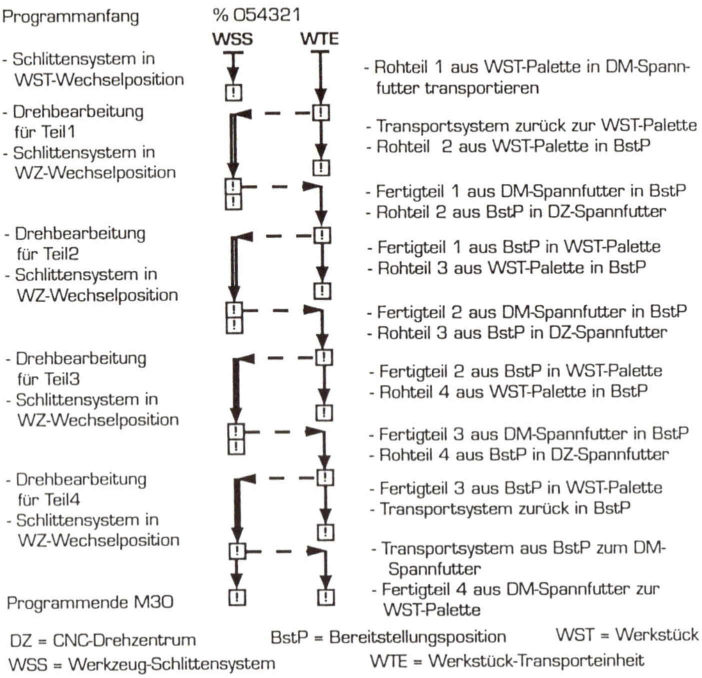

Abb. 4.3.9: Programmierstruktur einer Werkstückhandhabung mit 4-fach-Palette für ein CNC-Drehzentrum

Der dargestellte Ablaufzyklus der automatischen Werkstückhandhabung setzt sich sowohl aus festen Einzelzyklen als auch aus palettenabhängigen Makroprogrammteilen zusammen. Zur Erzielung einer kurzen Werkstückwechselzeit sollte die Bereitstellungsposition (BstP) der Transporteinheit unter Beachtung evtl. Arbeitsraumkollisionen möglichst nahe am Werkstück-Spannfutter angeordnet werden.

Kapitel 5 Wirtschaftlichkeitsgesichtspunkte in der NC-Programmiertechnik

Die im Kapitel 3 vorgestellten NC-Programmierverfahren weisen z.T. unterschiedliche Merkmale in bezug auf Programmierstruktur, Automatisierungsgrad, Organisationseinbindung und notwendige Bedienerqualifikation auf. Zum anderen sind von seiten der zu programmierenden Werkstücke verschiedene Einflußgrößen wie z.B. Werkstückkomplexität, Losgröße, Werkstückspektrum, Programmierzeit usw. zu beachten. Zur Beherrschung der hieraus resultierenden Kostenauswirkungen ist es notwendig, sowohl die anfallenden Kosten als auch den wirtschaftlichen Einsatzbereich für das geeignete Programmierverfahren zu ermitteln.

5.1 Stückkostenberechnung der NC-Programmierverfahren

5.1.1 Allgemeiner Kostenansatz mit Kostenplatzrechnung

Bei einer Kostenvergleichsrechnung der NC-Programmierverfahren ist eine isolierte Betrachtung der Programmierkosten wenig sinnvoll. Vielmehr muß ein bereichsübergreifender Kostenansatz unter Einbeziehung der gesamten Prozeßkette einer NC-Fertigung aufgestellt werden. Hierzu soll der allgemeine Kostenansatz nach [74] auf der Basis der Stückkostenrechnung (Herstellkostenbasis) eines Werkstückes herangezogen werden.

Stückkosten $\boldsymbol{K_{ST}} = \boldsymbol{K_E} + \frac{\boldsymbol{K_{AW}}}{\boldsymbol{L}} + \frac{\boldsymbol{K_{VO}}}{\boldsymbol{L \cdot Z}}$ **[DM/Stck)**

In dieser Formel bedeuten:
K_E = Einzelfertigungskosten [DM/Stck]
K_{AW} = Auftragswiederholkosten [DM/Los]
K_{VO} = Auftragsvorbereitungskosten [DM/Ges. Losgröße]
L = Auftragslosgröße
Z = Auftragsanzahl

Die Erfassung dieser drei Kostenblöcke K_E, K_{AW} und K_{VO} erfolgt jeweils durch das Produkt aus Stundensatz des Kostenplatzes K_S und der verbrauchten Prozeßzeit t.

1. Einzelfertigungskosten K_E:

Diese Kostenart repräsentiert die gesamten CNC-Bearbeitungskosten, wie z.B. Werkstück bzw. Werkzeug wechseln, automatischer Bearbeitungsablauf, Maßkontrollen usw. für jeweils ein Werkstück.

$$\boldsymbol{K_E = AKS_G \cdot t_E} \ \textbf{[DM/Stck]}$$

mit AKS_G = Arbeitsplatz-Gesamtkostensatz [DM/h]

$$AKS_G = LKS_F + \frac{MKS_B}{\eta_N} + \eta_N \cdot MKS_L$$

LKS_F = Lohnkostensatz Maschinenbediener einschließlich Sozialkostenanteil [DM/h]

(MKS_B und MKS_L s. Pos. 4)

η_N = Maschinen-Nutzungsgrad [%]

t_E = Bearbeitungs-Stückzeit [h/Stck] (Vorgabezeit).

2. Auftragswiederholkosten K_{AW}:

In dieser Kostenart sind alle Kostenanteile für die Aufragsabwicklung, für Vorbereitung und Bereitstellung von Betriebsmitteln (Werkzeuge, Spannzeuge, Vorrichtungen und Meßmittel) sowie für die Aufrüstung der CNC-Maschine enthalten.

$$\boldsymbol{K_{AW} = AKS_B \cdot t_R + BKS \cdot t_B + VKS \cdot t_{AV}} \ \textbf{[DM/Auftrag]}$$

mit AKS_B = Arbeitsplatz-Bereitschaftskostensatz [DM/h]

$$AKS_B = LKS_F + \frac{MKS_B}{\eta_N}$$

(MKS_B s. Pos. 4)

BKS = Kostensatz für zentrale Betriebsmittelvorbereitung und -bereitstellung [DM/h]

VKS = Arbeitsvorbereiter-Stundensatz [DM/h] einschl. Sozialkostenanteil

t_R = Rüstzeit der CNC-Maschine [h/Auftr.] (Vorgabezeit!)

t_B = Zeitaufwand für Vorbereitung und Bereitstellung der notwendigen Betriebsmittel [h/Auftr.]

t_{AV} = Zeitaufwand für Auftragsplanung und Abwicklung [h/Auftr.].

3. Auftragsvorbereitungskosten K_{VO}:

Mit dieser Kostenart werden alle **einmalig** anfallenden Kostenanteile für die Fertigungsvorbereitung eines Werkstücks erfaßt, wie z.B. für die Planung der Bearbeitungsstrategie, für die Erstellung des NC-Programms einschl. Einrichteblatt und für das Programmeinfahren an der CNC-Maschine. Evtl. erforderliche Sonder-Betriebsmittelkosten sind ebenfalls anzusetzen!

$$\boldsymbol{K_{VO} = LKS_P \cdot t_S + RKS \cdot t_P + AKS_B \cdot t_T + BSK} \ \textbf{[DM/Ges. Losgröße]}$$

mit LKS_P = Lohnkostensatz-Programmierer einschl. Sozialkostenanteil DM/h]

RKS = Rechnerkostensatz mit Arbeitsplatz [DM/h] (Berechnung entspr. Pos. 4)

BSK = Sondereinzelkosten Betriebsmittel [DM/Ges. Losgröße]
t_S = Zeitaufwand für Bearbeitungsplanung und Programmierung [h/Ges. Losgröße]
t_P = Zeitaufwand für reine Programmierung [h/Ges. Losgröße]
t_T = Zeitaufwand für Programmtest beim Einfahren an CNC-Maschine [h/Ges. Losgröße).

4. Maschinen-Gerätekostensatz:

Der Maschinen- bzw. Gerätekostensatz gliedert sich in zwei Anteile auf:

- **Bereitschaftskostensatz** MKS_B**:**

$$\boldsymbol{MKS_B = \underbrace{\frac{INV}{t_N \cdot t_{AB}}}_{\text{(Abschreibungskosten)}} + \underbrace{\frac{INV \cdot ZKF \cdot ZPS}{t_N \cdot 100}}_{\text{(Zinskosten)}} + \underbrace{\frac{INV \cdot IWS}{t_N \cdot t_{AB} \cdot 100}}_{\text{(Wartungs-und Instandhaltungskosten)}} + \underbrace{\frac{RK}{t_N}}_{\text{(Raumkosten)}}}$$

- **Leistungsorientierter Kostensatz** MKS_L**:**

$$\boldsymbol{MKS_L = \underbrace{\frac{EK}{t_N}}_{\text{(Energiekosten)}} + \underbrace{\frac{WK}{t_N}}_{\text{(WZ-Verbrauchskosten)}} + \underbrace{\frac{HK}{t_N}}_{\text{(Hilfsstoffkosten)}}}$$

mit INV = Investitionskosten des Maschinen-/Gerätearbeitsplatzes auf Basis Wiederbeschaffungswert. (Maschineninvestitionen enthalten zusätzlich einen Grundbestand für WZ-Aufnahmen, WZ-Halter und Spannmittel.)
ZKF = Zinskostenfaktor
ZPS = Zinsprozentsatz [%/a]
IWS = Instandhaltungs- und Wartungsprozentsatz [%] der Investition
RK = Raumkosten [DM/a]
EK = Energiekosten [DM/a]
WK = Werkzeugverbrauchskosten [DM/a]
HK = Hilfsstoffkosten [DM/a]
t_N = Nutzungsdauer der Investition [h/a]
t_{AB} = Abschreibungsdauer der Investition [a].

5.1.2 Kostengleichungen für NC-Programmierverfahren

Durch Unterschiede in der Funktionsstruktur und in der Organisationseinbindung besitzen die NC-Programmierverfahren spezielle Kostenstrukturen, die sich durch Umformung der allgemeinen Stückkostengleichung darstellen lassen. Damit besteht die Möglichkeit, die Wirtschaftlichkeit der Programmierverfahren anhand der Stückkosten entweder absolut oder durch Verfahrensvergleich zu ermitteln. Die Aufstellung der Kostengleichungen erfolgt aus Übersichtsgründen in einer vereinfachten Darstellung, wobei die Kosten für dezentrale Betriebsmittelorganisation in der Rüstzeit enthalten sind. Auftragsabwicklung und Sondereinzelkosten werden vernachlässigt. Der Zeitaufwand für die Planung der Bearbeitungsstrategie usw. ist in der Programmierzeit enthalten!

Manuelle Werkstattprogrammierung an der CNC-Steuerung:

Voraussetzung: Programmierung während der Rüstzeit durch den NC-Facharbeiter (≙ Maschinenbediener!)

$$\textbf{(A)}\quad K_{ST} = \left(LKS_F + \frac{MKS_B}{\eta_N}\right)\left(t_E + \frac{t_R}{L} + \frac{t_P + t_T}{L \cdot Z}\right) + \eta_N \cdot MKS_L \cdot t_E$$

Hierbei ist anzumerken, daß eine manuelle Programmierung bei stehender Werkzeugmaschine stets vermieden werden sollte!

Manuelle Werkstattprogrammierung mit CNC-Programmiergerät:

Voraussetzung: Programmierung parallel zum Bearbeitungsprozeß durch den NC-Facharbeiter in Fertigungsgruppe bzw. Meisterbereich

$$\textbf{(B)}\quad K_{ST} = \left(LKS_F + \frac{MKS_B}{\eta_N}\right)\left(t_E + \frac{t_R}{L} + \frac{t_T}{L \cdot Z}\right) + (LKS_F + RKS) \cdot \frac{t_P}{L \cdot Z} + \\ + \eta_N \cdot MKS_L \cdot t_E .$$

Diese Kostengleichung gilt auch für die rechnergestützte NC-Programmierung durch den NC-Facharbeiter in der Fertigungsgruppe, jedoch mit höherem Rechnerkostensatz!

Rechnergestützte AV- bzw. CAD-Programmierung:

Voraussetzung: Rechnergestützte NC-Programmierung parallel zum Bearbeitungsprozeß im Planungsbereich durch den NC-Programmierer

$$\textbf{(C)}\quad K_{ST} = \left(LKS_F + \frac{MKS_B}{\eta_N}\right)\left(t_E + \frac{t_R}{L} + \frac{t_T}{L \cdot Z}\right) + (LKS_P + RKS) \cdot \frac{t_P}{L \cdot Z} + \\ + \eta_N \cdot MKS_L \cdot t_E .$$

Rechnergestützte Werkstattprogrammierung an der CNC-Steuerung:

Voraussetzung: Programmierung parallel zum Bearbeitungsprozeß durch den NC-Facharbeiter (Maschinenbediener)

$$\textbf{(D)}\quad K_{ST} = \left(LKS_F + \frac{MKS_B^*}{\eta_N}\right) \cdot \left[t_E + \frac{t_R}{L} + \frac{t_T + (t_P - t_E \cdot L)}{\mathrm{L} \cdot \mathrm{Z}}\right] + \eta_N \cdot MKS_L \cdot t_E .$$

mit $MKS_B^* = MKS_B + RKS$ Bereitschaftskostensatz mit integriertem WOP-Programmier-System [DM/h].

Dieses Programmierverfahren ist dann sinnvoll, wenn die tatsächliche Programmierzeit t_P für den Folgeauftrag gleich, bzw. kleiner als die momentane Gesamtbearbeitungszeit der Auftragslosgröße ist, d.h. $t_P \leq t_E \cdot L$!

Damit wird für das Programmieren unnötiger Maschinenstillstand vermieden, somit entstehen keine Programmierkosten!

5.2 Wirtschaftlicher Einsatzbereich der NC-Programmierverfahren

Mit den unter Kapitel 5.1.2 hergeleiteten Kostengleichungen besteht eine weitere Möglichkeit, Aussagen über den **wirtschaftlichen Einsatzbereich** der NC-Programmierverfahren zu gewinnen. Zur allgemein gültigen Darstellung dieser Zusammenhänge ist es jedoch notwendig, die wirtschaftliche Haupteinflußgröße für die NC-Programmierung, die sog. „Werkstückkomplexität", zu definieren. Mit Hilfe eines geeigneten Werkstück-Klassifizierungssystems besteht damit die Möglichkeit, repräsentative Werkstück-Komplexitätsbereiche zu gewinnen und damit wirtschaftliche Einsatzbereiche für die verschiedenen NCP-Verfahren zu definieren.

5.2.1 Werkstückkomplexität

Der Umfang und die Schwierigkeit einer Werkstückbearbeitung, und analog hierzu deren NC-Programmierung, wird durch den Begriff **Werkstückkomplexität** zum Ausdruck gebracht. Sie setzt sich im Prinzip aus zwei Anteilen zusammen:

- Aus der bearbeitungsgeometrischen Komplexität wie z.B. Art der Bearbeitungsgeometrie (1D, 2D, 3D), Geometrieform, Geometrieaufbereitungsaufwand usw.
- Aus der bearbeitungstechnologischen Komplexität wie z.B. Anzahl der Bearbeitungsvorgänge und Bearbeitungsschritte, Art der Bearbeitungstechnologie, Art der Komplettbearbeitung usw.

Für die Bestimmung der WST-Komplexität ist es zunächst erforderlich, das vorhandene Werkstückspektrum entsprechend zu bereinigen und aufzugliedern, wo-

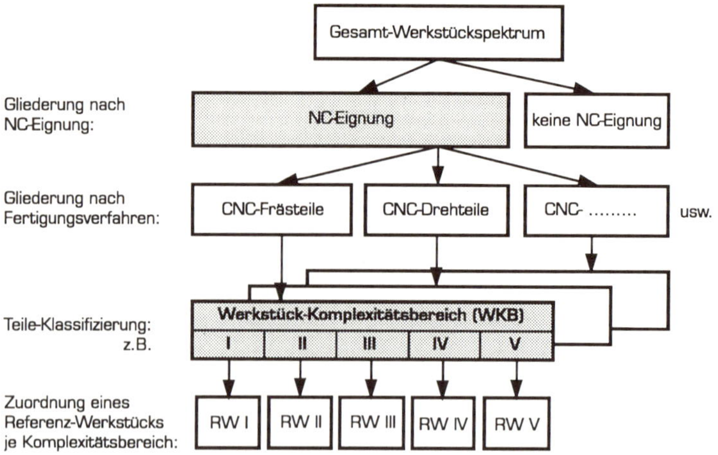

Abb. 5.1: Funktionsmodell für die Definition der Werkstück-Komplexität

Bewertungssegmente der Werkstück-Komplexität	Art der Bewertungskriterien	Punkte
1. Art der Bearbeitungsgeometrie	- Positionieren 2D/3D - normale Flächenberbeitung - Volumenbearbeitung (Zyklen) - einfache Konturbearbeitung - komplexere Konturbearbeitung - räumliche Flächenbearbeitung 3D	....
2. Zusätzliche Geometrieaufbereitung	- keine - zusätzliche Koordinatenberechnungen - Einsatz Geometrieerstellungsmodul - CAD-Geometrieübernahme mit Aufbereitung - 3D-Geometrieerzeugung	....
3. Anzahl der Bearbeitungsvorgänge (BVO)	- 1 bis 4 - 5 bis 12 - 13 bis 25 - 26 bis 50 - mehr als 50	....
4. Anzahl der erforderlichen Bearbeitungsschritte (BSR) je BVO	- bis 8 - 9 bis 15 - 16 bis 30 - mehr als 30	....
5. Art der Bearbeitungstechnologie	- 2Achsen/2D - 3Achsen/2D - 3Achsen/2.5 D - 2 x 2Achsen/2D - 3Achsen/3D - 4 - 5Achsen/3D	....
6. Art der Werkstück-Komplettbearbeitung	- keine - Mehrverfahrenbearbeitung - Mehrseitenbearbeitung - WZ-/WST-Parallelbearbeitung - Automatisierungsgrad d. NCP-Systems	....
	Gesamtpunke:	......

Abb. 5.2: Vereinfachter Bewertungskatalog der Werkstückkomplexität

bei auch die Anzahl der gewünschten WST-Komplexitätsbereiche festzulegen ist, Abb. 5.1. Die Einordnung der Werkstücke in diese Bereiche wird mittels eines entsprechenden Werkstück-Klassifizierungssystems vorgenommen.

5.2.2 Werkstück-Klassifizierungssystem

Das vereinfachte Klassifizierungssystem besteht aus einem Bewertungs- sowie einem Einstufungssystem. Zunächst werden sämtliche Werkstücke eines Teilespektrums anhand von Komplexitäts-Bewertungskriterien mit Hilfe eines Bewertungskatalogs eingestuft und mit Punkten dotiert, Abb. 5.2. Das Punktesystem selbst muß der Art des jeweiligen Teilespektrums (Drehteile, Frästeile usw.) sowie dem vorhandenen NC-Organisationskonzept individuell angepaßt und entsprechend abgestimmt werden.

Für die Einstufung des bewerteten Werkstücks anhand des Bewertungskatalogs ist ein geeignetes Einstufungssystem erforderlich, Abb. 5.3. Hierbei wird jedem WST-Komplexitätsbereich eine kumulierte Punktezahl zugeordnet, die möglichst gut mit den Bewertungspunkten des Bewertungskatalogs abgestimmt sein sollte. Somit läßt sich für jedes bewertete Werkstück anhand seiner Gesamtpunktezahl eine unmittelbare Einordnung in den betreffenden Komplexitätsbereich durchführen.

Punkte Bewertungs-Bereich, z.B.	bis 20	21 - 35	36 - 55	56 - 75	> 75
Werkstück-Komplexitäts-Bereich WKB	I	II	III	IV	V

Abb. 5.3: Beispiel für ein vereinfachtes Einstufungssystem des Werkstück-Komplexitätsbereichs

5.2.3 Einsatzbereich der Programmierverfahren

Zur Ermittlung des wirtschaftlichen Einsatzbereiches ist zunächst für jeden Komplexitätsbereich ein **Referenz-Werkstück** festzulegen, das z.B. jeweils den Durchschnittswert dieses Werkstückspektrums darstellen soll. Damit kann unter Anwendung der in Kapitel 5.1.2 definierten Kostengleichungen für die verschiedenen NC-Programmierverfahren jeweils eine Kostenkurve $K_{ST} = f\ (WKB)$ berechnet werden, Abb. 5.4.

Den ermittelten Kostenkurven liegen durchschnittliche Kostensätze und Prozeßzeiten aus der Fräsbearbeitung mit Programmierung der insgesamt fünf Referenzwerkstücke zugrunde.

Mit den Ergebnissen dieser Einsatzbereichsermittlung für die verschiedenen Programmierverfahren lassen sich folgende grundsätzliche Feststellungen treffen:

1. Die manuelle Werkstattprogrammierung (B) ist vorteilhaft in den Komplexitätsstufen I und II einzusetzen, während die übrigen Bereiche der rechnergestützten Bereichs-Programmierung (C) vorbehalten bleibt. In der höchsten Komplexitätsstufe (3D-Bereich) ist in jedem Falle die CAD-Programmierung (D) dominant und konkurrenzlos.

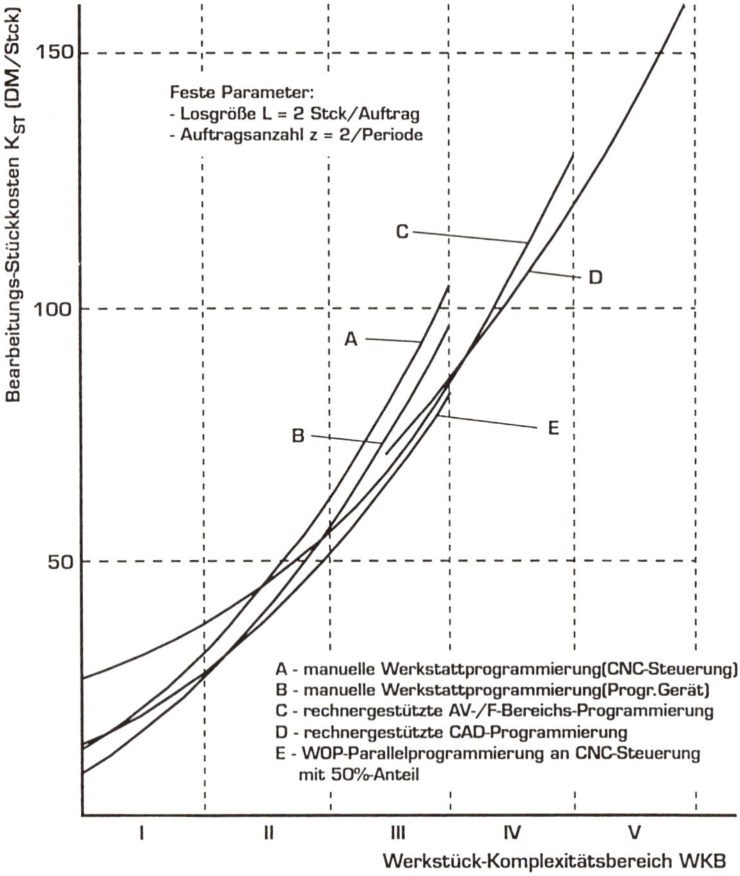

Abb. 5.4: Qualitative Ermittlung des Einsatzbereiches von verschiedenen NC-Programmierverfahren für ein definiertes Frästeilespektrum

2. Die rechnergestützte Werkstattprogrammierung an der CNC-Steuerung (E) läßt sich sicherlich im Bereich der Komplexitätsstufen I bis III, jedoch in Verbindung mit mittleren Losgrößen bzw. mit CAD/CNC-Geometriekopplung usw., erfolgreich einsetzen. Im Fertigungsgruppen- bzw. Meisterbereich kann sie als Stand-alone-System in etwa der rechnergestützten AV-Programmierung (C) gleichgesetzt werden.

3. Die manuelle Werkstattprogrammierung (A) an der CNC-Maschine ist dem gleichartigen Verfahren (B) mit Programmiergerät wegen der zusätzlichen Maschinenstillstandszeiten stets unterlegen. Hierbei ist der Produktivitätsverlust durch Maschinenstillstand noch nicht berücksichtigt!
4. Die Losgröße L bewirkt gemäß den Kostengleichungen lediglich einen direkten Einfluß auf die Höhe der Stückkosten. Bezüglich der Einsatzgrenzen der Programmierverfahren zeigt sie hingegen keine nennenswerten Abhängigkeiten.
5. Eine Zuordnung des wirtschaftlichen Einsatzbereiches für NC-Programmierverfahren ist insbesondere im Bereich kleinerer Losgrößen, d.h. bei Einzel- und Kleinserienfertigung, sinnvoll und interessant. Bei hohen Losgrößen werden die Kostenunterschiede unbedeutend.

5.2.4 Gesichtpunkte für die Einsatzeignung der CAD/NC-Kopplung

Im Zusammenhang mit der rechnergestützten AV- bzw. Werkstattbereichs-Programmierung werden in der Hauptsache an die Möglichkeit einer CAD/NC-Kopplung vielfältige Erwartungen geknüpft. In einer empirischen Studie nach [75] wurde u.a. der wirtschaftliche Einsatz dieses Programmierverfahrens in Abhängigkeit der Werkstück-Komplexität untersucht. Überprüft wurden die Frästeilspektren mehrerer Fertigungsbetriebe, wobei insbesondere eine Verkürzung der Programmerstellungszeiten durch die Übernahme und Aufbereitung der CAD-Daten zur NC-Programmierung das Hauptkriterium darstellten. Die Werkstückkomplexität wurde in eine sog. fertigungstechnologische sowie in eine bearbeitungsgeometrische Komplexität aufgegliedert und folgende Kriterien für eine wesentliche Aufwandsverursachung definiert:

Fertigungstechnologische Kriterien der Aufwandsverursachung:

- Anzahl der zu bearbeitenden Werkstückseiten: Jede Werkstückseite erfordert ein eigenes NC-Programm, wofür jeweils eine spezielle CAD-Ansicht vorliegen muß!
- Anzahl der offenen Fräskonturelemente: Damit verbunden ist stets ein vermehrter Aufwand für die Geometrieaufbereitung.
- Anzahl der erforderlichen Flächenbearbeitungen: Hierbei verspricht die Übernahme komplexer Bearbeitungskonturen aus dem CAD-System keine wesentlichen Zeiteinsparungen.
- Erforderliche Hilfskonturen bzw. Fertigungsaufmaße: Bei mehrstufiger Bearbeitung ist die zu übertragende Fertigteilgeometrie mit Hilfe von Hilfskonturen bzw. Aufmaßen zu modifizieren wie z.B. bei Schweiß- oder Gußteilen.
- Anzahl technologiebehafteter Konturelemente wie z.B. Toleranzangaben, Gewindeinformationen, Oberflächenqualität usw. Derzeitige Standard-Schnittstel-

len gestatten noch keine befriedigende Übernahme diesbezüglicher Technologiedaten in Verbindung mit den Geometriedaten.
- Größe der Werkstücke wie z.B. bei sperrigen Frästeilen usw. Dies verursacht Probleme mit der Komplettdarstellung am Bildschirm, wobei häufiges, zeitaufwendiges Zoomen notwendig wird.

Bearbeitungsgeometrische Kriterien der Aufwandsverursachung:
- Anzahl der Elemente einer Werkstückkontur
- Komplexität von 3D-Konturformen.

Zur Bewertung der CAD/NC-Programmierung wurden vier Kategorien (Typ I bis Typ IV) der Werkstückkomplexität nach Abb. 5.5 definiert:

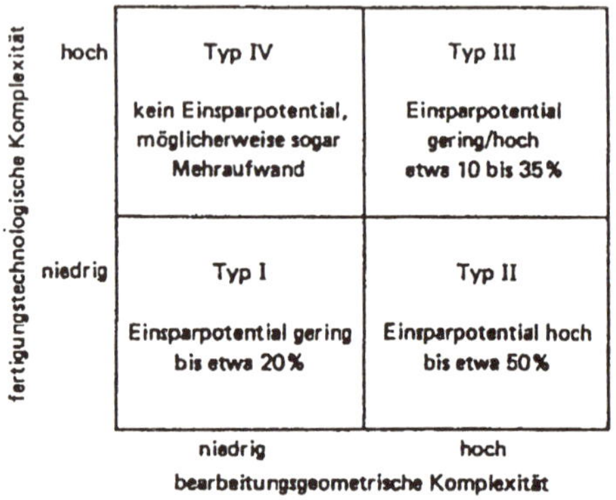

Abb. 5.5: Zeitliche Einsparungspotentiale einer CAD/NC-Datenübernahme in Abhängigkeit von der Werkstückkomplexität nach [75]

Damit wird die beste Eignung für eine CAD/NC-Programmierung beim Typ II erzielt, d.h. bei hoher bearbeitungsgeometrischer Komplexität in Verbindung mit niedriger fertigungstechnologischer Komplexität der Werkstücke. Umgekehrt sind Fräswerkstücke vom Typ IV weniger bzw. kaum für eine CAD/NC-Programmierung geeignet. Dies könnte jedoch durch künftige Bestrebungen zur Entwicklung technologiedatenorientierter Schnittstellen wesentlich verbessert werden.

In diesem Zusammenhang sind allerdings auch noch weitere Organisationsmaßnahmen seitens der CAD durchzuführen sowie Akzeptanzschwierigkeiten in Arbeitsvorbereitung und Fertigung hinsichtlich einer CAD-Datenübernahme zu beseitigen.

5.3 Weitere Gesichtspunkte zur Einsatzeignung der NC-Programmierverfahren

Neben der Werkstück-Komplexität besitzt insbesondere auch die Fertigungsmethode in Verbindung mit dem zugeordneten Maschinenkonzept einen gewissen Einfluß auf das NC-Programmierverfahren. Zu diesen Maschinenkonzepten zählen u.a. CNC-Bearbeitungszentren, CNC-Fertigungseinrichtungen im Bereich der „Flexiblen Automatisierung“ wie z.B. flexible Fertigungszellen und Fertigungssysteme sowie CNC-Sondermaschinen.

In diesem Zusammenhang bietet die Darstellung der Werkstückkomplexität in Abhängigkeit von der Werkstück-Losgröße eine interessante und zumindest größenordnungsmäßige Aussage über den Einsatzbereich der verschiedenen NC-Programmierverfahren, Abb. 5.6.

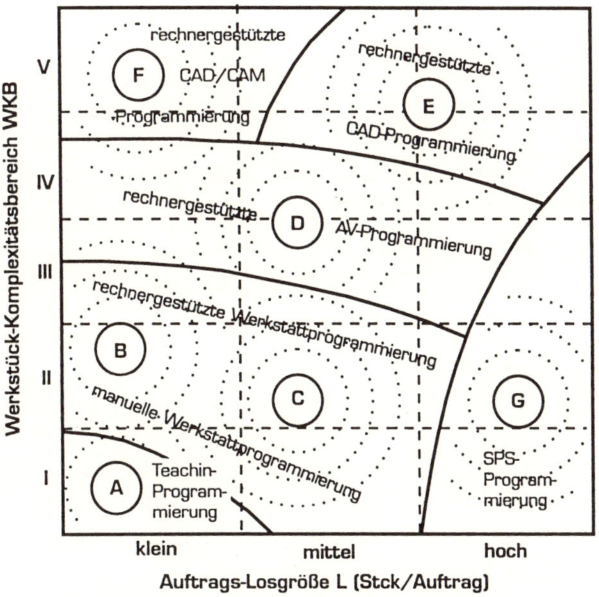

A - Einfache CNC-Universalmaschine mit Teachin-Steuerung
B - CNC-Universalmaschine mit Voll-CNC-Steuerung
C - CNC-Produktionsmaschine, CNC-Bearbeitungszentrum
D - CNC-Bearbeitungszentrum, Flexible Fertigungszelle
E - CNC-Sondermaschine
F - 5A/3D-Fräsmaschine und 2x2A/3D-Drahterodiermaschine
G - Fertigungsautomat mit mechanischer bzw. SPS-Steuerung

Abb. 5.6: Wirtschaftliche Einsatzbereiche von NC-Programmierverfahren mit Zuordnung des Maschinenkonzeptes

Die Übergänge zwischen den Maschinenkonzepten und NC-Programmierverfahren sind als fließend anzusehen, da sich exakte Einsatzbereiche nicht definieren lassen. Aus der Darstellung ist bei zunehmender Werkstückkomplexität ein ausgeprägter Trend zur Planungsbereichsprogrammierung zu erkennen, wobei die rechnergestützte AV- bzw. CAD-Programmierung dominiert. Das schwerpunktmäßige Einsatzfeld der manuellen und rechnergestützten Werkstattprogrammierung liegt im wesentlichen bei kleinerer und mittlerer Werkstückkomplexität in Verbindung mit kleinen und mittleren Losgrößen. Eine Sonderstellung nehmen in dieser Darstellung die 3D/CAM-Programmierung sowie die SPS-Programmierung ein.

Kapitel 6 Organisationsgesichtspunkte der NC-Programmiertechnik

Im Zuge der fortschreitenden Rechnerintegration in den Fertigungsbetrieben kommt der NC-Prozeßkette „Geometrieerstellung — Technologieplanung — NC-Programmierung — CNC-Fertigung“ eine immer größere Bedeutung zu. Hierzu bedarf es vielgestaltiger Maßnahmen in Bezug auf Einführung, Anpassung und Erweiterung der NC-Organisation. Dies ist i. d. R. nicht mit dem örtlichen Einsatz von Einzelkomponenten u. dgl. zu bewältigen, vielmehr müssen ganzheitlich betrachtete und durchgängige Konzepte geplant und realisiert werden. Da infolge der unterschiedlichen Organisationsstrukturen der vorhandenen Werkstückspektren sowie der eingesetzten NC-Technologie u. dgl. zahlreiche Einflußparameter vorliegen und zu beachten sind, sollte stets eine individuelle und umfassende Bewertung und Planung der NC-Organisation vorgenommen werden.

6.1 NC-Organisation [76], [77], [78]

Die NC-Organisation setzt sich aus verschiedenen Teilfunktionen zusammen, Abb. 6.1. Diese Teilfunktionen besitzen gegenseitige Abhängigkeiten und Funktionsbeziehungen und sollten bezüglich einer Änderung bzw. Optimierung immer in ihrer Gesamtheit verstanden und betrachtet werden.

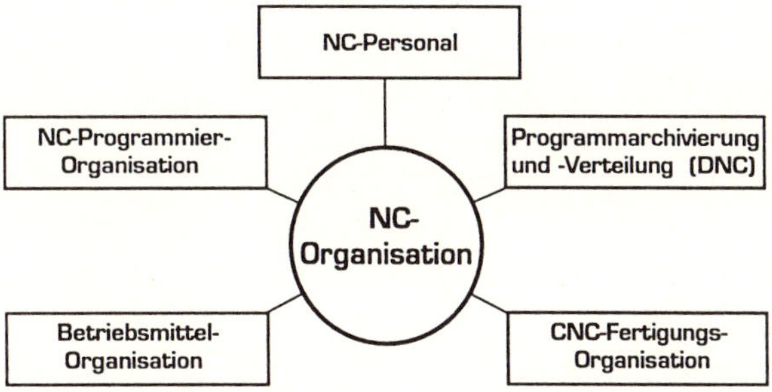

Abb. 6.1: Gliederung der NC-Organisation

6.1.1 Die NC-Programmierorganisation

Ihre Aufgabe besteht in einer termingerechten Bereitstellung von möglichst fehlerfreien NC-Programmen mit den zugehörigen Einrichteblättern. Dies erfordert den abgestimmten Einsatz folgender Komponenten:

- Ein **NC-Programmierkonzept,** das mit der vorhandenen NC-Organisation und dem zu bearbeitenden Werkstückspektrum optimal abgestimmt ist. Hierbei sind den Einflußkriterien wie z.B. Art des NC-Programmierverfahrens, zentrale/dezentrale Organisationsstruktur, Programmierort bzw. Programmierplatz, Art der Datenintegration usw. jeweils besondere Aufmerksamkeit zu schenken.
- **Programmiermittel** mit Hard- und Softwaremodulen wie z.B. Programmier-Geräte, NC-Programmsysteme, CNC-Steuerungen (konventionelle Steuerungen, WOP-Steuerungen) usw. Eine entscheidende Bedeutung kommt in diesem Zusammenhang der Programmiersoftware im Hinblick auf Funktionalität, Datenformat, Bedienoberfläche, Automatisierungsgrad usw. zu.
- **NC-Dateisysteme,** die unmittelbar für den NC-Programmierprozeß benötigt werden. Hierzu zählen Datenbankdateien für Werkstückgeometrien, Bearbeitungsstrategien, Betriebsmitteldateien (Werkzeuge, Spannmittel, Meßmittel) Schnittdatendateien, Postprozessordateien u.dgl.

6.1.2 Die Betriebsmittelorganisation [79]

Sie hat die Aufgabe, die für eine Auftragsbearbeitung notwendigen Betriebsmittel (BM) wie z.B. Werkzeugsatz und Spannmittel, einschließlich Werkzeugkorrekturdaten, rechtzeitig zum Rüstbeginn der CNC-Maschine bereitzustellen. Sie gliedert sich im wesentlichen in folgende Einzelfunktionen auf, Abb. 6.2.

- **BM-Lager:** Die Aufgabe des BM-Lagers besteht in der Bestandsverwaltung der Betriebsmittel, deren Aufbereitung nach erfolgtem Fertigungseinsatz sowie deren Bereitstellung für einen Neuauftrag. Bereitstellen heißt, den angeforderten WZ-Satz gemäß Einrichteblatt mit Komplettwerkzeugen bzw. durch Montage von WZ-Einzelkomponenten für den Rüstbeginn zusammenzustellen.
- **BM-Verwaltung:** Durch den Einsatz einer spez. Datenbanksoftware lassen sich sämtliche vorhandenen Betriebsmittel hinsichtlich ihrer Art und ihrer Funktionsmaße rechnergestützt speichern, ändern und von den Programmierarbeitsplätzen aus abrufen. Dies erfolgt für WZ-Einzelkomponenten und Komplettwerkzeuge sowie für Baukasten-Spannsysteme und Vorrichtungen, wobei eine Werkzeug-/Spannmittelgrafik für zusätzliche Transparenz sorgt.
- **WZ-Korrekturdaten-Ermittlung:** Die WZ-Korrekturdaten (Längen, Radius u.dgl.) für den benötigten Werkzeugsatz werden mit Hilfe eines WZ-Voreinstellgerätes ermittelt und bereitgestellt.

6.1.3 Programmarchivierung und -verteilung

Für die Archivierung und Verteilung von NC-Programmen sind verschiedene Möglichkeiten im Einsatz, s. a. Kap. 2.6. Eine vorteilhafte Alternative stellt in diesem Zusammenhang das DNC-Serversystem dar, wobei sämtliche NC-Programme

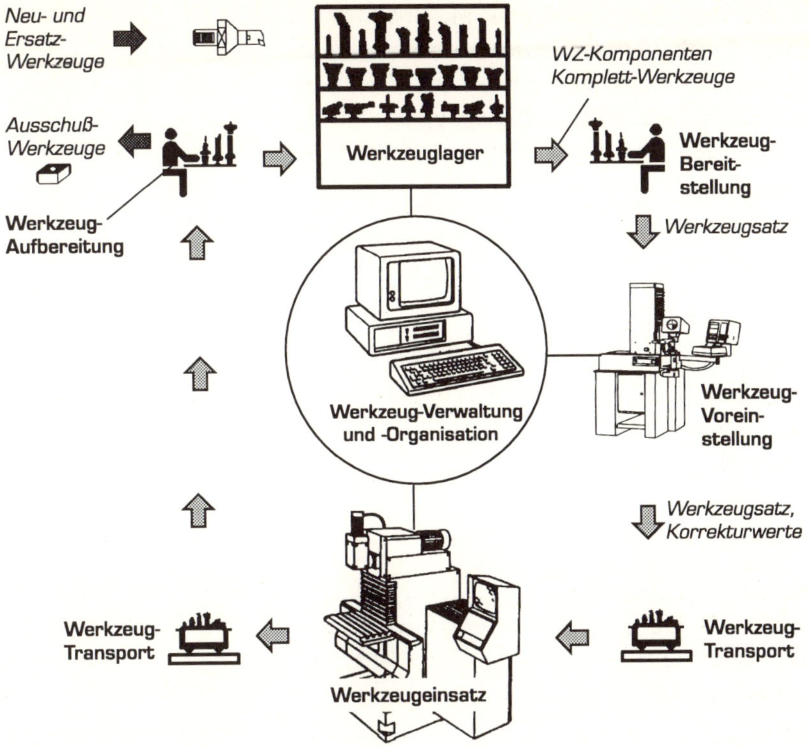

Abb. 6.2: Kreislauf der Werkzeug-Organisation

mit Einrichteblättern und Geometriedateien gespeichert und datenbankmäßig verwaltet werden. Die Programmverteilung zu den CNC-Maschinen erfolgt durch ein integriertes DNC-Softwaremodul. Liegt innerhalb des Fertigungsbereichs ein LAN-Netzwerksystem in Verbindung mit einem BDE-System vor, so besteht vom CNC-Arbeitsplatz aus ein direkter Zugriff auf sämtliche NC-Dateien im DNC-Server.

6.1.4 Die CNC-Fertigungsorganisation

Die Fertigungsorganisation hat die vorrangige Aufgabe, die CNC-Bearbeitung der eingeplanten Aufträge in möglichst kurzen Durchlaufzeiten und in der geforderten Qualität termin- und kostengerecht sicherzustellen. Sie wird in der Hauptsache durch die folgenden Funktionskomplexe repräsentiert:

- Durch den CNC-Maschinenpark mit Anzahl der Maschinen, Art der Fertigungsverfahren, Größe der Maschinen, Automatisierungsgrad, Art der CNC-Steuerungen usw.

- Durch das vorliegende Werkstückspektrum mit Art, Form, Größe, Menge, Werkstoffart und Bearbeitungsart der Werkstücke.
- Durch die bestehenden Organisationsstrukturen bezüglich Werkstatt-, Gruppen-, Fließ-, Einzel-, Serienfertigung u. ä.
- Durch die Art der Ablaufstruktur für die Auftragsabwicklung.

Diese Funktionskomplexe sollten im Sinne einer wirtschaftlichen CNC-Fertigung sowohl einzeln optimiert als auch untereinander hinsichtlich ihrer Funktionszusammenhänge bestmöglich aufeinander abgestimmt sein. In diesem Zusammenhang ist von besonderer Wichtigkeit, daß durch die enge Verzahnung der NC-Organisation mit der Auftragsabwicklung eine flexible, produktive und kostenoptimale Auftragsfertigung sichergestellt wird, Abb. 6.3.

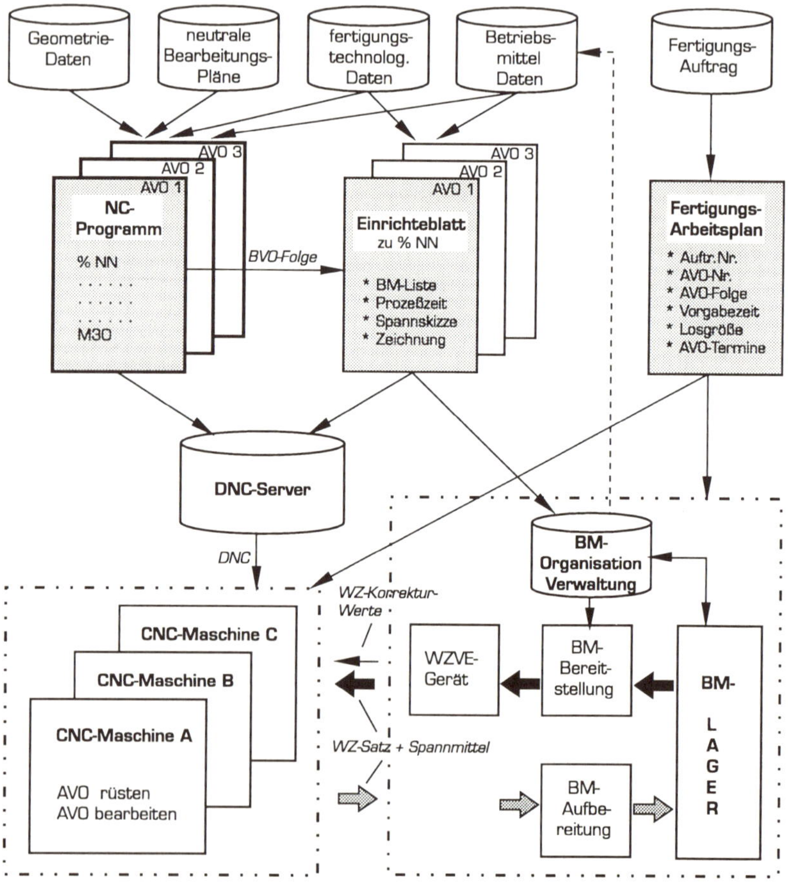

Abb. 6.3: Verknüpfung der NC-Organisation mit der Auftragsabwicklung

6.1.5 NC-Personal

NC-Personal wird in den Bereichen der NC-Programmierorganisation, der Betriebsmittelorganisation und der CNC-Fertigungsorganisation eingesetzt. Im wesentlichen sind dies die NC-Programmierer, CAD-Operateure, Betriebsmittelorganisatoren und die NC-Maschinenbediener. Die Anzahl und das Anforderungsprofil der NC-Personalarbeitsplätze richtet sich weitgehend nach Art und Umfang der NC-Organisation und dem dort realisierten NC-Programmierkonzepten. Bei der Auswahl des NC-Personals sollte sorgfältig darauf geachtet werden, daß deren Kenntnis- bzw. Erfahrungsprofil möglichst gut mit dem Anforderungsprofil des NC-Arbeitsplatzes abgestimmt ist. In der Regel ist hierfür als Mindestqualifikation eine Facharbeiterausbildung mit zusätzlicher NC-Grundausbildung erforderlich.

6.2 Organisationskonzepte der NC-Programmierung

Aus organisatorischer Sicht besteht die grundsätzliche Möglichkeit, eine NC-Programmierung in verschiedenen Programmierbereichen durchzuführen wie z.B.:

- am CNC-Arbeitsplatz, bzw. an der CNC-Steuerung,
- im Meisterbereich sowie in einer Fertigungsgruppe und
- im Planungsbereich, d.h. im AV- bzw. im CAD-Bereich.

Werden die in ihrer Funktion beschriebenen NC-Programmierverfahren nach Kap. 3 in Zusammenhang mit diesen Programmbereichen gebracht, so lassen sich folgende Programmiervarianten definieren, Abb. 6.4:

CNC-Arbeitsplatzprogrammierung:

(A) Rechnergestützte WOP-Programmierung mit möglicher CAD/CNC-Kopplung
(B) Manuelle NC-Programmierung an der CNC-Steuerung.

Meisterbereichs- bzw. Fertigungsgruppenbereichsprogrammierung:

(C) Rechnergestützte WOP-Programmierung mit möglicher CAD/NC-Kopplung
(D) Konventionelle NC-Programmierung mit möglicher CAD/NC-Kopplung (entspricht derzeitiger AV-Programmierung)
(E) Manuelle NC-Programmierung mit CNC-Programmiergerät.

Planungsbereichsprogrammierung:

(F) Konventionelle NC-Programmierung mit möglicher CAD/NC-Kopplung (entspricht Variante D)
(G) Rechnergestützte CAD-Programmierung mit CAD-Integration und CAD/CAM-Kopplung.

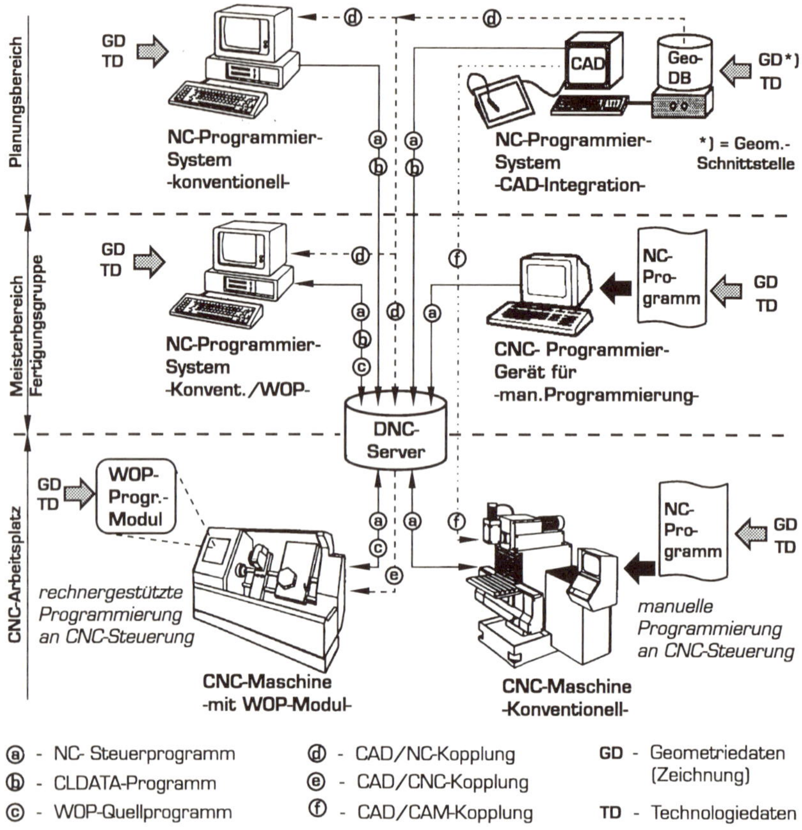

Abb. 6.4: Grundsätzliche Varianten der NC-Programmierung

Die Begriffe „CNC-Arbeitsplatzprogrammierung“ und „Meisterbereichs- bzw. Fertigungsgruppenprogrammierung“ werden auch als „Werkstattprogrammierung“ bezeichnet.

Aus der Kombination dieser NC-Programmiervarianten lassen sich verschiedene realistische NC-Programmierkonzepte gewinnen, die jedoch stets mit den vorliegenden Rahmenbedingungen der NC-Organisation übereinstimmen sollten.

6.2.1 Konventionelle NCP-Konzeptalternativen

Für die Erstellung eines NCP-Konzeptes sind eine Reihe von wichtigen Rahmenbedingungen der NC-Organisation zu beachten und in die Planungen einzubeziehen wie z. B.:

- das vorhandene Werkstückspektrum,
- die eingesetzten Fertigungsverfahren,
- der vorgehaltene CNC-Maschinenpark,
- die Auftragslosgrößen,
- das Werkstück-Komplexitätsprofil,
- der Organisationsgrad des Fertigungsbetriebes usw.,
- die Anzahl neuer NC-Programme pro Jahr,
- der Stand der Rechnerintegration u. dgl.

Konventionelles NCP-Konzept mit Planungsbereich-Programmierung:

Dieses Konzeptmodell stellt eine Kombination aus der Planungsbereichsvariante (F) und der Werkstattsbereichsvariante (B) dar, Abb. 6.5. Es wird hauptsächlich in mittleren und größeren Fertigungsbetrieben mit einem gemischten Maschinenpark aus älteren und modernen CNC-Maschinen eingesetzt.

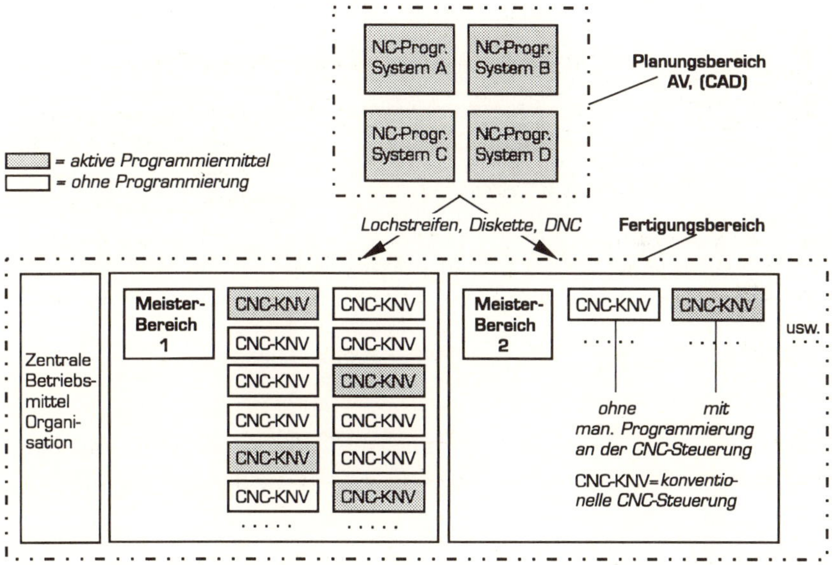

Abb. 6.5: Zentrales NCP-Konzeptionsmodell mit Planungsbereichs-Programmierung

Eine wirtschaftliche Eignung dieses Konzeptes ist stets dann gegeben, wenn ein umfangreiches Werkstückspektrum mit unterschiedlichen Fertigungsverfahren bei überwiegender Serienfertigung vorliegt. Durch den Einsatz der CAD/NC-Kopplung lassen sich außerdem Werkstücke mit höherer Komplexität in gewissen Grenzen programmieren. Während der überwiegende Teil des Werkstückspektrums im Planungsbereich (AV-Bereich) rechnergestützt programmiert wird, können Werkstücke mit geringem Komplexitätsgrad auch direkt an den CNC-Maschinen programmiert werden.

Ein wesentliches Problem bei diesem Programmierkonzept liegt in der Schnittstelle zwischen der Programmerstellung im Planungsbereich und der Programmabarbeitung an der CNC-Maschine infolge der unterschiedlichen Programmformate sowie der verschiedenartigen Tätigkeitsprofile des NC-Personals. Dies verursacht i.d.R. vermehrte Programmkorrekturen beim Programmeinfahren an der CNC-Maschine sowie ein damit verbundenes zusätzliches Nacheditieren der NC-Quellprogramme im Planungsbereich, was zu unerwünschten Programmredundanzen führen kann.

Nachteilig wirkt sich ebenso die eingeschränkte Maschinenbelegungsflexibilität aus, da der Postprozessorlauf für ein NC-Steuerprogramm bereits im Planungsbereich und nicht erst bei Auftragsbeginn im Fertigungsbereich festgelegt wird. Das fertigungstechnologische Erfahrungspotential des Maschinenbedieners kann nicht in vollem Umfang genutzt werden.

Konventionelles NCP-Konzept mit gemischter Fertigungsbereich-Programmierung:

Wird die rechnergestützte AV-Programmiervariante (F) aus prozeßorientierten Gesichtspunkten o.ä. in die Meisterbereiche verlagert, so entsteht ein dezentrales Konzeptmodell der NC-Programmierung. Hierzu werden außerdem die manuellen Programmiervarianten nach (B) sowie nach (E) benötigt, um das abgegrenzte Werkstückspektrum des Meisterbereichs bestmöglich programmieren zu können, Abb. 6.6.

Dieses Mischkonzept ist geeignet für CNC-Steuerungen ohne Multitaskingfunktion in Verbindung mit Klein- bzw. Mittelserienfertigung. Durch die Anwendung der CAD/NC-Kopplung besteht die Möglichkeit, auch Werkstücke mit höherer

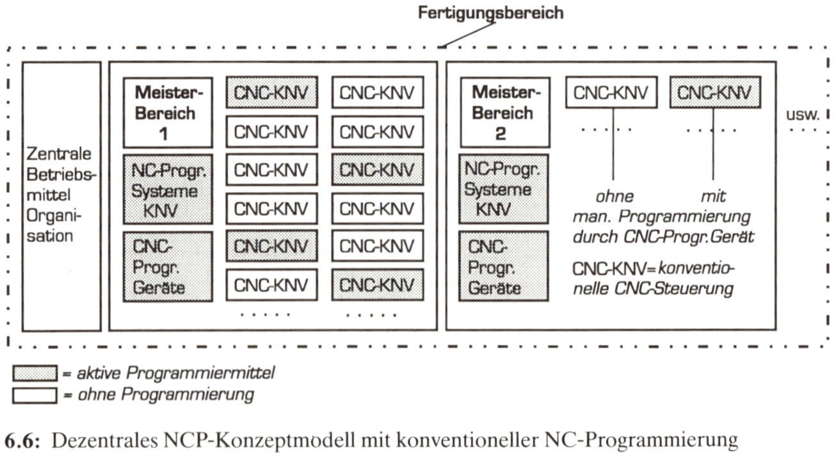

Abb. 6.6: Dezentrales NCP-Konzeptmodell mit konventioneller NC-Programmierung

Komplexität zu programmieren. Als vorteilhaft darf die größere Programmierflexibilität in bezug auf kurzfristigere Maschinenbelegung, problemloseres Programmeinfahren sowie den Wegfall von Bereichsschnittstellen angesehen werden. Die relativ einfache und überschaubare NC-Organisation benötigt auch infolge der bereichseigenen Programmarchivierung und Betriebsmittelorganisation insgesamt einen geringeren Aufwand. Die damit verbundene höhere Qualifikation des NC-Personals bedarf jedoch einer besonderen Förderung und Pflege.

Konventionelles NCP-Konzept mit rechnergestützter Werkstattprogrammierung (WOP):

Das Funktionslayout dieses Konzeptmodells ist im Prinzip dem NC-Programmiermodell nach Abb. 6.6 ähnlich, jedoch mit den durchgängigen rechnergestützten WOP-Programmiervarianten (A) und (C) ausgestattet. Die CNC-Maschinen in den Meisterbereichen können hierbei unterschiedliche CNC-Steuerungen aufweisen — konventionelle und WOP-Steuerungen — Abb. 6.7.

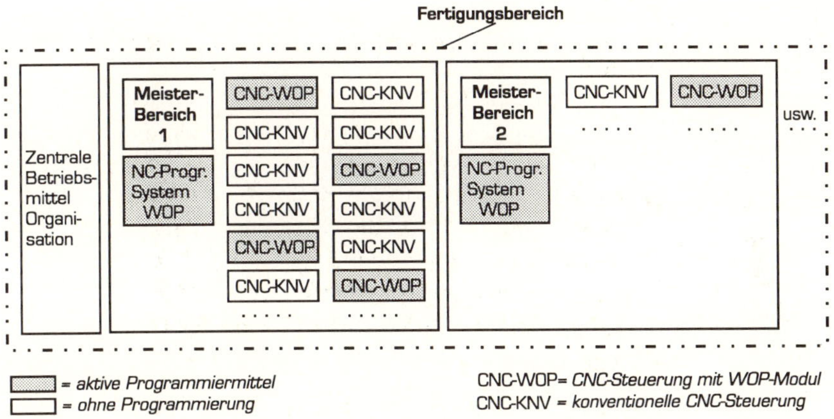

Abb. 6.7: Dezentrales NCP-Konzeptmodell mit rechnergestützter WOP-Programmierung

Als Programmerstellungsort kommen zwei Möglichkeiten in Frage:

- Am Arbeitsplatz mit WOP-Programmiermodul in der CNC-Steuerung, wobei nach Möglichkeit eine Parallelprogrammierung im Multitaskingbetrieb erfolgen sollte. Dies ist nur wirtschaftlich bei Programmierzeiten, die kleiner sind als die Losgrößen-Bearbeitungszeit des lfd. Auftrages, in Verbindung mit geringer bis mittlerer Werkstück-Komplexität. Bei einer höheren Werkstück-Komplexität läßt sich vorteilhaft eine CAD/CNC-Kopplung einsetzen, wobei in der CAD erstellte Geometriedateien direkt im WOP-Programmiermodul verarbeitet werden können.

- Im Meisterbereich mit eigenständigem WOP-Programmiersystem für verschiedene Fertigungsverfahren. Hiermit werden in erster Linie alle konventionellen CNC-Steuerungen unter Einsatz von steuerungsspez. Postprozessoren mit NC-Steuerprogrammen versorgt. Mit diesem Programmier-System lassen sich vorteilhaft auch umfangreiche WOP-Quellprogramme erstellen und an die betreffende WOP-Steuerung per DNC übertragen. Dort müssen sie lediglich noch durch maschinenspez. Daten ergänzt und fertigungstechnologisch optimiert bzw. hinsichtlich evtl. Kollisionen überprüft werden, s. a. Abb. 6.4.

Die schwerpunktmäßige Einsatzeignung dieses durchgängigen Konzeptmodells liegt bei kleinen und mittleren Auftragslosgrößen und Werkstücken mit geringen bis höheren Komplexitätsgraden. Der besondere Vorteil liegt in der Reduzierung von Datenformaten (WOP, DIN/ISO) sowie in der facharbeitergerechten grafisch-interaktiven Bedienerführung des WOP-Programmiersystems. Damit kann das vorhandene Facharbeiterpotential optimal genutzt und ausgeschöpft werden. Dieses äußerst flexible Konzeptmodell gestattet außerdem schnelle Maschinenumbelegungen und läßt kurze Auftrags-Durchlaufzeiten zu. Während das WOP-Programmsystem im Meisterbereich kostenmäßig mit dem konventionellen AV-Programmiersystem in etwa zu vergleichen ist, sind die höheren Investitionskosten der WOP-Steuerung zu beachten.

Objektorientiertes NCP-Konzept mit gemischter Werkstatt-Programmierung:

Bei den Bestrebungen zur Realisierung der „schlanken Produktion“ werden objektorientierte Fertigungsgruppen hinsichtlich Produktspektrum bzw. Prozeßablaufstruktur gebildet. Das wesentliche Merkmal autarker Gruppen stellt die interne Selbstorganisation dar, wobei die üblichen Funktionsschnittstellen wegfallen. Ein hierzu abgestimmtes NCP-Konzeptmodul besitzt eine gruppenbezogene, rechnergestützte NC-Programmiervariante nach (C), (D) und (G) sowie die arbeitsplatzbezogenen Varianten (A) und (B) mit Parallelprogrammierung an den CNC-Steuerungen, Abb. 6.8.

Die Aufgliederung in autarke Fertigungsgruppen erfolgt i.d.R. nach der Art des vorliegenden Werkstückspektrums unter Zuordnung der geeigneten NC-Programmiervarianten. Werkstücke mit geringer Komplexität werden vorteilhaft an den CNC-Steuerungen im Multitaskingbetrieb programmiert, während komplexere Werkstücke sowie ältere CNC-Steuerungen durch die gruppeneigenen NCP-Systeme zu programmieren sind. Die mit dieser „Intelligenz vor Ort“ verbundene NC-Organisationsstruktur gestattet außerdem sowohl eine CAD/NC- als auch eine CAD/CNC-Kopplung für Werkstückgeometrien mit höherer Komplexität.

Im Sinne der „Lean Production“ kann somit auf eine Planungsbereich-Programmierung verzichtet werden, was insbesondere für kleine und mittlere Fertigungsbetriebe, im Hinblick auf einen geringeren Organisationsgrad, vorteilhaft ist.

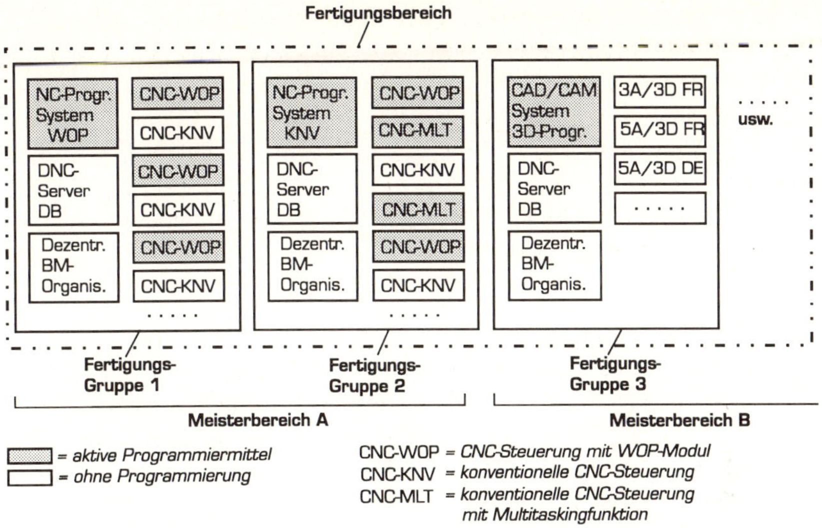

Abb. 6.8: Dezentrales NCP-Konzeptmodell für prozeßorientierte Fertigungsgruppen-Programmierung

Ein weiterer interessanter Gesichtspunkt bei diesem Konzeptmodell könnte z.B. die Auftragsbearbeitung im „Rotationsprinzip" sein. Hierbei wird jeder aktuelle Fertigungsauftrag der Gruppe unabhängig vom Fertigungsverfahren, jeweils von dem gerade „freiwerdenden" Werker übernommen und bis zur Ablieferung eigenständig bearbeitet. Diese objektgerichtete Arbeitsweise ist frei von Funktionsschnittstellen und erfordert ein äußerst flexibles Qualifikationsprofil der Gruppenmitglieder (verschiedene Fertigungsverfahren, NCP-Systeme usw.) in Verbindung mit persönlicher Termin- und Qualitätsverantwortung.

6.2.2 Rechnerintegrierte NCP-Konzeptalternativen

In Verbindung mit der derzeit aktuellen Rechnerintegration lassen sich anhand von Kommunikationsnetzwerken bereichsübergreifende NCP-Konzeptmodelle realisieren, die fast allen Ansprüchen bezüglich Flexibilität, Leistungsfähigkeit und Nutzung des technischen und personellen Betriebspotentials gerecht werden.

Rechnerintegriertes NCP-Konzeptmodell mit bereichsübergreifender NC-Programmierung:

Dieses universelle Konzeptmodell gestattet den Einsatz von sämtlichen NC-Programmiervarianten sowohl in zentraler als auch in dezentraler Hinsicht. Die hierzu notwendige Datenkommunikation wird durch ein LAN-Netzwerk sichergestellt, Abb. 6.9.

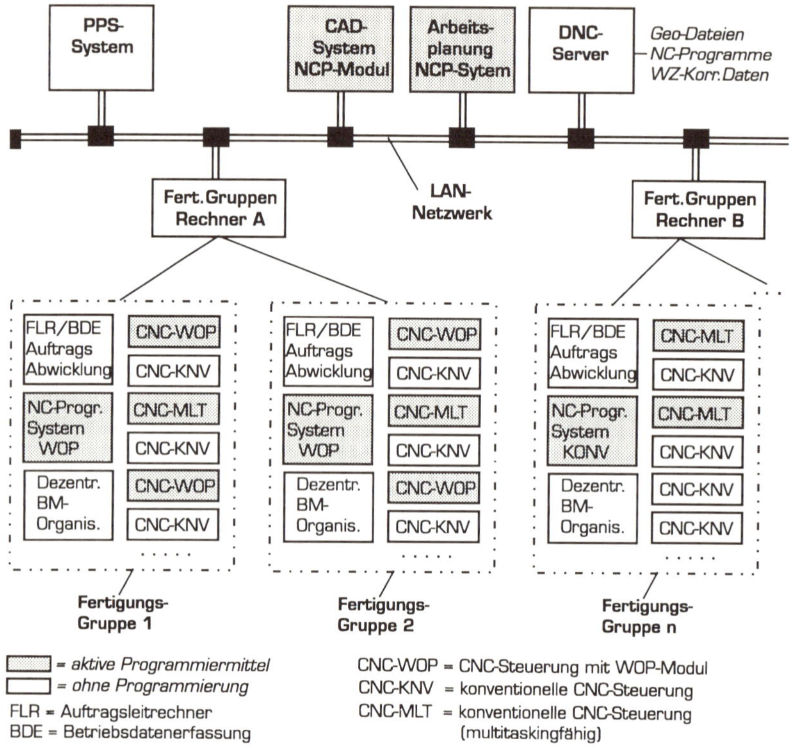

Abb. 6.9: Integriertes NCP-Konzeptmodell mit bereichsübergreifender NC-Programmierung

In den Planungsbereichen werden hauptsächlich Werkstücke mit mittleren und höheren Komplexitätsgraden programmiert sowie Geometriedaten für die CAD/NC-Kopplung NC-gerecht aufbereitet und bereitgestellt. Alle übrigen Programmieraufgaben jedoch werden von den NC-Programmiervarianten der Fertigungsgruppen entsprechend dem Konzeptmodell nach Abb. 6.8 übernommen. In diesen autarken und flexiblen Fertigungsgruppen lassen sich sowohl konventionelle als auch WOP-Steuerungen unter Zuordnung eines bestimmten Werkstückspektrums betreiben sowie eine interne Auftragseinplanung durchführen. Über BDE-Terminals besteht ein direkter Zugriff auf den DNC-Server zum Transfer von NC-Programmen und Geometriedateien in die jeweiligen CNC-Steuerungen.

Die dezentrale Fertigungsgruppenprogrammierung eignet sich besonders für die Einzel-, Klein- und Mittelserienfertigung bei geringer bis mittlerer Werkstückkomplexität.

Aus Gründen der unterschiedlichen Programmiervarianten und CNC-Steuerungssysteme sollte besonders darauf geachtet werden, möglichst einheitliche Bedienoberflächen und Datenformate einzusetzen.

Rechnerintegriertes NCP-Konzept für „Flexible Automatisierung“:

Unter „Flexibler Automatisierung“ wird die automatisierte Gruppenfertigung mit umrüstflexiblen Bearbeitungs-, Montage-, Meßzentren und Reinigungsautomaten verstanden,wie z.B. Fertigungszellen, Fertigungsinseln, flexible Fertigungssysteme u.dgl.

Sämtliche automatisch arbeitende Fertigungseinrichtungen einer Gruppe werden „online“ über Datenleitungen von einem zentralen Fertigungssystemrechner mit Auftragsdaten, NC-Programmen und Werkzeugkorrekturdaten versorgt. Die NC-Programmerstellung erfolgt durch eine rechnergestützte NC-Programmiervariante nach (F), die speziell mit Modulen der im Fertigungssystem vorherrschenden Fertigungsverfahren ausgestattet ist. Die auf diese Weise erstellten NC-Steuerprogramme werden im DNC-Server zwischengespeichert, von wo sie im Bedarfsfall durch den Fertigungssystemrechner an die betreffenden CNC-Steuerungen verteilt werden. Ein diesbezügliches Konzeptmodell für eine flexible Fertigungszelle ist in Abb. 6.10 dargestellt.

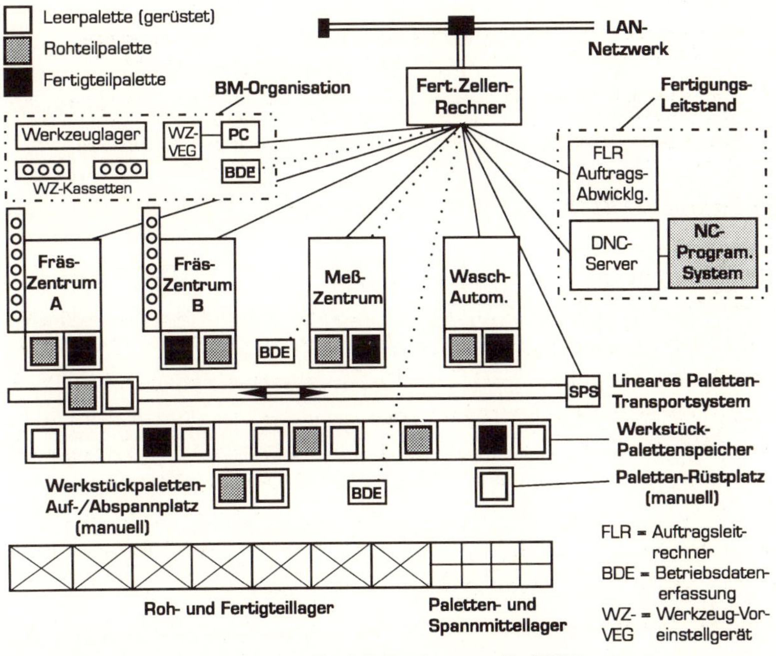

Abb. 6.10: NCP-Konzeptmodell für eine Flexible Fertigungszelle (FFZ)

Ein entscheidendes Kriterium für den wirtschaftlichen Einsatzbereich dieser flexiblen Fertigungseinrichtungen bilden das angepaßte Werkstückspektrum, eine mittlere Auftragslosgröße sowie eine normale Werkstückkomplexität.

6.3 Qualifikation des NC-Personals [80], [81], [82]

Ein großer Teil der NC-Organisationsstrukturen in den Fertigungsbetrieben ist nach zentralen NCP-Konzepten ausgerichtet. In kleineren Betrieben der Einzel- und Kleinserienfertigung hingegen herrscht überwiegend noch die manuelle Werkstattprogrammierung vor, da meist noch keine ausgeprägte Arbeitsvorbereitung bzw. NC-Organisation vorliegt.

Durch den verstärkten Einsatz neuer Technologien und Organisationsstrukturen, in Verbindung mit der Rechnerintegration, sind derzeit im Bereich der NC-Organisation qualitative Verlagerungstendenzen festzustellen. Sie bewirken neben der Modifikation von bestehenden NC-Organisationsstrukturen vor allem auch Veränderungen der Anforderungsprofile an den Arbeitsplätzen und damit der Qualifikationsmerkmale des NC-Personals.

6.3.1 Verlagerungstendenzen der NCP-Aktivitäten

Die etwa seit Mitte der 80er Jahre zu beobachtenden Verlagerungstendenzen bewegen sich in zwei verschiedene Richtungen, wobei die bislang dominante Arbeitsvorbereitung als Basis der NC-Programmierung den Ausgangspunkt darstellt. Während als Hauptverlagerungstendenz die Richtung „dezentrale Werkstattprogrammierung" zu beachten ist, bestehen weitere Trends in Richtung „CAD-Programmierung" sowie in „höhere Ausstattung und Nutzung technischer NC-Systemkomponenten", Abb. 6.11.

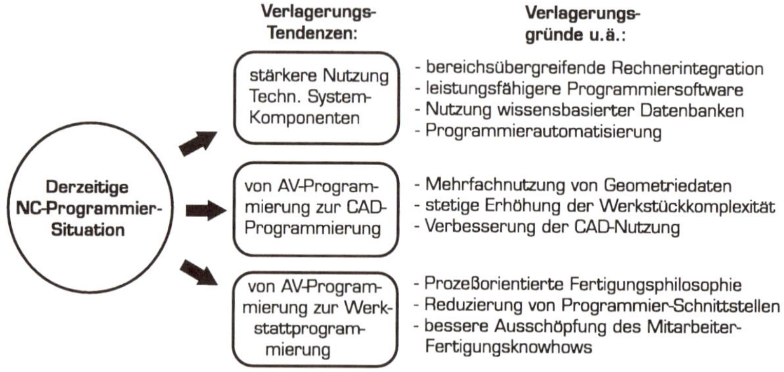

Abb. 6.11: Verlagerungstendenzen von NC-Programmieraktivitäten

Die werkstattorientierten Verlagerungstendenzen sind in der Hauptsache geprägt durch die Einführung des rechnergestützten WOP-Programmierverfahrens, durch die Rechnerintegration im Fertigungsbereich und durch den Einsatz der neuerdings propagierten „Konventionell-Plus“-Steuerungen (s. Kap. 3.1). In Verbindung mit dem vorhandenen Kenntnis- und Erfahrungsprofil des NC-Personals bedeutet dies die Ansiedlung einer sog. „Intelligenz vor Ort“, die eine neue Qualität innerhalb des Werkstattbereichs darstellt.

Wesentliche Verlagerungsimpulse in Richtung CAD-Bereich resultieren aus der bislang hohen Verbreitungsdynamik der CAD-Technik. Durch die damit mögliche Weiterverwendung und Parameterisierung der digitalen Werkstückgeometrie, durch die Geometrieschnittstellen-Normung und durch die Technologiemakroverarbeitung mit Formelementen, eröffnen sich neue Perspektiven für eine rationelle Geometriedatenaufbereitung mit CAD/NC-Kopplung und CAD-Programmierung. Dies gilt vor allem für die NC-Programmierung bei zunehmend komplexeren Werkstückgeometrien.

Der verstärkte Einsatz von rechnergestützten und rechnerintegrierten Hard- und Softwarekomponenten garantiert weitere Vereinfachungen sowie eine komfortablere Handhabung der NC-Programmieraktivitäten wie z.B.:

- Durch leistungsfähige Simulationsmodule, die effiziente Programmkontrollen und verkürztes Programmeinfahren ermöglichen.
- Durch grafisch interaktive Bedienoberflächen, die den Programmiervorgang wesentlich vereinfachen und erleichtern.
- Durch automatisierte NC-Programmiersysteme, die eine Verkürzung der Programmierzeit zur Folge haben.
- Durch wissensbasierte fertigungstechnologische Dateiensysteme, die einen direkten Datenzugriff beim Programmiervorgang sicherstellen.

6.3.2 Anforderungsprofile für das NC-Personal

Die vorstehend beschriebenen Verlagerungstendenzen innerhalb der NC-Organisation führen gegenüber den derzeit vorherrschenden Tätigkeitsmerkmalen bzw. Tätigkeitszuordnungen zu veränderten Anforderungsprofilen an den NC-Arbeitsplätzen und damit auch für das NC-Personal. Dabei kommen insbesondere für den CNC-Maschinenbediener und den CAD-Konstrukteur eine Reihe zusätzlicher Tätigkeitsarten hinzu, die einen direkten Einfluß auf das Ausbildungsprofil zur Folge haben. Eine vereinfachte Darstellung dieser Zusammenhänge zeigt die Abb. 6.12.

Tätigkeitsprofil „Maschinenbediener“

Die Tätigkeit des Maschinenbedieners erfährt in diesem Zusammenhang eine Inhaltserweiterung durch die Übernahme zusätzlicher NC-Aktivitäten. Dies resultiert im wesentlichen aus der Programmierung von bedienungsfreundlichen WOP-Systemen sowie aus der Durchführung von CAD/CNC-Kopplungen am CNC-Ar-

NC-Personal ➡ / ⬇ NC-Tätigkeiten	Maschinen-Bediener	Maschinen-Einrichter	NC-Programmierer	Betr.mittel-Organisator	CAD-Konstrukteur
NC-Programmieren (1)	(□),○	(□)	□		
CNC-Maschine rüsten	○				
NC- Bearb. überwachen	□				
NC-Programm einfahren	○	□	□		
Betr.mittel bereitstellen	○		(○)	□	
Werkzeuge voreinstellen	○	□	(○)	□	
NC-Progr. verwalten	(○)		□	○	○
NC-Progr. übertragen	○		□		
Einrichteblatt erstellen			□		○
NC-Programmieren (2)	(○)		□	(○)	
CAD-Geom. aufbereiten			□		○
NC-Programmieren (3)					○

(1) = manuelle Programmierung
(2) = rechnergestützte Programmierung mit CAD/NC- und CAD/CNC-Kopplung
(3) = CAD-integrierte Programmierung

□ = bisherige Tätigkeits-Hauptaufgaben
○ = künftige Zusatztätigkeiten infolge Verlagerungstendenzen

Abb. 6.12: Verlagerung und Veränderung der Tätigkeitsprofile des NC-Personals

beitsplatz. Diese Entwicklung profitiert zum Teil auch von der Abkehr des konventionellen Maschineneinrichter/-bedienerkonzeptes infolge Schnittstellenbeseitigung und Dezentralisierungsbestrebungen. Der Maschinenbediener kann damit nicht mehr als angelernte Hilfskraft fungieren, sondern benötigt eine Facharbeiterqualifikation mit zusätzlichen NC-, EDV- und NCP-Kenntnissen.

Durch diese neuen, sich zu einem ganzheitlichen Tätigkeitsprofil darstellenden NC-Aktivitäten, tritt eine Arbeitsbereicherung für diese Personengruppe auf.

Tätigkeitsprofil „NC-Programmierer“

Durch den Dezentralisierungsprozeß erleidet der NC-Programmierer im AV-Bereich lediglich eine mengenmäßige Reduzierung seiner Tätigkeit, nicht jedoch seines Tätigkeitsinhaltes. Eine wesentliche Veränderung stellt hingegen die Tätigkeitsverlagerung in dem Meisterbereich bzw. Fertigungsgruppenbereich dar. Diese Fertigungsnähe erfordert eine sog. „NC-Hybrid-Qualifikation“ hinsichtlich fertigungstechnologischer Belange, Beherrschung manueller und rechnergestützter Programmierverfahren sowie der CAD-Geometriedatenverarbeitung und NC-Programmverwaltung. Aus Flexibilitätsgründen sollten zuminderst in den Fertigungsgruppen die Aufgaben des BM-Organisators mit übernommen werden können.

Tätigkeitsprofil „CAD-Konstrukteur“

Die dargestellten Verlagerungstendenzen bedeuten für den CAD-Konstrukteur eine zusätzliche Inhaltserweiterung des bisherigen Tätigkeitsprofils. Hierzu zählen nicht nur die Geometrieaufbereitung für CAD/NC- bzw. CAD/CNC-Kopplungen und die integrierte CAD/NC-Programmierung. Vielmehr besteht auch die Forderung für eine NC-gerechte fertigungstechnologisch orientierte Konstruktion in Verbindung mit Formelementen und Technologiemakros. Diese zusätzlichen Anforderungen verlangen umfangreiche spezielle NC-Qualifizierungsmaßnahmen, verbunden mit der Vermittlung von fertgigungstechnologischen Grundkenntnissen im Hinblick auf das integrierte Tätigkeitsprofil einer **„CAD/NC-Fachkraft“.**

Tätigkeitsprofil „NC-Führungspersonal“

Das NC-Führungspersonal ist von diesen Änderungen der NC-Tätigkeitsprofile nur indirekt betroffen. Hier geht es vielmehr um die Planung, Disposition und Durchsetzung von Maßnahmen zur Verbesserung und Sicherstellung der NC-Organisation. Das Tätigkeitsprofil umfaßt im wesentlichen die Beherrschung folgender Funktionen:

- Strategische NC-Organisation (WST-Spektrum und WST-Komplexität, NCP-Organisation, CNC-Fertigungsorganisation, BM-Organisation)
- NC-Personalführung (Gruppenarbeit, Qualifikation, Mitarbeitermotivation)
- NC-Wirtschaftlichkeit (NC-Investitionen, CNC-Fertigungseinrichtungen, NC-Programmiermittel, Nutzungs- und Auslastungsgesichtspunkte).

Aufgrund von aktuellen Zielsetzungen wie z.B. Dezentralisierung, Datenintegration, Schnittstellenminimierung, dynamische Gruppenarbeit, objektorientierte Ablaufstrukturen usw. sollte das NC-Führungspersonal in hohem Maße eine überzeugende Vorbildfunktion und die Vermittlung der NC-Denkweise gegenüber den übrigen Fertigungsmitarbeitern ausüben. Dies setzt selbstverständlich eine permanente und aktuelle Höherqualifizierung auf dem gesamten Fachgebiet der NC-Technik voraus.

6.3.3 Höherqualifizierungsmaßnahmen für das NC-Personal

Unter Qualifikation wird die Gesamtheit aller Fähigkeiten und Kenntnisse des Mitarbeiters verstanden. „Fähigkeiten“ stellen Merkmale der Persönlichkeitsstruktur dar, „Kenntnisse“ bedeuten durch Lernen und Erfahrung erworbenes Fachwissen. Durch die berufliche Fachausbildung und langjährige Berufspraxis liegt bei den Mitarbeitern im Fertigungs-, Planungs- und Konstruktionsbereich ein hohes Potential an fachorientiertem grundlagen-, technologie- und prozeßspezifischem Erfahrungswissen vor. Da in den Bereichen der rechnergestützten bzw. rechnerintegrierten Technologien die Nutzungszeit dieses vorhandenen Erfahrungswissens sich zunehmend verringert, ist es von besonderer Wichtigkeit, eine permanente Aktualisierung und Erweiterung der EDV-bezogenen Kenntnisse (PC, CNC, CAD, NCP) anzustreben. Im Zuge der derzeit favorisierten Organisations- und Produktionsphilosophien wird zudem noch eine zusätzliche, kooperative Selbstqualifikation, die sog. **„extrafunktionale Qualifikation“** für das NC-Personal notwendig.

Unter diesem Begriff werden folgende Qualifikationsarten verstanden:
- eine ganzheitliche, systemübergreifende Denk- und Arbeitsweise,
- die Fähigkeit zur Kooperation und Teamarbeit,
- die Fähigkeit für eine eigenverantwortliche Problemlösungs- und Handlungsweise,
- die arbeitsplatzbezogene Selbstlernfähigkeit und Eigenmotivation.

Für die Vermittlung dieser notwendigen Höherqualifikationen im NC-Bereich sind permanente berufliche Weiterbildungsmaßnahmen von besonderer Wichtigkeit!

Die Grundlage hierfür bildet ein **betriebliches Weiterbildungskonzept,** das sowohl auf die vorhandenen NC-Ressourcen, als auch auf die künftigen NC-Zielsetzungen abgestimmt sein sollte. Dabei ist es vorteilhaft, die Lerninhalte durch aufeinander abgestimmte und sich ergänzende Weiterbildungsmodule, in zeitlich abgestimmten Intervallen zu vermitteln, Abb. 6.13. Die verschiedenen Weiterbildungsmaßnahmen selbst können in Form von Lehrgängen, Seminaren, Workshops usw. durchgeführt werden. Grundlagenorientierte Ausbildungsmodule lassen sich vorteilhaft

Ausbildungs-Modul:	NC-Personal: ➡ ⬇ Ausbildungs-Inhalt:	CNC-Fachkraft	NC-Programmierer	CAD-/NC-Fachkraft	NC-Führungskraft
NC-Technik Grund-Ausbildung	- Grundlagen der NC-Technik - Grundlagen der NC-Programmierung - Steuerungs- u. Betriebsmitteltechnik	●	●	●	●
EDV-Grund-Ausbildung	- EDV-Grundlagen, Datenorganisation - EDV-Hardwarekomponenten - Bedienung von Anwender-Software	○	●	●	○
CAD-Grund-Ausbildung	- CAD-Grundlagen, Teilefamilien - 2D-Zeichnungserstellung - CAD-Schnittstellenformate		●	●	○
NC-Progr.-Ausbildung	- erweiterte manuelle Programmierung - rechnergestützte Programmierung - Progr.technik für versch. F-Verfahren	●	●	●	○
Extrafunkt. Qualifikat.-Ausbildung	- Vermittlung von: Methoden-, Problemlöse- und Entscheidungskompetenz - Selbstlern- und Sozialkompetenz	●	●	●	●
Didaktik u. Führungs-Ausbildung	- Grundlagen d.Didaktik, ganzheitliches Lernen, Kreativitätstechniken - Grundlagen der Mitarbeiterführung			○	●
NC-Organisations-Ausbildung	- Grundlagen der Betriebsorganisation - rechnerintegrierte Organisation - Organisat.Konzepte, Wirtschaftlichkeit		○	○	●

● = fest zu vermittelnder Weiterb.Bestandteil ○ = zusätzlich sinnvoller Weiterb.Bestandteil

Abb. 6.13: Weiterbildungskonzept für die Qualifizierung des NC-Personals durch betriebsinterne Schulungen durchführen, wobei entweder eigene oder betriebsfremde Schulungskräfte eingesetzt werden können. Bei systemspezifischen Modulen hingegen ist es zweckmäßiger, betriebsexterne Weiterbildungsmaßnahmen bei den betreffenden Systemlieferanten durchführen zu lassen. Da diesbezügliche Schulungen bekanntlich äußerst komprimiert dargeboten werden, sollte stets auf eine sorgfältige Vor- und Nachbereitung durch ausreichende Trainingszeit am Arbeitsplatz sichergestellt werden. Im Sinne einer erfolgreichen Teamarbeit ist es empfehlenswert, jeweils gemischte NC-Gruppen mit jüngeren und älteren Mitarbeitern zu bilden. Auf diese Weise wird sichergestellt, daß das vorhandene Fach-Know-how in Verbindung mit den neuen Techniken und Denkweisen sich im Sinne eines Synergieeffektes entwickeln kann.

Kapitel 7 Weiterentwicklungen der NC-Programmiertechnik

Die NC-Programmiertechnik hat sich evolutionsbedingt seit ihrem Bestehen ständig weiterentwickelt. Trotz des derzeit erreichten, hohen Technikstandes werden zunehmende Probleme offenkundig, die insbesondere aus den zahlreichen und unterschiedlichen Schnittstellen innerhalb des Prozeßablaufs resultieren. Hinzu kommen weitere Zielsetzungen von Seiten der Rechnerintegration, die in Verbindung mit kürzeren Prozeßzeiten eine übergreifende und durchgängige Informationsverarbeitung innerhalb der NC-Verfahrenskette fordern.

In diesem Kapitel werden diesbezüglich aktuelle und zukunftsweisende Weiterentwicklungsaktivitäten behandelt.

7.1 Übergreifende Schnittstellennormung für die NC-Verfahrenskette [83]

Die derzeitige Situation in der NC-Programmiertechnik ist gekennzeichnet durch zunehmende Integrationsbestrebungen der rechnergestützten Planungs- und Fertigungseinrichtungen. Hinzu kommen Forderungen für die Eingliederung neuer Fertigungsmethoden, für die Herstellung von komplexeren Produkten sowie für die Realisierung kürzerer Prozeßzeiten. Dem gegenüber bestehen innerhalb der NC-Verfahrenskette eine Reihe von Kompatibilitätsdefiziten, wie z.B. unterschiedliche Datenstrukturen und Datenformate, unzureichend genormte Schnittstellen, unterschiedliche Programmiersprachen bzw. Bedienoberflächen usw.

Dies erfordert nicht nur einen erhöhten Zeit- und Kostenaufwand für den Programmierprozeß, sondern ebenso eine aufwendige Erlern- und Bedienbarkeit der unterschiedlichen Programmiersysteme. In diesem Zusammenhang sind bereits in den 80er Jahren verschiedene Verbesserungsmaßnahmen ergriffen worden, wie z.B. die erweiterte Nutzbarkeit der CAD/NC-Schnittstelle für die Übernahme von CAD-Daten mit zusätzlichen Technologiedaten für die NC-Programmierung sowie die Entwicklung und Einführung des neuartigen WOP-Programmierverfahrens (s. Kap. 3.5). Die verfolgte Zielsetzung dieser Aktivitäten bestand in der direkten Weiterverarbeitung dieser parametrisierten Geometrie-/Technologiedaten in den Folgesystemen und dem Versuch einer teilweisen Schnittstellenminimierung. Ebenso konnte erstmals eine werkstattgerechte, grafisch-interaktive Bedienoberfläche ohne Kenntnis einer Programmiersprache eingeführt werden.

Die derzeitigen Anforderungen bezüglich eines übergreifenden und durchgängigen Informationsflusses erfordern jedoch weiterreichendere Standardisierungsmaßnahmen. Zudem ist das Umfeld der NC-Verfahrenskette in dieses Gesamtkonzept mit einzubeziehen. In diesem Zusammenhang sind in den letzten Jahren eine Reihe von nationalen und internationalen Entwicklungsaktivitäten zur Standardisierung und Normung dieses Problembereichs in Angriff genommen worden. Projektträger ist die „**K**ommission **C**omputer **I**ntegrated **M**anufacturing" (KCIM), wobei zahlreiche Arbeitsgruppen aus Unternehmen, Verbänden und Forschungsinstituten beteiligt sind. Für die NC-Programmiertechnik sind insbesondere die Forschungsarbeiten des Arbeitskreises AK 2 „NC-Verfahrenskette im Rahmen des STEP-Schnittstellenmodells" (Standard for the Exchange of Product Model Data) von besonderer Bedeutung [84]. Für diesen Untersuchungsbereich sind bezüglich der Funktionen und der zu verarbeitenden Produktdaten folgende Zielsetzungen definiert:

1. Übernahme von produktbeschreibenden CAD-Daten für die Folgesysteme der NC-Verfahrenskette mit Beschreibung von Geometrie-, Topologie- und Technologiedaten (Fertigungstoleranzen, Oberflächengüte, Materialeigenschaften).
2. Planung und Programmierung von Bearbeitungs- und Meßaufgaben, wie z.B. Betriebsmittelbeschreibung und -auswahl, fertigungstechnologische Planung der Art und Reihenfolge von Arbeits- und Bearbeitungsvorgängen, Beschreibung bzw. Zuordnung von Bearbeitungsstrategien, Simulation, Prozeßdatenbestimmung u. dgl.
3. Aufbereitung und Weitergabe der generierten Fertigungsinformationen mit Beschreibung von CNC-Maschinen/Steuerungen, Werkzeugen, Spannmitteln und NC-/RC-Programmen.

7.1.1 Referenzmodell für die NC-Verfahrenskette

Die modellhafte Darstellung und Abgrenzung des rechnergestützten Informationsflusses innerhalb der NC-Prozeßkette erfolgt durch ein sog. **Referenzmodell,** Abb. 7.1.

Im Hinblick auf die derzeitigen Normungsaktivitäten liegt der Schwerpunkt auf der Harmonisierung der Schnittstellen zwischen den internen Funktionsbereichen und den angrenzenden Betriebsbereichen. Das Referenzmodell setzt sich zusammen aus dem Produktmodell, dem Betriebsmittelmodell, den Anwenderprogrammodulen und den Schnittstellen.

Das **Betriebsmittelmodell** beschreibt alle für die Produktfertigung notwendigen Komponenten, wie z.B. CNC-Maschinen/Steuerungen, Werkzeuge, Spannmittel, Meßgeräte u.a. Damit wird sichergestellt, daß sämtliche Anwenderprogrammo-

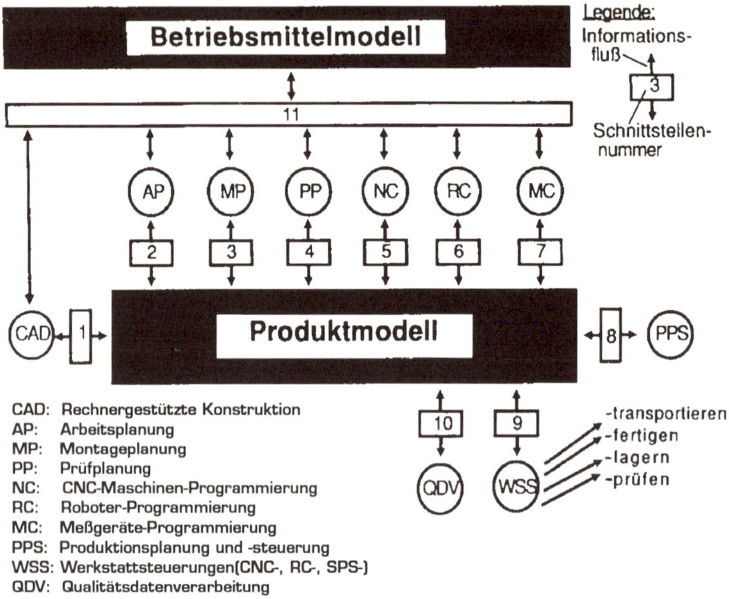

Abb. 7.1: Referenzmodell der NC-Verfahrenskette nach KCIM [83]

dule während ihrer Aufbereitungs- und Generierungsprozesse direkt auf diese Daten zugreifen können.

Das **Produktmodell** stellt eine auftragsneutrale Dokumentation sämtlicher Daten, Vorgänge und Ergebnisse dar, die im Verlaufe der Produktplanung gewonnen werden. Es wird in erster Linie vom CAD-System gespeist und durch die nachfolgenden Systemmodule durch weitere Datengenerierung bzw. Datenimporte aufgefüllt und vervollständigt, s. a. Abb. 7.13.

Das Produktmodell läßt sich hinsichtlich seiner Systemstruktur in folgende Funktionsmodelle aufgliedern:

- Das **Geometriemodell** beschreibt die geometrische Gestalt eines Produkts, wie z.B. Roh- und Fertigteilgeometrien des Sollzustandes, Zwischenzustände der Arbeitsvorgänge, Endzustand. Jedem Geometriemodell wird ein entsprechendes Technologiemodell zugeordnet.
- Das **Technologiemodell** beschreibt die Geometrie, z.B. anhand von Formelementen mit zusätzlicher Verknüpfung von technologischen Daten, wie z.B. Form-/Lagetoleranzen, Oberflächengüte, Materialeigenschaften u.a.
- Das **Fertigungsmodell** beschreibt die detaillierte Aufgliederung für sämtliche Bearbeitungsinhalte von Arbeitsvorgängen, wie z.B. Art und Folge von Bearbeitungsvorgängen, Bearbeitungsstrategien, Betriebsmittel u.a.

- Das **Bearbeitungsmodell** stellt das kumulierte Ergebnis sämtlicher, für einen Arbeitsvorgang notwendiger Bearbeitungsinhalte dar, wie z.B. NC-Programme, Einrichteblätter u.a.
- Das **Zustandsmodell** dokumentiert den aktuellen Bearbeitungsstand, woraus sich z.B. weitere Planungsdaten für nachfolgende Arbeitsvorgänge ableiten lassen.

Das Produktmodell stellt somit eine sog. „Datenverbindlichkeit" innerhalb der NC-Prozeßkette sicher. Für seine ständige Aktualisierung muß ebenso eine Rückführung von modifizierten Daten aus sämtlichen Prozeßmodulen realisierbar sein. Der Prozeßablauf sowie die Datendurchgängigkeit innerhalb der NC-Verfahrenskette erfährt durch die Repräsentation des Referenzmodells eine neue Qualität. Damit verbunden sind verschiedenartige Auswirkungen auf die beteiligten Prozeßmodule, wie z.B. auch auf die NC-Programmierung. Dies soll in den Folgekapiteln in komprimierter Form dargestellt werden.

7.1.2 Datenmodell „process plan" der rechnergestützten Arbeitsplanung

Für eine durchgängige Datenintegration innerhalb der NC-Verfahrenskette besteht derzeit das Hauptproblem, die geometrisch beschriebene Produktgestalt in einem gemeinsamen Datenformat mit den bearbeitungsbeschreibenden Daten innerhalb der NC-Programmierung zu verknüpfen und zu verarbeiten. Im Rahmen des STEP-orientierten Referenzmodells sind hierzu weitere Partialmodelle für die CAD/NC-Kopplung, für die Arbeitsplanung und für die NC-Programmierung erforderlich. Eine besondere Bedeutung kommt in diesem Zusammenhang der Entwicklung eines Planungsmodells für sämtliche bearbeitungsbeschreibende Daten sowie deren Verknüpfung mit den Geometriedaten zu.

Dieses sog. **„process plan model"** soll gleichzeitig in das übergreifende STEP-Modell eingebunden werden, um eine herstellerunabhängige Kopplung zwischen CAD-Systemen und der rechnergestützten Arbeitsplanung zu ermöglichen, s. a. Schnittstelle 1 und 2 in Abb. 7.1.

Im „process plan model" lassen sich sämtliche Planungsdaten für die Generierung der Bearbeitungsvorgänge abbilden. Weitere Datenstrukturen, die die Fertigungszwischenzustände bezüglich der verschiedenen Bearbeitungsvorgänge repräsentieren, werden als sog. „manufacturing features" (Technologiemakros) in die Planungsdaten eingebunden. Die Darstellung der manufacturing features resultiert aus einer sukzessiven Differenzbildung zwischen der jeweiligen Anfangs- und Endgeometrie eines jeden Bearbeitungsvorgangs. Sie stellen fertigungsrelevante, parameterisierte Formelementbeschreibungen mit geometrischen, strukturellen und technologischen Informationen dar, die jeweils eine geschlossene Einheit repräsentieren. Zur Modellbildung des „process plan model" sind folgende Anforderungen zu berücksichtigen:

- Abbildung der Planungsinformationsstrukturen, wie z.B. Zuordnung der Planungsdaten zum Produkt, Abbildung der Arbeitsplanhierarchie, des NC-Bearbeitungsplans und des NC-Programms,
- Abbildung der vorgangsbearbeitenden Daten, wie z.B. der auftragsneutralen, organisatorischen und sachabhängigen Daten, der Daten für den Arbeits- und NC-Bearbeitungsplan, der fertigungstechnologischen Daten für die NC-Programmierung u.a.,
- Anbindung der Vorgangsdaten an die zugeordnete Geometriebeschreibung für die Definition von Fertigungszwischenzuständen.

Beschreibung des Datenmodells „process plan" [85]

Die Informationsstruktur des „process plan model" läßt sich anhand der als Bestandteil des STEP-Normvorschlags entwickelten formalen Beschreibungssprache EXPRESS sowie mit der grafischen Beschreibungssprache EXPRESSAM darstellen. Hierzu bedarf es einer Aufgliederung des Modells in die drei Planungsmodule „Prozeßplanung", „Verfahrensplanung" und „NC-Programmierung".

Die dargestellten Planungsmodule besitzen ein System von Informationseinheiten (entities), die folgende Funktionen erfüllen können:

Durch das entity **„process plan configuration unit"** wird eine Zuordnung von organisatorischen Daten (Arbeitsplätze, Maschinengruppe usw.) zu beliebig zu definierenden Planungseinheiten ermöglicht. Eine Planungseinheit kann dabei entweder durch einen speziellen Arbeitsplan (product item version process plan) oder durch einen NC-Bearbeitungsplan bzw. durch ein manufacturing feature (process plan activity) dargestellt werden. Damit läßt sich die in Abb. 7.2 beschriebene Planungshierarchie im Datenmodell in übergreifender Form abbilden.

Das entity **„product item version process plan"** repräsentiert jeweils den Inhalt von produktbezogenen Arbeitsplänen (wie z.B. Drehen, Fräsen, Schleifen usw.), wobei die zuzuordnenden Produktdaten sozusagen „vererbt" werden.

Mit dem entity **„process plan activity"** lassen sich sämtliche Bearbeitungsvorgänge eines Arbeitsvorgangs (wie z.B. Abspanen, Konturdrehen, Formeinstechen, Gewinden u.a.) in auftragsneutraler Form beschreiben und darstellen. Es stellt den Kern des „process plan model" dar und besitzt eine hierarchieübergreifende Präsenz innerhalb der Planungsmodule.

Die flexible Datenstruktur des „process plan activity" gestattet die Beschreibung unterschiedlicher Vorgänge, wie z.B. Einzelbearbeitungsvorgänge, Vorgangsfolgen, Standardbearbeitungsfolgen (Bearbeitungszyklen) u.dgl. Die hierzu notwen-

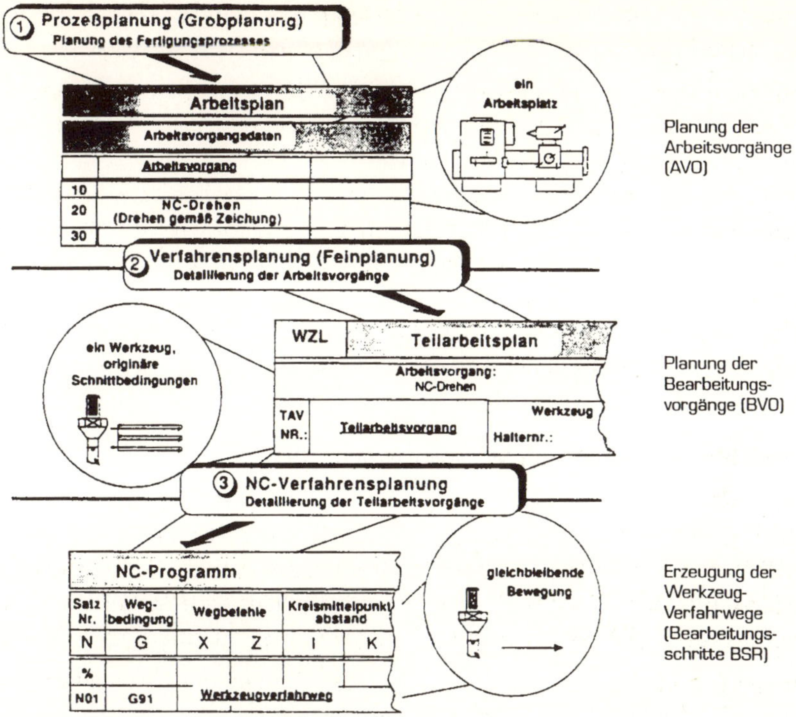

Abb. 7.2: Gliederung des „process plan model" nach [85]

digen Daten werden stets in Form von Attributen mit der process plan activity verbunden. Diesbezügliche Attribute können sein:

- Das entity **„process shape reference":** Es beschreibt die einem Bearbeitungsvorgang zuzuordnende Bearbeitungsgeometrie, wie z.B. eine Bearbeitungskontur oder ein Geometrie-Formelement als sog. manufacturing feature.
- Das entity **„process plan set type":** Einer „process plan activity" lassen sich beliebig viele „process plan set types" zuordnen. Damit wird ermöglicht, einen Bearbeitungsvorgang mit Organisations- und Technologiedaten (Werkzeuge, Schnittdaten usw.) zu verknüpfen sowie in weitere Bearbeitungsoperationen und Bearbeitungsschritte im Sinne einer vollständigen NC-Programmgenerierung aufzuteilen.

Mit dem Einsatz des „process plan model" verbinden sich folgende Vorteile:

- Eine durchgängige Produktmodellbeschreibung für alle Anwendungen innerhalb sowie im Umfeld der NC-Verfahrenskette,
- eine Verknüpfung von Geometrie-, Struktur- und Technologiedaten mit Einbindung in das Produktmodell,

- eine Aufwandreduzierung durch Erstellung von planungsrelevanten Geometrie-, Topologie- und Qualitätsinformationen bereits in der CAD,
- ein bidirektionaler und redundanzfreier Datenfluß.

7.1.3 CAD/NC-Schnittstelle

Der derzeitige Austausch von Geometriedaten zwischen CAD- und NC-Programmiersystemen wird auf unterschiedliche Weise realisiert, s. a. Kap. 3.3.2:

- durch CAD/NC-Kopplung auf der Basis von standardisierten Schnittstellenformaten, wie z.B. IGES, VDA-FS, SET, PDDI, STEP, PDES u.a.,
- durch CAD/NC-Kopplung von applikationsspezifischen Kopplungsmodellen (CAD/NC-Prozessoren) sowie
- durch CAD/NC-Kopplung auf der Basis einer gemeinsamen, rechnerinternen Modelldarstellung.

Über diese Schnittstelle werden in der Hauptsache reine Werkstückgeometrien in Form von Geometriekonturen und Geometriemakros übertragen, wobei z.T. ein nicht unerheblicher Aufwand für die anschließende Geometrieaufbereitung erforderlich ist. Zum anderen existieren eine große Anzahl von Schnittstellenmodulen mit unterschiedlicher Leistungsfähigkeit und Datenzuverlässigkeit. Weiterentwikkelte Kopplungssysteme gestatten eine zusätzliche Übernahme von Technologiedaten (Toleranzen, Oberflächengüte) in die CAD-Geometrie, die als textliche Zusatzinformationen vom NC-Programmiersystem übernommen werden können.

Integrierte CAD/NC-Systeme neueren Datums bieten hingegen bereits die Möglichkeit einer vollständigen und NC-gerechten Übernahme von CAD-Daten mittels Formelementen auf der Basis eines einheitlichen Werkstückmodells. Neben Geometrie- und Technologiedaten lassen sich damit auch Topologiedaten (Funktionsbeziehungen zwischen Geometrieelementen) übergeben und im NC-Prozessor teilautomatisch bzw. regelbasierend verarbeiten [86]. Ein bidirektionaler Datenaustausch zwischen CAD- und NC-System wird ermöglicht.

In diesem Zusammenhang sowie aus der Sicht der bisherigen Bestrebungen für eine Vereinheitlichung von CAD/NC-Schnittstellen mit Geometrie- und Technologiedatentransfer bietet das vorhandene STEP/PDES-Modell (STEP = **St**andard for the **E**xchange of **P**roduct Model Data, PDES = **P**roduct **D**ata **E**xchange **S**pecification) bereits richtungsweisende Ansätze, die in eine übergreifende Schnittstellenharmonisierung einbezogen werden können, Abb. 7.3.

Hierzu bedarf es im Sinne der NC-Verfahrenskette einer erweiterten Betrachtungsweise unter Einbeziehung von Konstruktion, Arbeitsplanung, NC-Programmierung, Betriebsmittelorganisation und CNC-Fertigung. Die Basis für eine diesbezüglich umfassende und durchgängige Schnittstellennormung stellt das unter

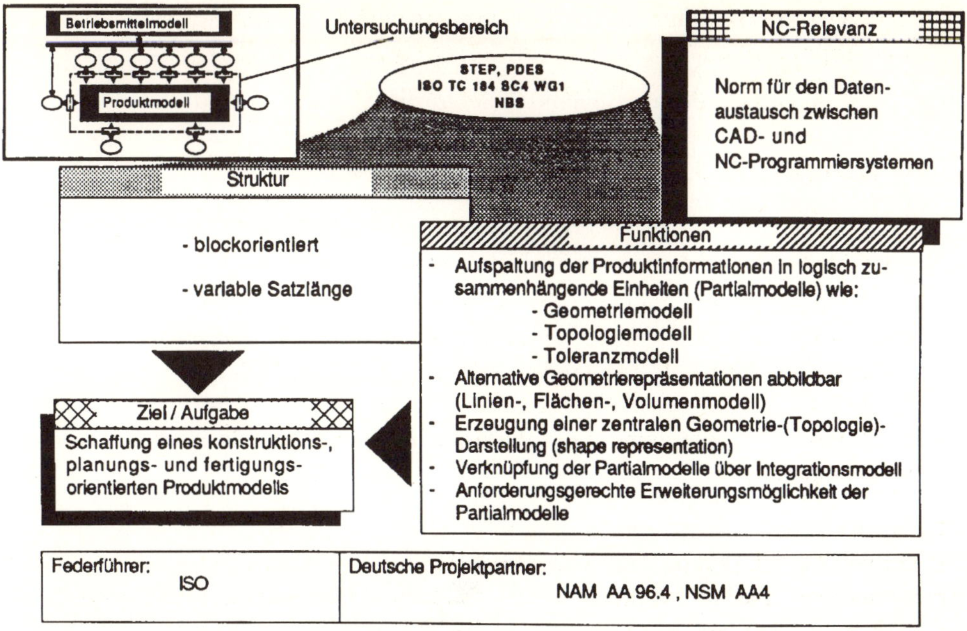

Abb. 7.3: Spezifikation des STEP/PDES-Schnittstellenmodells nach KCIM [83]

Abb. 7.1 dargestellte Produktmodell, Schnittstelle 1, dar. Unter diesen Voraussetzungen erfolgt bereits in der CAD die rechnerinterne Darstellung der Werkstückgestalt auf der Basis von „manufacturing features" [87]. **Manufacturing features** beinhalten aber nicht nur bestimmte formbeschreibende Geometriemerkmale (Formelemente), sondern auch zusätzlich verknüpfte, fertigungsbeschreibende Attribute (Bearbeitungsinformationen, Technologiedaten usw.) im Sinne einer geschlossenen und einheitlichen Aggregation von Merkmalen.

In Verbindung mit dem adäquaten „process plan model" wird damit eine direkte und bidirektionale CAD/NC-Kopplung sichergestellt, wobei gleichzeitig eine durchgängige und automatisierbare NC-Programmierung realisiert werden kann. Weitere Vorteile ergeben sich durch die Möglichkeit eines direkten Datenaustausches zwischen den CAD-Systemen untereinander sowie zwischen CAD-Systemen und der gemeinsamen Datenhaltung.

Diese strukturierte und integrierte Denk- und Vorgehensweise zur Harmonisierung der Schnittstellen mit erweiterter, internationaler STEP-Norm eröffnet neue und zukunftsweisende Perspektiven im Rahmen der NC-Verfahrenskette. Hiervon sind auch die qualitativen Auswirkungen und Veränderungen bezüglich einer Neuorientierung des strukturellen Aufbaus derzeitiger CAD-, NC-, DNC-Softwaremodule abzuleiten und durchzuführen.

7.1.4 Einheitliche Sprachschnittstelle zum Austausch von NC-Programmen

Innerhalb der NC-Verfahrenskette bestehen derzeit beachtliche Probleme durch unterschiedliche Daten- und Schnittstellenformate für die Generierung, Übertragung und Verarbeitung von NC-Programmen. Hierzu zählen die Prozessoreingabesprache (DIN 66246), das neutrale CLDATA-Format (DIN 66215) und der maschinen-/steuerungsspezifische Programmaufbau für CNC-Steuerungen (DIN 66025), Abb. 7.4.

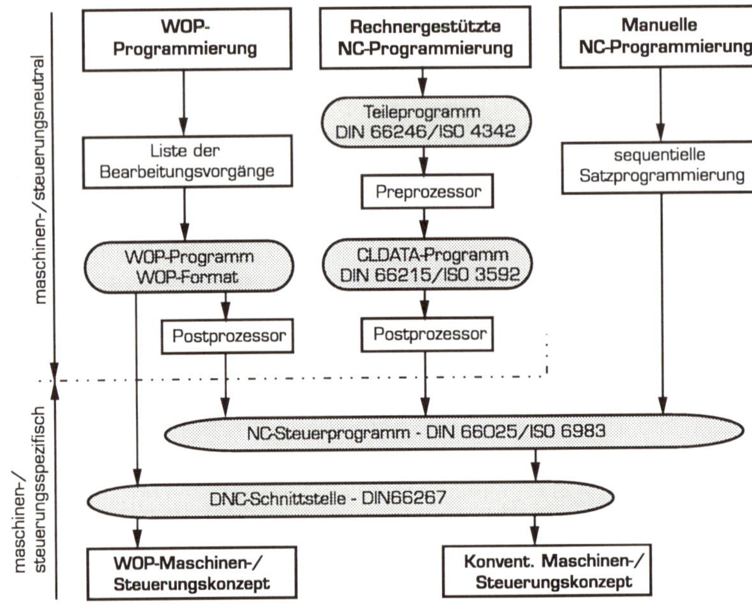

Abb. 7.4: Normungsstand der NC-Programmier-Schnittstellen

Aus dieser Sicht muß auch die Unzulänglichkeit der DIN 66025 gesehen werden, wobei durch die gestiegene Leistungsfähigkeit von modernen CNC-Steuerungen eine zunehmende Inkompatibilität der NC-Steuerprogramme in Kauf genommen werden muß.

Hinzu kommen weitere Anforderungen hinsichtlich einer Datenübertragung mit unterschiedlichen Strukturmodellen, wie z.B. Bearbeitungspläne, Einrichteblätter, Programmlisten, Werkzeugkorrekturdaten u.dgl. Für ein künftiges NC-Programmierkonzept sollten sowohl die Planungsbereichs-, als auch die Werkstattprogrammierung in integrierter Form einsetzbar sein. Voraussetzung hierfür ist ein durchgängiges Programmformat, eine einheitliche Bedienoberfläche sowie ein direkter Datenaustausch der beteiligten Programmierverfahren. Die aufgezeigten Problemkreise erfordern derzeit nicht nur aufwendige und komplexe Schnittstellenkonvertierungen und Datenhaltungen, sondern auch einen beträchtlichen Aufwand für die Einarbeitung und Bedienung dieser NC-Module durch das NC-Personal.

Für die notwendige Beseitigung dieses Kompatibilitätsdefizits hat der KCIM-Arbeitskreis 2.2 mit dem Entwicklungsvorhaben „Einheitliche Sprachschnittstelle zum Austausch von Bearbeitungsprogrammen" entsprechende Normungsaktivitäten ergriffen [88], [89]. Zielsetzung ist die Erstellung eines einheitlichen Konzeptes für die Programmierung von Fertigungs-, Montage- und Meßaufgaben innerhalb der NC-Verfahrenskette. Den Schwerpunkt bildet hierbei die Entwicklung einer **gemeinsamen, fertigungsorientierten Programmiersprache** unter Berücksichtigung einer einheitlichen Schnittstelle. Damit soll ein durchgängiger Austausch von Bearbeitungsprogrammen ermöglicht werden, wie z.B. zwischen

- verschiedenen NC-Programmiersystemen,
- NC-Programmiersystemen und CNC-Steuerungen,
- CNC-Steuerungen von unterschiedlichen Herstellern.

Ein weiteres Teilziel stellt die Vereinheitlichung und Vereinfachung der rechnergestützten NC-Programmierung sowie der Programm-Datenhaltung dar. In diesem Zusammenhang sollen alle derzeit existierenden, bzw. in der Normung befindlichen Programmiersprachen entsprechend bewertet und berücksichtigt werden. Die Zielvorstellung zur Vereinheitlichung und Einbindung dieser neuen Programmiersprache innerhalb der NC-Verfahrenskette besitzt eine Aufbaustruktur nach Abb. 7.5.

Die Hochsprache soll eine zentrale Einbindung besitzen, wobei alle übrigen NC-Komponenten mittels Compiler angebunden werden können. Der Sprachinhalt für

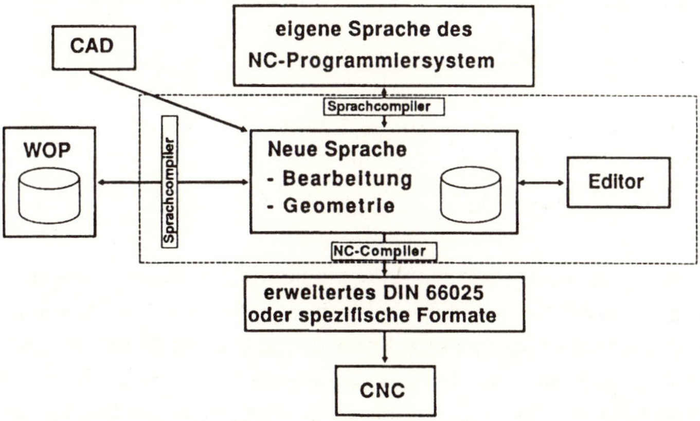

Abb. 7.5: Alternativen zur Einbindung der NC-Hochsprache in die NC-Verfahrenskette nach KCIM [83]

die NC-Programmierung muß in der Lage sein, neben den Geometrie- und Technologiedaten auch die Ablaufreihenfolge der Bearbeitungsvorgänge festzulegen. Dabei sollen zwei verschiedene Programmiermöglichkeiten bestehen:

- die abstrakte Programmierung mit Sprachsyntax und
- die Programmierung auf der Basis der DIN 66025.

Diese neu zu entwickelnde Programmiersprache stellt außerdem die einheitliche Schnittstelle zwischen den existierenden NC-Applikationsmodulen dar, um die Kompatibilität mit vorhandenen NC-Programmen, NC-Programmiersystemen, abgespeichertem Benutzer-Know-how usw. zu gewährleisten. Grundsätzlich werden folgende Hauptaufforderungen an die neue NC-Hochsprache gestellt:

- maschinen-/steuerungsneutrales Format,
- kompatibel zu vorhandenen NC-Programmen und Normen,
- modularer, prozeduraler, prozeßorientierter und selbstprotokollierender Sprachaufbau,
- Verwendung von praxisorientierten Wörtern und Funktionen,
- Anpassungsfähigkeit durch den Anwender,
- einfaches und schnelles Erlernen.

„Companion Standards" für DNC-Bereich:

Innerhalb des Referenzmodells sind die im Produktmodell abgespeicherten NC-Planungsdaten zu verwalten und nach Anforderung über eine bidirektionale Schnittstelle an die CNC-/RC- bzw. Meßsteuerungen weiterzuleiten und zu verteilen. Diese Aufgaben werden von einem entsprechenden DNC-System (**d**istributed **n**umerical **c**ontrol) ausgeführt, Abb. 7.6.

Durch Änderung und Optimierung dieser NC-Daten im Werkstattbereich, bzw. an den Steuerungen entstehen andererseits neue Informationen, die in das Produktmodell zurückgeführt werden müssen, s. a. Schnittstelle 9 des Referenzmodells nach Abb. 7.1. Mit den derzeit vorhandenen Schnittstellen lassen sich diese Anforderungen jedoch nicht in vollem Umfang erfüllen. Die ***M*****anufacturing *M*****essage *S*****pecifikation (MMS)** stellt hingegen eine geeignete Norm dar, die als Ausgangspunkt für die Realisierung von offenen Datenübertragungsprotokollen dienen kann. Die hierfür benötigten Protokolle werden als **„Companion Standards"** bezeichnet. Sie haben die Aufgabe, eine umfassende Vereinheitlichung von Syntax und Semantik für sämtlich zu übertragende Informationen zwischen den rechnergestützten Planungskomponenten und Fertigungssystemen zu gewährleisten. In diesem Zusammenhang wird den Companion Standards für dic NC-/RC-Schnittstelle eine besondere Bedeutung beigemessen.

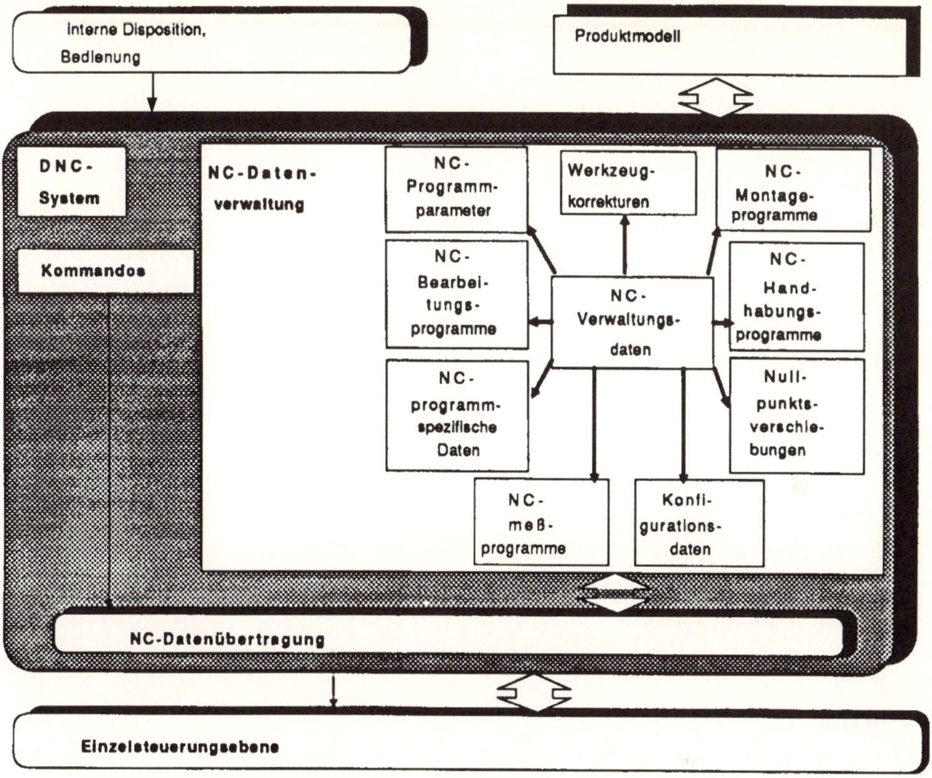

Abb. 7.6: Arten von Planungsdaten im DNC-Bereich nach KCIM [83]

7.1.5 Betriebsmittelmodell der NC-Verfahrenskette

Die Betriebsmittel stellen im Rahmen der NC-Verfahrenskette einen wichtigen betrieblichen Produktionsfaktor dar, auf deren Daten im Verlaufe des Konstruktions-, Arbeitsplanungs-, NC-Programmierungs- und CNC-Fertigungsprozesses ständig zugegriffen werden muß, Abb. 7.7.

Unter Betriebsmittel im erweiterten Sinne werden folgende vorgehaltenen Fertigungskomponenten verstanden:

- Werkzeuge (Komplettwerkzeuge, Werkzeugkomponenten),
- Vorrichtungen (Spannmittel, Paletten),
- Meßmittel (Meßzeuge, Lehren, Werkzeug-Voreinstellgeräte),
- Produktionsmittel (CNC-Maschinen, CNC-Steuerungen u.a.).

Für eine umfassende Beschreibung der Funktionen und Strukturen dieser Betriebsmittel sind ihre zugeordneten Geometrie-, Technologie-, Organisations-, Dis-

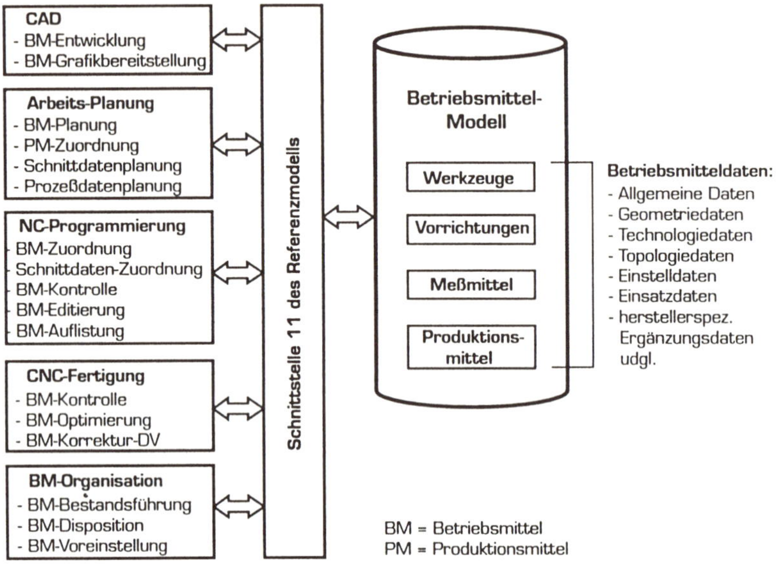

Abb. 7.7: Betriebsmittelmodell mit erforderlichen BM-Anwendungsfunktionen im Rahmen der NC-Verfahrenskette

positions-, Verschleiß-, Einstelldaten u. dgl. erforderlich. Die Auswahl, Zuordnung und Verarbeitung dieser Daten innerhalb der verschiedenen Prozeßmodule erfolgt bislang überwiegend manuell auf der Basis von fertigungstechnologischem Erfahrungswissen. Teilweise existieren im Bereich der Werkzeugorganisation bereits firmenspezifische Dantenbankmodule bzw. in NC-Programmiersystemen integrierte Werkzeug- und Schnittwertdateien, die einen direkten Zugriff durch den NC-Prozessor ermöglichen.

Im Zuge der fortschreitenden Rechnerintegration, mit den damit verbundenen Anforderungen hinsichtlich einer rechnerinternen Darstellung, Visualisierung und automatisierten Verarbeitung dieser Betriebsmitteldaten, wird eine Vereinheitlichung zu einem vollständigen Betriebsmittelmodell immer zwingender. Diese Aufgabe hat sich der Arbeitskreis 2.1 der KCIM mit dem Normungsvorhaben „Betriebsmittelmodell" zum Ziel gesetzt, das ein Teilprojekt des Referenzmodells für die NC-Verfahrenskette (s. a. Abb. 7.1) darstellt [90]. Hierbei geht es um die Realisierung einer übergreifenden Betriebsmittelorganisation auf der Basis eines standardisierten Datenformats, wobei eine zentrale und objektorientierte Datenhaltung in Verbindung mit einem anwendungsbezogenen Datenzugriff ermöglicht werden soll. Der Betriebsmitteldaten-Schnittstelle 11, die den direkten Datentransfer zwischen Betriebsmittelmodell und den verschiedenen Anwender-Prozeßmodulen sicherstellt, kommt in diesem Zusammenhang eine besondere Bedeutung zu.

An das Betriebsmittelmodell werden folgende wesentliche Funktions- und Strukturanforderungen gestellt:

- Allgemeine Definition und Beschreibung von BM-Arten mit zugeordneten Merkmalen in strukturierter Form (Bildung von sog. Sachmerkmalleisten)
- Bildung von funktionsorientierten BM-Auswahlkriterien zur Sicherstellung eines eindeutigen Anwenderzugriffs auf das Betriebsmittelmodell
- Realisierung einer BM-Visualisierung durch die Einbindung von BM-Grafiken für Simulationen und Kollisionskontrollen sowie die Generierung von Einrichteblättern
- Einheitlicher Datenaustausch zwischen Betriebsmittelherstellern und -anwendern.

Ein Betriebsmittelmodell dieser Qualität wird künftig nicht nur der Rechnerintegration weitere Impulse geben, sondern auch für eine einheitliche und effektivere Betriebsmittelorganisation in den Fertigungsbetrieben sorgen. Ebenso sind durch eine automatisierte Verarbeitung der Betriebsmitteldaten kürzere Planungszeiten und bessere Planungsergebnisse zu erwarten. Letztlich aber werden auch Folgewirkungen in bezug auf diesbezüglich vorhandene Organisationsstrukturen und rechnergestützte Betriebsmittelmodule zu beachten sein.

7.2 Automatisierungstendenzen in der NC-Programmierung

Derzeit im Einsatz befindliche NC-Programmierverfahren nach Kap. 3 erfordern hinsichtlich ihrer Bedienung und Prozeßverarbeitung einen unterschiedlich hohen Aufwand bei der Programmerstellung. Verantwortlich dafür ist hauptsächlich ihr Ausstattungsgrad an rechnergestützten CNC-Prozeß- und NC-Programmierkomponenten. Je mehr leistungsfähige Softwaremodule für Definition, Generierung, Zuordnung, Verarbeitung und Kontrolle von Programmierfunktionen zur Verfügung stehen, um so geringer wird der manuelle Programmieranteil und ebenso komfortabler bzw. „automatisierter" kann ein Programmierprozeß abgewickelt werden.

7.2.1 Definition und Zielsetzung der Programmierautomatisierung

Die Reduzierung der personellen Funktionsausführung durch Rechnerunterstützung stellt ein Charakteristikum für die Automatisierung der NC-Programmierung dar. Der Begriff „Programmierautomatisierung" wird nach [91] wie folgt definiert:

„Automatisierung ist die Anwendung von technischen Mitteln, mit deren Hilfe der Mensch teilweise oder vollständig von der Ausführung immer wiederkehrender, gleichartiger Funktionen befreit wird". Bei der NC-Programmierung wird unter „technische Mittel" im wesentlichen die eingesetzte Software verstanden, die sich je nach Ausstattungsgrad aus unterschiedlich automatisierten Funktionsmodulen zusammensetzt.

Während die manuelle NC-Programmierung ohne Softwareeinsatz die unterste Grenze einer Automatisierung markiert, stellt die rechnergestützte NC-Programmierung mit maximal möglichem Softwareaufwand ohne wesentliche personelle Funktionsausführung den höchsten Automatisierungsgrad dar. Die in der Praxis vorherrschenden Automatisierungsgrade von NC-Programmiersystemen liegen etwa im Bereich der beiden unteren Drittel dieser Grenzlagen, wobei das obere Drittel derzeitigen Weiterentwicklungen vorbehalten ist. Diesbezügliche Automatisierungsaktivitäten verfolgen im wesentlichen folgende Zielsetzungen:

- Die Verkürzung der Programmierzeit in Verbindung mit optimierten und verkürzten Werkstückbearbeitungszeiten.
- Die Verringerung bzw. Vereinfachung von manuellen Programmierausführungen. Dies bezieht sich ebenso auf die Realisierung von einheitlichen und leicht erlernbaren Bedienoberflächen.
- Den Einsatz von fertigungstechnologischen Erfahrungsdateien in Verbindung mit wissensbasierten Systemmodulen für die Generierung und Zuordnung von Geometrie- und Technologiedaten innerhalb des Programmierprozesses.
- Die umfassende und zuverlässige Durchführung von Programmkontrollen durch Diagnose- und Simulationsmodule, die ansonsten nur durch das Programmeinfahren unter hohem Rüstzeitverbrauch realisiert werden kann.

Mit zunehmendem Automatisierungsgrad der NC-Programmierung sind jedoch auch eine Reihe von Nachteilen, wie z.B. höherer Softwareaufwand, komplexere Programmierstrukturen, Algorithmierbarkeit von Prozeßabläufen, Flexibilitätseinbußen u.a. zu bewältigen. In diesem Zusammenhang sind insbesondere auch die Integrationskriterien in bezug auf Kompatibilität der Funktionsmodule, Datendurchgängigkeit und einheitliche Schnittstellengestaltung zu beachten.

7.2.2 Einsatz von wissensbasierten Systemen für die Programmierautomatisierung

Für die automatisierte Erzeugung von Zwischenergebnissen innerhalb der Programmerstellung lassen sich vorteilhaft **wissensbasierte Systemmodule** einsetzen. Derartige Module eignen sich besonders dort, wo umfangreiches Erfahrungswissen in abgespeicherter Form für die Lösung wiederkehrender Generierungsprozesse benötigt wird, wie z.B. für die Festlegung von Bearbeitungsvorgängen, Werkzeugen, Schnittdaten u.dgl. In diesem Zusammenhang werden auch neue, nicht erwartete Zusammenhänge und Ergebnisse erhofft und erwartet. Die Voraussetzung für den Einsatz von wissensbasierten Systemmodulen besteht in der Realisierung einer rechnerinternen Darstellung für ein vorgegebenes Aufgabenprofil.

Ein wissensbasiertes Systemmodul setzt sich im Prinzip zusammen aus der aufgabenspezifischen Wissensbasis und der anwendungsunabhängigen Wissensrepräsentation, Abb. 7.8.

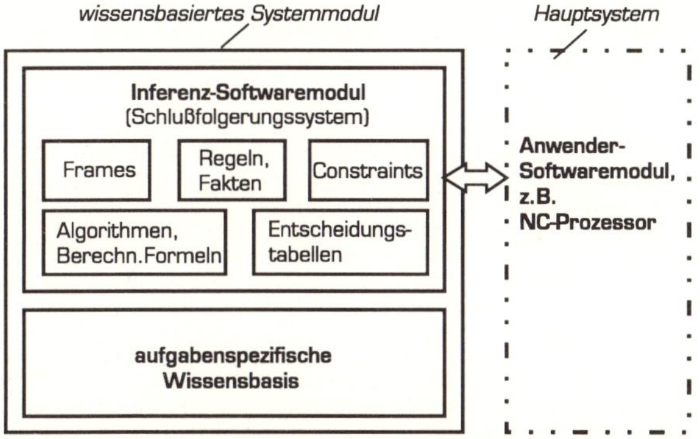

Abb. 7.8: Aufbau eines wissensbasierten Systemmoduls

In der **Wissensbasis** ist das gesamte Erfahrungswissen für ein spezielles Anwendungsgebiet, wie z.B. die praktizierten Bearbeitungsstrategien, die vorhandenen Bearbeitungsstandards, das Werkzeugpotential u.dgl. in rechnerinterner Darstellung abgespeichert. Nach Möglichkeit sollte dies bereits in strukturierter Form sowie unter Formulierung von Erfahrungssätzen bzw. Zugriffsmerkmalen erfolgen.

Die **Wissensrepräsentation** wird von einem Softwaremodul (Expertensystem, Regelwerk) dargestellt, das folgende Mechanismen beinhaltet, Abb. 7.9:

- Strukturierte Beschreibung und Abbildung des Aufgabenprofils mit Hilfe von **Frames** (Systemstruktur).
- Darstellung des prozeduralen Wissens in Form von **Regeln und Fakten,** wie z.B. für Prinzipauswahl, Steuerung von Suchprozessen usw.
- Formulierung von **Constraints,** d.h. Abhängigkeitsbeziehungen zwischen Objekten bezüglich einer möglichen Kombinierbarkeit. Constraints grenzen Suchräume ein und beschleunigen den Lösungsprozeß.
- Einsatz von Entscheidungstabellensystemen mit „Wenn-dann"-Beziehungen.
- Einsatz von Berechnungs- bzw. Optimierungsalgorithmen für die Generierung von Prozeßdaten.

Der Einsatz dieser Regelwerk-Mechanismen wird durch einen hybriden Softwareaufbau ermöglicht, wobei meist ein grober Systemablauf vorgegeben ist. Der eigentliche Problemlösungsprozeß innerhalb der einzelnen Konsultationsschritte

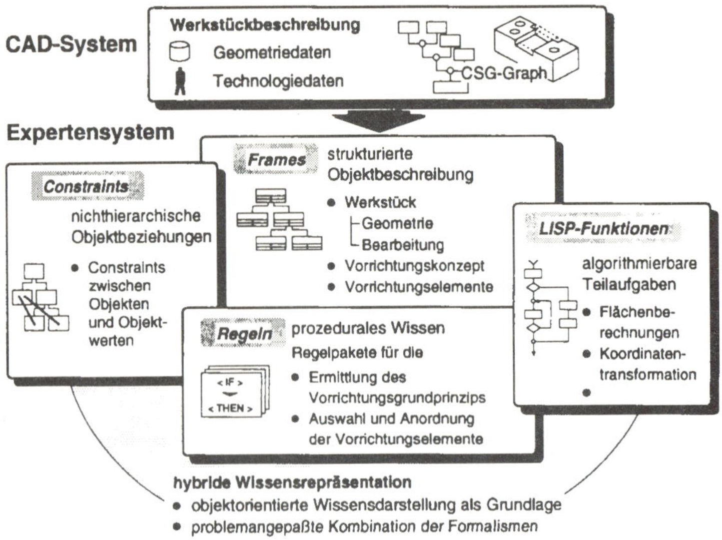

Abb. 7.9: Wissensrepräsentation bei einem Expertensystem im CAD-Bereich nach [92]

bleibt hingegen ungebunden, da er durch die in der Wissensbasis gespeicherten Informationen mittels flexibel gesteuerter Schlußfolgerungsprinzipien abgewickelt wird. Die Wissensbasis soll für den Anwender möglichst transparent und daher zugänglich sein, d.h., daß einerseits Ergänzungen bzw. Aktualisierungen des Systemwissens vorgenommen und andererseits ebenso neue Regeln und Standards anhand einer fertigungsorientierten Programmiersprache in das System eingebracht werden können.

Ein wissensbasiertes Systemmodul muß stets mit einem Hauptsystem (CAD-System, NC-Programmiersystem) gekoppelt sein. Im Bereich der NC-Programmierung wird bezüglich deren Bedienung zwischen folgenden Möglichkeiten unterschieden:

- Der Bediener korrespondiert vom NC-Programmiersystem aus im Dialog manuell mit dem wissensbasierten Systemmodul und erhält einen optimierten Ergebnisvorschlag, den er für die Weiterverarbeitung akzeptieren oder beliebig abändern kann.
- Der NC-Prozessor des NC-Programmiersystems fordert vom wissensbasierten Systemmodul ein Ergebnis an, das unmittelbar ohne Änderung weiterverarbeitet wird (automatische Generierung und Verarbeitung).

Der Einsatz von wissensbasierten Systemmodulen in NC-Programmiersystemen ermöglicht somit eine Automatisierung von geometrischen und technologischen

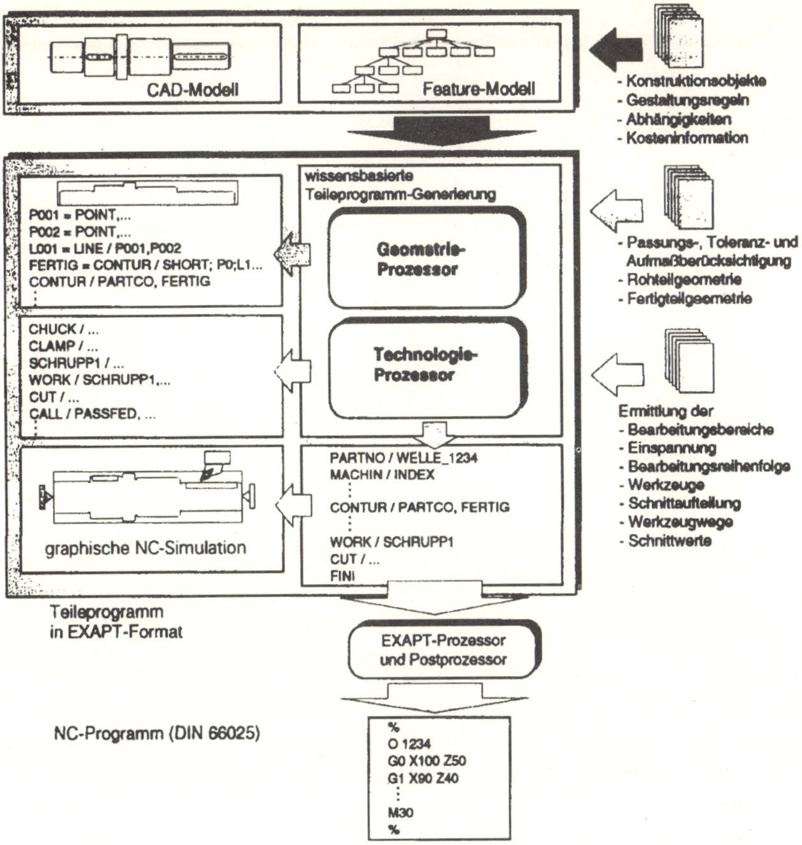

Abb. 7.10: Funktionsdarstellung einer wissensbasierten NC-Programmierung nach [93]

Teilprozessen, wie z.B. die Generierung von featureorientierten Bearbeitungsgeometrien, Bearbeitungsvorgängen und Schnittdaten sowie die Auswahl von Bearbeitungsstrategien und Werkzeugarten, Abb. 7.10.

7.2.3 Stand der Programmierautomatisierung

Bei den derzeit eingesetzten NC-Programmierverfahren wird mit unterschiedlich hohen Automatisierungsgraden gearbeitet. So besitzt die **manuelle Werkstattprogrammierung** bereits eine gewisse Automatisierungsstufe. Sie ist im wesentlichen vorgegeben durch die Ausstattung der CNC-Steuerungen bzw. CNC-Programmiergeräte mit erweiteren Funktionsmodulen, wie z.B. Geometrieprozessoren, Element- bzw. Bearbeitungszyklen, Parameter-Programmiermodulen, Simulationsmodulen usw., s. a. Kap. 3.2.4 bis 3.2.8. Diese sog. „intelligenten" CNC-Steuerungen vereinfachen und erleichtern die manuelle Programmierung im Sinne der Automatisierung ganz erheblich.

Eine weitaus höhere Automatisierung läßt sich hingegen mit **rechnergestützten NC-Progammiersystemen** erreichen, da hier ein größeres Automatisierungspotential bezüglich einer möglichen Algorithmierung des Programmierablaufs durch die systeminterne Blockverarbeitung der Geometriedaten vorliegt. Die in diesem Zusammenhang bestehenden Automatisierungsmöglichkeiten innerhalb der verschiedenen Programmiermodule sind in der Abb. 7.11 dargestellt.

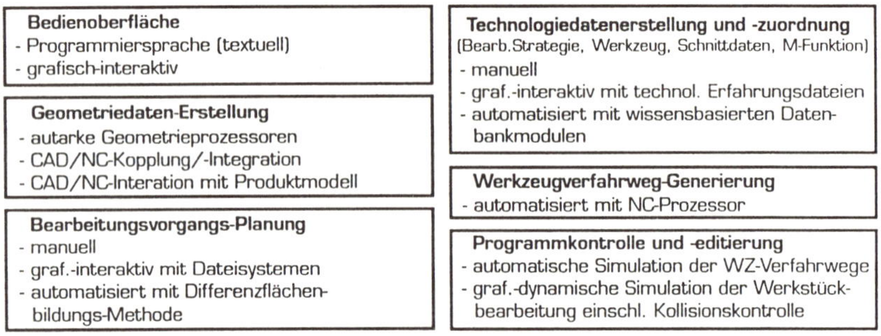

Abb. 7.11: Mögliche Automatisierungspotentiale bei der rechnergestützten NC-Programmierung

Der überwiegende Teil heutiger NC-Programmiersysteme besitzt in der Regel einen eher mittleren Automatisierungsgrad. Sie sind zwar alle mit grafisch-interaktiven Bedienoberflächen und autarken Geometrieerstellungs- bzw. Geometriekopplungsmodulen ausgestattet, die Festlegung und Zuordnung sämtlicher Programmierdaten erfolgt jedoch manuell bzw. regelbasierend. Während eine automatische Planung der Bearbeitungsvorgänge meist noch nicht realisiert ist, werden bei der Technologiedatenverarbeitung leistungsfähige Bearbeitungszyklen und Erfahrungsdateien für Werkzeuge und Schnittdaten eingesetzt, auf die interaktiv zugegriffen werden kann. Zum Teil sorgen bereits speziell entwickelte Schnittdatenprozessoren für eine automatische Berechnung und Optimierung dieser Daten für die einzusetzenden Werkzeuge [42].

Die Berechnung der Werkzeugwege mit Verfahrwegoptimierung sowie deren grafische Simulationsdarstellung am Bildschirm erfolgt grundsätzlich automatisch. Gleichzeitig läßt sich eine online Programmkontrolle bezüglich Syntax, Werkzeug und Bearbeitungsgeometrie durchführen.

Verschiedene Neuentwicklungen der letzten Jahre brachten weitere Fortschritte bei der Automatisierung von NC-Programmiersystemen [94]. Es konnten insbesondere bei den „geometrisch orientierten Fertigungsverfahren“ mit ebener Bearbeitungsgeometrie, wie z.B. Drehen, Drahterodieren usw. beachtliche Automatisierungserfolge verzeichnet werden. So ist es bei der werkstattorientierten Drehteilprogrammierung (WOP) gelungen, bei vorhandener Roh- und Fertigteilgeometrie den anschließenden Programmierablauf mit Generierung und Zuordnung sämtlicher Technologiedaten vollständig zu automatisieren, Abb. 7.12.

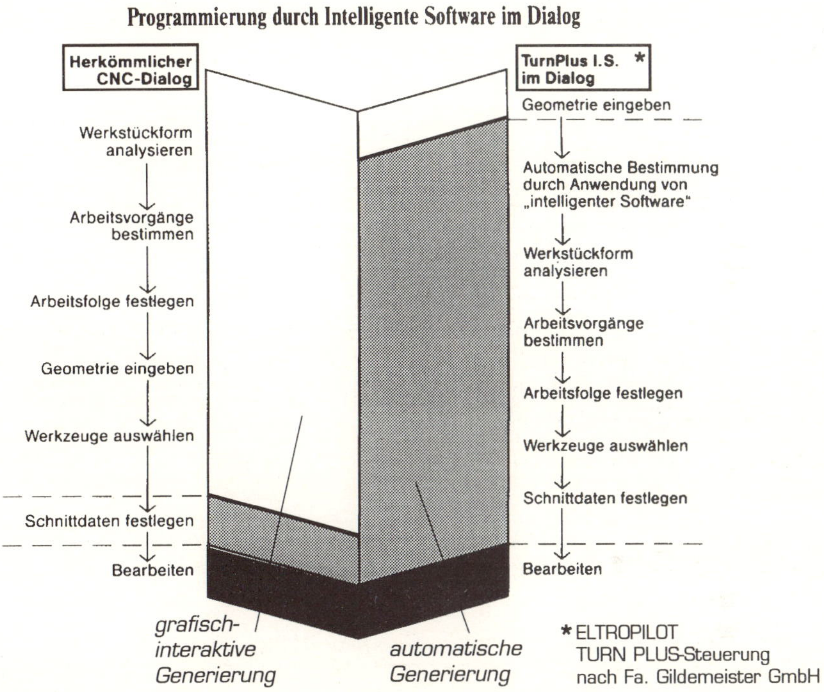

Abb. 7.12: Automatisierte Technologiedaten- bzw. Programmgenerierung mit WOP-System

Der automatische Programmierprozeß beginnt zunächst mit einer Analyse der Bearbeitungsgeometrie durch Differenzflächenberechnung und einer daraus resultierenden Festlegung von Art und Reihenfolge der Bearbeitungsvorgänge. Anschließend werden die geeigneten Bearbeitungsstrategien für jeden Bearbeitungsvorgang ausgewählt und die dazu passenden Werkzeuge und Schnittdaten festgelegt, wobei auf entsprechende, wissensbasierte Datenbankmodule zugegriffen wird. Damit lassen sich die Werkzeugverfahrwege in Verbindung mit den NC-Programmen erzeugen.

Ähnliche Ergebnisse konnten bei der automatischen Bohrprogrammierung erzielt werden [95]. Hierbei wurde außerdem versucht, die Geometriedatenbereitstellung durch CAD-/NC-Kopplung mittels Technologiemakros (Formelemente mit technologischen Attributen) in automatisierter Form zu organisieren. Diese „technologisch orientierten Fertigungsverfahren“, zu denen neben der Bohr- auch die Fräsbearbeitung zählt, erfordern einen wesentlich höheren Automatisierungsaufwand. Außerdem bedarf es für diese Fertigungsverfahren noch einer grundlegenden Definition und Feinstruktur im Hinblick auf eine realisierbare Algorithmierung und Datendurchgängigkeit.

7.2.4 Ansatz für eine vollständige Automatisierung der NC-Programmierung

Grundlegende Voraussetzung für eine effektive und automatische NC-Programmierung ist die vollständige Datendurchgängigkeit unter Anwendung des Referenzmodells für die NC-Verfahrenskette nach Kap. 7.1.1. In Verbindung mit problemorientierten, wissensbasierten Datenbankmodulen für Bearbeitungspläne, Bearbeitungsstrategien, Werkzeugarten, Spannmittel, Schnittdaten und CNC-Maschinendaten lassen sich damit alle technologischen Programmierdaten bis hin zum geprüften NC-Programm automatisch erzeugen. Dieser NC-Programmierablauf benötigt eine Reihe von nacheinander ablaufenden Prozeßvorgängen, deren zu automatisierende Funktionen in der Folge näher beschrieben werden sollen.

Geometrieerzeugung

Den Ausgangspunkt stellt die 3D-/CAD-Geometrieerstellung im Rahmen des Produktmodells dar, Abb. 7.13. Dabei wird die Roh- und Fertigteilgeometrie auf der Basis parameterisierter Formelemente (manufacturing features) in Verknüpfung mit Soll-Technologiedaten, wie z.B. Form-/Lagetoleranzen, Oberflächengüte,

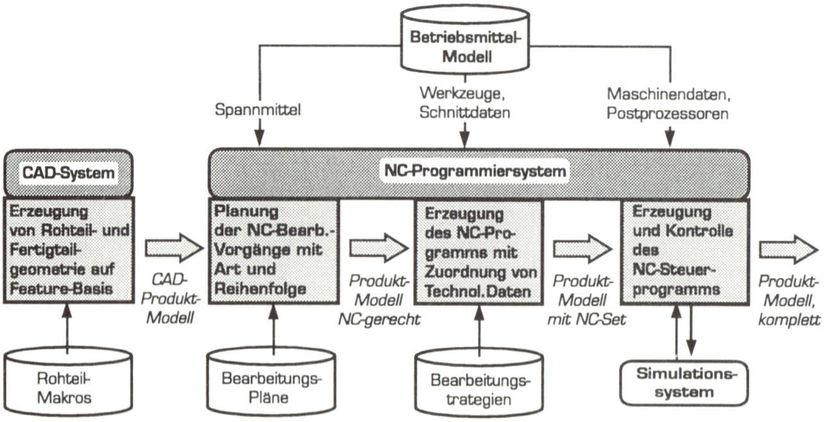

Abb. 7.13: Ablaufstruktur der NC-Programmierung mit Produktmodell

Materialeigenschaften usw. erzeugt und für die Weiterverarbeitung im Produktmodell bereitgestellt. Die sich anschließende NC-Programmerstellung erfolgt mit Hilfe des „process plan model“ (Kap. 7.1.2), das ebenso in das Produktmodell eingebunden ist. Es sind folgende Programmierstufen zu durchlaufen:

Bearbeitungsvorgangsplanung

Die Aufgliederung der Bearbeitungsaufgabe (AVO) in die notwendigen Arten von Bearbeitungsvorgängen (BVO) erfolgt durch die sog. „Differenzflächenbildung“. Dabei wird das Fertigteilvolumen stufenweise vom variablen Rohteilvolumen subtrahiert, wodurch fertigungsrelevante **Bearbeitungsbereiche** generiert werden, Abb. 7.14. Dieses Generierungsprinzip wird durch ein wissensbasiertes Datenbankmodul mit hinterlegten Standards und Generierungsregeln unterstützt, wobei auf spezielles Erfahrungswissen bezüglich fertigbarer Bearbeitungsvorgänge, bewährter Bearbeitungsreihenfolgen u. dgl. zugegriffen werden kann.

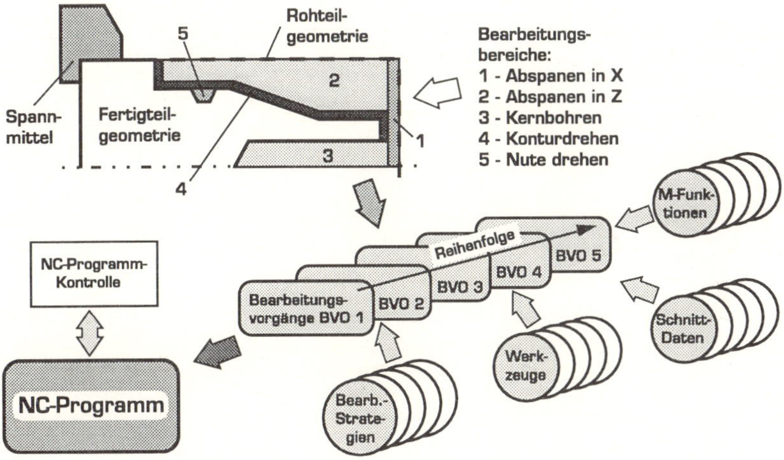

Abb. 7.14: Modellierung einer NC-Bearbeitungsaufgabe (AVO)

Eine optimierte Reihenfolgefestlegung dieser Bearbeitungsvorgänge läßt sich auf ähnliche Weise mit Hilfe der Entscheidungstabellenrechnung durchführen. In einem weiteren Generierungsschritt erfolgt die Auswahl und Zuordnung eines geeigneten Spannmittels im Hinblick auf eine fertigungsgerechte Einspannung des Rohteils. Hierbei wird auf die Betriebsmitteldatenbank zugegriffen, wobei Auswahlkriterien wie z. B. Form und Abmessungen des Rohteils, Lage der Bearbeitungsbereiche, Sicherheitszonen u. a. benutzt werden, um eine stabile und kollisionsfreie NC-Bearbeitung sicherzustellen.

Technologiedatenermitttlung

In diesem Programmierabschnitt sind für alle vorliegenden Bearbeitungsvorgänge die jeweils geeigneten, fertigungstechnologischen Informationen zur Sicherstellung eines optimalen Bearbeitungsprozesses zu ermitteln und zuzuordnen. Diesbezüglich generische Informationen sind die Bearbeitungsstrategien, Werkzeugarten, Schnittdaten und Maschinenfunktionen, die aus vorgehaltenen wissensbasierten Datenbankmodulen gewonnen werden.

Die Bestimmung der geeigneten **Bearbeitungsstrategie** hängt von der geometrischen Beschaffenheit des Bearbeitungsbereiches bezüglich einer notwendigen Kontur-, Flächen- oder Volumenbearbeitung ab, Abb. 7.15. Damit verbunden und zugeordnet sind alle erforderlichen, bearbeitungsrelevanten Werkzeugverfahrstrategien (s. a. Abb. 2.7 und 3.5.12).

Konturbearbeitung	Flächenbearbeitung	Volumenbearbeitung
1. Zustell-/Austrittbewegungen	1. Zustell-/Austrittbewegungen	1. Bearbeitungszyklen (Dreh-, Bohr-, Fräszyklen udgl.)
2. Auf-/Abstartbewegungen	2. Abarbeitungsstrategien (Zyklen)	2. Vor-/Fertigbearbeitung
3. Bearbeitungsbewegung (Element, Kontur)	3. Vor-/Fertigbearbeitung	
4. Aufkontur-/Offsetbewegung		
5. Vor-/Fertigbearbeitung		

Abb. 7.15: Mögliche Bearbeitungsstrategien für Bearbeitungsbereiche

Die automatische Generierung der Bearbeitungsstrategie erfolgt mit Hilfe eines entsprechend ausgestatteten wissensbasierten Datenbankmoduls. Hierzu sind eine Reihe von Voraussetzungen und Bestimmungskriterien erforderlich, wie z.B. Zuordnung von Bearbeitungszyklen zu Bearbeitungsbereichen bzw. Formelementtypen, Definition von Konturbearbeitungszyklen, gespeicherte Wissensbasis auf der Grundlage von Bearbeitungszyklen u.dgl. Für einen Bearbeitungsvorgang mit mehreren Bearbeitungsoperationen können ebenso mehrere Bearbeitungsstrategien erforderlich werden. Nach Generierung der Bearbeitungsstrategien ist für jeden Bearbeitungsvorgang das **bestgeeignetste Werkzeug** hinsichtlich Werkzeugart sowie dessen Abmessungen zu bestimmen (s. a. Abb. 3.2.12). Dies erfolgt ebenso durch Zugriff auf ein spezielles, wissensbasiertes Datenbankmodul. Die Werkzeugauswahl läßt sich in diesem Zusammenhang nach folgenden Bestimmungskriterien vornehmen, wie z.B. Lage und Form der Bearbeitungsgeometrie, Art der Bearbeitungsstrategie, geforderte Oberflächengüte, evtl. Kollisionsrestriktionen u.a.

Für jedes dieser Werkzeuge sind nun in der Folge die **bearbeitungsrelevanten Schnittdaten** für Vorschub, Spindeldrehzahl und Spanzustelltiefe zu generieren, die insbesondere auch mit der zugeordneten Bearbeitungsstrategie abzustimmen sind. Diese Aufgabe läßt sich vorteilhaft durch ein rechnergestütztes Schnittdatenberechnungs- und Optimierungssystem durchführen, Abb. 7.16.

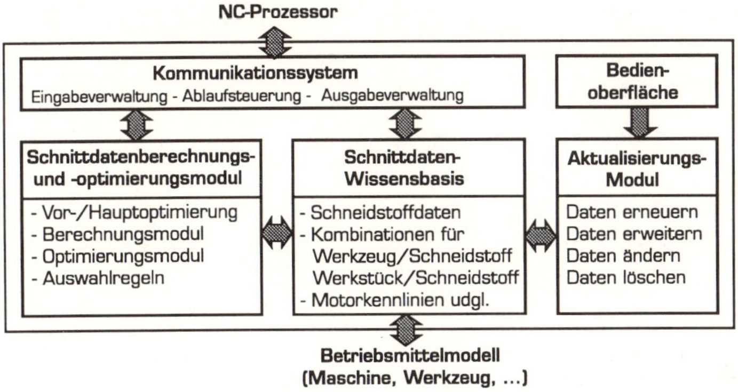

Abb. 7.16: Funktionsstruktur eines wissensbasierten Schnittdaten-Generierungssystems nach [96]

Im diesbezüglichen Kernsystem ist das Erfahrungswissen auf der Basis von fertigungsbezogenen Standard-Schnittdaten strukturiert abgespeichert, wie z.B. für Schrupp-, Schlicht-, Einstech-, Flächen-, Bohr-, Gewindebearbeitung u. dgl. Diesen Daten sind jeweils erprobte Werkstück-, Werkzeug- und Maschinenkenngrößen zugeordnet, die durch Funktionsdateien mit Schneidstoff-/Schneidplatten-Kombinationen (Schneidenform, Schneidengeometrie), Werkstückstoff-/Schneidstoff-Kombinationen, Schnittdatenbereichsangaben u.a. repräsentiert werden.

Herkömmliche Schnittdaten-Berechnungssysteme besitzen meist eine sequentielle Berechnungsstruktur, wobei aufgrund einer vorgegebenen Werkzeugstandzeit die Schnittgeschwindigkeit optimiert und der Vorschub sowie die Schnittiefe maximiert wird. Neben den Berechnungsformeln für die Zerspanungsgeometrie sind auch Schnittleistungsgleichungen sowie Motorkennlinien des Maschinenhauptantriebs mit in diese Berechnungssysteme integriert.

Bei neueren Entwicklungen hingegen besteht die Zielsetzung, die Schnittdaten im Hinblick auf eine Minimierung von Bearbeitungszeit und Bearbeitungskosten zu optimieren [96]. Ausgehend von der Werkzeuggeometrie wird zunächst der bestgeeignetste Bereich einer Werkstoff-/Schneidstoffkombination und die maximal mögliche Spantiefenzustellung ermittelt. Anschließend erfolgt sodann die parallele Optimierung von Schnittgeschwindigkeit (daraus Spindeldrehzahl) und Vorschub, durch den Einsatz des sog. reduzierten Gradientenverfahrens mit Festlegung des Werkzeugschneidstoffes. Das zugeordnete Berechnungssystem ist mit allen erforderlichen Berechnungsformeln für Spanungsgeometrie, Vorschubkraft, Spindelleistung, Werkzeugstandzeit, Kostenfunktionen u.a. ausgestattet.

Generierung der Werkzeug-Verfahrwege

Durch die sukzessive Datengenerierung innerhalb des vorstehend dargestellten Programmierablaufs konnte der Informationsinhalt des Produktdatenmodells kontinuierlich erweitert und vervollständigt werden (s. a. Abb. 7.13). Damit ist der Zeitpunkt gegeben, diese NC-gerecht aufbereiteten Informationen mittels einer Programmiersprache in maschinen-/steuerungsneutrale Werkzeugbewegungen umzusetzen und gleichzeitig in eine ablauforientierte Programmform zu bringen.

In diesem Zusammenhang werden zunächst die bearbeitungsrelevanten Werkzeugbewegungen für all diejenigen Bearbeitungsvorgänge ermittelt, die nicht durch bereits vordefinierte Bearbeitungszyklen dargestellt werden konnten. Hierzu zählen sämtliche Werkzeugeinsatzbewegungen für die Elementbearbeitung, Zustell-/Austrittbewegungen, Aufstart-/Abstartbewegungen, Aufkontur-/Konturoffsetbewegungen u.dgl. (s. a. Aktiv-Bearbeitungsschritte nach Kap. 3.2.). Ebenso wird eine notwendige Schnittaufteilungsberechnung für mehrfache Werkzeugzustellungen durchgeführt. In der Folge sind sodann alle „Hilfsbewegungen", dargestellt durch Eilgangbewegungen zwischen den Bearbeitungsoperationen bzw. zwischen den Bearbeitungsvorgängen (auch für Bearbeitungszyklen), hinsichtlich kurzer Fertigungszeiten zu optimieren und automatisch zu generieren. Alle erforderlichen M-Funktionen für Kühlmittelaktivierung, Programmende u.dgl. werden ebenso erzeugt und in das Programm eingefügt.

Die auf diese Weise erzeugte rechnerinterne Darstellung des gesamten Programmierablaufs wird als sog. „NC-Set" bezeichnet [97]. Dieses NC-Set stellt den Ausgangspunkt für die nachfolgende Programmanpassung an das vorgesehene CNC-Maschinen-/Steuerungskonzept durch den Postprozessor dar. Anschließend wird eine umfassende Programmkontrolle mit grafisch-dynamischer Bearbeitungssimulation unter Maschinenraumbedingungen durchgeführt.

Die Vollautomatisierung von rechnergestützten NC-Programmiersystemen sollte jedoch nicht die ausschließliche Zielsetzung im Hinblick auf eine flexible NC-Programmiertechnik sein. Vielmehr ist es stets von Vorteil, neben einer automatischen Programmgenerierung insbesondere für komplexere Bearbeitungsaufgaben, auch eine grafisch-interaktive Änderung bzw. Erweiterung des Programmierergebnisses zu ermöglichen. Dies gilt insbesondere für den Bereich der rechnergestützten Werkstattprogrammierung, deren personelles Erfahrungswissen auf diese Weise in die Programmierung eingebracht werden sollte. In diesem Zusammenhang muß sichergestellt sein, daß alle grafisch-interaktiv durchgeführten Veränderungen des NC-Programms in das Produktmodell im Sinne eines bidirektionalen Datenaustausches „zurückgeschrieben" werden können.

Eine weitere Möglichkeit für einen flexiblen Programmeingriff besteht durch die automatische Erstellung von sog. „Rumpfprogrammen", Abb. 7.17.

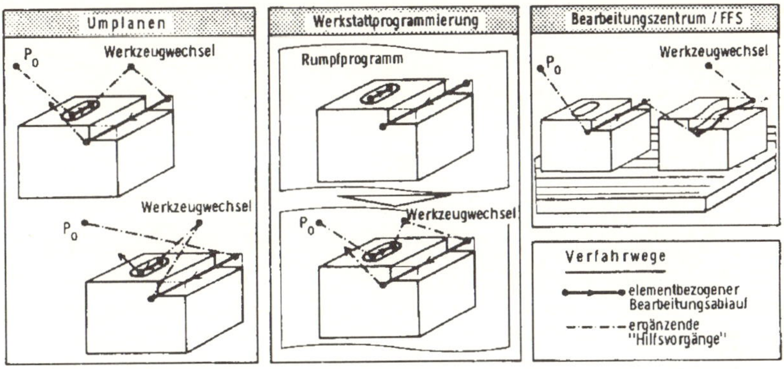

Abb. 7.17: Rumpfprogrammerzeugung für flexibel anpaßbare NC-Programme im Werkstattbereich nach [98]

Die automatische Programmgenerierung beschränkt sich hierbei lediglich auf die Erzeugung sämtlicher bearbeitungsrelevanter Werkzeugverfahrwege. Sämtliche Hilfsbewegungen in Form von Eilgangpositionierungen zwischen Bearbeitungsoperationen bzw. Bearbeitungsvorgängen werden hingegen erst an der CNC-Steuerung grafisch-interaktiv eingefügt und vervollständigt. Damit läßt sich gleichzeitig auch eine fertigungsbedingte Änderung der Bearbeitungsreihenfolge sowie eine Anpassung der Werkzeugmagazinbelegung an die momentanen Fertigungsbedingungen problemlos vornehmen.

Fachausdrücke in der NC-Programmiertechnik

— Erklärung von wichtigen NC-Begriffen bzw. Fachausdrücken mit Zuordnung üblicher Abkürzungen —

– **Algorithmus**
stellt eine feste Rechenablaufstruktur für die Lösung von wiederkehrenden Aufgabenstellungen dar, die durch feste Regeln, Vorschriften und Vorgangsschritte gekennzeichnet ist.

Arbeitsplan
ist die Auflistung von Arbeitsvorgängen (AVO) mit Vorgangsart und Vorgangsreihenfolge (z.B. Sägen — Drehen — Fräsen usw.) zur Fertigung eines Werkstückes. Stellt ein Organisationsmittel für technologische Grobplanung dar.

Arbeitsvorgang (AVO)
stellt eine spezielle Arbeitseinheit dar, der jeweils ein bestimmter Arbeitsplatz zugeordnet ist (z.B. Schleifen u.a.). Jeder AVO besitzt Bearbeitungsvorgänge (BVO) entsprechend einem Bearbeitungsplan.

Bearbeitungsbereich

stellt eine abgegrenzte Bearbeitungsgeometrie (z.B. Bearbeitungskontur, Bearbeitungsfläche, Bearbeitungsvolumen) dar, die jeweils einem Bearbeitungsvorgang (BVO) zuzuordnen ist.

Bearbeitungsoperation (BOP)
stellt einen Bearbeitungselementzyklus aus Aktiv- und Hilfsbearbeitungsschritten (BSR) dar, wie z.B. Werkzeugzustellung auf Sicherheitsebene — Konturaufstart — Konturelementbearbeitung — Konturabstart — Rückzug auf Sicherheitsebene — Eilgangpositionierung auf Ausgangspunkt usw.

Bearbeitungsplan
ist die Auflistung von Bearbeitungsvorgängen (BVO) mit Bearbeitungsart und Bearbeitungsreihenfolge (z.B. Abspanen, Konturschruppen, Konturschlichten, Einstechen, Gewinden usw.) zur Bearbeitung eines AVOs. Stellt ein Organisationsmittel für NC-gerechte Feinplanung dar.

Bearbeitungsschritt (BSR)
kann sowohl einen Aktiv-BSR (Werkzeugzustellung, Element- bzw. Konturbearbeitung), als auch einen Hilfs-BSR (Eilgangspositionierungen) darstellen.

Bearbeitungsstrategie
stellt die Art, Struktur und Ablauffolge einer Werkstückbearbeitung für einen BVO bzw. einer BOP bezüglich deren Aktiv-Bearbeitungsschritte dar, wie z.B. mäanderförmiges Flächenfräsen, Taschenfräszyklus mit konturäquidistanter Ausräummethode, Konturdrehen mit Schrupp- und Schlichtfolge u.a.

Bearbeitungsverfahren
sind geeignete und zugeordnete Abarbeitungsverfahren für sämtlich notwendige Bearbeitungsvorgänge eines Bearbeitungsplans mit jeweils spezieller Bearbeitungsstrategie.

Bearbeitungsvorgang (BVO)
stellt eine spezielle Bearbeitungseinheit dar, der jeweils ein bestimmter Bearbeitungsbereich und ein bestimmtes Werkzeug zugeordnet ist (z.B. Nuteneinstechen u.a.). Ein BVO kann einen oder mehrere Bearbeitungsoperationen (BOP) beinhalten.

Bearbeitungszentrum
stellt eine CNC-Maschine mit automatisierter Werkzeug- und Werkstückhandhabung bzw. automatischer Werkstückmessung dar, wie z.B. Drehzentrum, Fräszentrum, Erodierzentrum usw.

Bearbeitungszyklus
ist ein in der CNC-Steuerung fest abgespeichertes, universelles Technologie-Makroprogramm für wiederholt verwendbare Formelemente, wobei die Geometrie- und Technologiedaten als Parameter einzugeben sind (z.B. für Rechtecktasche, Ringnuten, Gewinde usw.). Einem Bearbeitungszyklus ist stets ein bestimmter Bearbeitungsbereich zugeordnet.

Bedienoberfläche
stellt die Art, Form und Darstellung der manuellen Dateneingabe, bzw. der Erstellung von NC-Programmen an rechnergestützten Systemen dar, wie z.B. an CNC-Steuerungen, CNC-Programmiergeräten, NCP-Systemen. Dies kann mittels Programmiersprache, graf. interaktiver Bedienung, Dialogführung, Playback-Programmierung u.a. erfolgen.

Betriebsmittelmodell
stellt ein datenbankorientiertes System mit strukturiert abgespeicherten Betriebsmitteldaten (geometrische und technologische Merkmale) und funktionsorientierten Datenzugriffsmöglichkeiten durch die Benutzer dar. Betriebsmittel sind Werkzeuge, Spannmittel, Meßmittel und CNC-Maschinen/-Steuerungen.

CA-Techniken
CA = **c**omputer **a**ided = rechnergestützte Arbeitsweise durch den Einsatz eines anwendungsspezifischen Hard- und Softwaresystems, wie z. B.
CAD = rechnergestützte Konstruktion (Produktgeometrie)
CAE = rechnergestützte Produktentwicklung
CAP = rechnergestützte Arbeitsplanung (Produkttechnologie)
CAM = rechnergestützte Fertigung (Teilefertigung, Montage, Lager, Transport).

CAD/NC-Integration
gestattet die vollständige NC-Programmerstellung im CAD-System anhand eines integrierten NC-Programmiersystems. Vorteile: Gleiche Bedienoberfläche und gleiches Datenformat, keine Schnittstellen.

CAD/NC-Kopplung
bewirkt die Übertragung von CAD-Geometrie in nachgeordnete NC-Programmiersysteme durch Schnittstellenkonvertierung und NC-gerechte Geometriedatenaufbereitung. Weitere Möglichkeiten:

- **CAD/CAM-Kopplung:** Integrierte NC-Programmierung mit CAD und direktem DNC-Programmtransfer in die CNC-Steuerung
- **CAD/CNC-Kopplung:** DNC-Übertragung von NC-gerecht aufbereitetem Geometriedateien in CNC-Steuerungen, z. B. mit WOP-Programmiersystem.

CIM = „**c**omputer **i**ntegrated **m**anufacturing" = rechnerintegrierte Produktion. Stellt eine Unternehmensphilosophie mit bereichsübergreifender und ganzheitlicher Denkweise dar.

CLDATA-Programm
CLDATA = **c**utter **l**ocation **data** ≙ Werkzeugbewegungsdaten stellt ein maschinen-/steuerungsneutrales NC-Programm mit definiertem Datenformat nach DIN 66215/ISO 3592 dar.

CNC-Programmiergerät
wird repräsentiert durch ein PC-Hardwarekonzept mit CNC-steuerungsadäquatem Softwaremodul, wobei die Programmeingabe und -simulation entweder über

die PC-Tastatur oder über eine steuerungsspezifische Tastatur erfolgen kann. Wird meist auch als „CNC-Simulator" bezeichnet.

CNC-Steuerung
CNC = **c**omputerized **n**umerical **c**ontrol = rechnergestützte NC-Steuerung (Softwaresteuerung).

Datenschnittstelle
entsteht durch unterschiedliche Datenbeschaffenheit zwischen zwei Softwaremodulen bzw. Rechnersystemen, wie z.B. verschiedene Datenformate, Datengeschwindigkeiten, Protokolle usw. Zur Anpassung müssen entsprechende Konvertierungs-Softwaremodule eingesetzt werden.

Dialogführung
stellt im Rahmen der Bedienoberfläche eine Programmiermethode dar, wobei durch Selektion von Programmierfunktionen und Eingabe von Parameterdaten (meist in grafisch-interaktiver Form) der Bediener mittels einer algorithmierten Ablaufstruktur „geführt" wird.

Differenzflächenbildung
Das Fertigteilvolumen wird stufenweise vom variablen Rohteilvolumen substrahiert, wodurch fertigungsrelevante Bearbeitungsbereiche für Bearbeitungsvorgänge erzeugt werden.

Digitalisieren
ist das Überführen analoger Geometriedaten in eine rechnerinterne, digitale Darstellung mit Hilfe eines Digitalisiersystems (Digitalisiergerät, Digitalisiersoftwaremodul). Die punktweise erfaßten Geometriedaten (Freihandlinien, Konturen usw.) werden anschließend mittels einer Approximationssoftware in Geraden-, Kreisbogen- bzw. Splineelemente umgesetzt. Es wird zwischen einer 2D- und einer 3D-Digitalisierung unterschieden.

DIN/ISO (**D**eutsche **I**ndustrienorm/**I**nternational **S**tandards **O**rganization)
Wichtige NC-Normen:

DIN 66246/ISO 4342 - Normformat für NC-Prozessor-Eingabetexte zur Erzeugung eines NC-Quellprogramms (problemorientierte Sprache)

DIN 66215/ISO 3592 - Normformat für CLDATA-Programmiersprache zur Erzeugung eines maschinen-/steuerungsneutralen NC-Programms

DIN 66025/ISO 6983 - Normformat für manuelle Programmiersprache zur Erzeugung eines maschinen-/steuerungsspezifischen NC-Programms

DIN 66267 - Norm für DNC-Schnittstelle.

DNC = distributed **n**umerical **c**ontrol
bedeutet die Verteilung und bidirektionale Übertragung (seriell, Netzwerk) von NC-Programmen bzw. Geometriedateien durch ein rechnergestütztes System bzw. einen DNC-Server zu den verschiedenen CNC-Steuerungen. Hierzu zählt auch die Programmarchivierung im DNC-Server.

Echtzeitprozeß
stellt eine Betriebsart dar, bei welcher der Darstellungsablauf eines Prozesses mit gleicher Geschwindigkeit abläuft wie der reale Bearbeitungsprozeß, wie z.B. bei der NC-Simulation u.a.

Einrichteblatt
stellt eine aufgelistete Zusammenfassung (analog bzw. digital) sämtlicher Betriebsmittel für den CNC-Maschinen-Rüstprozeß dar, die da sind: Werkzeugsatz — Spannmittelart — Spannmittelskizze — Soll-Werkzeugkorrekturwerte — Werkstückzeichnung — Rüsthinweise (WNP, NC-Programmnummer, Rohteilinfos usw.) — Meßmittelart — Prozeßzeit der CNC-Bearbeitung.

Elementzyklus
ist ein in der CNC-Steuerung fest abgespeichertes Makroprogramm für wiederholt benötigte Geometrieelemente, wobei die Geometriedaten als Parameter einzugeben sind, wie z.B. für beliebige Geraden- und Kreisbogenelemente.

Entity
stellt ein System von Informationseinheiten mit hierarchischer Klassifizierung dar, wie z.B. ein Werkstück mit technischen Elementen und Hilfselementen. Technische Elemente können wiederum „geometrische technische Elemente" (rotatorisch, prismatisch, konfiguriert) und „nicht geometrische technische Elemente" (Attribute wie z.B. Toleranzen, Oberflächengüte) sein. Mit einem Entity läßt sich damit der Informationsinhalt eines Arbeitsplans, Bearbeitungsplans, Bearbeitungsvorgangs sowie Bearbeitungsschrittes darstellen.

Fertigungsverfahren
sind jeweils geeignete Verfahren (spanend, trennend, umformend, abtragend) für sämtliche notwendige Arbeitsvorgänge eines Arbeitsplanes, wie z. B. Sägen, Drehen, Fräsen, Bohren usw.

Flächenmodell
ist ein rechnerinternes, geometrisches CAD-Werkstückmodell, für dessen Darstellung ebene, bzw. räumliche Flächen, wie z.B. analytisch beschreibbare Flächen (Rotations-, Regel-, Freiformflächen) verwendet werden. Zwischen den einzelnen Flächensegmenten existiert kein rechnerinterner Zusammenhang.

Flexibilität der NC-Programmierung
wird repräsentiert durch parameterisierte Softwaremodule in Verbindung mit einer manuellen Eingriffsmöglichkeit über die gemeinsame Bedienoberfläche. Sie steht im Gegensatz zur Programmierautomatisierung.

Formatkonvertierung
ist die Umwandlung eines Datenformats, z. B. eines NC-Programms in das benötigte Datenformat des Folgesystems mit Hilfe von Pre- und Postprozessormodulen.

Freiformflächen
stellen im Gegensatz zu den Regelflächen (z. B. bei Zylinder, Kegel, Prisma, Torus u. a.) beliebige räumliche Flächenformen dar. Sie lassen sich bilden und zusammensetzen aus räumlichen Konturstützpunkten, Konturkurven (Geraden, Kreisbögen, Splines) und Konturflächensegmenten (Patches). Die Beschreibung dieser Freiformflächen erfolgt mittels mathematischer Näherungs- bzw. Glättungsverfahren durch den Einsatz von Bezier-, B-(Basis-)Spline- und NURBS-Funktionen.

Geometrieerstellungsmodul (GEM)
stellt eine selbständige, rechnergestützte Geometrieerzeugungssoftware auf CAD-Basis (Geometriepositionen, Geometriekonturen) innerhalb eines NC-Programmiersystems dar.

Geometrieprozessor
ist integrierter Bestandteil moderner CNC-Steuerungen für Schnittpunktberechnungen bzw. für die Konturzuggenerierung von Bearbeitungsgeometrien.

Inprozeßmessung
stellt einen programmierbaren Meßregelungsvorgang innerhalb eines Dreh-, Fräs- oder Schleif-Arbeitsvorgangs dar. Durch automatische Werkzeugnachstellung (z.B. infolge Werkzeugverschleiß) bzw. Schwesterwerkzeugeinwechslung soll evtl. möglicher Anschluß verhindert werden.

Interpolatoren
sind Echtzeit-Softwaremodule zur Berechnung von Bearbeitungskonturen, die mit simultaner Bewegung von zwei oder mehreren Werkzeugmaschinen-Vorschubachsen erzeugt werden. Bearbeitungskonturen können sein, z.B. 2D/3D-Geraden, Kreisbogen, Splinekurven usw.

Kollisionsprüfung
stellt eine NC-Programmkontrolle i.d.R. durch ein Simulationsmodul dar, die evtl. vorhandenen Kollisionen zwischen Werkzeug/Werkstück, Werkzeug/Spannmittel, Werkzeug/Maschinenarbeitsraum u.dgl. überprüft und grafisch aufzeigt.

Komplettbearbeitung
wird durch einen **erweiterten Bearbeitungsplan** (AVO) repräsentiert, wobei die Durchführung von zwei oder mehreren Fertigungsverfahren mit nur einem NC-Programm auf einer CNC-Maschine erfolgt, wie z.B. Drehen, Fräsen, Bohren auf CNC-Universaldrehmaschine mit 3 Achsen (X, Z, C) und rotierenden Bohr- und Fräswerkzeugen.

Komplettwerkzeug
ist ein Werkzeug für die CNC-Bearbeitung, das sich aus mehreren Komponenten, wie z.B. Werkzeughalter mit genormter Werkzeugaufnahme, Schneidenträger, Schneidplatte u.a. zusammensetzt. Während Komplettwerkzeuge normalerweise für ein Auftrags-AVO jeweils zusammengebaut, voreingestellt und nach AVO-Beendigung wieder demontiert werden, liegen sog. Standardwerkzeuge stets im zusammengebauten Zustand vor.

Konturzug
stellt eine gerichtete Folge von Geometrieeinzelelementen aus Geraden und Kreisbögen dar. Der Konturzug repräsentiert hierbei eine in sich geschlossene Bearbeitungskontur. Es wird zwischen einer offenen und geschlossenen Geometriekontur unterschieden.

Koordinatensystem
stellt die Definitionbasis für die NC-Programmierung sowie für die CNC-Bearbeitung hinsichtlich Nullpunkt und Bearbeitungsrichtungen dar. Hierfür gelangen 2D- bzw. 3D-Koordinatensysteme mit kartesischer oder polarer Definition der Geometriekoordinaten zum Einsatz. Außerdem ist zwischen Koordinatensystemen für das NC-Programm, für das zu bearbeitende Werkstück und für die eingesetzte CNC-Maschine zu unterscheiden.

Makro (Parameterprogrammierung)
ist ein universell einsetzbares und eigenständiges Parameter-Unterprogramm. Es werden folgende Parameterarten unterschieden: Grundparameter (Geometrie- und Technologiedaten, Programmwörter, Programmsätze) sowie Rechen- bzw. Steuerparameter für die Durchführung von mathematischen Rechneroperationen. Ein vorteilhafter Einsatz ist bei ähnlichen Bearbeitungsgeometrien und wiederkehrenden Bearbeitungsabläufen gegeben.

Manufacturing features
sind spezielle Werkstück-Volumenelemente in rechnerinterner Darstellung, die sowohl durch form- und topologiebeschreibende Geometriemerkmale (Formelemente) als auch durch verknüpfte, fertigungsbeschreibende Attribute (Bearbeitungsinformationen, Technologiedaten usw.) im Sinne einer geschlossenen und einheitlichen Eigenschaftsaggregation definiert sind.

Menüsystem
ist Bestandteil der Bedienoberfläche eines NC-Programmiersystems. Es besteht aus einer Baumstruktur mit Haupt-, Unter- bzw. Submenüs mit funktionsorientierter Vernetzung, wodurch anhand einer grafisch-interaktiven Selektierung alle erforderlichen Programmierabläufe realisiert werden können. Jedem ausgewählten Einzelmenü ist eine spezielle Programmierfunktion mit entsprechender Dateneingabemaske hinterlegt.

Multitool-Werkzeug
stellt ein Mehrfach-Stanz-/Nibbelwerkzeug dar, das mehrere Einzelwerkzeuge (4, 6 bzw. 8) in sich vereinigt. Es benötigt jeweils nur eine Magazinstation, alle Einzelwerkzeuge können jeweils durch eine programmierte Drehung in jede beliebige Winkellage positioniert werden (Werkzeugrotation).

NC-Begriff
NC = **n**umerical **c**ontrol (Steuerung mit numerischen Daten). Stellt einen Oberbegriff innerhalb der NC-Programmiertechnik dar.

NC-Programmiersystem
besteht aus einem Hardware- und Softwaremodul und dient zur rechnergestützten NCP eines Werkstückes. Hauptsächliche Unterschiedsmerkmale sind: Fertigungsverfahren, Softwarestruktur (autark — CAD/NC-gekoppelt — CAD/NC-integriert), Automatisierungsgrad, Werkstückkomplexitätsgrad (z.B. 2 Achsen/2D — 5 Achsen/3D u.dgl.).

NC-Programmierung (NCP)
bedeutet die Erzeugung von NC-Steuerprogrammen für CNC-Maschinen zur Werkstückbearbeitung. Die NCP kann mit verschiedenen Programmierverfahren und anhand von verschiedenen Programmierkonzepten durchgeführt werden.

NC-Programmierverfahren
beinhalten unterschiedliche Methoden, Verfahrensabläufe und Handhabungen für die NC-Programmerstellung. Man unterscheidet: Playbackprogrammierung — manuelle Werkstattprogrammierung — rechnergestützte AV-Programmierung — rechnergestützte CAD-Programmierung — rechnergestützte WOP-Programmierung.

NC-Prozessor
stellt den Basissoftwaremodul eines rechnergestützten NCP-Systems zur Erzeugung des NC-Programms dar.

NC-Set
ist das Ergebnis der NC-Programmerstellung, i.d.R. das maschinen-/steuerungsneutrale NC-Programm (z.B. Roh-, Rumpfprogramm). Es ist im Hinblick auf die Zielsteuerung noch nicht formatkonvertiert und kollisionsgeprüft.

NC-Steuerung
stellt eine numerische Steuerung der ersten Generation mit Online-Lochstreifenprogramm ohne Arbeitsspeicher dar (Hardwaresteuerung!).

NC-Verfahrenskette
wird durch die Funktions-Ablaufstruktur der NCP, beginnend bei der CAD-Geometriedatenerstellung bis hin zum CNC-Bearbeitungsprozeß, repräsentiert. Einzubeziehen ist das Umfeld der NCP mit Betriebsmitteldaten und Betriebsmittel-

organisation einschließlich der angrenzenden Schnittstellen. Ein bidirektionaler Datentransfer im Hinblick auf ein Regelkreissystem muß sichergestellt sein (z.B. Editierung, Redundanzvermeidung).

Offset-Konturbearbeitung
stellt eine Konturbearbeitung für Außen- bzw. Innenkonturen mit äquidistant versetztem Werkzeug bei programmierter Fertigteilkontur dar. Dieser Werkzeugversatz läßt sich links (G41) oder rechts (G42) in Vorschubrichtung programmieren und wird beim Fräsen mit Fräserradiuskorrektur bzw. beim Drehen mit Schneidenradiuskompensation bezeichnet.

Online-/Offline-Programmierung
Während die Online-Programmierung direkt an der CNC-Steuerung mit anschließender CNC-Bearbeitung erfolgt, wird die Offline-Programmierung parallel und im zeitlichen Vorlauf zur CNC-Bearbeitung durchgeführt.

Online/Offline-Simulation
Die Online Simulation stellt eine grafische Werkzeugwegsimulation dar, die während bzw. im direkten Anschluß an den NC-Programmierprozeß automatisch mitgeführt wird. Die Offline-Simulation hingegen erfolgt i.d.R. unabhängig vom NC-Programmierprozeß und Programmierort in Form einer umfassenden Programmkontrolle (Bearbeitungssimulation mit Kollisionsprüfung usw.) vor Beginn der CNC-Bearbeitung.

Parallelprogrammierung
bedeutet die NC-Programmerstellung parallel zum CNC-Bearbeitungsprozeß mit unterschiedlichen Werkstücken. Während die **direkte Parallelprogrammierung** an multitaskingfähigen CNC-Steuerungen vorgenommen werden kann, erfolgt die **indirekte Parallelprogrammierung** im Werkstatt- und Planungsbereich mit CNC-Programmiergeräten bzw. NCP-Systemen.

Planetärzyklus
ist ein in einer Senkerodier-CNC-Steuerung fest abgespeichertes Makroprogramm, wobei der geradlinigen Elektrodensenkbewegung eine dazu rechtwinkelige Simultanbewegung mit konsantem bzw. variablem Radius überlagert wird. Die damit erzielbaren unterschiedlichen Aufweitungsformen der Einsenkungen lassen sich durch entsprechende Parametereingabe erzielen.

Pre/Postprozessor
stellt ein Softwaremodul für die Vor- bzw. Nachkonvertierung des Datenformats für ein aktives NC-Anwendungsmodul dar. Ein Preprozessor erzeugt aus einem systemspezifischen Programmformat ein allgemein gültiges Programmformat, ein Postprozessor hat die umgekehrte Funktion. Die Konvertierung kann auf der Basis eines **spezifischen** SW-Moduls (Berücksichtigung aller Besonderheiten des Folgesystems) oder eines **parameterisierten** SW-Moduls (lediglich Berücksichtigung notwendiger Funktionen) erfolgen.

Produktmodell
besitzt eine Systemstruktur mit Dokumentation sämtlicher Daten, Vorgänge und Ergebnisse, die im Verlaufe der Produktplanung gewonnen werden. Im Rahmen der NC-Verfahrenskette wird es vom CAD-System gespeist und durch die nachfolgenden NC-Systemmodule durch Datengenerierung bzw. Datenimporte aufgefüllt bzw. komplettiert und der CNC-Bearbeitung zur Verfügung gestellt.

Programmeinfahren
wird durch den Praxistest eines neu erstellten maschinen-/steuerungsspezifischen NC-Programms auf einer CNC-Maschine realisiert. Es gliedert sich auf in die Optimierung der Technologiedaten, in die Maßoptimierung, in die Verfahrwegoptimierung insbesondere der Eilgänge und in die Kollisionsüberprüfung.

Programmierautomatisierung
stellt den Ausstattungsgrad an Softwaremodulen bei rechnergestützten CNC-Prozeß- und NC-Programmiersystemen im Sinne einer automatisierbaren NC-Programmierung dar. Voraussetzung ist hierbei eine Algorithmierung von Programmabläufen in Verbindung mit dem Einsatz von wissensbasierten Systemmodulen für eine automatische Bereitstellung von Geometrie- und Technologiedaten.

Programmiersprache
stellt eine Sprache zur Formulierung von Anweisungen dar, die zu einem Programm zusammengestellt werden. Dies erfolgt in codierter Form auf der Basis einer Semantik (Art und Bedeutung der Programmieranweisungen) und Syntax (Regeln für Satzaufbau). Man unterscheidet maschinenorientierte (an Rechnersystem angelehnte) und problemorientierte (an Aufgabenstellungen angelehnte) Programmiersprachen. Die Übersetzung erfolgt durch sog. Kompilierer.

Qualitätssicherung (QS)
ist die Sicherstellung von vorgeschriebenen Qualitätseigenschaften für Produkte, Verfahren und Tätigkeiten. Sie gliedert sich auf in die Qualitätsplanung, Qualitätslenkung und Qualitätsprüfung (-Kontrolle).

Quellprogramm
stellt ein in einer problemorientierten Sprache erstellte Programmform dar, die mit Hilfe eines Kompilierers in ein maschinenorientiertes Programm konvertiert wird (z.B. NC-Programm in CLDATA-Format).

Rapid Prototyping
stellt ein rechnergestütztes Herstellungsverfahren (wie z.B. Stereolithographie) für komplexe Modelle, Musterteile und Prototypformen dar, die direkt auf der Basis von 3D/CAD-Daten generiert werden. Die Formerstellung erfolgt durch Materialhinzufügung, d.h. durch lokales, schichtweises Aushärten eines flüssigen Fotopolymers mit Hilfe eines UV-Laserstrahls.

Referenzpunkt (R)
stellt einen fest codierten Bezugspunkt innerhalb des Meßsystems einer jeden CNC-Vorschubachse dar, den die CNC-Steuerung „kennt". Damit kann z.B. anhand einer vorher abgespeicherten Maßbeziehung zwischen Referenzpunkt und Werkstücknullpunkt auch nach Wiedereinschalten der Steuerung die Position des Werkstücknullpunktes wiedergefunden werden.

Schachtelungsprozessor
ist ein rechnergestütztes Softwaremodul zur optimalen Plazierung unterschiedlicher, ebener Teile auf Blechplatinen im Hinblick auf eine Minimierung des Materialverschnitts beim Plasma- und Laserschneiden sowie beim Stanzen/Nibbeln.

Schlittensynchronisation
ist die softwaremäßige Funktionsverkettung zweier selbständiger Werkzeugschlitteneinheiten eines CNC-Drehzentrums über das gemeinsame NC-Programm. Damit wird eine Werkzeug- bzw. Werkstück-Parallelbearbeitung ermöglicht. Für die Programmierung der Synchronisation ist eine spezifische Semantik und Syntax zu beachten.

Schneidenradiuskompensation
s. Offset-Konturbearbeitung

Schnittaufteilung
stellt die Anzahl der notwendigen, gleichmäßigen Spantiefenzustellungen einer spanenden Bearbeitungsoperation (Drehen, Fräsen) dar. Sie berechnet sich aus dem Quotienten von werkstückgeometrischer Bearbeitungstiefe T und max. ver-

tretbarer Spanzustellung a_p max. (Werkzeug, Leistung u.dgl.). Die Programmierung kann manuell durch Programmteilwiederholung oder automatisch mittels Schnittaufteilungsroutine des NCP-Systems erfolgen.

Schnittdatenprozessor
stellt ein rechnergestütztes, wissensbasiertes Softwaremodul zur automatisierten Berechnung bzw. Optimierung von Schnittdaten (Schnittgeschwindigkeit, Vorschubgeschwindigkeit, Zustelltiefe u.a.) dar.

Schnittstelle
s. Datenschnittstelle

Semantik, Syntax
s. Programmiersprache.

Sicherheitsebene, Sicherheitszone
bilden feste bzw. temporäre Sicherheitsabgrenzungen durch vorgegebenem Sicherheitsabstand gegenüber der Werkstück- bzw. Spannmitteloberfläche. Während außerhalb dieser Abgrenzungen stets mit Eilgang programmiert wird, darf das Werkzeug innerhalb dieser Grenzen nur mit Vorschubgeschwindigkeit bewegt werden.

Simulation
stellt die modellhafte Nachbildung eines realen dynamischen Prozeßablaufs mit Hilfe eines rechnergestützten Softwaresystems dar (z.B. für ein NC-Programm). Damit läßt sich eine rasche und kostengünstige Programmkontrolle sozusagen im „Trockenlauf“ durchführen. Es wird zwischen einer grafischen Werkzeugweg- und einer grafisch-dynamischen Bearbeitungssimulation unterschieden.

Simultanbearbeitung
ist die gleichzeitige, realzeitmäßige Steuerung von zwei bzw. mehreren CNC-Vorschubachsen in einem definierten Funktionszusammenhang mit Hilfe von Interpolations-Softwaremodulen, wie z.B. mit Geraden-, Kreis-, Zylinder-, Helikalinterpolatoren. Damit lassen sich ebene und räumliche Bearbeitungskurven (Geraden, Kreisbogen, Schraubenlinien, Zylinderflächen u.dgl.) fertigen.

Softkey
stellt eine Funktionstaste der Bedienoberfläche dar, wobei anhand von Einstellparametern verschiedene Programmierfunktionen hinterlegt werden können.

Spline
stellt eine mathematische Kurvenform dar, die einer Polygongleichung höherer Ordnung folgt. Damit lassen sich beliebige 2D/3D-Kurvenformen (Freihandlinien, Kurvenstützpunkte, Flächenlinien u.dgl.) unter Einsatz eines Approximations-Softwaremoduls zu einer stetigen stützpunktarmen und glättungsoptimalen Splinekurve annähern und nachbilden. Es wird zwischen Beziersplines, B-(Basis-)Splines und NURBS unterschieden.

STEP (**St**andard for the **E**xchange of **P**rodukt model data)
stellt eine Schnittstellennorm, insbesondere für den Austausch von produktdefinierenden Daten zwischen CAD und NCP dar. Sie besitzt ein Produktinformationsmodell für die Beschreibung der Geometrie-, Topologie- und Technologiedaten eines Werkstücks.

Steuerprogramm
ist ein lauffähiges NC-Programm mit maschinen-/steuerungsspezifischem Format nach DIN 66025/ISO 6983. Es kann i.d.R. nur für das vorgesehene Maschinen-/Steuerungskonzept eingesetzt werden.

Teachin-Programmierung
stellt ein NC-Programmierverfahren dar, wobei die Werkstückprogrammierung direkt auf einer CNC-Maschine erfolgt. Die Eingabe der Geometrie- und Technologiedaten anhand einer Zeichnung erfolgt durch manuelle Betätigung der Vorschubachsen (elektronische Handräder) und durch Funktions- bzw. alphanumerische Tasten ähnlich einer konventionellen Bearbeitung. Durch sequentielle, elementorientierte Datenabspeicherung wird das NC-Programm im Arbeitsspeicher der CNC-Steuerung erzeugt, das sodann für den autom. Bearbeitungsablauf von evtl. weiteren Werkstücken verfügbar ist.

Topologiedaten
sind Daten für die Beschreibung der räumlichen Anordnung und Lage von Geometrieelementen innerhalb eines Werkstück-Geometriemodells.

Unterprogramm
stellt ein selbständiges, abgeschlossenes NC-Programm dar, das von einem übergeordneten Programm (Haupt- bzw. Steuerprogramm) aus aufgerufen und beliebig oft an diskreten Programmstellen ausgeführt werden kann. Während „lokale" Unterprogramme nur für ein bestimmtes Hauptprogramm gelten, können Makropro-

gramme für unterschiedliche Hauptprogramme eingesetzt werden, wobei durch Parametervariation eine flexible Anwendung ermöglicht wird. Die Unterprogrammtechnik stellt eine strukturierte Programmieralternative dar.

VDAFS (**V**erband **d**er **A**utomobilindustrie **F**lächen**s**chnittstelle)
stellt eine Normschnittstelle (DIN 66301) zwischen CAD-Systemen der Automobilindustrie und den integrierten CAD/CAM-Programmiersystemen der Zulieferfirmen (Werkzeug- und Formenbauer) dar. Sie dient insbesondere zur Übertragung von räumlichen Oberflächendaten, wie z.B. Freiformflächen und -kurven, die in Form von natürlichen Polynomen mit parametrischer Beschreibung vorliegen.

Volumenmodell
ist ein rechnerinternes, geometrisches CAD-Werkstückmodell, das entweder durch seine Erzeugungsvorschrift (generative Beschreibung) oder durch Verknüpfung von Einzelvolumina (akkumulative Beschreibung) dargestellt wird. Komplexe Körper lassen sich damit durch kombinierte Verknüpfung von einfachen Regelkörperformen, wie z.B. Quader, Zylinder, Kugel, Torus usw. erzeugen.

Werkstattprogrammierung
ist ein bereichsbezogener Begriff für den Ort der durchzuführenden NC-Programmierung und steht im Gegensatz zur Planungsbereichsprogrammierung. Die Werkstattprogrammierung kann an der CNC-Steuerung, am CNC-Arbeitsplatz, in der Fertigungsgruppe oder im Fertigungsbereich erfolgen. Die NC-Programmierung selbst läßt sich jeweils manuell oder rechnergestützt (konventionell, WOP) durchführen.

Werkstückkomplexität
wird durch Umfang, Aufwand und Schwierigkeit einer Werkstückbearbeitung (und damit der NC-Programmierung) dargestellt. Sie setzt sich aus zwei Anteilen zusammen, der geometrierelevanten und der fertigungstechnologischen Werkstückkomplexität. Zur Definition des Komplexitätsgrades dient eine Aufgliederung in Komplexitätsstufenbereiche.

Werkstücknullpunkt (W)
definiert das Koordinatensystem des Werkstücks auf der CNC-Maschine. Er wird beim Rüstprozeß durch Abnullen der Vorschubachsen entsprechend festgelegt und meist mit dem Programmnullpunkt zur Deckung gebracht.

Werkstattorientierte NC-Programmierung (WOP)
stellt ein modernes Werkstattprogrammierverfahren auf der Basis eines spez. rechnergestützten NC-Programmiermoduls dar. Es kann entweder direkt in die CNC-Steuerung integriert werden (WOP-CNC) oder in Form eines autarken WOP-Programmiersystems im Werkstattbereich plaziert werden. Die Besonderheit liegt in der einheitlichen und bidirektionalen, grafisch-interaktiven Bedienoberfläche, die keine Programmiersprache erfordert.

Werkstückspektrum
stellt die Gesamtheit der aufgrund eines Produktprogramms vorhandenen Werkstücke dar. Je nach Anwendung kann es z.B. grob gegliedert werden nach der Art des Fertigungsverfahrens, der Werkstückkomplexität, des Losgrößenbereichs usw. Für die Feingliederung im Hinblick auf eine systematische Werkstückbeschreibung empfiehlt sich eine geeignete Werkstückklassifizierung.

Werkzeugdatei
stellt ein rechnergestütztes Technologiedatenmodul dar, das im NC-Programmiersystem integriert ist. Die Datenbasis besteht aus abgespeicherten Komplettwerkzeugen hinsichtlich Werkzeugart, Geometrieabmessungen, relevanten Schnittdaten und Werkzeuggrafik. Der Datenzugriff im Rahmen des Programmierprozesses kann sowohl grafisch-interaktiv oder automatisch durch den NC-Prozessor erfolgen.

Werkzeugkorrekturwerte
sind das Ergebnis der Vermessung eines Werkzeugsatzes bezüglich Werkzeuglängen und Werkzeug- bzw. Schneidenradien (IST-Werte). Diese Korrekturwerte sind in die betreffenden WZ-Korrekturspeicher der CNC-Steuerung zu übertragen. Damit ist der CNC-Prozessor im Verlaufe der Programmabarbeitung stets in der Lage, auf diese Korrekturwerte zuzugreifen und damit die betreffenden Achsverfahrwege entsprechend zu kompensieren.

Werkzeugsatz
stellt die Gesamtheit aller benötigten Werkzeuge für eine Bearbeitungsaufgabe (AVO) dar. Dabei wird jedem Bearbeitungsvorgang (BVO) ein entsprechendes Werkzeug zugeordnet. Der Werkzeugsatz ist gemäß der vorliegenden Bearbeitungsreihenfolge entsprechend zu ordnen.

Werkzeugvoreinstellung (WZVE)
stellt im Rahmen des CNC-Maschinen-Rüstprozesses das Vermessen des Werkzeugsatzes mit Hilfe eines Werkzeugvoreinstellgerätes hinsichtlich der Werkzeuglängen und der Werkzeug- bzw. Schneidenradien dar. Als Meßreferenzpunkt kann

eine Nullehre (relative Vermessung) oder der Werkzeugeinstellpunkt E (absolute Vermessung) herangezogen werden. Die Ergebnisse dieser Voreinstellmessungen werden als Werkzeugkorrekturwerte bezeichnet.

Werkzeugwechselposition
ist eine bei Programmierbeginn festzulegende Koordinatenposition außerhalb der Werkstück-Sicherheitszone, die einerseits einen gut zugänglichen und kollisionsfreien Werkzeugwechsel ermöglicht und andererseits einen möglichst kurzen Eilgangweg zur Zustellposition am Werkstück sicherstellt. Diese WWP muß innerhalb eines NC-Programms nach jedem abgearbeiteten BVO zwecks Werkzeugwechsels immer wieder angefahren werden.

Wissensbasiertes Datenbanksystem
besteht aus der Wissensbasis mit abgespeichertem Erfahrungswissen für ein spezielles Anwendungsgebiet und der Wissensrepräsentation in Form eines Regelwerk-Softwaremoduls. Der Problemlösungsprozeß wird mit Hilfe der Regelwerkmechanismen und den in der Wissensbasis gespeicherten Informationen mit flexibel gesteuerten Schlußfolgerungsprinzipien abgewickelt. Im Bereich der NCP werden wissensbasierte Datenbankmodule für die Generierung von Bearbeitungsvorgängen, Werkzeugzuordnungen, Bearbeitungsstrategien u.a. eingesetzt. Sie ermöglichen die Programmierautomatisierung von geometrischen und fertigungstechnologischen Teilprozessen.

Literaturverzeichnis

[1] DIN-Taschenbuch 200: NC-Maschinen — Numerische Steuerungen, Normen (Informationstechnik), 6. Beuth-Verlag 1992.

[2] Weck, M.: Simulation in CIM. Springer-Verlag u. Verlag TÜV Rheinland 1991, „NC-Simulation" S. 115—126.

[3] Pfeiffer, H. J.: Optimierung und Kontrolle von NC-Programmen durch Simulation. VDI-Z-Special CAD/CAM (1993) 5, S. 6—18.

[4] Becker, M.; Gehring, V.: Rationalisierung im Werkzeug- und Formenbau (grafische Simulation). VDI-Z 133 (1991) 6, S. 65—72.

[5] Kief, H. B.: NC/CNC-Handbuch '93/94. Carl Hanser Verlag 1993.

[6] Seames, W. S.: Computer Numercial Control — Concepts and Programming. Delmar Publishers INC. 1990.

[7] Sauter, R.: Numerisch gesteuerte Werkzeugmaschinen. Vogel-Verlag 1981, „Programmieren numerischer Steuerungen", S. 57—117.

[8] Gyslling, H.: EMO '93: CNC-Steuerungen. TR-Technische Rundschau 85 (1993) 9. VDI-Zeitschrift 136 (1994) 4, S. 61—67.

[9] Carus, U.; Schlaus, R.; Schulze, H.: Konventionelle Drehmaschinen mit Steuerungsunterstützung.

[10] Fa. TRAUB AG: CNC-Ausbildung für die betriebliche Praxis — Teil 3: Drehen. Institut für Angewandte Organisationsforschung IFAO. Carl Hanser Verlag 1984.

[11] Fa. MAHO AG: CNC-Ausbildung für die betriebliche Praxis — Teil 4: Fräsen. Institut für Angewandte Organisationsforschung IFAO. Carl Hanser Verlag 1985.

[12] IFAO: CNC-Ausbildung für die betriebliche Praxis — Teil 1: Grundlagen. Institut für Angewandte Organisationsforschung IFAO. Carl Hanser Verlag.

[13] Wagner, F.; Härle, P.; Mayer, S.; Wagner, E.: Technik und Programmierung von NC-Maschinen. Handwerk und Technik, Hamburg-HT 3119 (1991).

[14] Smith, G. T.: CNC Machining Technologie — Volume III „Part Programming Techniques", Springer-Verlag 1993.

[15] Fa. MAHO AG: Softwaredokumentation für Geometrieprozessor der CNC-Steuerungen 432/532. Fa. MAHO AG, Pfronten (1992).

[16] Fa. Siemens AG: Softwaredokumentation für Spline-Interpolation SINUMERIK System 800. Fa. SIEMENS AG, Geschäftsgebiet Information und Training, Nürnberg (Ausgabe 12. 88).

[17] EXAPT NC-Sytemtechnik: Softwaredokumentation für universelles NC-Programmiersystem. „EXAPT NC/CADCPL". Fa. EXAPT Systemtechnik GmbH Aachen (10/1992).

[18] Camtek Manufacturing Solutions: Softwaredokumentation für das $2^{1/2}$D/NC-Programmiersystem PEPS 2. Fa. Camtek GmbH, Weinstadt-Beutelsbach (1993).

[19] DLOG NC-Systeme: Softwaredokumentation für das NC-Programmiersystem DLOG. Fa. DLOG GmbH, Olching (ANL-3B-SYI-01/2-1993).

[20] Hellwig, H. E. und U.; Paulus, M.: Die Kopplung von CAD und CAM, Teil 1: VDI-Z 125 (1983) 10, S. 355—360; Teil 2: VDI-Z 125 (1983) 11, S. 455—460; Teil 3: VDI-Z 127 (1985) 1, S. 28—32.

[21] Walter, W.; Hofmeister, W.: Universeller CAD/NC-Kopplungsbaustein für NC-Programmiersystem. Sonderdruck aus wt-Werkstattstechnik 77 (1987) 3, S. 129—133 der INDEX-Werke, Esslingen.

[22] Warnecke, G.; Mertens, P.: CAD/NC-Kopplung unter Einbeziehung der Technologieplanung. VDI-Z 129 (1987) 5, S. 48—51.

[23] Hoss, D.; Lay, G.; Schneider, R.: CAD/NC-Integration, RKW-Verlag u. Verlag TÜV Rheinland 1991.

[24] Pfeifer, H. J.: Ein integriertes CAD/CAM-System. VDI-Z-Special CAD/CAM (1992) 4, S. 6—17.

[25] Fa. MTS GmbH: Softwaredokumentation INCAD-Integriertes NC-und 2D-CAD-System. Mathematisch Technische Software-Entwicklung GmbH, Berlin (1992).

[26] Storr, A.; Itterheim, C.: Werkstattgerechte NC-Programmierung von Freiformflächenbearbeitungen. VDI-Z 136 (1994) 9, S. 72—75.

[27] Fa. Strässle AG: Produktbeschreibung KONSYS. Selbstdruck 07/92 Fa. STI Strässle AG, CH-8152 Glattbrugg.

[28] Fa. CIMDATA GmbH: Schulungshandbuch DUCT — Einführung, Geometrieaufbau und NC-Programmierung. Fa. CIMDATA Dr. Galwelat GmbH (1992).

[29] Feldermann, J.: Fünfachsiges NC-Fräsen. VDI-Z 133 (1991) 6, S. 75—87.

[30] Ioannides, M.; Itterheim, C.; Kraus, F.: Vom Modell zum Fertigteil — fünfachsige Komplettbearbeitung. VDI-Z 136 (1994) 5, S. 66—71.

[31] Weinert, K.; Friedhoff, J.: Computergestützte Fertigung von Freiformflächen. VDI-Z Special CAD/CAM (1993) 5, S. 42—47.

[32] Bremer, C.; Sonnenschein, R.: Freiform-Digitalisierung im Verbund mit CNC und CAD/CAM. VDI-Z 132 (1990) 8, S. 36—39.

[33] Fa. BCT GmbH.: Fachprospekt: „Digitalisiersystem und Digitalisierdatenverarbeitung für CNC und CAD/CAM". Beratungszentrum CIM-Technologie GmbH, Dortmund.

[34] Fa. DMG GmbH: Fachprospekt: „Das Digitalisier-System — der einfache Weg vom Modell zum Werkstück". Fa. Deckel-Maho-Gildemeister — Vertriebs GmbH, München (1992).

[35] Pritschow, G.; Spur, G.; Weck, M.: Tendenzen in der CNC-Steuerungstechnik — „Modellansatz für technologieübergreifende Werkstattprogrammierung". Carl Hanser Verlag 1993, S. 109—120.

[36] Gödde, B.: Werkstattorientierte Programmierung am Beispiel der Frässteuerung CC 220 M. VDI-Z Special Steuerungen (1992) 10, S. 42—49.

[37] Hekeler, M.: Werkstattorientierte Programmiertechnik für den Facharbeiter. Erweiterter Sonderdruck aus Techn. Rundschau 80 (1988) 9 der Fa. TRAUB AG, Reichenbach/Fils (09.88-610).

[38] Monz, J.; Hohwieler, E.: TRAUB-IPS — das werkstattorientierte Programmierverfahren. Sonderdruck aus wt-Werkstattstechnik 77 (1987) 10 der Fa. TRAUB AG Reichenbach/Fils (9/88-610).

[39] Fa. SIEMENS AG: Softwarebeschreibung, Bedien- und Programmieranleitung für die WOP CNC-Steuerung 840 C. Fa. Siemens AG (1992), Nr. 6FC5198 — 2AA20 — OAPO, Nr. 6FC5198 — 3AA40 — OAPO, Nr. 6FC5198 — 2AA10 — OAPO, Nr. 6FC5198 — 2AA00 — OAPO.

[40] Löffler, L.; Selinger, Th.; Zimmer, J.: Neue Systeme für werkstattorientierte Programmierverfahren (Teil 4b). Zeitschrift wt-Werkstattstechnik 78 (1988), S. 24—26.

[41] Armbrüster, N.: Werkstattprogrammierung als Alternative zur AV-Programmierung. Sonderdruck aus ZWF 8/89 der Siemens AG, Geschäftsgebiet Automatisierungssysteme, Nürnberg.

[42] Monz, J.; Höfer, I.; Hofvenstam, A.: Technologieerfahrung beim werkstattorientierten Programmieren nutzen. Zeitschrift ZWF CIM 86 (1991) 9, S. 470—474.

[43] Hosang, E.; TRAUB AG: CNC-Ausbildung für die betriebliche Praxis — Teil 3a: Drehen mit Komplettbearbeitung auf Ein- und Doppelschlittenmaschinen. Institut für Angewandte Organisationsforschung IFAO. Carl Hanser Verlag 1989.

[44] Bühler, W.: Komplettbearbeitung auf CNC-Drehbearbeitungszentren. Sonderdruck aus Fachzeitschrift tz für Metallbearbeitung 81 (1987), 2 der Fa. INDEX, Esslingen.

[45] Fa. TRAUB AG: Ausbildungsunterlage für CNC-Ausbildung mit TRAUB-Polyform (Ro 893/12.90). Fa. TRAUB AG, Reichenbach/Fils.

[46] Hohwieler, E.; Michl, H. J.; Wirth, A.: Einsatz der Rundachse für die Komplettbearbeitung auf CNC-Drehmaschinen. Sonderdruck aus der Zeitschrift ZWF CIM 83 (1988) 2 der Firma TRAUB AG, Reichenbach/Fils.

[47] Waldenmaier, P.: Flexible WOP-Programmierung von CNC-Drehzentren. Sonderdruck aus der Zeitschrift ZWF CIM 85 (1990) 2 der Fa. TRAUB AG, Reichenbach/Fils.

[48] Heinke, H.: Meßregelung an Werkzeugmaschinen. VDI-Z 136 (1994) 11/12, S. 53—56.

[49] Fa. TRAUB AG: Integrierte Meßsteuerung für CNC-Steuerung TX8F, Sach.-Nr. 642400-10.91. Fa. TRAUB AG, Reichenbach/Fils.

[50] Kirchner, C.; Wetzel, F.: NC-gesteuerte Simultanbearbeitung bei Mehrachsensystemen. wt-Zeitschrift für ind. Fertigung 75 (1985), S. 675—678.

[51] Höfer, I.: Symphonie für zwei Revolver. Sonderdruck aus tz für Metallbearbeitung 83 (1989) 7/8 der Fa. TRAUB AG, Reichenbach/Fils.

[52] Franz, J.; Fa. Voumard; HAHN & KOLB u.a.: CNC-Ausbildung für die betriebliche Praxis — Teil 5: Schleifen. Institut für angewandte Organisationsforschung IFAO, Carl Hanser Verlag 1985.

[53] Broziat, H. D.: Funktionskontrolle ist gefragt. Maschinenmarkt Würzburg 95 (1989) 49, S. 20—26.

[54] Spiers, K.: Neue CNC-Steuerung für Rundschleifmaschinen. Zeitschrift NC-Fertigung 2/94, S. 38—40.

[55] Fa. TSCHUDIN: Softwaredokumentation mit Bedien- und Programmieranleitung für CNC-Universal Rundschleifmaschine TL und SL-Baureihe (1993) G332. Fa. Tschudin Technologies AG, CH-2540 Grenchen.

[56] Fa. JUNKER: „Quickpoint" CNC-Außenrundschleifen. Fachprospekt der Fa. E. Junker, Nordrach.

[57] Fa. ABA GmbH: Bedienanleitung für ABAMATIC 1 — CNC-Steuerung. Fa. ABA, Schleifmaschinenfabrik, Aschaffenburg.

[58] Fa. TRUMPF: Softwarebeschreibungen, Bedien- und Programmieranleitungen für die Fertigungsverfahren Stanzen/Nibbeln und Laserschneiden. (1993) 11. Fa. TRUMPF GmbH + Co, Ditzingen.

[59] Saueressig, F.: WOP für den Laser — schnell und sicher NC-Programme für das Laserschneiden erstellen. Sonderdruck aus der Zeitschrift „CIM Praxis" 2/90 der Fa. IHB, Schwieberdingen.

[60] Martens, M.: Neue Systeme für werkstattorientierte Programmierverfahren — Teil 3: Fertigungsverfahren Blechbearbeitung. Sonderdruck der Zeitschrift wt-Werkstattstechnik (1987) der Fa. IHB, Schwieberdingen.

[61] Eversheim, W.; Fuchs, H.; Kohl, H. J.: CAM-System für Stanz- und Nibbelmaschinen. VDI-Z 125 (1983) 8, S. 277—282.

[62] Fa. AGIE: Fachprospektunterlagen für CNC-Senk- und Drahterodieren (1993). Fa. AGIE, CH-Losone.

[63] Fa. CHARMILLES: Fachprospektunterlagen für CNC-Senk- und Drahterodieren (1989). Fa. CHARMILLES, CH-Meyrin 1.

[64] Boor, U.: Funkenerosives Abtragen: Verfahren und Dielektrika. VDI-Z 133 (1990) 3, S. 68—71.

[65] Dauw, D. F.: CAD/CAM bei funkerenerosiven Abtragverfahren. Industrieanzeiger 21 (1986) 3, S. 22—26.

[66] Weckerle, D.: Die Funkenerosion auf dem Weg zum „soft tooling". Sonderdruck aus der Fachzeitschrift mav 7/1983 der Fa. DECKEL AG, München.

[67] Fa. NASSOVIA: Programmieranleitung für Senkerodiersteuerung OPTIMAT. Geschäftsbereich SCHIESS-NASSOVIA der Schiess AG, Langen.

[68] Fa. SIEMENS AG: Programmiersoftware-Beschreibung für FAPT DIE-II CUT-System PG, Nr. 6FM8135.

[69] Fa. DECKEL AG: Prospektunterlagen für Hochleistungs-Fräszentrum DC 40. Fa. DECKEL AG, München.

[70] Fa. DECKEL AG: Maschinenhandbuch für autom. Werkzeugwechsler mit DIALOG 11-Steuerung (600304 017451 00). Fa. DECKEL AG, München.

[71] Fa. SEIKI: Bedienungsanleitung für CNC-Fräszentrum mit FANUC-15M Steuerung (M0020EJE/00). Fa. Mitsui Seiki Kogyo Co, LTD.

[72] Fa. GF: Prospektunterlagen „Drehtechnik total". Fa. Georg Fischer, CH-Schaffhausen.

[73] Fa. TRAUB AG: Integriertes Werkstück-Handhabungssystem IHS für CNC-Drehzentrum TND 300/400 (1993). Fa. TRAUB AG, Reichenbach/Fils.

[74] Corbach, K.; Hirner, M.: Wirtschaftlichkeitsvergleich am Beispiel von Nachform- und NC-Drehmaschinen. wt-Zeitschrift ind. Fertigung 63 (1973), S. 327—331.

[75] Klimmer, M.: Wirtschaftliche Aspekte der Integration von rechnergestützter Konstruktion und NC-Programmierung. VDI-Z 135 (1993) 11/12, S. 48—55.

[76] Vollmer, H.: NC-Organisation für Produktionsbetriebe, Carl Hanser Verlag 1985, REFA-Verband — IFAO Karlsruhe.

[77] von Zeppelin, W.; Lindenberg, J.: Werkstattorientiertes Programmieren als CIM-Komponente. Autorenfortdruck aus der Zeitschrift ZWF 86 (1991) 5, S. 234—239.

[78] Morgenweck, H.; Isele, R.: WOP-Systeme in Fertigungsstrukturen integrieren. Sonderdruck aus der Zeitschrift ZWF CIM (1992) 3 der Fa. Strässle, Stuttgart.

[79] Gimbel, H. F.; Granow, R.: Rationalisierung der Werkstattfertigung durch integrierte NC-Organisation. Sonderdruck aus „Werkstatt und Betrieb" (1985) 11, (1986) 2, (1987) 9 der Fa. RWT, Krailling.

[80] Weber, W. G.; Oesterreich, R.: Leitfaden zur Verbesserung von Arbeitsbedingungen an CNC-Maschinen. Forschungsberichtsreihe „Arbeit und Technik" (1992) der DLR/Projektträgerschaft „Arbeit und Technik". Schriftenreihe der Bundesanstalt für Arbeitsschutz.

[81] Mahrin, B.: CAD/CAM/CIM — zeitgemäße Qualifizierung für neue Fertigungsstrukturen. Autorenfortdruck aus der Zeitschrift ZWF CIM 86 (1991) 3, S. 151—154.

[82] Manske, F.; Mickler, O.; Wolf, H.: CAP und die Zukunft der Produktionsplanung. VDI-Z 133 (1991) 7, S. 22—28.

[83] DIN-Fachbericht 20: Schnittstellen der rechnerintegrierten Produktion — CAD und NC-Verfahrenskette, Beuth-Verlag 1989.

[84] Eversheim, W.; Dahl, B.; Martel, G.: NC-Verfahrenskette — Einführung in das Verbundvorhaben. VDI-Z 133 (1991) 2, S. 77—80.

[85] Eversheim, W.; Dahl, B.; Marczinski, G.: NC-Verfahrenskette — Die CAD/NC-Kopplung. VDI-Z 133 (1991) 8, S. 54—57.

[86] Morgenweck, H.; Isele, R.: Neue Wege in der NC-Programmierung. Zeitschrift ZWF CIM (1993) 3, Carl Hanser Verlag.

[87] Engeli, M.; Taiber, J. G.: „Feature-Based Modelling" — Resultat eines tiefgreifenden Wandels. VDI-Z 136 (1994) 5, S. 60—65.

[88] Potthast, A.; Hohwieler, E.; Schmidt, W.: NC-Verfahrenskette — Höhere Programmiersprache. VDI-Z 133 (1991) 6, S. 157—165.

[89] Weck, M.; Kohring, A.; Klein, F.: Offene NC-Systeme, Grundlage herstellerunabhängiger Flexibilität. VDI-Z 135 (1993) 5, S. 51—55.

[90] Eversheim, W.; Dahl, B.; Humberger, R.; Martel, G.: NC-Verfahrenskette — Das Betriebsmittelmodell. VDI-Z 133 (1991) 4, S. 106—109.

[91] Pfennig, V.: Bestimmung des Automatisierungsgrades der rechnergestützten NC-Programmierung. Springer-Verlag 1988, „Forschung für die Praxis" — Band 20.

[92] Eversheim, W.; Humburger, R.: CAD-Expertensystem-Kopplung. VDI-Z-Special CAD/CAM (1993) 5, S. 32—38.

[93] Haasis, S.: Wissensbasierte CAD/NC-Kopplung. VDI-Z 135 (1993) 8, S. 102—109.

[94] Gehrke, U.; Wüpper, A.: Werkstücke aus CAD-Daten. VDI-Z 135 (1993) 6, S. 42—46.

[95] Brünig, J.; Fernhomberg, F.; Leineweber, D.; Wujesch, M.: Integration von CAD und NC-Programmierung. VDI-Z 132 (1990) 5, S. 68—73.

[96] Buchholz, Th.; Kuhn, R.: Rechnerunterstützte Schnittwertoptimierung beim Fräsen. VDI-Z 131 (1989) 1, S. 59—62.

[97] Gehrke, U.; Holland, M.: CAD-Daten vorhanden — und dann? VDI-Z 133 (1991) 8, S. 48—53.

[98] Knappe, H. J.: Technologische Daten automatisch ermittelt. Industrieanzeiger Nr. 10 (1986), S. 62—65.

Stichwortverzeichnis

A

B

C

D

E

F